工业和信息化高职高专"十二五"规划教材立项项目

高等职业教育电子技术技能培养规划教材
Gaodeng Zhiye Jiaoyu Dianzi Jishu Jineng Peiyang Guihua Jiaocai

电气控制与PLC 实训教程

（第2版）

阮友德 主编　吴锋 主审

Electrical Control and PLC Training Course

(2nd Edition)

人民邮电出版社
北京

图书在版编目（CIP）数据

电气控制与PLC实训教程 / 阮友德主编. -- 2版. --
北京：人民邮电出版社，2012.8（2019.8重印）
高等职业教育电子技术技能培养规划教材. 工业和信
息化高职高专"十二五"规划教材立项项目
ISBN 978-7-115-26514-2

Ⅰ. ①电… Ⅱ. ①阮… Ⅲ. ①电气控制－高等职业教
育－教材②plc技术－高等职业教育－教材 Ⅳ.
①TM921.5②TM571.6

中国版本图书馆CIP数据核字(2012)第021621号

内 容 提 要

本书以能力培养为核心，以实践教学为主，理论教学为辅，突出理论与实践的结合。

本书共分9章、45个实训和5个附录。理论教学方面，本书介绍常用的低压电器、控制系统基本电路及典型机械的电气控制系统、PLC的结构、软元件和程序执行过程，基本逻辑指令、步进顺控指令和常用的功能指令，模拟量控制、联网通信。实践教学方面，本书安排了31个基本技能实训和14个综合技能实训，包括电力拖动（6个）、PLC硬件和编程工具（5个）、指令系统应用（15个）、特殊功能模块应用（5个）、PLC网络通信（2个）、PLC与变频器综合应用（6个）、PLC/变频器/触摸屏/特殊模块的综合应用（2个）以及自动生产线的综合控制（4个）。

本书可作为高职高专院校电子类、机电类等相关专业的理论与实训教材，也可以作为技能鉴定的培训教材，还可供相关工程技术人员参考。

- ◆ 主　　编　阮友德
　　主　　审　吴　锋
　　责任编辑　赵慧君

- ◆ 人民邮电出版社出版发行　　北京市丰台区成寿寺路11号
　　邮编　100164　　电子邮件　315@ptpress.com.cn
　　网址　http://www.ptpress.com.cn
　　北京捷迅佳彩印刷有限公司印刷

- ◆ 开本：787×1092　1/16
　　印张：23.75
　　字数：551千字
　　　　　　　　　　　　　　2012年8月第2版
　　　　　　　　　　　　　　2019年8月北京第16次印刷

ISBN 978-7-115-26514-2

定价：45.00元

读者服务热线：**(010)81055256**　印装质量热线：**(010)81055316**
反盗版热线：**(010)81055315**

第 2 版前言

本书第 1 版出版后，受到使用者的欢迎，已重印十多次，发行量达数万册。经过近 5 年的教学实践和教学反馈以及通过连续四届"教育部高职高专 PLC、变频器综合应用技术师资研讨班"的研讨，老师们对原版教材的"将理论与实践教学融于一体"、"突出基本概念"、"注重技能训练"、"引入工程实践"、"实行三级指导"等特点给予了充分肯定，一致认为是一本体现高职特色、理实一体化的好教材，同时也提出了一些改进意见。为配合后精品课时代的课程建设，使本书的特点更明显、内容更新颖、项目更实用、使用更方便，现决定再版。

第 2 版完全保留了原书的特色与知识框架，在对原书知识结构进行梳理的同时，升级了相应的硬件和软件，增加了 FX$_{2N}$ 的升级机型 FX$_{3U}$、兼容机型汇川 H$_{2U}$，添加了 PLC 通信控制、自动生产线控制等内容，也删除了少数内容过时的部分，纠正了个别符号、图形、表格等不规范的地方，该教材继续体现如下特色。

（1）体现"以能力培养为核心，以实践教学为主线，以理论教学为支撑"的教学新思路，加强理论与实践的结合。本书理论部分以章节编排，体现了理论知识的系统性和连贯性；实践教学部分以课题为模块，以实训项目为载体，按照技能形成的顺序编排，符合技能的学习规律。在此基础之上，将基本技能实训和对应的理论安排在同一章节，最后集中进行大型综合实训，这样既实现了理论与实践的完美结合，又遵循了递进式、模块化的教学原则，是一本理论与实训一体化的教材。

（2）站在技术发展的前沿，注重对学生新技术应用能力的培养，以实现学校和企业的无缝对接。本书采用国内应用广泛、具有很高性价比的三菱 FX$_{2N}$ 系列 PLC 作为主要讲授对象，同时也兼顾了 FX$_{3U}$ 和 H$_{2U}$ 等机型；介绍了一批如 FX$_{0N}$-3A 模块、RS485-BD 板、FX$_{2N}$-4AD-PT 模块、触摸屏等现代新器件和应用前景广泛的如 PID 控制、步进定位控制、PLC 与 PLC 通信、PLC 与变频器通信以及 CC-Link 通信等新技术；同时还介绍了一批具有一定工程量、一定技术难度的如中央空调循环水节能系统控制及自动生产线的综合控制等工程项目。通过学习这些新器件、新技术，学生毕业后即可上岗，实现学校和企业的零距离接轨。

（3）实训课题实行"三级指导"（即全指导、半指导和零指导），使教、学、做紧密结合。每个实训课题一般安排 2 个实训项目，第 1 个项目将实训的全部过程写下来，即实行全指导；第 2 个项目则只作简单介绍，主要内容如软件程序、实训电路、调试内容等由学生完成，即实行半指导；零指导就是在实训报告中只给出一个控制要求，其余内容由学生自行完成。通过全指导、半指导使学生举一反三、触类旁通；通过零指导，可以培养和提高学生的设计能力、创新意识和创新能力。

本书由深圳职业技术学院一线教师和企业技术骨干共同编写，阮友德任主编，邓松、张迎辉任副主编。林丹、许小华编写了第 1 章、第 2 章，张迎辉、邓松编写了第 3 章、第 7 章，阮友德、唐佳编写了第 5 章、第 6 章、第 9 章、附录及实训课题 1，阮友德、邓松、周保廷编写了第 8 章。全书由阮友德统稿，吴锋对本书进行了审定。

在编写过程中，本书吸收了林玲、肖清雄、严成武、苏家君、杨保安、杨水昌、易国民等同志的许多建议和素材，得到了三菱电机自动化公司驻深圳办事处、深圳市汇川控制技术股份有限公司的大力帮助，在此一并表示感谢。

由于编者水平有限，书中的错误和不足在所难免，欢迎读者批评指正。

编　者
2011 年 8 月

目　录

第1章

常用的低压电器

1.1 低压电器基础

凡是对电能的生产、输送、分配和使用起控制、调节、检测、转换及保护作用的电工器械都可称为电器。我国现行标准将工作在交流 50Hz、额定电压 1 200V及以下和直流额定电压 1 500V 及以下电路中的电器称为低压电器。低压电器种类繁多，它作为基本元器件已广泛用于发电厂、变电所、工矿企业、交通运输和国防工业等电力输配电系统和电力拖动控制系统中。随着科学技术的不断发展，低压电器将会沿着体积小、质量轻、安全可靠、使用方便及性价比高的方向发展。

1.1.1 分类

低压电器的品种、规格很多，作用、构造及工作原理各不相同，因而有多种分类方法。

1. 按用途分

低压电器按它在电路等用电器实现所处的地位和作用可分为低压控制电器和低压配电电器两大类。低压控制电器是指电动机等用电电器实现启动、调速、反转和停止等所用的电器，低压配电电器是指正常或事故状态下实现用电设备与供电电网接通或断开所用的电器。

2. 按动作方式分

低压电器按它的动作方式可分为自动切换电器和非自动切换电器。前者是依靠本身参数的变化或外来信号的作用，自动完成接通或断开等动作；后者主要是用手直接操作来进行切换。

3. 按有无触点分

低压电器按有无触点可分为有触点电器和无触点电器两大类。目前有触点的电器仍占多数，有触点电器有动触点和静触点之分，利用触点的闭合与断开来实现电路的通与断。无触点电器没有触点，主要利用晶体管的开关效应，即导通或截止来实现电路的通断。

1.1.2　主要技术数据

1. 额定电流

① 额定工作电流：在规定条件下，保证开关电器正常工作的电流值。

② 额定发热电流：在规定条件下，电器处于非封闭状态，开关电器在 8h 工作制下，各部件温升不超过极限值时所能承载的最大电流。

③ 额定封闭发热电流：在规定条件下，电器处于封闭状态，在所规定的最小外壳内，开关电器在 8h 工作制下，各部件的温升不超过极限值时所能承载的最大电流。

④ 额定持续电流：在规定的条件下，开关电器在长期工作制下，各部件的温升不超过规定极限值时所能承载的最大电流值。

2. 额定电压

① 额定工作电压：在规定条件下，保证电器正常工作的工作电压值。

② 额定绝缘电压：在规定条件下，用来度量电器及其部件的绝缘强度、电气间隙和漏电距离的标称电压值。除非另有规定，一般为电器最大额定工作电压。

③ 额定脉冲耐受电压：反映电器当其所在系统发生最大过电压时所能耐受的能力。额定绝缘电压和额定脉冲耐受电压共同决定绝缘水平。

3. 操作频率及通电持续率

开关电器每小时内可能实现的最高操作循环次数称为操作频率。通电持续率是电器工作于断续周期工作制时负载时间与工作周期之比，通常以百分数表示。

4. 机械寿命和电气寿命

机械开关电器在需要修理或更换机械零件前所能承受的无载操作次数，称为机械寿命。在正常工作条件下，机械开关电器无需修理或更换零件的负载操作次数称为电寿命。

对于有触点的电器，其触点在工作中除机械磨损外，尚有比机械磨损更为严重的电磨损。因而，电器的电寿命一般小于其机械寿命。设计电器时，要求其电寿命为机械寿命的20%～50%。

1.1.3　使用注意事项

我国生产的低压电器品种规格较多，在选择时首先应考虑安全原则，安全可靠是对任何电器的基本要求，保证电路和用电设备的可靠运行是正常生活与生产的前提。其次是经济性，即电器本身的经济价值和使用该电器产生的价值。另外，在选择低压电器时还应注意以下几点。

① 了解电器的正常工作条件，如环境温度、湿度、海拔高度、震动和防御有害气体等

方面的能力。

②了解电器的主要技术性能，如用途、种类、通断能力和使用寿命等。

③明确控制对象及使用环境。

④明确控制对象的技术数据，如控制对象的额定电压、额定功率、操作特性、启动电流及工作方式等。

1.1.4　型号表示法

国产常用低压电器的型号组成形式如下。

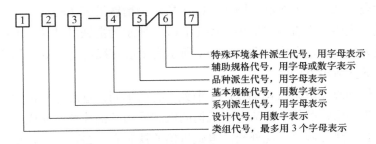

低压电器型号各部分必须由型号颁发单位使用规定的符号或数字表示，其含义如下。

类组代号：代表产品名称，表示低压电器元件所属的类别以及在同一类电器中所属的组别，包括类别代号（第1位）和组别代号（第2、3位），用汉语拼音字母表示。

设计代号：表示同类低压电器元件的不同设计序列，用数字表示。

系列派生代号：表示全系列产品的变化特征，用1～2个汉语拼音字母表示。

基本规格代号：用数字表示，代表同一系列产品中不同的规格品种，根据各产品的主要参数确定，一般用电流、电压或容量参数表示。

品种派生代号：表示系列内个别品种的变化特征，用1～2个汉语拼音字母表示。

辅助规格代号：表示同一系列、同一规格中的有某种区别的不同产品，如极数、脱扣方式、用途等，用汉语拼音字母或数字表示。

特殊环境派生代号：表示产品的环境适应特征，用汉语拼音字母表示。

低压电器型号中的类组代号与设计代号的组合代表产品的系列，一般称为电器的系列号。同一系列的电器元件的用途、工作原理和结构基本相同，而规格、容量则根据需要可以有许多种。例如，JR16是热继电器的系列号，同属这一系列的热继电器的结构、工作原理都相同，但其热元件的额定电流从几安培到几百安培，有十几种规格。其中辅助规格代号为3D的热继电器，表示有三相热元件，装有差动式断相保护装置，因此能对三相异步电动机有过载和断相保护功能。

1.2　电磁机构及执行机构

低压电器一般都有2个基本部分，即感受部分和执行部分。自控电器的感受部分大多由电磁机构组成；手动电器的感受部分通常为电器的操作手柄。执行部分根据控制指令，执行接通或断开电路的任务。电磁式电器在低压电器中占有十分重要的地位，在电气控制系统中应用最为普遍。它主要由电磁机构和执行机构组成，电磁机构按其电源的种类可分为交流和直流 2 种，执行机构则可分为触点系统和灭弧系统 2 部分。

1.2.1 电磁机构

1. 组成

电磁机构一般由铁芯、衔铁及线圈等几部分组成。按通过线圈的电流种类分有交流电磁机构和直流电磁机构；按电磁机构的形状分有 E 形和 U 形 2 种；按衔铁的运动形式分有拍合式和直动式两大类，如图 1-1 所示。图 1-1（a）所示为衔铁沿棱角转动的拍合式铁芯，铁芯材料为电工软铁，主要用于直流电器中。图 1-1（b）所示为衔铁沿轴转动的拍合式铁芯，主要用于触点容量大的交流电器中。图 1-1（c）所示为衔铁直线运动的双 E 形直动式铁芯，多用于中、小容量的交流电器中。

交流电磁机构和直流电磁机构的铁芯（衔铁）有所不同，直流电磁机构的铁芯为整体结构，以增加磁导率和增强散热；交流电磁机构的铁芯采用硅钢片叠制而成，目的是减少在铁芯中产生的使铁芯发热的涡流。此外交流电磁机构的铁芯有短路环，以防止电流过零时（相位滞后 90°）电磁吸力不足使衔铁振动。

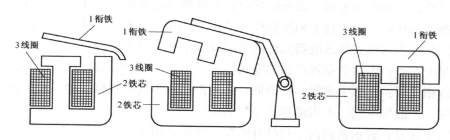

（a）衔铁沿棱角转动的拍合式铁芯　（b）衔铁沿轴转动的拍合式铁芯　（c）衔铁直线运动的双 E 形直动式铁芯

图 1-1　常用的电磁机构

线圈是电磁机构的心脏，按接入线圈电源种类的不同，可分为直流线圈和交流线圈。根据励磁的需要，线圈可分串联和并联 2 种，前者称为电流线圈，后者称为电压线圈。从结构上看，线圈可分为有骨架和无骨架 2 种。交流电磁机构多为有骨架结构，主要用来散发铁芯中的磁滞和涡流损耗产生的热量；直流电磁机构的线圈多为无骨架的。

2. 原理

当线圈中有工作电流通过时，通电线圈产生磁场，于是电磁吸力克服弹簧的反作用力使得衔铁与铁芯闭合，由连接机构带动相应的触点动作，使电路接通或断开，从而达到自动控制的目的。

1.2.2 触点系统

触点通常也叫触头或接点，是用来接通或断开电路的，其结构形式有很多种。下面介绍常见的几种分类方式。

1．按其接触形式分

触点按其接触形式可分为点接触、线接触和面接触 3 种，如图 1-2 所示。图 1-2（a）所示为点接触的桥式触点，图 1-2（b）所示为面接触的桥式触点，图 1-2（c）所示为线接触的指形触点。点接触允许通过的电流较小，常用于继电器触点或接触器的辅助触点。面接触和线接触允许通过的电流较大，常用于大电流的场合，如刀开关、接触器的主触点等。

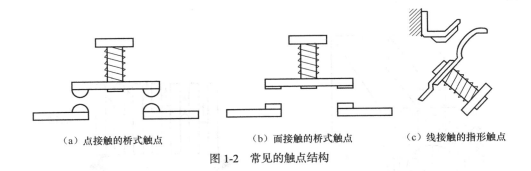

（a）点接触的桥式触点　　　　（b）面接触的桥式触点　　　　（c）线接触的指形触点

图 1-2　常见的触点结构

2．按控制的电路分

触点按控制的电路可分为主触点和辅助触点。主触点用于接通或断开主电路，允许通过较大的电流。辅助触点用于接通或断开控制电路，只允许通过较小的电流。

3．按原始状态分

触点按原始状态可分为动合触点和动断触点。原始状态时动、静触点是分开的，线圈得电时则闭合的触点称为动合（即常开）触点；原始状态时动、静触点是闭合的，线圈得电时则断开的触点称为动断（即常闭）触点。

1.2.3　灭弧系统

1．电弧的产生

当动、静触点分开瞬间，两触点间距极小，电场强度极大，在高热及强电场的作用下，金属内部的自由电子从阴极表面逸出，奔向阳极。这些自由电子在电场中运动时撞击中性气体分子，使之受到激励、游离，产生正离子和电子。电子在强电场作用下继续向阳极移动，同时撞击其他中性分子，因此，在触点间缝中产生了大量的带电粒子，使气体导电形成了炽热的电子流即电弧。电弧产生高温并有强光，可将触点烧损，并使电路的切断时间延长，严重时可引起事故或火灾。

2．电弧的分类

电弧分直流电弧和交流电弧。交流电弧有自然过零点，故其电弧较易熄灭。

3．灭弧的方法

① 机械灭弧：通过机械将电弧迅速拉长，用于开关电路。

② 磁吹灭弧：在一个与触点串联的磁吹线圈产生的磁力作用下，电弧被拉长且被吹入由固体介质构成的灭弧罩内，电弧被冷却熄灭。

③ 窄缝灭弧：在电弧形成的电场力的作用下，将电弧拉长并分成数段进入灭弧罩的逐

渐变窄的窄缝中，使较粗的灭弧逐渐变细，迅速熄灭，如图 1-3 所示。该方式主要用于交流接触器中。

④ 栅片灭弧：当触点分开时，产生的电弧在电场力的作用下被推入一组金属栅片而被分成数段。彼此绝缘的金属片相当于电极，因而就会产生许多阴、阳极压降。对交流电弧来说，在电弧过零时使电弧无法维持而熄灭，如图 1-4 所示。因此，交流电器常用栅片灭弧。

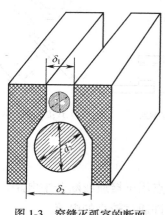

图 1-3　窄缝灭弧室的断面

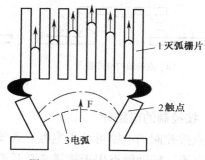

图 1-4　金属栅片灭弧示意图

1.3　低压配电电器

低压配电电器是指正常或事故状态下接通和断开用电设备和供电电网所用的电器。它广泛应用于电力配电系统，实现电能的输送和分配以及系统的保护。这类电器一般不经常操作，机械寿命的要求比较低，但要求动作准确迅速、工作可靠、分断能力强、操作过电压低、保护性能完善、动稳定和热稳定性能高等。常用的低压配电电器包括开关电器和保护电器等。

1.3.1　刀开关

刀开关只用于手动控制容量较小、启动不频繁的电动机或线路，可分为瓷底开启式负荷开关和封闭式负荷开关。

① 瓷底开启式负荷开关（又称胶盖闸刀开关）是由刀开关和熔丝组合而成的一种电器，刀开关用于不频繁地接通和断开电路，熔丝起保护作用，其外形和内部结构如图 1-5 所示。由于其结构简单，使用维修方便，价格便宜，常用于控制小容量电动机的电源。

② 封闭式负荷开关（又称铁壳开关）是由刀开关、熔断器、速断弹簧等组成，并装在金属壳内，其结构如图 1-6 所示。开关采用侧面手柄操作，并设有机械联锁装置，使箱盖打开时不能合闸；刀开关合闸时，箱盖不能打开，保证了用电安全；手柄与底座间的速断弹簧使开关通断动作迅速，灭弧性能好。封闭式负荷开关能工作于粉尘飞扬的

场所。

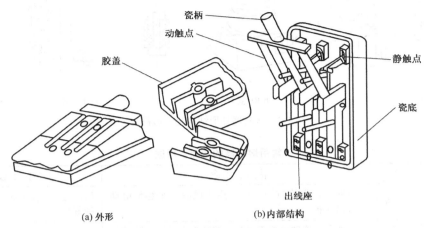

(a) 外形　　　　(b) 内部结构

图 1-5　HK2 系列瓷底开启式负荷开关

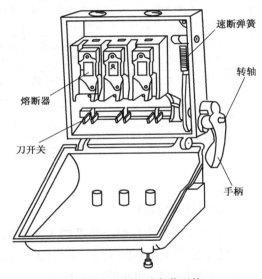

图 1-6　封闭式负荷开关

1.3.2　低压熔断器

熔断器是一种结构简单、使用维护方便、体积小、价格便宜的保护电器，广泛用于照明电路中的过载和短路保护及电动机电路中的短路保护。熔断器由熔体（熔丝或熔片）和安装熔体的外壳 2 部分组成，起保护作用的是熔体，其外形结构和图形符号如图 1-7 所示。低压熔断器按形状可分为管式、插入式、螺旋式和羊角保险等；按结构可分为半封闭插入式、无填料封闭管式和有填料封闭管式等。

1．特点及用途

常用熔断器的特点及用途见表 1-1。

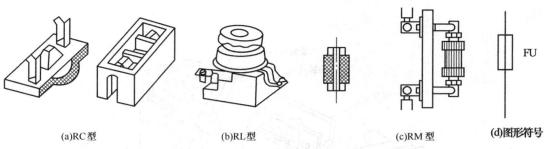

| (a)RC 型 | (b)RL 型 | (c)RM 型 | (d)图形符号 |

图 1-7　熔断器外形结构及图形符号

表 1-1　　　　　　　　　　　　　常用熔断器的特点、用途

名　称	类别	特点、用途	主要技术数据
瓷插式熔断器	RC1A	价格便宜，更换方便。广泛用于照明和小容量电动机短路保护	额定电流 I_{ge} 从 5～200A 分 7 种规格
螺旋式熔断器	RL	熔丝周围石英砂可熄灭电弧，熔断管上端红点随熔丝熔断而自动脱落。体积小，多用于机床电气设备中	RL_1 系列额定电流 I_{ge} 有 4 种规格：15A、60A、100A、200A
无填料封闭管式熔断器	RM	在熔体中人为引入窄截面熔片，提高断流能力。用于低压电力网络和成套配电装置中的短路保护	RM-10 系列额定电流 I_{ge} 从 15～1 000A，分 7 种规格
有填料封闭管式熔断器	RTO	分断能力强，使用安全，特性稳定，有明显指示器。广泛用于短路电流较大的电力网或配电装置中	RTO 系列额定电流 I_{ge} 从 50～1 000A 分 6 种规格
快速熔断器	RLS	用于小容量硅整流元件的短路保护和某些适当过载保护	$I=4I_{Te}$，0.2s 内熔断；$I=6I_{Te}$，0.02s 熔断
	RSO	用于大容量硅整流元件的保护	$I=（4～6）I_{Te}$，0.02s 内熔断
	RS3	用于晶闸管元件短路保护和某些适当过载保护	

2. 主要参数

低压熔断器的主要参数如下。

① 熔断器的额定电流 I_{ge} 表示熔断器的规格。

② 熔体的额定电流 I_{Te} 表示熔体在正常工作时不熔断的工作电流。

③ 熔体的熔断电流 I_b 表示使熔体开始熔断的电流。$I_b>(1.3～2.1)I_{Te}$。

④ 熔断器的断流能力 I_d 表示熔断器所能切断的最大电流。

如果线路电流大于熔断器的断流能力，熔丝熔断时电弧不能熄灭，可能引起爆炸或其他事故。低压熔断器的几个主要参数之间的关系为 $I_d>I_b>I_{ge}≥I_{Te}$。

3. 选型

熔断器的选型主要是选择熔断器的形式、额定电流、额定电压以及熔体额定电流。熔体额定电流的选择是熔断器选择的核心，其选择方法见表 1-2。

表 1-2　　　　　　　　　　　　　熔体额定电流选择

负 载 性 质		熔体额定电流（I_{Te}）
电炉和照明等电阻性负载		$I_{Te}≥I_N$（负载额定电流）
单台电动机	线绕式电动机	$I_{Te}≥(1～1.25)I_N$
	笼型电动机	$I_{Te}≥(1.5～2.5)I_N$

续表

负 载 性 质		熔体额定电流（I_{Te}）
单台电动机	启动时间较长的某些笼型电动机	$I_{Te} \geqslant 3I_N$
	连续工作制直流电动机	$I_{Te} = I_N$
	反复短时工作制直流电动机	$I_{Te} = 1.25I_N$
多台电动机		$I_{Te} \geqslant (1.5 \sim 2.5)I_{Nmax} + \Sigma I_{de}$ I_{Nmax} 最大一台电动机额定电流 ΣI_{de} 其他电动机额定电流之和

4．注意事项

在安装、更换熔体时，一定要切断电源，将刀开关拉开，不要带电作业，以免触电。熔体烧坏后，应换上和原来同材料、同规格的熔体，千万不要随便加粗熔体，或用不易熔断的其他金属丝去替换。

1.3.3　低压断路器

低压断路器（又称为自动开关）可用来分配电能、不频繁地启动电动机、对供电线路及电动机等进行保护，当它们发生严重的过载或短路及欠压等故障时能自动切断电路，而且在分断故障电流后一般不需要更换零件，因而获得了广泛应用。低压断路器按用途分有配电（照明）、限流、灭磁、漏电保护等几种；按动作时间分有一般型和快速型；按结构分有框架式（万能式 DW 系列）和塑料外壳式（装置式 DZ 系列）。

1．结构

低压断路器主要由触点系统、灭弧装置、保护装置、操作机构等组成。低压断路器的触点系统一般由主触点、弧触点和辅助触点组成。灭弧装置采用栅片灭弧方法，灭弧栅一般由长短不同的钢片交叉组成，放置在绝缘材料的灭弧室内，构成低压断路器的灭弧装置。保护装置由各类脱扣器（过流、失电及热脱扣器等）构成，以实现短路、失压、过载等保护功能。低压断路器有较完善的保护装置，但构造复杂、价格较贵、维修麻烦。

2．工作原理

低压断路器的工作原理如图 1-8 所示。图中低压断路器的 3 对主触点串联在被保护的三相主电路中，由于搭钩钩住弹簧，使主触点保持闭合状态。当线路正常工作时，电磁脱扣器中线圈所产生的吸力不能将它的衔铁吸合。当线路发生短路时，电磁脱扣器的吸力增加，将衔铁吸合，并撞击杠杆，把搭钩顶上去，在弹簧的作用下切断主触点，实现了短路保护。当线路上电压下降或失去电压时，欠电压脱扣器的吸力减小或失去吸力，衔铁被弹簧拉开，撞击杠杆，把搭钩顶开，切断主触点，实现了失压保护。当线路过载时，热脱扣器的双金属片受热弯曲，也把搭钩顶开，切断主触点，实现了过载保护。

3．常用低压断路器

目前，常用的低压断路器有塑壳式断路器和框架式断路器。塑壳式断路器是低压配电线路及电动机控制和保护中的一种重要的开关电器，其常用型号有 DZ5 和 DZ10 系列。DZ5-20 表示额定电流为 20A 的 DZ5 系列塑壳低压断路器，如图 1-9 所示。框架式断路器常见型号有 DW10、DW4、DW7 等系列。目前在工厂、企业最常用的是 DW10 系列，它的额定电压为交流（AC）380V、直流（DC）440V，额定电流有 200A、400A、600A、1 000A、1 500A、2500A 及 4 000A 等 7 个等级。操作方式有直接手柄式杠杆操作、电磁铁操作和电动机操作等，其中 2 500A 和 4 000A 需要的操作力太大，所以只能用电动机来代替人工操作。DZ 系列低压断路器的动作时间低于 0.02s（秒），DW 系列低压断路器的动作时间大于 0.02s。

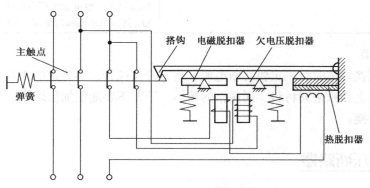

图 1-8　低压断路器工作原理图

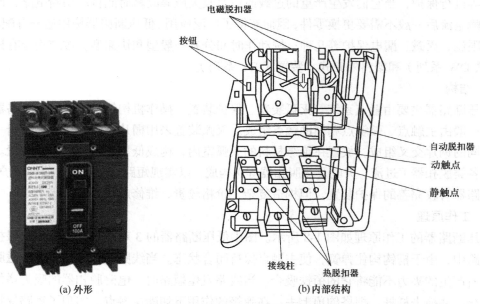

(a) 外形　　　(b) 内部结构

图 1-9　DZ5-20 型低压断路器

4. 选型

对于不频繁启动的笼型电动机，只要在电网允许范围内，都可首先考虑采用断路器直接启动，这样可以大大节约电能，还没有噪声。低压断路器的选型要求如下。

① 额定电压不小于安装地点电网的额定电压。

② 额定电流不小于长期通过的最大负荷电流。

③ 极数和结构型式应符合安装条件、保护性能及操作方式的要求。

1.3.4 漏电保护开关

漏电保护开关是一种最常用的漏电保护电器,如图 1-10 所示。它既能控制电路的通与断,又能保证其控制的线路或设备发生漏电或人身触电时迅速自动跳闸,切断电源,从而保证线路或设备的正常运行及人身安全。

1. 结构

漏电保护开关由零序电流互感器、漏电脱扣器、开关装置 3 部分组成。零序电流互感器用于检测漏电流;漏电脱扣器将检测到的漏电流与一个预定基准值比较,从而判断漏电保护开关是否动作;开关装置通过漏电脱扣器的动作来控制被保护电路的闭合或分断。

2. 保护原理

漏电保护开关的原理图如图 1-11 所示。正常情况下,漏电保护开关所控制的电路没有发生漏电和人身触电等接地故障时,$I_{相}=I_{负}=I_{零}$($I_{相}$为相线上的电流,$I_{负}$为负载电流,$I_{零}$为零线上的电流),故零序电流互感器的二次回路没有感应电流信号输出,也就是检测到的漏电电流为零,开关保持在闭合状态,线路正常供电。当电路中有人触电或设备发生漏电时,因为 $I_{相}=I_{负}+I_{人}$($I_{人}$为通过人体的电流),而 $I_{零}=I_{负}$,所以,$I_{相}>I_{零}$,通过零序电流互感器铁芯的磁通 $\Phi_{相}-\Phi_{零}\neq0$,故零序电流互感器的次级绕组产生漏电信号,漏电信号输入到电子开关输入端,促使电子开关导通,磁力线圈通电产生吸力断开电源,完成人身触电或漏电保护。同理,若按下试验开关 S 时,漏电保护开关也因通过零序电流互感器铁芯的磁通 $\Phi_{相}-\Phi_{零}\neq0$,使开关动作而断开电源。

图 1-10 漏电保护开关外形图

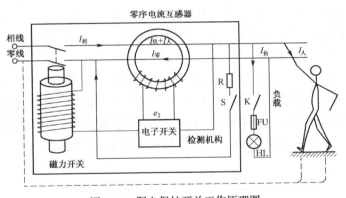

图 1-11 漏电保护开关工作原理图

3. 技术参数

漏电保护开关的技术参数如下。

① 额定电压(V),规定为 220V 或 380V。

② 额定电流(A),开关主触点允许通过的最大电流(即电路允许通过的最大电流)。

③ 额定动作电流(mA),漏电保护开关必须动作跳闸时的漏电流。

④ 额定不动作电流(mA),开关不应动作的漏电流,一般为额定动作电流的一半。

⑤ 动作时间（s），从发生漏电到开关断开的时间，快速型在 0.2s 以下，延时型一般为 0.2～2s。

⑥ 消耗功率（W），开关内部元件正常情况下所消耗的功率。

4. 选型

漏电保护开关的选型主要根据其额定电压、额定电流以及动作电流和动作时间等几个主要参数来选择。选用漏电保护开关时，其额定电压应与电路工作电压相符。漏电保护开关额定电流必须大于电路最大工作电流。对于带有短路保护装置的漏电保护开关，其极限通断能力必须大于电路的短路电流。漏电动作电流及动作时间的选择可按线路泄漏电流大小选择，也可按分级保护方式选择。以防止人身触电为目的的漏电保护开关，一般选择漏电动作电流为 30mA，动作时间为 0.1s。

1.4 低压控制电器

低压控制电器是指完成各种控制所用的电器，广泛应用于电力拖动系统和自动控制系统，包括主令电器、接触器、各种继电器等。这些控制电器要求工作准确可靠、操作频率高、寿命长、体积小、质量轻、结构坚固、电气和机械寿命长。

1.4.1 主令电器

主令电器主要用来切换控制电路，即用它来控制接触器、继电器等电器的线圈通电与断电，从而控制电力拖动系统的启动与停止，以及改变系统的工作状态，如正转与反转等。由于它是一种专门发号施令的电器，故称为主令电器。主令电器应用广泛、种类繁多，常用的主令电器有按钮开关、位置开关、转换开关、凸轮控制器等。

1. 按钮开关

按钮开关（即按钮）是一种结构简单，应用广泛的主令电器。一般情况下它不直接控制主电路的通断，而在控制电路中发出手动"指令"去控制接触器、继电器等电器，再由它们去控制主电路，也可用来转换各种信号线路与电气联锁线路等。按钮开关的结构如图 1-12 所示，其文字符号为 SB，其图形符号如图 1-13 所示。

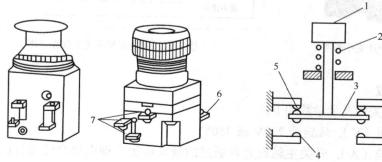

(a)外形   (b)结构示意图

1—按钮帽；2—复位弹簧；3—动触点；4—动合按钮静触点；5—动断按钮静触点；6、7—接线柱

图 1-12 按钮开关的结构

动合（常开）按钮开关，未按下时，触点是断开的，按下时触点闭合；当松开后，按钮开关在复位弹簧的作用下复位断开。

动断（常闭）按钮开关与动合按钮开关相反，未按下时，触点是闭合的，按下时触点断开；当手松开后，按钮开关在复位弹簧的作用下复位闭合。

复合按钮开关是将动合与动断按钮开关组合为一体的按钮开关。未按下时，动断触点是闭合的，动合触点是断开的。按下时动断触点首先断开，继而动合触点闭合；当松开后，按

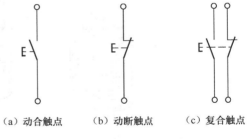

（a）动合触点　　（b）动断触点　　（c）复合触点

图 1-13　按钮开关的图形符号

钮开关在复位弹簧的作用下，首先将动合触点断开，继而将动断触点闭合。

按钮开关使用时应注意触点间的清洁，防止油污、杂质进入造成短路或接触不良等事故。在高温下使用的按钮开关应加紧固垫圈或在接线柱螺钉处加绝缘套管。带指示灯的按钮开关不宜长时间通电，应设法降低指示灯电压以延长其使用寿命。在工程实践中，绿色按钮开关常用作启动，红色按钮开关常用作停止按钮，不能弄反。

2. 转换开关

转换开关（又称组合开关）用于换接电源或负载、测量三相电压和控制小型电动机正、反转。转换开关由多节触点组成，手柄可手动向任意方向旋转，每旋转一定角度，动触片就接通或断开电路。由于采用了扭簧储能，开关动作迅速，与操作速度无关。HZ10-10/3 型转换开关的外形和内部结构如图 1-14 所示。

3. 位置开关

位置开关（又称限位开关或行程开关），其作用与按钮开关相同，是对控制电路发出接通或断开、信号转换等指令的。不同的是位置开关触点的动作不是靠手指来完成，而是利用生产机械某些运动部件的碰撞使触点动作，从而接通或断开某些控制电路，达到一定的控制要求。为适应

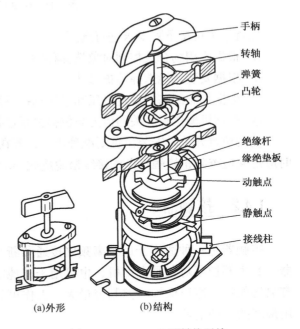

（a）外形　　　　（b）结构

图 1-14　HZ10-10/3 型转换开关

各种条件下的碰撞，位置开关有很多构造形式，用来限制机械运动的位置或行程，以及使运动机械按一定行程自动停车、反转或变速、循环等，以实现自动控制的目的。常用的位置开关有 LX-19 系列和 JLXK1 系列。各种系列位置开关的基本结构相同，都是由操作点、触点系统和外壳组成，区别仅在于使位置开关动作的传动装置不同。位置开关一般有旋转式、按钮式等数种。JLXK1 系列位置开关外形如图 1-15 所示，其文字符号为 SQ，其图形符号如图 1-16 所示。

 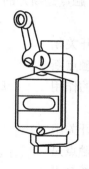 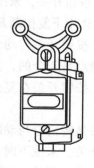

(a)JLXK1-291 按钮式　　(b)JLXK1-111 单轮旋转式　　(c)JLXK1-211 双轮旋转式

图 1-15　JLXK1 系列位置开关外形图

（a）动合触点　　（b）动断触点　　（c）复合触点

图 1-16　位置开关图形符号

位置开关可按下列要求进行选用。

① 根据应用场合及控制对象选择种类。

② 根据安装环境选择防护形式。

③ 根据控制回路的额定电压和电流选择系列。

④ 根据机械位置开关的传力与位移关系选择合适的操作形式。

使用位置开关时安装位置要准确牢固，若在运动部件上安装，接线应有套管保护，使用时应定期检查防止接触不良或接线松脱造成误动作。

1.4.2　接触器

接触器是一种适用于远距离频繁接通和断开交、直流主电路和控制电路的自动控制电器。其主要控制对象是电动机，也可用于其他电力负载，如电热器、电焊机等。接触器具有欠压保护、零压保护、控制容量大、工作可靠、寿命长等优点，它是自动控制系统中应用最多的一种电器。

1. 结构

接触器由电磁系统、触点系统、灭弧系统、释放弹簧及基座等几部分构成，如图 1-17所示。电磁系统包括线圈、静铁芯和动铁芯（衔铁）；触点系统包括用于接通、断开主电路的主触点和用于控制电路的辅助触点；灭弧装置用于迅速切断主触点断开时产生的电弧（一个很大的电流），以免使主触点烧毛、熔焊，对于容量较大的交流接触器，常采用灭弧栅灭弧。

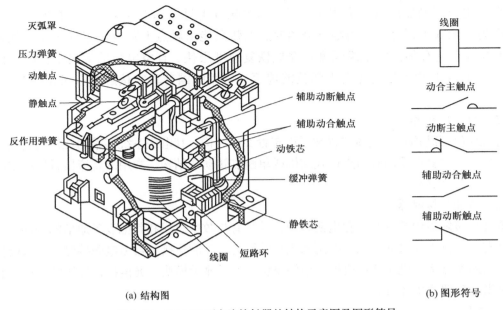

(a) 结构图   (b) 图形符号

图 1-17 CJ10-20 型交流接触器的结构示意图及图形符号

2. 工作原理

接触器的工作原理是利用电磁铁吸力及弹簧反作用力配合动作，使触点闭合或断开。当吸引线圈通电时，铁芯被磁化，吸引衔铁向下运动，使得动断触点断开，动合触点闭合。当线圈断电时，磁力消失，在反力弹簧的作用下，衔铁回到原来位置，也就使触点恢复到原来状态，如图 1-18 所示。

3. 常用接触器

（1）空气电磁式交流接触器

在接触器中，空气电磁式交流接触器应用最广泛，产品系列和品种最多，但其结构和工作原理相同，目前常用国产空气电磁式接触器有 CJ0、CJ10、CJ12、CJ20、CJ21、CJ26、CJ29、CJ35 和 CJ40 等系列交流接触器。

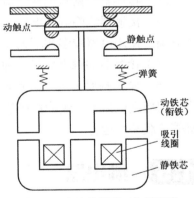

图 1-18 交流接触器工作原理图

（2）机械联锁交流接触器

机械联锁交流接触器实际上是由 2 个相同规格的交流接触器再加上机械联锁机构和电气联锁机构所组成，保证在任何情况下不能 2 台接触器同时闭合。常用的机械联锁接触器有 CJX2-N、CJX4-N 等。

（3）切换电容接触器

切换电容接触器专用于低压无功补偿设备中，投入或切除电容器组，以调整电力系统功率因数。切换电容接触器在空气电磁式接触器的基础上加入了抑制浪涌的装置，使合闸时的浪涌电流对电容的冲击和分闸时的过电压得到抑制。常用的产品有 CJ16、CJ19、CJ41、CJX4、CJX2A 等。

（4）真空交流接触器

真空交流接触器以真空为灭弧介质，其主触点密封在真空开关管内。真空开关管以真空作为绝缘和灭弧介质，当触点分离时，电弧只能由触点上蒸发出来的金属蒸气来维持，因为真空具有很高的绝缘强度且介质恢复速度很快，真空电弧的等离子体很快向四周扩散，在第 1 次电压过零时电弧就能熄灭。常用的国产真空接触器有 CKJ、NC9 系列等。

（5）直流接触器

直流接触器结构上有立体布置和平面布置 2 种结构，其电磁系统多采用绕棱角转动的拍合式结构，其主触点采用双断点桥式结构或单断点转动式结构。常用的直流接触器有 CZ18、CZ21、CZ22、CZ0。

（6）智能化接触器

智能化接触器内装有智能化电磁系统，并具有与数据总线和其他设备通信的功能，其本身还具有对运行工况自动识别、控制和执行的能力。智能化接触器由电磁接触器、智能控制模块、辅助触点组、机械联锁机构、报警模块、测量显示模块、通信接口模块等组成，它的核心是微处理器或单片机。

4．选用

选择接触器时应注意以下几点。

（1）接触器主触点的额定电压≥负载额定电压。

（2）接触器主触点的额定电流≥1.3 倍负载额定电流。

（3）接触器线圈额定电压。当线路简单、使用电器较少时，可选用 220V 或 380V；当线路复杂、使用电器较多或不太安全的场所，可选用 36V、110V 或 127V。

（4）接触器的触点数量、种类应满足控制线路要求。

（5）操作频率（每小时触点通断次数）。当通断电流较大及通断频率超过规定数值时，应选用额定电流大一级的接触器型号。否则会使触点严重发热，甚至熔焊在一起，造成电动机等负载缺相运行。

1.5 继电器

继电器是一种根据某种输入信号的变化来接通或断开控制电路，实现控制作用的电器。继电器的输入信号可以是电流、电压等电量，也可以是温度、速度、时间、压力等非电量，而输出通常是触点的接通或断开动作。继电器一般不用来直接控制有较大电流的主电路，而是通过接触器或其他电器对主电路进行控制。因此同接触器相比较，继电器的触点断流容量较小，一般不需灭弧装置，但对继电器动作的准确性则要求较高。

继电器的种类很多，按其用途可分为控制继电器、保护继电器；按动作时间可分为瞬时继电器、延时继电器；按输入信号的性质可分为电压继电器、电流继电器、时间继电器、温度继电器、速度继电器、压力继电器等；按工作原理可分为电磁式继电器、感应式继电器、电动式继电器、热继电器和电子式继电器等。下面将重点介绍继电接触控制系统中用得较多的热继电器、电磁式继电器及时间继电器。

1.5.1　热继电器

电动机在实际运行中，常常遇到过载的情况。若过载电流不太大且过载时间较短，电动机绕组温升不超过允许值，这种过载是允许的。但若过载电流大且过载时间长，电动机绕组温升就会超过允许值，这将会加剧绕组绝缘的老化，缩短电动机的使用年限，严重时会使电动机绕组烧毁，这种过载是电动机不能承受的。

1. 结构

热继电器主要由热元件、双金属片和触点 3 部分组成，其外形、结构及图形符号如图 1-19 所示。

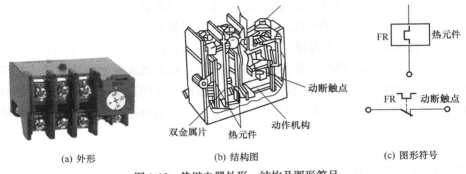

| (a) 外形 | (b) 结构图 | (c) 图形符号 |

图 1-19　热继电器外形、结构及图形符号

2. 工作原理

热继电器的工作原理示意图如图 1-20 所示。图中热元件是一段电阻不大的电阻丝，接在电动机的主电路中。双金属片是由 2 种受热后由不同热膨胀系数的金属辗压而成，其中下层金属的热膨胀系数大，上层的小。当电动机过载时，流过热元件的电流增大，热元件产生的热量使双金属片中的下层金属的膨胀变长速度大于上层金属的膨胀速度，从而使双金属片向上弯曲。经过一定时间后，弯曲位移增大，使双金属片与扣扳分离脱扣。扣扳在弹簧的拉力作用下，将动断触点断开。动断触点是串接在电动机的控制电路中的，控制电路断开使接触器的线圈断电，从而断开电动机的主电路。若要使热继电器复位，则按下复位按钮即可。热继电器就是利用电流的热效应原理，在发现电动机不能承受的过载时切断电动机电路，是为电动机提供过载保护的保护电器。

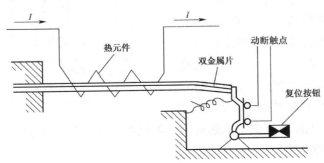

图 1-20　热继电器的工作原理示意图

由于热惯性，当电路短路时，热继电器不能立即动作，使电路立即断开。因此，热继电器只能用作电动机的过载保护，而不能起到短路保护的作用。因此，在电动机启动或短时过载时，热继电器也不会动作，这可避免电动机不必要的停车。

3. 选用

热继电器型号的选用应根据电动机的接法和工作环境决定。当定子绕组采用星形接法时，选择通用的热继电器即可；如果绕组为三角形接法，则应选用带断相保护装置的热继电器。在一般情况下，可选用两相结构的热继电器；当电网电压的均衡性较差，工作环境恶劣或较少维护的场所，可选用三相结构的热继电器。

4. 整定

热继电器动作电流的整定主要根据电动机的额定电流来确定。热继电器的整定电流是指热继电器长期不动作的最大电流，超过此值即动作。热继电器可以根据过载电流的大小自动调整动作时间，具有反时限保护特性。一般过载电流是整定电流 1.2 倍时，热继电器动作时间小于 20min；过载电流是整定电流 1.5 倍时，动作时间小于 2min；而过载电流是整定电流 6 倍时，动作时间小于 5s。热继电器的整定电流通常与电动机的额定电流相等或是额定电流的 0.95～1.05 倍。如果电动机拖动的是冲击性负载或电动机的启动时间较长时，热继电器整定电流要比电动机额定电流高一些。但对于过载能力较差的电动机，则热继电器的整定电流应适当小些。

1.5.2　电磁式继电器

电磁式继电器是应用最早同时也应用最多的一种继电器。它由电磁机构和触点系统组成，如图 1-21 所示。铁芯和铁轭的作用是加强工作气隙内的磁场；衔铁的作用主要是实现电磁能与机械能的转化，极靴的作用是增大工作气隙的磁导；反作用力弹簧和簧片是用来提供反作用力。当线圈通电后，线圈的励磁电流就产生磁场，从而产生电磁吸力吸引衔铁，一旦磁力大于弹簧反作用力，衔铁就开始运动，并带动与之相连的触点向下移动，使动触点与其上面的动断触点断开，而与其下面的动合触点闭合，最后，衔铁被吸合在与极靴相接触的最终位置上。若在衔铁处于最终位置时切断线圈电源，磁场便逐渐消失，衔铁会在弹簧反作用力的作用下，脱离极靴，并再次带动触点脱离动合触点，返回到初始位置。电磁式继电器的种类很多，如电压继

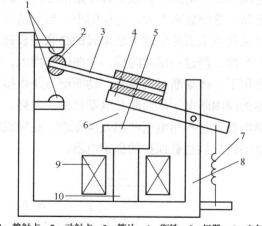

1—静触点；2—动触点；3—簧片；4—衔铁；5—极靴；6—空气气隙；7—反力弹簧；8—铁轭；9—线圈；10—铁芯

图 1-21　电磁式继电器结构图

电器、中间继电器、电流继电器、电磁式时间继电器、接触器式继电器都属于这一类。

1. 电磁式电压继电器

电磁式电压继电器触点的动作与线圈所加电压大小有关，使用时和负载并联。电压继

器的线圈匝数多、导线细、阻抗大。电压继电器又分过电压继电器、欠电压继电器和零电压继电器。

（1）过电压继电器

过电压继电器线圈在额定电压值时，衔铁不产生吸合动作，只有当电压高于额定电压105%～115%以上时才产生吸合动作。

（2）欠电压继电器

当电路中的电器设备在额定电压下正常工作时，欠电压继电器的衔铁处于吸合状态。如果电路出现电压降低时，并且低于欠电压继电器线圈的释放电压，其衔铁打开，触点复位，从而控制接触器及时分开电气设备的电源。

通常欠电压继电器的吸合电压值的整定范围是额定电压值的 30%～50%，释放电压值整定范围是额定电压值的 10%～35%。

2. 电磁式电流继电器

电磁式电流继电器触点的动作与线圈通过的电流大小有关，使用时电流继电器和负载串联。电流继电器的线圈的匝数少、导线粗、阻抗小。电流继电器又分欠电流继电器、过电流继电器。

（1）欠电流继电器

正常工作时，欠电流继电器的衔铁处于吸合状态。如果电路中负载电流过低时，并且低于欠电流继电器线圈的释放电流时，其衔铁打开，触点复位从而切断电气设备的电源。

通常欠电流继电器的吸合电流为额定电压的 30%～65%，释放电流为额定电流值的10%～20%。

（2）过电流继电器

过电流继电器线圈在额定电流值时，衔铁不产生吸合动作，只有当负载电流超过一定值时才产生吸合动作。过电流继电器常用于电力拖动控制系统中起保护作用。

通常，交流过电流继电器的吸合电流整定范围为额定电流的 1.1～4 倍，直流过电流继电器的吸合电流整定范围为额定值的 0.7～3.5 倍。

1.5.3　时间继电器

1. 空气阻尼式时间继电器

时间继电器是电路中控制动作时间的继电器，它是一种利用电磁原理或机械动作原理来实现触点延时闭合或断开的控制电器。按其动作原理与构造的不同可分为电磁式、电动式、空气阻尼式和晶体管式等类型。

图 1-22 所示的空气阻尼式时间继电器是利用空气的阻尼作用获得延时的。此继电器结构简单，价格低廉，但是准确度低，延时误差大[±（10%～20%）]，因此在要求延时精度高的场合不宜采用。

时间继电器有通电延时和断电延时 2 种类型。通电延时型时间继电器的动作原理是：线圈通电时使触点延时动作，线圈断电时使触点瞬时复位。断电延时型时间继电器的动作原理是：线圈通电时使触点瞬时动作，线圈断电时使触点延时复位。时间继电器的图形符号如图 1-23

所示，文字符号表示为 KT。

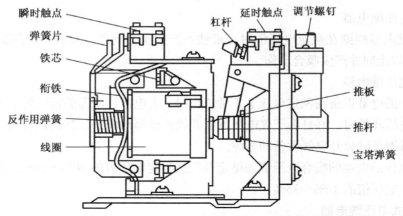

图 1-22　JS7-A 系列空气阻尼式时间继电器结构示意图

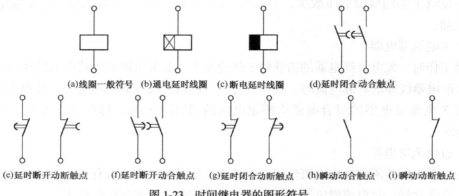

(a)线圈一般符号　(b)通电延时线圈　(c)断电延时线圈　(d)延时闭合动合触点

(e)延时断开动断触点　(f)延时断开动合触点　(g)延时闭合动断触点　(h)瞬动动合触点　(i)瞬动动断触点

图 1-23　时间继电器的图形符号

2. 电子式时间继电器

电子式时间继电器的种类很多，最基本的有延时闭合和延时断开 2 种，它们大多是利用电容充放电原理来达到延时目的的。JS20 系列电子式时间继电器具有延时长、线路简单、延时调节方便、性能稳定、延时误差小、触点容量较大等优点。图 1-24 所示为 JS20 系列电子式时间继电器原理图。刚接通电源时，电容器 C2 尚未充电，此时 $U_G=0$，场效应晶体管 VT1 的栅极与源极之间电压 $U_{GS}=-U_S$，此后，直流电源经电阻 R10、RP1、R2 向 C2 充电，电容 C2 上电压逐渐上升，直至 U_G 上升至 $|U_G-U_S|<|U_P|$（U_P 为场效应晶体管的夹断电压）时，VT1 开始导通。由于 I_D 在 R3 上产生压降，D 点电位开始下降，一旦 D 点电压降到 VT2 的发射极电位以下时，VT2 开始导通，VT2 的集电极电流 I_C 在 R4 上产生压降，使场效应晶体管的 U_S 降低。R4 起正反馈作用，VT2 迅速地由截止变为导通，并触发晶闸管 VT 导通，继电器 KA 动作。由上可知，从时间继电器接通电源开始 C2 被充电到 KA 动作为止的这段时间为通电延时动作时间。KA 动作后，C2 经 KA 动合触点对电阻 R9 放电，同时氖泡 NE 起辉，并使场效应晶体管 VT1 和晶体管 VT2 都截止，为下次工作作准备。此时晶闸管 VT 仍保持导通，除非切断电源，使电路恢复到原来状态，继电器 KA 才断开。

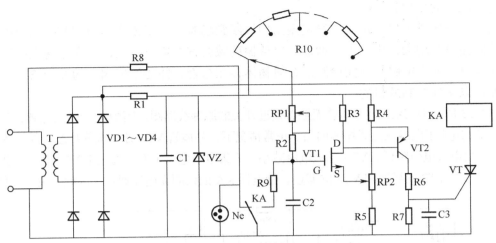

图 1-24　JS20 系列电子式时间继电器原理图

在工、矿企业中还有很多低压控制电器也经常用到，如中间继电器、速度继电器（反接制动继电器）等。

中间继电器的文字符号表示为 KA，其主要作用是扩大其他继电器触点数或触点容量，起中间转换作用，它的特点是触点数多，触点电流容量大（额定电流 5～10A），动作灵敏（动作时间不大于 0.05s），工作原理与接触器类似，这里不再介绍。

速度继电器的文字符号表示为 KS，速度继电器转子随电动机转动，产生转矩使定子转动，从而使继电器动作。主要用作笼型异步电动机的反接制动控制。

1.6　无触点电器

前面介绍的低压电器为有触点的电器，利用其触点闭合与断开来接通或断开电路，以达到控制目的。随着开关速度的加快，依靠机械动作的电器触点有的难以满足控制要求；同时，有触点电器还存在着一些固有的缺点，如机械磨损、触点的电蚀损耗、触点分合时往往颤动而产生电弧等。因此，较容易损坏，开关动作不可靠。随着微电子技术、电力电子技术的不断发展，人们应用电子元件组成各种新型低压控制电器，可以克服有触点电器的一系列缺点。下面简单介绍几种较为常用的新型电子式无触点低压电器。

1.6.1　接近开关

接近开关（又称无触点位置开关）的用途除行程控制和限位保护外，还可作为检测金属体的存在、高速计数、测速、定位、变换运动方向、检测零件尺寸、液面控制及用作无触点按钮等。它具有工作可靠、寿命长、无噪声、动作灵敏、体积小、耐震、操作频率高和定位精度高等优点。

接近开关以高频振荡型最常用，它占全部接近开关产量的 80%以上。其电路形式多种多样，但电路结构不外乎由振荡、检测及晶体管输出等几部分组成。它的工作基础是高频振荡电路状态的变化。

当金属物体进入以一定频率稳定振荡的线圈磁场时，由于该物体内部产生涡流损耗，使振荡回路电阻增大，能量损耗增加，以致振荡减弱直至终止。因此，在振荡电路后面接上放大电路与输出电路，就能检测出金属物体存在与否，并能给出相应的控制信号去控制继电器，以达到控制的目的。

图 1-25 所示为 LXJ0 型晶体管无触点接近开关的原理线路图。图中 L 为磁头电感，与电容器 C1、C2 组成了电容三点式振荡回路。正常情况下，晶体管 VT1 处于振荡状态，晶体管 VT2 导通，使集电极电位降低，VT3 基极电流减小，其集电极电位上升，通过 R2 电阻对 VT2 起正反馈，加速了 VT2 的导通和 VT3 的截止，继电器 KA 的线圈无电流通过，因此开关不动作。

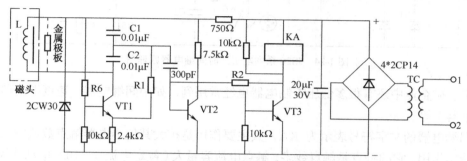

图 1-25　LXJO 接近开关原理图

当金属物体接近线圈时，则在金属体内产生涡流，此涡流将减小原振荡回路的品质因数 Q 值，使之停振。此时 VT2 的基极无交流信号，VT2 在 R2 的作用下加速截止，VT3 迅速导通，继电器 KA 线圈有电流通过，继电器 KA 动作。其动断（常闭）触点断开，动合（常开）触点闭合。

使用接近开关时应注意选配合适的有触点继电器作为输出器，同时应注意温度对其定位精度的影响。

1.6.2　温度继电器

在温度自动控制或报警装置中，常采用带电触点的汞温度计或热敏电阻、热电偶等制成的各种形式的温度继电器。

图 1-26 所示为用热敏电阻作为感温元件的温度继电器。晶体管 VT1、VT2 组成射极耦合双稳态电路。晶体管 VT3 之前串联接入稳压二极管 VZ，可提高反相器开始工作的输入电压值，使整个电路的开关特性更加良好。适当调整电位器 RP2 的电阻，可减小双稳态电路的回差。RT 采用负温度系数的热敏电阻器，当温度超过极限值时，使 A 点电位上升到 2～4V，触发双稳态电路翻转。

电路的工作原理：当温度在极限值以下时，RT 呈现很大电阻值，使 A 点电位在 2V 以下，则 VT1 截止，VT2 导通，VT2 的集电极电位约 2V，远低于稳压二极管 VZ 的 5～6.5V 的稳定电压值，VT3 截止，继电器 KA 不闭合。当温度上升到超过极限值时，RT 阻值减小，使 A 点电位上升到 2～4V，VT1 立即导通，迫使 VT2 截止，VT2 集电极电位上升，VDZ

导通，VT3 导通，KA 吸合。该温度继电器可利用 KA 的动合或动断（常开或常闭）触点对加热设备进行温度控制，实现电动机的过热保护。此外，还可通过调整电位器 RP1 的阻值来实现对不同温度的控制。

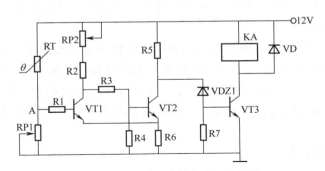

图 1-26　电子式温度继电器的原理图

1.6.3　固态继电器

固态继电器（SSR）是近年发展起来的一种新型电子继电器，具有开关速度快、工作频率高、质量轻、使用寿命长、噪声低和动作可靠等一系列优点，不仅在许多自动化装置中代替了常规电磁式继电器，而且广泛应用于数字程控装置、调温装置、数据处理系统及计算机 I/O 接口电路。固态继电器按其负载类型分类，可分为直流型（DC-SSR）和交流型（AC-SSR）。常用的 JGD 系列多功能交流固态继电器工作原理如图 1-27 所示。当无信号输入时，光耦合器中的光敏晶体管截止，晶体管 VT1 饱和导通，晶闸管 VT2 截止，晶体管 VT1 经桥式整流电路引入的电流很小，不足以使双向晶闸管 VT3 导通。

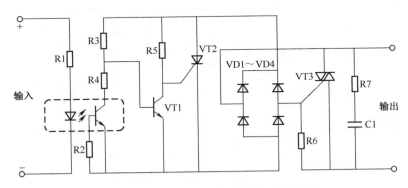

图 1-27　多功能交流固态继电器工作原理图

有信号输入时，光耦合器中的光敏晶体管导通，当交流负载电源电压接近零点时，电压值较低，经过 VD1～VD4 整流，R3 和 R4 上分压不足以使晶体管 VT1 导通。而整流电压却经过 R5 为晶闸管 VT2 提供了触发电流，故 VT2 导通。这种状态相当于短路，电流很大，只要达到双向晶闸管 VT3 的导通值，VT3 便导通。VT3 一旦导通，不管输入信号存在与否，只有当电流过零才能恢复关断。电阻 R7 和电容 C1 组成浪涌抑制器。

JDG 型多功能固态继电器按输出额定电流划分共有 4 种规格，即 1A、5A、10A、20A，电压均为 220V，选择时应根据负载电流确定规格。

　　① 电阻型负载，如电阻丝负载，其冲击电流较小，按额定电流 80%选用。

　　② 冷阻型负载，如冷光卤钨灯，电容负载等，浪涌电流比工作电流高几倍，一般按额定电流的 50%～30%选用。

　　③ 电感性负载，其瞬变电压及电流均较高，额定电流要按冷阻性选用。

　　固态继电器用于控制直流电动机时，应在负载两端接入二极管，以阻断反电势。控制交流负载时，则必须估计过电压冲击的程度，并采取相应保护措施（如加装 RC 吸收电路或压敏电阻等）。当控制电感性负载时，固态继电器的两端还需加压敏电阻。

1.6.4　光电继电器

　　光电继电器是利用光电元件把光信号转换成电信号的光电器材，广泛用于计数、测量和控制等方面。光电继电器分亮通和暗通 2 种电路，亮通是指光电元件受到光照射时，继电器 KA 吸合，暗通是指光电元件无光照射时，继电器 KA 吸合。

　　图 1-28 所示为 JG-D 型光电继电器电原理图。此电路属亮通电路，适合于自动控制系统中，指示工件是否存在或所在位置。继电器 KA 的动作电流>1.9mA，释放电流<1.5mA，发光头 EL 与接收头 VT1 的最大距离可达 50m。

　　工作原理：220V 交流电经变压器 T 降压、二极管 VD1 整流、电容器 C 滤波后作为继电器的直流电源。T 的二次侧另一组 6V 交流电源直接向发光头 EL 供电。晶体管 VT2、VT3 组成射级耦合双稳态触发器。在光线没有照射到接收头光敏晶体管 VT1 时，VT2 基极处于低电位而导通，VT3 截止，继电器 KA 不闭合。当光照射到 VT1 上时，VT2 基极变为高电位而截止，VT3 就导通，KA 闭合，能准确地反应被测物是否到位。

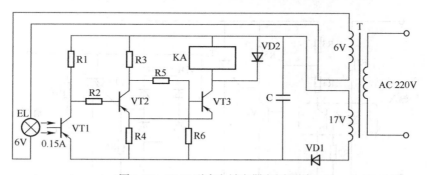

图 1-28　JG-D 型光电继电器电原理图

　　使用光电继电器必须注意，光电继电器安装、使用时，应避免振动及阳光、灯光等其他光线的干扰。

1.7　电动机

　　工业生产中的大多数机械设备都是通过电动机进行拖动，将电能转换为机械能，在工业生产中有着不可替代的作用。下面介绍常用的三相交流异步电动机和直流电动机。

1.7.1　三相交流异步电动机

三相交流异步电动机的应用很广泛，占到世界用电设备的 75%。下面来介绍三相交流异步电动机的结构、工作原理等方面的知识。

1. 结构

三相异步电动机分为 2 个基本部分：定子（固定部分）和转子（旋转部分），如图 1-29 所示。

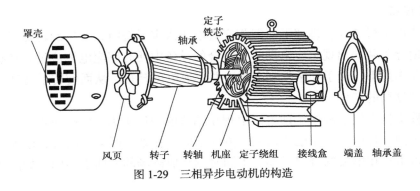

图 1-29　三相异步电动机的构造

（1）定子

三相异步电动机定子由机座（铸铁或铸钢制成）、圆筒形铁芯（由互相绝缘的硅钢片叠制而成）以及嵌放在铁芯内的三相对称定子绕组（接成星形或三角形）组成。

（2）转子

根据构造上的不同，三相异步电动机的转子可分为 2 种类型：笼型和绕线型。

① 笼型的转子绕组做成鼠笼状，就是在转子铁芯的槽中嵌入铜条，其两端用端环连接，或者在槽中浇铸铝液，其外形像一个鼠笼，如图 1-30 所示。由于构造简单，价格低廉、工作可靠、使用方便，笼型电动机被广泛应用。

（a）转子外形　　　　　（b）笼型绕组　　　　　（c）铸铝笼型绕组

图 1-30　笼型转子

② 绕线转子异步电动机的构造如图 1-31 所示，它的转子绕组同定子绕组一样，也是三相的，一般连成星形。每相的始端连接在 3 个铜制的滑环上，滑环固定在转轴上，在环上用弹簧压着碳质电刷。启动电阻和调速电阻是借助于电刷同滑环和转子绕组连接的。

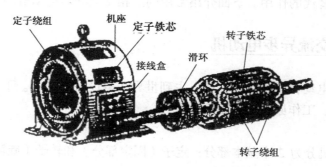

图 1-31　绕线转子异步电动机的构造

2. 工作原理

三相异步电动机转动原理如下：三相交流电通入定子绕组，产生旋转磁场。磁力线切割转子导条使导条两端出现感应电动势，闭合的导条中便有感应电流流过。在感应电流与旋转磁场相互作用下，转子导条受到电磁力并形成电磁转矩，从而使转子转动。

（1）旋转磁场的产生

三相对称交流电流的相序（即电流出现正幅值的顺序）为 U→V→W。不同时刻，三相电流正负不同，也就是三相电流的实际方向不同。在某一时刻，将每相电流所产生的磁场相加，便得出三相电流的合成磁场。不同时刻合成磁场的方向也不同，如图 1-32 所示。

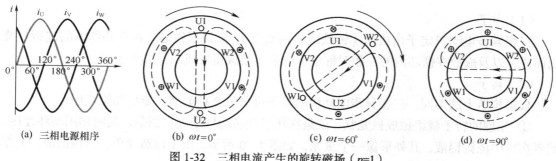

(a) 三相电源相序　　(b) $\omega t=0°$　　(c) $\omega t=60°$　　(d) $\omega t=90°$

图 1-32　三相电流产生的旋转磁场（$p=1$）

由图 1-32 所示可知，当定子绕组中通入三相交流电流后，它们共同产生的合成磁场是随电流的交变而在空间不断地旋转着，这就是旋转磁场。

（2）转动原理

三相异步电动机转子转动原理示意图如图 1-33 所示。图中 N、S 表示由通入定子的三相交流电产生的 2 极旋转磁场。转子中只表示出分别靠近 N 极和 S 极的 2 根导条（铜或铝）。当旋转磁场向顺时针方向旋转时，其磁力线切割转子导条，导条中就感应出电动势，闭合的导条中就有感应电流。感应电流的方向可以根据右手定则来判断，判断的结果如图 1-33 所示。导条中的感应电流与旋转磁场相互作用，使转子导条受到电磁力 F。电磁力的方向可以由左手定则确定。靠近 N 极和 S 极的 2 根导条产生的电磁力形成电磁转矩，使转子转动起来。

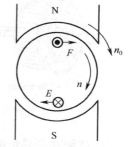

图 1-33　转子转动原理示意图

3. 转向与转速

（1）电动机正、反转

由图 1-32 所示可知，当通入电动机定子绕组的三相电流相序为 U→V→W 时，三相电流产生的旋转磁场是顺时针方向的；这时由图 1-33 所示可知，转子转动方向也是顺时针方向的。因此，电动机转子的转动方向和磁场的旋转方向是相同的。当通入电动机定子绕组的三相电流相序变为 U→W→V 时，三相电流产生的旋转磁场将从原来顺时针方向（正转）变为逆时针方向（反转），如图 1-34 所示。因此，电动机转子的转动方向也跟着变为逆时针方向（反转）。

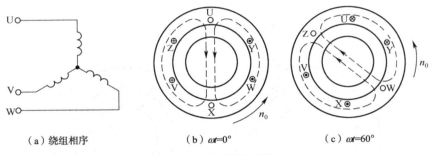

（a）绕组相序   （b）$\omega t=0°$ （c）$\omega t=60°$

图 1-34 旋转磁场的反转

所以，要使电动机反转，只要将三相电源的任意两相对调，即改变通入定子绕组的三相电流的相序，电动机就改变转动方向。

（2）电动机转速

三相异步电动机的转速与旋转磁场的转速有关，而旋转磁场的转速又取决于磁场的磁极对数，旋转磁场的磁极对数又与定子绕组的安排有关。

① 旋转磁场转速 n_0。当旋转磁场具有 p 对磁极时，磁场的转速为

$$n_0 = (60f_1/p) \text{ (r/min)}$$

因此，旋转磁场的转速 n_0 决定于电动机电源频率 f_1 和磁场的磁极对数 p。对于某一异步电动机来说，f_1 和 p 通常是一定的，所以磁场转速 n_0 是个常数，常称为同步转速。

旋转磁场磁极对数 p 决定于三相绕组的安排情况。如果每个绕组有 1 个线圈，那么 3 个绕组的始端之间相差 120° 空间角，则产生的旋转磁场具有 1 对磁极（即 $p=1$），如图 1-32 所示。如果每个绕组有 2 个线圈串联，如图 1-35 所示，那么 3 个绕组的始端之间相差 60° 空间角，则产生的旋转磁场具有 2 对磁极（即 $p=2$），如图 1-36 所示。

② 转子转速 n。如图 1-33 所示，电动机转速 n 与旋转磁场转速 n_0 之间必须要有差别，否则转子与旋转磁场之间就没有相对运动，因而磁力线就不切割转子导体，转子电动势、转子电流以及转矩也就都不存在。这样，转子就不可能继续以 n 的转速转动。这就是异步电动机名称的由来。

③ 转差率 s。转子转速 n 与旋转磁场转速 n_0 相差的程度用转差率 s 来表示，即

$$s = (n_0 - n)/n_0$$

转差率是异步电动机的一个重要的物理量。转子转速愈接近旋转磁场转速，则转差率愈小。由于三相异步电动机的额定转速与同步转速相近，所以它的转差率很小，通常异步电动机在额定负载时的转差率为 1%～9%。当 $n=0$ 时（启动初始瞬间），$s=1$，这时转差率最大。

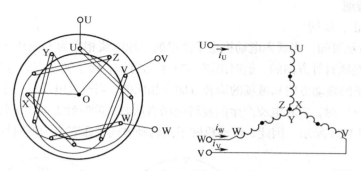

图1-35　产生2对磁极的定子绕组

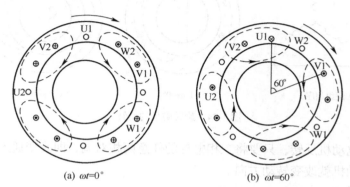

(a) $\omega t=0°$　　　　　　　　(b) $\omega t=60°$

图1-36　三相交流电流产生的旋转磁场（$p=2$）

4．铭牌数据

三相异步电动机铭牌数据的意义如下。

（1）型号

为了适应不同用途和不同工作环境的需要，电动机制成不同的系列，每种系列用各种型号表示，型号说明如下。

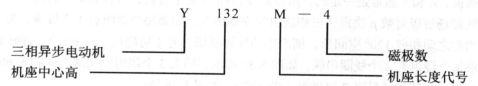

三相异步电动机机座长度代号表示：S为短机座；M为中机座；L为长机座。

（2）电压

铭牌上所标的电压值是指电动机在额定运行时定子绕组上应加的线电压有效值。一般规定电动机的工作电压不应高于或低于额定值的5%。

（3）电流

铭牌上所标的电流值是指电动机在额定运行时定子绕组的线电流有效值。

（4）功率与效率

铭牌上所标的功率值是指电动机在额定运行时轴上输出的机械功率值。一般笼型电动机在额定运行时的效率为72%～93%，在额定功率的75%左右运行时效率最高。

（5）功率因数

三相异步电动机的功率因数较低，在额定负载时为 0.7～0.9，而在轻载和空载时更低，空载时只有 0.2～0.3。因此，必须正确选择电动机的容量，防止"大马拉小车"，并力求缩短空载的时间。

（6）温升与绝缘等级

温升是指电动机在运行时，其温度高出环境的温度，即电动机温度与周围环境温度之差。一般规定环境温度为 40℃，若电动机的允许温升为 75℃，则在运行时，电动机的温度不能超过 115℃。电动机的允许温升取决于电动机的绝缘材料的耐热性能，即绝缘等级。

（7）接法

接法是指定子三相绕组（U1U2、V1V2、W1W2）的接法。如果 U1、V1、W1 分别为三相绕组的始端（头），则 U2、V2、W2 是相应的末端（尾）。笼型电动机的接线盒中有三相绕组的 6 个引出线端，连接方法有星形（Y）连接和三角形（△）连接 2 种，如图 1-37 所示。通常 3kW 以下的三相异步电动机连成星形，4kW 及以上的连成三角形。

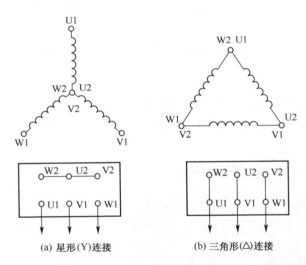

图 1-37　定子绕组的星形（Y）连接和三角形（△）连接

1.7.2　直流电机

直流电机是直流发电机和直流电动机的总称。直流发电机将机械能转换为电能；直流电动机将电能转换为机械能。直流电动机虽然比三相异步电动机的结构复杂，维护也不方便，但是由于它的调速性能好和启动转矩较大，因此，常用于对调速要求较高的生产机械（如龙门刨床、镗床、轧钢机等）或需要较大启动转矩的生产机械（如起重机械和电力牵引设备等）。直流电动机按励磁方式分为并励电动机、串励电动机、复励电动机和他励电动机 4 种。下面介绍直流电动机的有关知识。

1．构造

直流电动机主要由磁极、电枢和换向器组成，如图 1-38 所示。

（1）磁极

直流电动机的磁极如图 1-39 所示，是用硅钢片叠制而成的，固定在机座（即电动机外壳）上，是磁路的一部分，它分成极芯和极掌 2 部分。极芯上放置励磁绕组，极掌的作用是使电动机空气隙中磁感应强度的分布最为合适，并用来挡住励磁绕组。机座也是磁路的一部分，通常用铸钢制成。

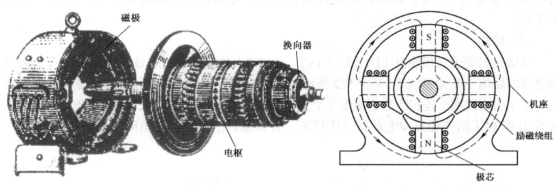

图 1-38　直流电动机的组成示意图　　　　　图 1-39　直流电动机的磁极及磁路

（2）电枢

直流电动机的电枢是旋转的，是电动机中产生感应电动势的部分。电枢铁芯呈圆柱状，由硅钢片叠制而成，表面冲有槽，槽中放电枢绕组。电枢和电枢铁芯片示意图如图 1-40 所示。

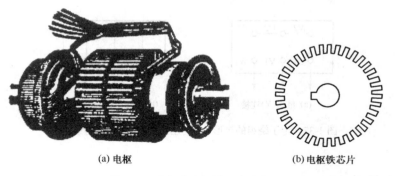

(a) 电枢　　　　　　　　　　　　(b) 电枢铁芯片

图 1-40　电枢和电枢铁芯片示意图

（3）换向器

换向器是直流电动机的构造特征，装在电动机转轴上，如图 1-41 所示。换向器由楔形换向铜片组成，铜片间用云母（或塑料）垫片绝缘。换向铜片放在套筒上，用压圈固定，压圈本身又用螺母固紧。电枢绕组的导线按一定规则与换向片相连接。换向器的凸出部分是焊接电枢绕组的。在换向器的表面用弹簧压着固定的电刷，使转动的电枢绕组得以同外电路连接起来。

2．基本工作原理

为了讨论直流电动机的工作原理，现把复杂的直流电动机简化为图 1-42 所示的工作原理图。电动机具有 1 对磁极，电枢绕组只是 1 个线圈，线圈两端分别连在 2 个换向片上，换向片上压着电刷 A 和 B。

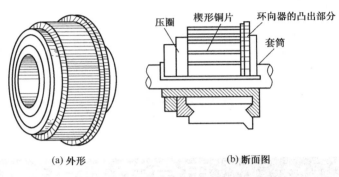

(a) 外形　　　　　　　　　　(b) 断面图

图 1-41　直流电动机换向器示意图

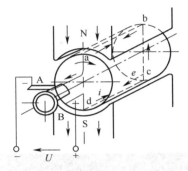

图 1-42　直流电动机工作原理图

　　直流电机作电动机运行时，将直流电源接在两电刷之间，电流方向为，N 极下的有效边中的电流总是一个方向，而 S 极下的有效边中的电流总是另一个方向。这样 2 个边上受到的电磁力的方向一致，电枢因而转动。当线圈的有效边从 N（S）极下转到 S（N）极下时，其中电流的方向由于换向片而同时改变，而电磁力的方向不变，因此，电动机就连续运行。

习　　题

1. 什么是低压电器？按用途如何分类？其主要的技术参数有哪些？
2. 低压电器的电磁机构由哪几部分组成？
3. 触点的形式有哪几种？灭弧的形式主要有哪几种？
4. 低压熔断器有哪几种类型？试写出各种熔断器的型号。
5. 简单说明接触器的组成及工作原理。
6. 电流继电器与电压继电器有什么区别？
7. 为什么热继电器只能作过载保护，而不能作短路保护？
8. 叙述热继电器的工作原理、用途和特点。
9. 常用的继电器有哪些？
10. 固态继电器适用什么场合？有什么优点？
11. 三相异步电动机的工作原理是什么？
12. 一台三相异步电动机铭牌上标有：额定电压 380/220V，定子绕组接法 Y/△，那么，该电动机应该如何接线？请说明道理。
13. 请列出实训室所用低压电器的名称、型号及主要技术参数，并上网搜索其主要生产厂商及市场售价。
14. 运用你所学的知识判断实训室所配低压电器是否合理？若合理，请说明理由；若不合理，请提出你的整改建议。

电气控制系统是由电气设备及电气元件按照一定的控制要求连接而成。各类电气控制设备有着各种各样的控制系统，这些控制系统不管是简单还是复杂，一般来说都是由基本电路组成，在分析控制系统原理和判断故障时，一般都是从这些基本电路着手。因此，掌握电气控制系统的基本电路，对整个电气控制系统工作原理分析及维修会有很大的帮助。

· 电气控制系统中的基本电路包括电机（电动机和发电机）的启动、调速和制动等控制环节。本章主要介绍这些基本电路的组成、工作原理和作用以及必要的保护措施，最后介绍 2 类常用机床的电气控制系统。

2.1 电气工程图及绘制

为了清晰地表达生产机械电气控制系统的工作原理，便于系统的安装、调试、使用和维修，将电气控制系统中的各电气元器件用一定的图形符号和文字符号来表示，再将其连接情况用一定的图形表达出来，这种图形就是电气控制系统图（即工程图）。

电气控制系统图是根据国家电气制图标准，用规定的图形符号、文字符号以及规定的画法绘制的。常用的电气控制系统图有 3 种：电路图（即原理图、线路图）、接线图和元件布置图。

2.1.1 图形符号和文字符号

为便于交流与沟通，我国参照国际电工委员会（IEC）颁布了有关文件，制定了电气设备有关国家标准，因此，电气控制系统图中的图形符号和文字符号必须符合相关的国家标准。

1. 图形符号

图形符号由符号要素、限定符号、一般符号以及常用的非电操作控制的动作符号（如机械控制符号等），根据不同的具体器件情况组合构成，见表 2-1。

表 2-1　　　　　　　　　　　　　　　　　　基本图形符号

限定符号及操作方法符号		组合符号举例	
图 形 符 号	说　明	图 形 符 号	说　明
	接触器功能	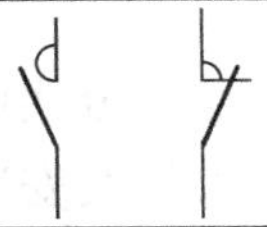	接触器主触点
	限位开关、位置开关功能	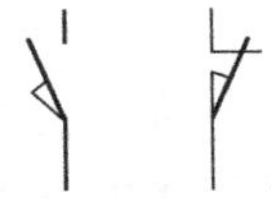	位置开关触点
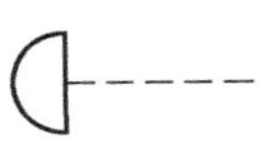	紧急开关（蘑菇头按钮）		急停开关
	旋转按钮	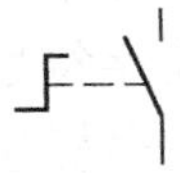	旋转开关
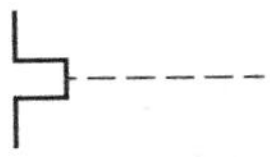	热执行操作	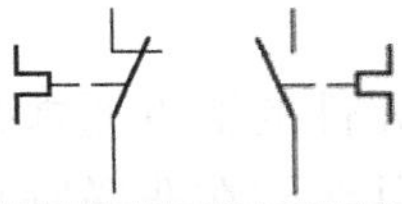	热继电器触点
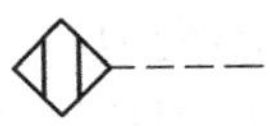	接近效应操作	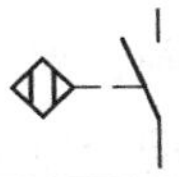	接近开关
	延时动作		时间继电器触点

2. 文字符号

电气控制系统图中的文字符号分为基本文字符号和辅助文字符号。基本文字符号有单字母符号和双字母符号，单字母符号表示电气设备、装置和元器件的大类，如 K 为继电器类元件；双字母符号由一个表示大类的字母与另一个表示器件某些特性的字母组成，例如 KA 表示继电器类中的中间继电器（或电流继电器），KM 表示继电器类中的接触器。辅助文字符号用来进一步表示电气设备、装置和元器件功能、状态和特征。

常用图形符号和文字符号本书未一一列举，实际使用时需要更多更详细的资料，请查阅国家有关标准。

2.1.2　电路图

电路图习惯上也称为电气原理图，用于表达电路、电气控制系统组成部分和连接关系。

通过电路图，可详细地了解电路、电气控制系统的组成及工作原理，并可在安装、测试和故障查找时提供足够的信息，同时电路图也是编制接线图的重要依据。

1. 电路图的组成

电路图一般包括主电路和控制电路。主电路是从电源到用电设备的驱动电路，它在控制电路的控制下，根据控制要求由电源向用电设备供电。控制电路由接触器和继电器线圈以及各种电器的动合、动断触点组合构成控制逻辑，实现所需要的控制功能。主电路、控制电路和其他的辅助电路、保护电路一起构成电气控制系统。

2. 电路图的绘制原则

电路图应在简单清晰、层次分明的前提下，既要做到所用元件、触点、导线最少，能耗最小，又要保证电路运行可靠及安装维护方便，因此，必须遵守以下绘制原则。

（1）电路布局原则

电路图中的电路可水平布置，也可垂直布置。水平布置时，电源线等主电路垂直画在电路的左侧，其他电路水平画在电路的右侧（耗能元件画在电路的最右端）。垂直布置时，电源线水平画，其他电路垂直画（耗能元件画在电路的最下端）。

（2）元器件绘制原则

电路图中所有电器元件一般不画实际的外形图，也不按其实际位置来绘制，只需采用国家标准规定的图形符号和文字符号来表示；同一电器的各个部件可根据需要画在不同的地方，但必须用相同的文字符号标注。

（3）触点绘制原则

电路图中所有电器元件的触点通常按电器非激励或不工作的自然状态和位置绘制。对于继电器和接触器则按其线圈在非激励状态时的触点状态绘制，对于断路器和隔离开关则按断开位置时的触点状态绘制，对于机械操作开关和按钮开关则按非工作或不受力时的状态绘制，对于零位操作的手动控制开关则按零位状态绘制，对于保护类元器件则按设备正常工作时的状态绘制，特别情况可在图上说明。

（4）电路连接点、交叉点的绘制

在电路图中，对于需要测试和拆接的外部引线的端子，要采用"空心圆"表示；对于有直接电联系的导线连接点，要采用"实心圆"表示；对于无直接电联系的导线交叉点，则不用"实心圆"表示，且在电路图中要尽量避免线条的交叉。

3. 图区和触点位置索引

电气控制系统图样通常采用分区的方式建立坐标，以便于阅读查找。电路图常采用在图的下方沿横坐标方向划分成若干图区，并用数字标明图区，同时在图的上方沿横坐标方向划区，分别标明该区电路的功能。图 2-1 所示为电动机正、反转的电气原理图，图中接触器线圈下方的触点表是用来说明线圈和触点的从属关系的，其含义如下。

KM			KM		
2	6	×	主触头所	辅助动合触点	辅助动断触点
2	×	×	在图区	所在图区	所在图区
2					

对未使用的触点用"×"表示。

4. 电路图中技术数据的标注

电路图中元器件的数据和型号（如热继电器动作电流和整定值的标注、导线截面积等）可用小号字体标注在电器文字符号的下面。

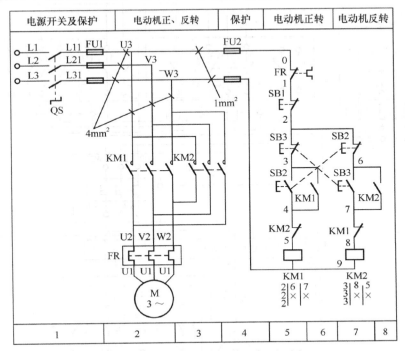

图 2-1　电动机正、反转的电气原理图

2.1.3　元件布置图

电器元件布置图主要是表明机械设备上所有电气设备和电器元件的实际位置，是电气控制设备制造、安装和维修必不可少的技术文件。图 2-2 所示为电动机正、反转的元件布置图。

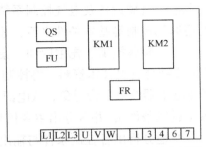

图 2-2　电动机正、反转的元件布置图

2.1.4　接线图

接线图主要用于安装接线、电路检查、电路维修和故障处理。它表示了设备电气控制系统各单元和各元器件间的接线关系，并标注出所需数据，如接线端子号、连接导线参数等，实际应用中通常与电路图、位置图一起使用。图 2-3 所示为电动机正、反转的接线图。

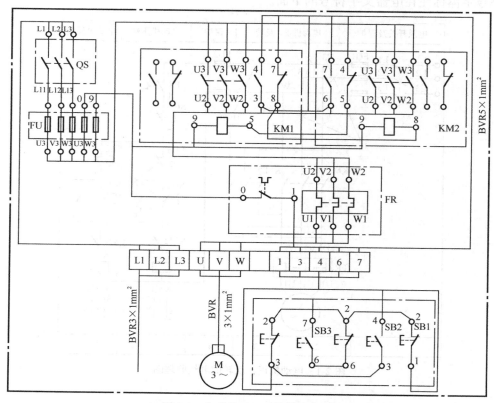

图 2-3　电动机正、反转的接线图

2.2 电气控制系统的分析方法

电气控制系统的分析是在掌握了机械设备及电气控制系统的构成、运行方式、相互关系以及各电动机和执行电器的用途和控制等基本条件之后，才可对电气控制系统进行具体分析。分析的一般原则是化整为零、顺藤摸瓜、先主后辅、集零为整、安全保护和全面检查。分析电气控制系统时，通常要结合有关技术资料，将控制系统"化整为零"，即以某一电动机或电器元件（如接触器或继电器线圈）为对象，从电源开始，自上而下，自左而右，逐一分析其接通及断开的关系（逻辑条件），并区分出主令信号、联锁条件和保护要求等。根据图区坐标标注的检索可以方便地分析出各控制条件与输出的因果关系。分析电气控制系统的常用方法有 2 种：查线读图法和逻辑代数法。

2.2.1　查线读图法

查线读图法（又称为直接读图法或跟踪追击法）是按照电气控制系统图，根据生产过程的工作步骤依次读图，一般按照以下步骤进行。

1．了解生产工艺与执行电器的关系

在分析电气控制系统之前，应该熟悉生产机械的工艺情况，充分了解生产机械要完成哪些动作，这些动作之间又有什么联系；然后进一步明确生产机械的动作与执行电器的关系，必要时可以画出简单的工艺流程图，为分析电气控制系统提供方便。

2．分析主电路

主电路一般要容易些，可以看出有几台电动机，各有什么特点，是哪一类的电动机，采用什么方法启动，是否要求正、反转，有无调速和制动要求等。

3．分析控制电路

一般情况下，控制电路较主电路要复杂一些。如果比较简单，根据主电路中各电动机或电磁阀等执行电器的控制要求，逐一找出控制电路中的控制环节，即可分析其工作原理，从而掌握其动作情况；如果比较复杂，一般可以按控制电路将其分成几部分来分析，采取"化整为零"的方法，分成一些基本的熟悉的单元电路，然后将各单元电路进行综合分析，最后得出其动作情况。

4．分析辅助电路

辅助电路中的电源显示、工作状态显示、照明和故障报警显示等辅助电路，大多由控制电路中的元器件来控制。所以，对辅助电路进行分析也是很有必要的。

5．分析联锁和保护环节

机床对于安全性和可靠性有很高的要求，为了实现这些要求，除了合理地选择拖动和控制方案外，在控制电路中还设置了一系列电气保护和必要的电气联锁，这些联锁和保护环节必须弄清楚。

6．总体检查

经过"化整为零"的局部分析，逐步分析了每一个局部电路的工作原理以及各部分之间的控制关系之后，还必须用"集零为整"的方法，检查整个控制系统，看是否有遗漏，特别要从整体角度去进一步分析和理解各控制环节之间的联系，以理解电路中每个电气元件的名称及其作用。

查线读图法的优点是直观性强、容易掌握，因而得到广泛采用。其缺点是分析复杂系统时容易出错，叙述也较长。

2.2.2　逻辑代数法

逻辑代数法（又称为间接读图法）是通过对电路的逻辑表达式的运算来分析电路的，其关键是正确写出电路的逻辑表达式。

1．电器元件的逻辑表示

当电气控制系统由开关量构成控制时，电路状态与逻辑函数式之间存在对应关系，为将电路状态用逻辑函数式的方式描述出来，通常对电器作出如下规定。

① 用 KM、KA、SQ、…等分别表示接触器、继电器、行程开关等电器的动合（常开）触点，用 $\overline{KM}$、$\overline{KA}$、$\overline{SQ}$、…等表示动断（常闭）触点。

② 触点闭合时，逻辑状态为 1；触点断开时，逻辑状态为 0；线圈得电时为 1 状态；线圈失电时为 0 状态，常用的表达方式如下。

线圈状态：KM=1 接触器线圈处于得电状态；KM=0 接触器线圈处于失电状态。

触点处于非激励或非工作的状态：KM=0 接触器动合触点状态；$\overline{KM}$=1 接触器动断触点状态；SB=0 动合按钮触点状态；$\overline{SB}$=1 动断按钮触点状态。

触点处于激励或工作的状态：KM=1 接触器动合触点状态；$\overline{KM}$=0 接触器动断触点状态；SB=1 动合按钮触点状态；$\overline{SB}$=0 动断按钮触点状态。

2. 电路状态的逻辑表示

电路中触点的串联关系可用逻辑与即逻辑乘（·）的关系表达；触点的并联关系可用逻辑或即逻辑加（+）的关系表达。图 2-4 所示为启保停控制电路，其接触器 KM 线圈的逻辑函数式可写成 f（KM）=$\overline{SB1}$·（SB2+KM）。

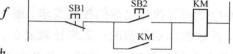

图 2-4　启保停控制电路

线圈 KM 的得、失电控制由停止按钮 SB1、启动按钮 SB2 和自锁触点 KM 控制。SB1 为线圈 KM 的失电条件，SB2 为线圈 KM 的得电条件，触点 KM 则具有自保功能。

逻辑代数法读图的优点是：各电气元器件之间的联系和制约关系在逻辑表达式中一目了然，通过对逻辑函数的运算，一般不会遗漏或看错电路的控制功能，而且为电气电路的计算机辅助分析提供了方便。逻辑代数法读图的主要缺点是，对于复杂的电路，其逻辑表达式很繁琐。

2.3　电动机的直接启动控制

三相笼型异步电动机由于具有结构简单、价格便宜、坚固耐用等优点而获得广泛的应用。在生产实际中，它的应用占到了全部使用电动机的 80%以上。三相笼型异步电动机的控制大都由继电器、接触器、按钮开关等有触点的电器组成，本节介绍电动机直接启动控制。

电动机通电后由静止状态逐渐加速到稳定运行状态的过程称为电动机的启动，三相笼型异步电动机的启动有降压和全压启动 2 种方式。若将额定电压全部加到电动机定子绕组上使电动机启动，称为全压启动或直接启动。全压启动所用的电气设备少，电路简单，但启动电流大，同时会造成电网电压降低而影响同一电网下其他用电设备的稳定运行。因此，容量小的电动机才允许采取直接启动。

2.3.1　点动控制

电动机的点动控制是用按钮开关、接触器来控制电动机运行的，是最简单的控制，其控制原理图如图 2-5 所示。

所谓点动控制是指按下启动按钮时，电动机就通电运行；松开启动按钮时，电动机就断电停止。这种控制方法常用于电动葫芦的升降控制和机床的手动调校控制。

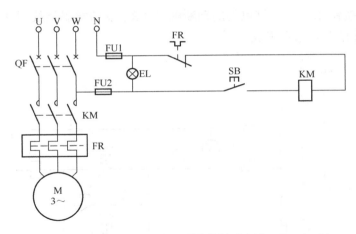

图 2-5　电动机点动控制（KM 线圈额定电压为 AC 220V）

1．主电路元器件

如图 2-5 所示，主电路由三相空气开关 QF、交流接触器主触点 KM、热继电器的热元件 FR 以及三相电动机 M 组成。

2．控制电路元器件

如图 2-5 所示，控制电路由熔断器 FU1、FU2、按钮 SB、电源指示灯 EL、交流接触器线圈 KM（额定电压为 AC 220V）及热继电器的辅助动断触点 FR 组成。

3．工作原理

当电动机 M 需要点动运行时，先合上空气开关 QF，再按下启动按钮 SB，此时接触器 KM 的线圈得电，接触器 KM 的 3 对动合主触点闭合，电动机 M 便通电启动运行；当电动机 M 需要停止时，只要松开启动按钮 SB，此时接触器 KM 的线圈失电，接触器 KM 的 3 对动合主触点恢复断开，电动机 M 便断电而停止。

2.3.2　单向连续运行控制

在点动控制的基础上增加停止按钮和交流接触器的辅助动合触点后，即为单向连续运行（又称启保停）控制，其电路图及工作原理参见实训 1。

2.3.3　单向点动与连续运行控制

单向点动与连续运行控制是在点动控制与单向连续运行控制的基础上增加一个复合按钮，即为单向点动与连续运行控制，其电路图如图 2-6 所示。

1．主电路元器件

如图 2-6 所示，主电路由三相空气开关 QF、交流接触器主触点 KM、热继电器的热元件 FR 以及三相电动机 M 组成，与图 2-5 所示的主电路完全一致。

2．控制电路元器件

如图 2-6 所示，控制电路由熔断器 FU1、FU2、电源指示灯 EL、动断按钮 SB1、复合按钮 SB2、动合按钮 SB3、热继电器的动断触点 FR、交流接触器线圈 KM（额定电压为 AC380V）及其辅助动合触点组成。

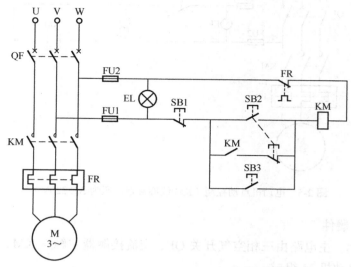

图 2-6　单向点动与连续运行控制（KM 线圈额定电压为 AC 380V）

3．工作原理

（1）控制电路通电

合上空气开关 QF ──→ 指示灯 EL 亮

（2）点动运行

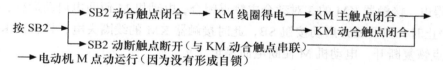

按 SB2 ──→ SB2 动合触点闭合 ──→ KM 线圈得电 ──→ KM 主触点闭合 ──→ KM 动合触点闭合

──→ SB2 动断触点断开（与 KM 动合触点串联）

──→ 电动机 M 点动运行（因为没有形成自锁）

（3）连续运行

按 SB3 ──→ KM 线圈得电 ──→ KM 主触点闭合 ──→ 电动机 M 连续运行

──→ KM 动合触点闭合自锁 ──→

（4）停止运行

按 SB1 ──→ KM 线圈失电 ──→ KM 主触点断开 ──→ 电动机 M 停止运行

──→ KM 自锁触点断开

（5）控制电路失电

断开空气开关 QF ──→ 指示灯 EL 灭

根据上述工作原理，该电路适用于需要点动调校与连续运行的场所（如机床、吊车等），是一种很实用的电路。

2.3.4　两地控制

上述的点动控制、单向连续运行控制和单向点动与连续运行控制都是在 1 个地点对电动机进行控制，若要在 2 个地点对电动机进行控制，则为两地控制，其电路图及工作原理参见实训 2，三地及以上的控制则请读者自行设计。

2.3.5　正、反转控制

在生产和生活中，许多设备需要 2 个相反的运行方向，如电梯的上升和下降，机床工作台的前进和后退，其本质就是电动机的正、反转。要实现电动机的反转，只要将接至电动机三相电源进线中的任意两相对调接线，即可达到反转的目的，其电路图及工作原理参见实训 3。

2.3.6　行程控制

在生产过程中，常遇到一些生产机械运动部件的行程或位置要受到限制，如在摇臂钻床、万能铣床、桥式起重机及各种自动或半自动控制机床设备中就经常要使用行程控制。行程控制，就是当运动部件到达一定位置时，通过行程开关的动作来对运动部件的运动进行控制，又称位置控制。行程开关是由装在运动部件上的挡块来撞动的，并使其触点动作来接通或断开电路。

有些生产机械，如万能铣床，要求工作台在一定范围内能自动往返运动，以便实现对工件的连续加工，提高生产效率。由行程开关控制工作台的自动往返控制称为正、反转行程控制，其电路图如图 2-7 所示。

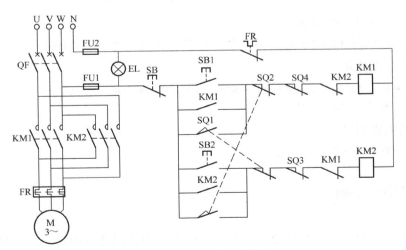

图 2-7　正、反转行程控制

图 2-7 所示的主电路由 2 个交流接触器 KM1 和 KM2 控制同一台电动机。当 KM1 主触点闭合时，电动机正转，通过机械传动机构使工作台右移，而当 KM2 主触点闭合时，电动机反转，工作台左移。

图 2-7 所示的控制电路设置了 4 个行程开关 SQ1、SQ2、SQ3 和 SQ4，并把它们安装

在工作台需限位的地方。其中，SQ1、SQ2 被用来控制电动机的正、反转，实现工作台的自动往返行程控制；SQ3、SQ4 被用来作终端保护，以防止 SQ1、SQ2 失灵，工作台越过限定位置而造成事故。控制电路的 SB1、SB2 分别作为电动机正、反转启动按钮，当工作台在左端时，按下 SB1，电动机正转，工作台右移；当工作台在右端时，则按下 SB2，电动机反转，工作台左移，其电路的工作过程如下。

（1）控制电路通电

合上空气开关 QF ➞ 指示灯 EL 亮

（2）工作台右移

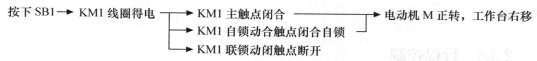

按下 SB1 ➞ KM1 线圈得电 ➞ KM1 主触点闭合 ➞ 电动机 M 正转，工作台右移
               ➞ KM1 自锁动合触点闭合自锁
               ➞ KM1 联锁动闭触点断开

（3）工作台停止右移（开始左移）

当工作台右移至限定位置时，
挡块撞动 SQ2 ➞ SQ2 动断触点断开 ➞ KM1 线圈失电 ➞ KM1 自锁触点断开
                                        ➞ KM1 主触点断开 ➞ 电动机 M 停止正转，工作台停止右移
                                        ➞ KM1 联锁触点闭合
   ➞ SQ2 动合触点闭合 ➞ KM2 线圈得电 ➞ KM2 联锁触点断开
                                        ➞ KM2 主触点闭合 ➞ 电动机 M 反转，工作台左移
                                        ➞ KM2 自锁触点闭合自锁

（4）工作台停止左移（开始右移）

当工作台左移至限定位置时，
挡块撞动 SQ1 ➞ SQ1 动断触点断开 ➞ KM2 线圈失电 ➞ 电动机 M 停止反转，工作台停止左移
   ➞ SQ1 动合触点闭合 ➞ KM2 线圈得电 ➞ KM1 主触点闭合 ➞ 电动机 M 又正转，工作台右移
                                        ➞ KM1 自锁触点闭合自锁
                                        ➞ KM1 联锁动断触点断开

（5）工作台重复工作过程

工作台重复（3）和（4）的工作过程，在限定行程内自动往返运动。

（6）工作台停止运行

按下 SB ➞ KM1（或 KM2）线圈失电 ➞ KM1（或 KM2）主触点断开 ➞ 电动机 M 停止 ➞ 工作台停止运动

（7）控制电路断电

断开空气开关 QF ➞ 指示灯 EL 灭

2.3.7　顺序控制

在装有多台电动机的生产机械上，各电动机所起的作用是不相同的，有时需要顺序启动，才能保证操作过程的合理性和工作的安全可靠性。控制电动机顺序动作的控制方式叫顺序控制，顺序控制可分为手动顺序控制和自动顺序控制。手动顺序控制如图 2-8 所示。

在手动顺序控制的主电路中，自动空气开关 QF 用于接通和分断三相交流电源，2 个交流接触器 KM1 和 KM2 分别控制 2 台电动机 M1 和 M2，热继电器 FR1 和 FR2 对电动机实现过载保护。在手动顺序控制的控制电路中，熔断器 FU1 和 FU2 起短路保护的作用，动合按钮 SB1 和 SB3 分别控制电动机 M1 和 M2 的启动，动断按钮 SB 控制电动机 M1 或

M1、M2 的停止，动断按钮 SB2 控制电动机 M2 的停止，其工作过程如下。

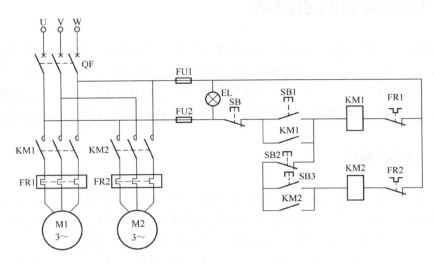

图 2-8　手动顺序控制

（1）控制电路通电

合上空气开关 QF ➞ 指示灯 EL 亮

（2）电动机 M1 先启动

按下 SB1 ➞ KM1 线圈得电 ➞ KM1 主触点闭合 ➞ 电动机 M1 起动并连续运行
　　　　　　　　　　　➞ KM1 动合触点闭合自锁

（3）电动机 M2 后启动

在 M1 运行状态下，

按下 SB3 ➞ KM2 线圈通电 ➞ KM2 主触点闭合 ➞ 电动机 M2 起动并连续运行
　　　　　　　　　　　➞ KM2 动合触点闭合自锁

（4）电动机逆序停止

　　在 M1、M2 同时运行状态下，按 SB2 ➞ KM2 线圈失电 ➞ KM2 主触点断开 ➞ 电动机 M2 停止 ➞ 再按 SB ➞ KM1 线圈失电 ➞ KM1 主触点断开 ➞ 电动机 M1 停止

（5）电动机 M1、M2 同时停止

　　在 M1、M2 同时运行状态下，按 SB ➞ KM1 线圈失电 ➞ KM1 主触点断开 ➞ 电动机 M1 停止
　　　　　　　　　　　　　　　　　➞ KM2 线圈失电 ➞ KM2 主触点断开 ➞ 电动机 M2 停止

（6）控制电路断电

断开空气开关 QF ➞ 指示灯 EL 熄灭，电路断电

手动顺序控制系统具有如下特点。

① 电动机 M2 的控制电路中串联了 KM1 动合辅助触点，这样就保证了 M1 启动后，M2 才能启动的顺序控制要求。

② 停止按钮 SB2 只控制电动机 M2 停止，而停止按钮 SB 可控制电动机 M1、M2 同时停止。

若想实现自动顺序控制，则可通过时间继电器来实现，其电路及工作原理参见实训 5。

2.4 电动机的制动控制

以电动机为原动机的机械设备，当须迅速停车或准确定位时，则需对电动机进行制动，使其转速迅速下降。制动可分为机械制动和电气制动：机械制动一般为电磁铁操纵抱闸制动；电气制动是电动机产生一个和转子运行方向相反的电磁转矩，使电动机的转速迅速下降。三相交流异步电动机常用的电气制动方法有能耗制动、反接制动和发电反馈制动。

2.4.1 反接制动

三相异步电动机反接制动是当电动机需要制动时改变其定子绕组中两相电源的相序，然后在电动机转速接近零时又将电源及时切除实现反接制动。图 2-9 所示为相序互换的反接制动控制，该控制是采用速度继电器来判断电动机的零速点并及时断开电源的。速度继电器 KS 的转子与电动机的转轴相连，当电动机正常运行时，其动合触点闭合；当电动机停车转速接近零时，其动合触点断开，切断接触器 KM_2 的线圈电路，其工作过程如下。

（1）启动

合上空气开关 QF，给电路通电。

按 SB2 → KM 1 线圈得电 → KM1 主触点闭合 → 电动机 M 运行 → KS 动合触点闭合
　　　　　　　　　　　　→ KM1 动合辅助触点闭合自锁

（2）制动

按 SB1 → KM1 线圈失电 → KM1 主触点断开 → 电动机脱离电源
　　　　　　　　　　　→ KM1 动断触点闭合 → KM2 线圈得电 → KM2 主触点闭合开始反接制动
　　　　　　　　　　　　　　　　　　　　　　　　　　　　→ KM2 动合辅助触点闭合自锁

当电动机的转速接近零时，KS 的动合触点断开 → KM2 线圈失电 → 制动结束。

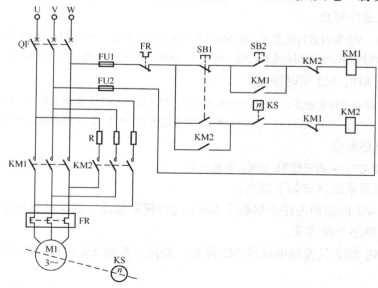

图 2-9　相序互换的反接制动控制

2.4.2 能耗制动

能耗制动是在定子绕组断开三相交流电源的同时，在三相绕组中通入直流电，产生制动转矩。对于 10 kW 以下小容量电动机，且对制动要求不高的场合，常采用半波整流能耗制动，其电路及工作原理参见实训 4。对于 10 kW 以上容量较大的电动机，多采用有变压器的全波整流能耗制动。

2.5 电动机的降压启动控制

容量小的电动机才允许直接启动，容量较大的笼型异步电动机（一般大于 4 kW）因启动电流较大，直接启动时启动电流为其额定电流的 4～8 倍。所以一般都采用降压启动方式，即启动时降低加在电动机定子绕组上的电压，启动后再恢复到额定电压下运行。由于电枢电流和电压成正比，所以降低电压可以减小启动电流，不至于在启动瞬间由于启动电流大而产生过大的电压降，从而造成对电网电压的影响。

笼型异步电动机常用的降压启动方法有定子绕组串电阻（或电抗）、星形/三角形（Y/△）变换、自耦变压器和使用软启动器等。绕线型异步电动机常用的降压启动方法有转子绕组串电阻和转子绕组串频敏变阻器。

2.5.1 定子绕组串电阻降压启动

电动机启动时在三相定子绕组中串接电阻，使定子绕组上电压降低，启动结束后再将电阻短接，使电动机在额定电压下运行，这种启动方式不受电动机接线方式的限制，设备简单，因此，在中小型生产机械中应用广泛。但由于需要启动电阻，使控制柜的体积增大，电能损耗增大。对于大容量的电动机往往采用串接电抗器实现降压启动。图 2-10 所示为定子绕组串电阻降压启动控制，其工作过程如下。

合上电源开关 QF，电路通电。

按下 SB2 → KM1 线圈得电 → KM1 主触点闭合 → 电动机定子绕组串电阻降压启动
　　　　　　　　　　　　　→ KM1 辅助动合触点闭合自锁
　　　　　　　　　　　　　→ KT 线圈得电

→ KT 动合触点延时闭合 → KM2 线圈得电 → KM2 主触点闭合
　→ 电阻被短接，切除定子绕组所串电阻，全压运行

按下 SB1 → KM1 线圈失电 → KM1 主触点断开 → 电动机断电停止
　　　　　　　　　　　　　→ KM1 自锁触点断开

断开电源开关 QF，电路断电。

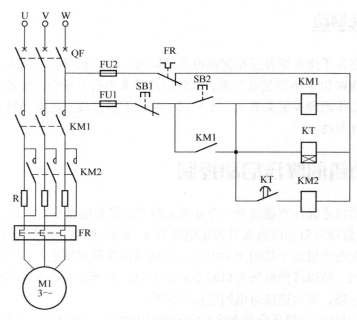

图 2-10　定子绕组串电阻降压启动控制

2.5.2　定子绕组串自耦变压器降压启动

在自耦变压器降压启动的控制中，电动机启动电流的限制是靠自耦变压器的降压作用来实现的。启动时，电动机的定子绕组接在自耦变压器的低压侧，启动完毕后，将自耦变压器切除，电动机的定子绕组直接接在电源上全压运行。图 2-11 所示为定子绕组串自耦变压器降压启动控制，其电路的工作过程如下。

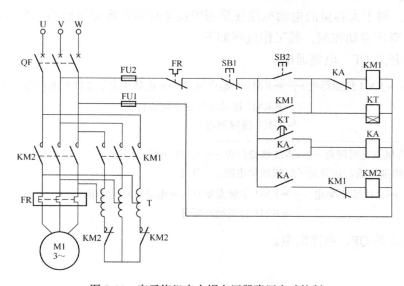

图 2-11　定子绕组串自耦变压器降压启动控制

合上电源开关 QF，给电路送电。

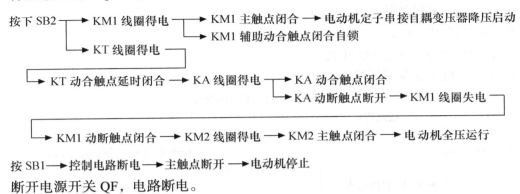

按 SB1 → 控制电路断电 → 主触点断开 → 电动机停止

断开电源开关 QF，电路断电。

2.5.3 Y/△降压启动

Y/△降压启动是笼型三相异步电动机常用的降压启动方法。Y/△降压启动是指电动机启动时，使定子绕组接成 Y 以降低启动电压，限制启动电流；电动机启动后，当转速上升到接近额定值时，再把定子绕组改为△连接，使电动机在额定电压下运行。Y/△启动只适用于正常运行时为△连接的笼型电动机，而且只适用于轻载启动，如碎石机等。Y/△启动控制分为手动和自动 2 种，手动 Y/△启动控制如图 2-12 所示。

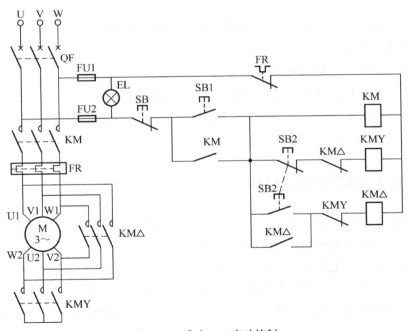

图 2-12 手动 Y/△启动控制

在图 2-12 所示的手动 Y/△启动控制中，主电路有 3 个交流接触器 KM、KMY 和 KM△。当接触器 KM 和 KMY 主触点闭合时，电动机 M 的 3 个定子绕组末端 W2、U2、V2 接在一起，即 Y 接法；当接触器 KM 和 KM△ 主触点闭合时，U1 与 W2 相连，V1 与

U2 相连，W1 与 V2 相连，三相绕组首尾相接，即 △ 接法。热继电器 FR 对电动机实现过载保护，其工作过程如下。

（1）控制电路通电

合上空气开关 QF ⟶ 指示灯 EL 亮

（2）电动机 Y 接法降压启动

（3）电动机 △ 接法全压运行

（4）电动机停止运行

按 SB ⟶ 控制电路失电 ⟶ KM、KM△线圈失电 ⟶ 主触点断开 ⟶ 电动机 M 停止

（5）控制电路断电

断开空气开关 QF ⟶ 指示灯 EL 灭

若想实现电动机的自动 Y/△ 启动控制，可在控制电路加时间继电器，启动时电动机绕组 Y 连接，启动完成后，由时间继电器实现 KMY 与 KM△线圈的切换，完成自动 Y/△ 启动控制，其电路图及工作原理参见实训 6。

2.5.4　转子绕组串电阻启动

绕线型异步电动机的转子电路可经过滑环外接电阻，不仅可减小启动电流，同时可加大启动转矩，在启动要求较高的场合应用非常广泛。

转子电路串接启动电阻，一般接成 Y 且分成若干段，启动时电阻全部接入，启动过程中逐段切除启动电阻。切除电阻的方法有三相平衡切除法及三相不平衡切除法。三相平衡切除法，即每次每相切除的启动电阻相同，图 2-13 所示为绕线型电动机转子绕组串电阻启动控制，其工作过程如下。

合上电源开关 QF，给电路送电。

按下 SB2 ⟶ KM4 线圈得电 ⟶ KM4 主触点闭合 ⟶ 电动机转子串接全部电阻启动
　　　　　　　　　　　　　⟶ KM4 动合辅助触点闭合 ⟶ KT1 线圈得电 ⟶

→ KT1 动合触点延时闭合 →KM1 线圈得电┬→ KM1 动合主触点闭合 → 平衡切除 R1
　　　　　　　　　　　　　　　　　　└→ KM1 动合辅助触点闭合 → KT2 线圈得电→

→ KT2 动合触点延时闭合 →KM2 线圈得电┬→ KM2 动合主触点闭合 → 平衡切除 R2
　　　　　　　　　　　　　　　　　　└→ KM2 动合辅助触点闭合 → KT3 线圈得电→

→ KT3 动合触点延时闭合 →KM3 线圈得电┬→ KM3 动合主触点闭合 → 平衡切除 R3
　　　　　　　　　　　　　　　　　　└→ KM3 动合辅助触点闭合自锁

按 SB1 → 控制电路断电 → 主触点断开 → 电动机停止
断开电源开关 QF，电路断电。

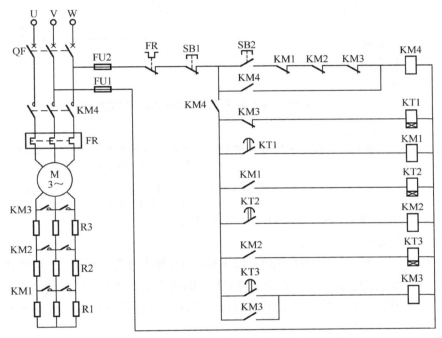

图 2-13　绕线型电动机转子绕组串电阻启动控制

2.5.5　转子绕组串频敏变阻器启动

绕线型异步电动机除转子绕组串电阻启动的控制方式外，还有转子绕组串频敏变阻器启动。频敏变阻器实质上是一个铁芯损耗很大的三相电抗器，将其串接在转子电路中，它的等效阻抗与转子的电流频率有关。启动瞬间，转子的电流频率最大，频敏变阻器的等效阻抗最大，转子电流受到抑制，定子电流也不致很大；随着转速的上升，转子的频率逐渐减小，其等效阻抗也逐渐减小；当电动机达到正常转速时，转子的频率很小，其等效阻抗也变得很小。因此，绕线型异步电动机转子绕组串频敏变阻器启动时，随着启动过程中转子电流频率的降低，其阻抗自动减小，从而实现了平滑的无级启动。图 2-14 所示为绕线型电动机转子绕组串频敏变阻器启动控制，其电路的工作过程如下。

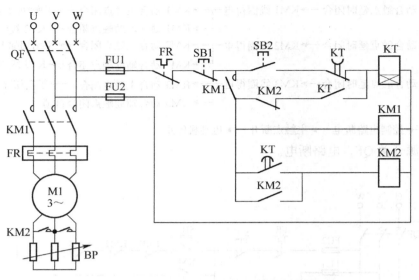

图 2-14　绕线型电动机转子绕组串频敏变阻器启动控制

合上电源开关 QF → 按下 SB2 →

KT 线圈得电 → KT 动合瞬时触点闭合 → KM1 线圈得电 → KM1 主触点闭合 → 电动机带频敏变阻器启动

　　　　　　　　　　　　　　　　　　　　　　　　→ KM1 动合辅助触点闭合自锁

　　　 → KT 动合触点延时闭合 → KM2 线圈得电 → KM2 主触点闭合切除频敏变阻器全压运行

　　　　　　　　　　　　　　　　　　　　　　　 → KM2 动合辅助触点闭合自锁

　　按 SB1 → 控制电路断电 → 主触点断开 → 电动机停止

断开电源开关 QF，电路断电。

　　如图 2-14 所示，若 KT 延时闭合触点或 KM2 动合触点粘连，则 KM2 线圈在电动机启动时就得电，从而造成电动机直接启动；若 KT 延时闭合触点不能闭合，则 KM2 线圈不能得电，从而造成转子长期串接频敏变阻器运行。因此，该电路只有在 KM2、KT 触点工作正常时才允许 KM1 线圈得电。

2.6　电动机的调速控制

　　多速电动机能代替笨重的齿轮变速箱，满足特定的转速需要，且由于其成本低，控制简单，在实际应用中较为普遍。由电动机原理可知，改变极对数可改变电动机的转速 $n = (1-s) 60f/p$，多速电动机就是通过改变电动机定子绕组的接线方式而得到不同的极对数，从而达到不同速度的目的。双速、三速电动机是变极调速中最常用的 2 种形式。

2.6.1　双速电动机的控制

　　双速电动机定子绕组的连接方式常用的有 2 种：一种是绕组从单 Y 连接改成双 Y 连接，即将图 2-15（b）所示的连接方式转换成如图 2-15（c）所示的连接方式；另一种是绕组从△连接改成双 Y 连接，即将图 2-15（a）所示的连接方式转换成如图 2-15（c）所示的连接方式。这 2 种连接都能使电动机产生的磁极对数减少一半，即使电动机的转速提高一倍。

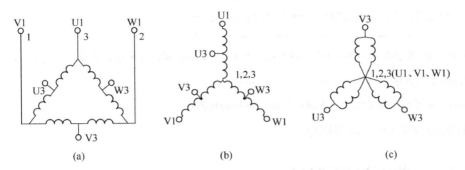

图 2-15　双速电动机的定子绕组的接线图

图 2-16 所示为双速电动机控制，当按下启动按钮，主电路接触器 **KM1** 的主触点闭合，电动机△连接，电动机低速运行；同时，**KA** 的动合触点闭合使时间继电器线圈得电，经过一段时间（时间继电器的整定时间），**KM1** 的主触点释放，**KM2**、**KM3** 的主触点闭合，电动机的定子绕组由△变为双 Y，电动机高速运行。双速电动机控制的工作过程如下。

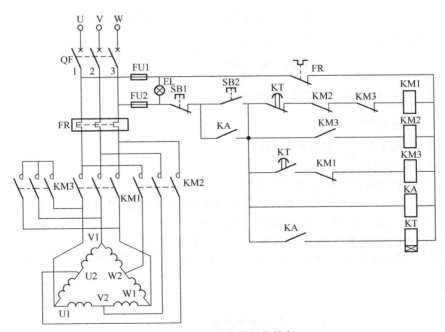

图 2-16　双速电动机的控制

合上电源开关 **QF**，给电路通电。

按下 SB2 ──→ KM1 线圈得电 ──→ KM1 主触点闭合 ──→ 电动机作 △ 连接，低速运行
　　　 └──→ KA 线圈得电 ─┬─→ KA 自锁触点闭合自保

```
                              ┌─→ KA 动合触点闭合 ──→ KT 线圈得电 ─┐
                              │                                    │
 ┌─→ KT 的延时断开触点断开 ──→ KM1 线圈失电 ──→ KM1 主触点断开，低速停止
 │                                                                 │
 ├─→ KT 的延时闭合触点延时闭合 ──→ KM3 线圈得电 ─┐                  │
 │                                              │                  │
 ├─→ KM3 动合触点闭合 ──→ KM2 线圈得电 ──→ KM2 主触点闭合 ─→ 电动机作双 Y 连接，高速运行
 │                                              │
 └─→ KM3 主触点闭合 ─────────────────────────────┘
```

按 SB1 ──→ 控制电路失电 ──→ 主触点断开 ──→ 电动机停止

断开电源开关 QF，电路断电。

2.6.2 三速电动机的控制

在结构上，三速电动机的内部一般装设 2 套独立的定子绕组，工作时，通过改变绕组的组合方式而得到不同的磁极对数，从而得到不同的电动机转速以达到调速的目的。图 2-17 所示为三速电动机控制，其工作过程如下。

合上电源开关 QF，给电路通电。

（1）低速运行

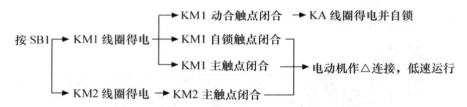

```
                     ┌─→ KM1 动合触点闭合 ──→ KA 线圈得电并自锁
                     │
按 SB1 ─┬→ KM1 线圈得电 ─┼─→ KM1 自锁触点闭合 ─┐
        │            │                        │
        │            └─→ KM1 主触点闭合 ──→ 电动机作 △ 连接，低速运行
        │                                     │
        └→ KM2 线圈得电 ──→ KM2 主触点闭合 ─────┘
```

（2）中、高速运行

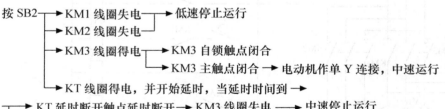

```
按 SB2 ─┬→ KM1 线圈失电 ─┬→ 低速停止运行
        ├→ KM2 线圈失电 ─┘
        │
        ├→ KM3 线圈得电 ─┬→ KM3 自锁触点闭合
        │               └→ KM3 主触点闭合 ──→ 电动机作单 Y 连接，中速运行
        │
        └→ KT 线圈得电，并开始延时，当延时时间到 ──→
┌─→ KT 延时断开触点延时断开 ──→ KM3 线圈失电 ──→ 中速停止运行
│
└─→ KT 延时断开触点延时闭合 ──→ KM4、KM5 线圈得电并自锁 ─┬→ 电动机作双 Y 连接，高速运行
                                                       └→ KA 线圈失电
```

（3）停止运行

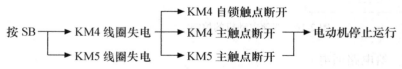

```
                     ┌─→ KM4 自锁触点断开
                     │
按 SB ─┬→ KM4 线圈失电 ─┼─→ KM4 主触点断开 ──→ 电动机停止运行
       │             │
       └→ KM5 线圈失电 ─┴─→ KM5 主触点断开
```

断开电源开关 QF，电路断电。

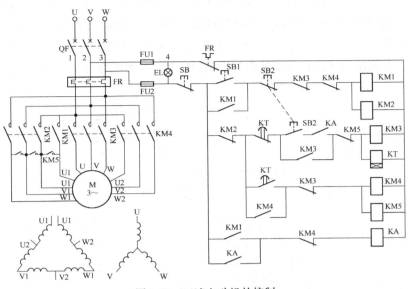

图 2-17 三速电动机的控制

2.7 直流电动机控制

直流电动机具有良好的启动、制动及调速性能，易实现自动控制。虽然直流电动机有多种励磁方式，但其电路基本相同。图 2-18 所示为直流电动机正、反转调速及制动控制，电路通电后，按下启动按钮，电枢电路串附加电阻 R1 启动；电动机运行后，通过 SQ3 使 KA1 工作，电枢电路的电阻减小，电动机加速运行；再通过 SQ4 使 KA2 工作，电动机再次加速。此电路通过改变 R1 阻值达到电动机调速的目的。电动机运行方向的改变是通过 KM1、KM2 工作后流入电枢电流的极性不同从而改变电动机的运行方向。若想停机，则通过 SQ1、SQ2 的动作，使 KM1 和 KM2 的线圈失电，其主触点断开，使电动机电枢脱离电源，脱离电源的电动机电枢与附加电阻 R2 串接起来形成制动电路。

2.7.1 电路组成

直流电动机正、反转、调速及制动控制主要由 3 部分组成。

第 1 部分是直流电源部分，如图 2-18（a）所示，它由 1 个交流 220 V/127 V 的降压变压器和 1 个桥堆组成，将 220 V 的交流电变成 110 V 的直流电提供给直流电动机。

第 2 部分是主电路部分，如图 2-18（b）所示，它主要由励磁绕组 T1T2，电枢绕组 S1S2 及调速电阻 R1（可调绕线式电阻）和制动电阻 R2 组成。该电动机为并励式直流电动机，当接通 AC 220 V 电源时，励磁绕组 T1T2 就接在 DC 110 V 的电源上，当 KM1 主触点闭合时（其动断触点断开），电流从电源的正极经左边的 KM1 主触点、R1、电枢绕组 S1S2 及右边的 KM1 主触点回电源负极，此时电动机正转。由于 R1 与电枢绕组 S1S2 串联，故电动机低速正转运行。当 KA1 动合触点闭合时，R1 只有一部分与电枢绕组 S1S2 串联，此时电动机中速运行；当 KA2 动合触点闭合时，R1 被短接，此时电动机高速运行。当 KM1 主触点断开时，KM1 动断触点闭合，此时电枢绕组 S1S2 与 R2 构成制动电路，将电枢绕组 S1S2 的能量在 R2 消耗。当 KM2 主触点闭合时（其动断触点断开），电流从电源的正极经左边的 KM2 主触点、电枢绕组 S2S1、R1 及右边的 KM2 主触点回电源负极，此时电动机反转。

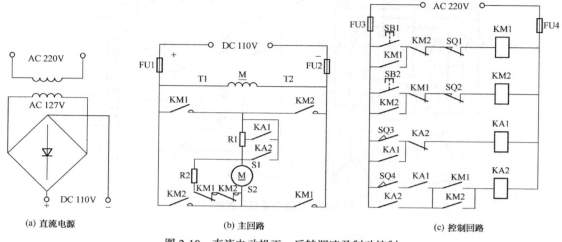

(a) 直流电源   (b) 主回路   (c) 控制回路

图 2-18 直流电动机正、反转调速及制动控制

第 3 部分是控制电路部分，通过控制电路的动作来控制直流电动机的正、反转、调速及制动。

2.7.2　工作原理

（1）正转运行

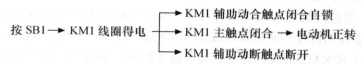

（2）调速

① 当需要加速时。

按下 SQ3 → KA1 线圈得电 → 控制回路的 KA1 动合触点闭合自锁
　　　　　　　　　　　　→ 主回路的 KA1 动合触点闭合 → 电动机中速运行

② 当需要再加速时。

按下 SQ4 → KA2 线圈得电 → 控制回路的 KA2 动合触点闭合自锁
　　　　　　　　　　　　→ 主回路的 KA2 动合触点闭合 → 电动机高速运行

（3）制动

当需要制动时。

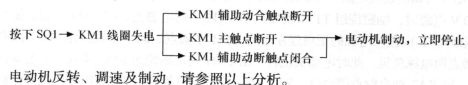

电动机反转、调速及制动，请参照以上分析。

2.8　典型机械的电气控制

生产中使用的机械设备种类繁多，其控制系统和拖动控制方式各不相同。本节通过分析典型机械设备的电气控制系统，一方面进一步学习并掌握电气控制系统的组成以及基本电路在机床中的应用，掌握分析电气控制系统的方法与步骤，培养读图能力；另一方面通过几种有代表性的机床控制系统分析，使读者了解电气控制系统中机械、液压与电气控制配合的意义，为电气控制系统的设计、安装、调试、维护打下基础。分析机械设备的电气控制系统，应掌握以下几点。

① 能阅读设备说明书。说明书是一台机械设备完整的档案资料，涉及该设备机械和电气的操作、技术说明及维护方面的相关内容及图样。

② 能结合典型电路进行分析。利用前面的基本电路将电气控制系统化整为零，即按功能的不同分成若干局部电路。如果控制系统较复杂，则可先将与控制系统关系不大的照明、显示和保护等电路暂时放在一边，采用"查线法"或"逻辑代数法"先分析电路的主要功能，然后再集零为整。

③ 能结合基础理论进行分析。任何电气控制系统无不建立在所学的基础理论之上。如电动机的正、反转和调速等是同电机学相联系的；交、直流电源和电气元器件以及电子电路部分又是和所学的电路理论及电子技术相联系的。总之，要学会应用所学的基础理论分析控制系统的工作原理。

④ 掌握一般的分析步骤。第 1，看电路的说明和备注，有助于了解该电路的具体作用。第 2，分清电气控制系统中的主电路、控制电路、辅助电路、交流电路和直流电路。第 3，从主电路入手，根据每台电动机和执行器件的控制要求去分析控制功能。分析主电路时，可采用从下往上看，即从用电设备开始，经控制元件，顺次往电源看；再采用从上而下，从左往右的原则分析控制电路，依据前面的基本电路，将电路化整为零，分析局部功能；最后分析辅助控制电路、联锁保护环节等。第 4，将电气原理图、接线图和布置安装图结合起来，进一步研究电路的整体控制功能。

2.8.1　车床电气控制

车床在机械加工中被广泛使用，根据其结构和用途不同，可分成普通车床、立式车床、六角车床和仿形车床等。车床主要用于加工各种回转表面（内外圆柱面、圆锥面、成型回转面等）和回转体的端面。下面以 CA6140 普通车床为例进行车床电气控制系统的分析。

1. 车床的主要结构及控制要求

普通车床主要由床身、主轴箱、进给箱、溜板箱、刀架、光杠、丝杠和尾座等部件组成，如图 2-19 所示。主轴箱固定地安装在床身的左端，其内装有主轴和变速传动机构。床身的右侧装有尾座，其上可装后顶尖以支承长工件的一端，也可安装钻头等孔加工刀具以进行钻、扩、铰孔等工序。工件通过卡盘等夹具装夹在主轴的前端，由电动机经变速机构传动旋转，实现主运动并获得所需转速。刀架的纵横向进给运动由主轴箱经挂轮架、进给箱、光杠、丝杠、溜板箱传动。

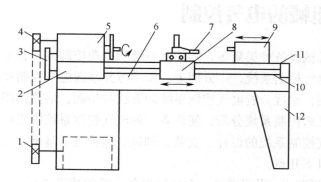

1—带轮；2—进给箱；3—挂轮架；4—带轮；5—主轴箱；6—床身；
7—刀架；8—溜板箱；9—尾座；10—丝杠；11—光杠；12—床腿

图 2-19　普通车床结构示意图

控制要求如下。

① 主轴电动机 M1 完成主轴主运动和刀具的纵横向进给运动的驱动，电动机为不调速的笼型异步电动机，采用直接启动方式，主轴采用机械变速，正、反转采用机械换向机构。

② 冷却泵电动机 M2 加工时提供冷却液，防止刀具和工件的温升过高，采用直接启动方式和连续工作状态。

③ 电动机 M3 为刀架快速移动电动机，可根据使用需要随时手动控制启停。

2. 电气控制系统分析

CA6140 型普通车床的电气控制系统如图 2-20 所示，其工作原理分析如下。

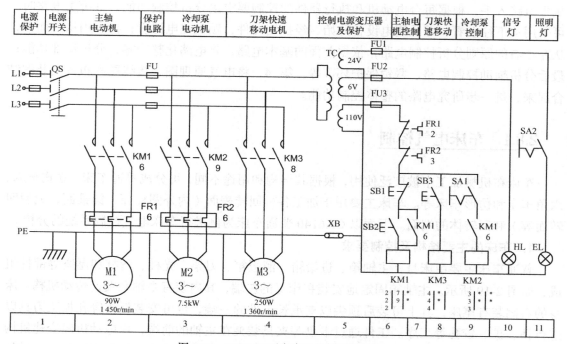

图 2-20　CA6140 型车床电气控制系统图

（1）主电路分析

主电路共有 3 台电动机：M1 为主轴电动机，带动主轴旋转和刀架作进给运动；M2 为冷却泵电动机；M3 为刀架快速移动电动机。三相交流电源通过隔离开关 QS 引入，接触器 KM1 的主触点控制 M1 的启动和停止；接触器 KM2 的主触点控制 M2 的启动和停止；接触器 KM3 的主触点控制 M3 的启动和停止。

（2）控制电路分析

控制电路的电源由控制变压器 TC 二次输出 110 V 电压。

① 主轴电动机 M1 的控制。按下启动按钮 SB2，接触器 KM1 的线圈得电，位于 7 区的 KM1 自锁触点闭合，位于 2 区的 KM1 主触点闭合，主轴电动机 M1 启动；按下停止按钮 SB1，接触器 KM1 失电，电动机 M1 停止。

② 冷却泵电动机 M2 的控制。主轴电动机 M1 启动后，即在接触器 KM1 得电闭合的情况下，合上开关 SA1，使接触器 KM2 得电闭合，冷却泵电动机 M2 才能启动。

③ 刀架快速移动电动机 M3 的控制。按下按钮 SB3，KM3 线圈得电，位于 4 区的 KM3 主触点闭合，对 M3 电动机实行点动控制。M3 电动机经传动系统，驱动溜板箱带动刀架快速移动。

3．保护环节分析

热继电器 FR1 和 FR2 分别对电动机 M1、M2 进行过载保护，由于 M3 为短时工作，故未设过载保护；熔断器 FU1～FU4 分别对主电路、控制电路和辅助电路进行短路保护。

4．辅助电路分析

控制变压器 TC 的二次分别输出 24 V 和 6 V 电压，作为机床照明灯和信号灯的电源；EL 为机床的低压照明灯，由开关 SA2 控制；HL 为电源的信号灯。

2.8.2　钻床电气控制

钻床是一种用途广泛的机床，可进行钻孔、扩孔、铰孔、攻螺纹及修刮端面等多种形式的加工。按钻床的结构形式可分为：立式钻床、卧式钻床、台式钻床和摇臂钻床等。其中摇臂钻床的主轴可以在水平面上调整位置，使刀具对准被加工孔的中心而工件则固定不动，因而应用较广，是机械加工中常用的机床设备。下面以 Z3040 摇臂钻床为例分析其控制系统。

1．主要结构与运动形式

摇臂钻床一般由底座、内外立柱、摇臂、主轴箱和工作台等部件组成，如图 2-21 所示。内立柱固定在底座的一端，外立柱套在内立柱上，并可绕内立柱回转 360°。摇臂 3 的一端为套筒，套在外立柱上，借助于升降丝杆的正、反向旋转，摇臂 3 可沿外立柱上、下移动。由于升降螺母固

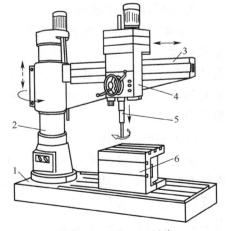

1—底座；2—立柱；3—摇臂；
4—主轴箱；5—主轴；6—工件

图 2-21　Z3040 摇臂钻床示意图

定在摇臂 3 上，所以摇臂 3 只能与外立柱一起绕内立柱回转。主轴箱 4 是一个复合的部件，它由主电动机、主轴 5 和主轴传动机构、进给和变速机构以及机床的操作机构等部分组成。主轴箱 4 安装在可绕垂直轴线回转的摇臂 3 的水平导轨上，通过主轴箱在摇臂上的水平移动及摇臂的回转，可以很方便地将主轴 5 调整至机床尺寸范围内的任意位置。为了适应加工不同高度工件的需要，摇臂 3 可沿外立柱上、下移动以调整上下高度。

摇臂钻床具有下列运动：主轴的旋转运动（为主运动）和主轴纵向运动（为进给运动），即钻头一边旋转一边作纵向进给；摇臂、立柱、主轴箱的夹紧与放松运动（由液压装置实现）；主轴箱沿摇臂导轨的水平移动；摇臂沿外立柱的升降运动和绕内立柱的回转运动。在 Z3040 钻床中，主轴箱沿摇臂的水平移动和摇臂的回转运动为手动调节。

2. 钻床的控制要求

Z3040 型摇臂钻床是机、电、液的综合控制。机床有 2 套液压系统：一套是由单向旋转的主轴电动机拖动齿轮泵送出压力油，通过操作手柄来操纵机构实现主轴正、反转和停车制动、空挡、预选与变速的液压系统；另一套是由液压泵电动机拖动液压泵送出压力油来实现摇臂、立柱、主轴箱的夹紧与放松的液压系统。

整台机床由 4 台异步电动机（分别是主轴电动机、摇臂升降电动机、液压泵电动机及冷却泵电动机）驱动，主轴的旋转运动及轴向进给运动由主轴电动机驱动，分别经主轴传动机构和进给传动机构来实现主轴的旋转和进给，旋转速度和旋转方向则由机械传动部分实现，电动机不需变速。钻床的控制要求如下。

① 4 台异步电动机的容量均较小，故采用直接启动方式。

② 主轴的正、反转要求采用机械方法实现，主轴电动机只作单向旋转。

③ 摇臂升降电动机和液压泵电动机均要求实现正、反转。

④ 摇臂的移动严格按照"摇臂松开→摇臂移动→移动到位摇臂夹紧"的程序动作。

⑤ 钻削加工时需提供冷却液进行钻头冷却。

⑥ 电路中应具有必要的保护环节，并提供必要的照明和信号指示。

3. 电气控制系统分析

Z3040 型摇臂钻床的主轴箱上装有 4 个按钮：SB2、SB1、SB3 和 SB4 分别是主电动机启动、停止按钮，摇臂上升、下降按钮。主轴箱转盘上的 2 个按钮 SB5、SB6 分别为主轴箱、立柱的松开和夹紧按钮。转盘为主轴箱左右移动手柄，操纵杆则操纵主轴的垂直移动，两者均为手动。Z3040 型摇臂钻床的电气控制系统如图 2-22 所示，其工作原理分析如下。

（1）主电路分析

主电路中有 4 台电动机：M1 是主轴电动机，带动主轴旋转和使主轴作轴向进给运动，作单方向旋转；主轴的正、反转是由主轴电动机拖动齿轮泵送出压力油，经"主轴变速、正反转及空挡"操作手柄来获得的。M2 是摇臂升降电动机，作正反向运行。M3 是液压泵电动机，其作用是供给夹紧、放松装置压力油，实现摇臂、立柱、主轴箱的夹紧和松开，作正反向运行。M4 是冷却泵电动机，供给钻削时所需的冷却液，作单方向旋转，由组合开关 QS2 控制。机床的总电源由组合开关 QS1 控制。

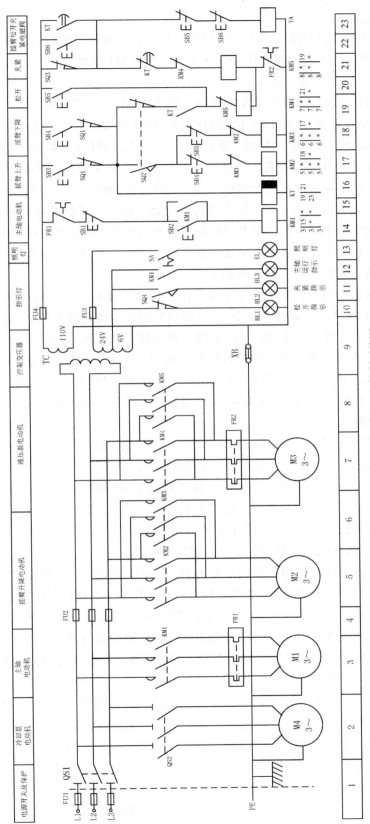

图 2-22 Z3040 摇臂钻床电气控制系统图

（2）控制电路分析

① 主轴电动机 M1 的控制。M1 的启动：按下启动按钮 SB2，接触器 KM1 的线圈得电，位于 15 区的 KM1 自锁触点闭合，位于 3 区的 KM1 主触点闭合，电动机 M1 旋转。M1 的停止：按下 SB1，接触器 KM1 的线圈失电，位于 3 区的 KM1 主触点断开，电动机 M1 停止。在 M1 的运行过程中如发生过载，则串在 M1 主电路中的过载元件 FR1 动作，使其位于 14 区的动断触点 FR1 断开，同样也使 KM1 的线圈失电，电动机 M1 停止。

② 摇臂升降电动机 M2 的控制。摇臂钻床工作时，摇臂应夹紧在外立柱上，当发出移动信号后，必须先松开夹紧装置，当摇臂移动到位后，夹紧装置再将摇臂夹紧。摇臂升降电动机 M2 的控制电路由摇臂上升按钮 SB3、下降按钮 SB4 和正、反转接触器 KM2、KM3 组成具有双重互锁的电动机正、反转点动控制电路。由于摇臂的升降控制必须与夹紧机构液压系统密切配合，所以与液压泵电动机的控制密切相关，液压泵电动机的正、反转由正、反转接触器 KM4、KM5 控制，拖动双向液压泵，送出压力油，经 2 位 6 通阀进入摇臂夹紧机构实现夹紧与放松。其工作过程如下。

摇臂升降的启动过程：按上升（下降）按钮 SB3（SB4），时间继电器 KT 线圈得电，位于 19 区的 KT 瞬时动合触点和位于 23 区的延时断开的动合触点闭合，接触器 KM4 和电磁阀 YA 同时得电，液压泵电动机 M3 旋转，供给压力油。压力油经 2 位 6 通阀进入摇臂松开油腔，推动活塞和菱形块，使摇臂松开。松开到位压限位开关 SQ2 动作，位于 19 区的 SQ2 的动断触点断开，接触器 KM4 失电断开，电动机 M3 停止。同时位于 17 区的 SQ2 动合触点闭合，接触器 KM2（或 KM3）得电闭合，摇臂升降电动机 M2 启动运行，带动摇臂上升（或下降）。

摇臂升降的停止过程：当摇臂上升（或下降）到所需位置时，松开按钮 SB3（或 SB4），接触器 KM2（或 KM3）和时间继电器 KT 线圈失电，M2 停止，摇臂停止升降。位于 21 区的 KT 动断触点经 1～3 s 延时后闭合，使接触器 KM5 得电闭合，电动机 M3 反转，供给压力油。压力油经 2 位 6 通阀进入摇臂夹紧油腔，反方向推动活塞和菱形块，将摇臂夹紧。摇臂夹紧后，位于 21 区的限位开关 SQ3 动断触点断开，使接触器 KM5 和电磁阀 YA 失电，YA 复位，液压泵电动机 M3 停止，摇臂升降结束。

摇臂升降中各器件的作用。限位开关 SQ2 及 SQ3 用来检查摇臂是否松开或夹紧，如果摇臂没有松开，位于 17 区的 SQ2 动合触点就不能闭合，因而控制摇臂上升的 KM2 或下降的 KM3 就不能闭合，摇臂就不会上升或下降。SQ3 应调整到保证夹紧后才能动作，否则会使液压泵电动机 M3 处于长时间过载运行状态。时间继电器 KT 的作用是保证升降电动机完全停止旋转后（即摇臂完全停止升降）才能夹紧。限位开关 SQ1 是摇臂上升或下降至极限位置的保护开关。SQ1 与一般限位开关不同，其 2 组动断触点不同时动作。当摇臂升至上极限位置时，位于 17 区的 SQ1 动作，接触器 KM2 失电，升降电动机 M2 停止，上升运动停止。但位于 18 区的 SQ1 另一组动断触点仍保持闭合，所以可按下降按钮 SB4，接触器 KM3 动作，控制摇臂升降电动机 M2 反向旋转，摇臂下降。当摇臂降至下极限位置时，其控制过程与上述分析过程类似。

③ 立柱、主轴箱的夹紧与放松。立柱、主轴箱的夹紧与放松均采用液压操纵来实现，且两者同时动作，当进行夹紧或松开时，要求电磁阀 YA 处于断开状态。

按松开按钮 SB5（或夹紧按钮 SB6），接触器 KM4（或 KM5）得电闭合，液压泵电动机 M3 正转（或反转），供给压力油。压力油经 2 位 6 通阀（此时电磁阀 YA 处于释放状态）到另一油路，进入立柱液压缸的松开（或夹紧）油腔和主轴箱液压缸的松开（或夹紧）油腔，推动活塞和菱形块，使立柱、主轴箱分别松开（或夹紧）。松开后行程开关 SQ4 复位（或夹紧后动作），松开指示灯 HL1（或夹紧指示灯 HL2）亮。当立柱、主轴箱松开后，可以手动操作摇臂沿内立柱回转，也可以手动操作主轴箱在摇臂的水平导轨上移动。

习　　题

1. 请叙述说明电气控制系统的装接原则和接线工艺要求。

2. 请叙述说明电动机点动控制、单向运行控制和正、反转控制的工作原理。

3. 什么是自锁？什么是互锁？

4. 试画出能在 3 处用按钮启动和停止电动机的控制系统。

5. 如图 2-7 所示，若 SQ1 失灵，会出现什么现象？

6. 图 2-8 所示的手动顺序控制中，合上空气开关后，直接按下 SB3，电动机 M2 能否启动？

7. 在图 2-10 所示的定子串接电阻降压启动控制中，该电路正常工作时 KM1、KM2、KT 均工作，若要减小控制电路的损耗，启动后只需 KM2 工作，KM1、KT 只在启动时短时工作，请设计此电路。

8. 如图 2-12 所示，若按下 SB1 后电动机星形启动，但是按下 SB2 后电动机不能三角形运行，则有可能是哪里接错了线？

9. 设计一个控制系统，要求第 1 台电动机启动 5s 后第 2 台自行启动，第 2 台运行 5s 后第 1 台停止，同时第 3 台启动运行，第 3 台运行 5s 后电动机全部停止。

实训课题 1　继电控制实训

实训 1　电动机的启保停控制

1. 实训目的

① 熟悉交流接触器、热继电器、按钮等电气元件的图形符号和文字符号。

② 熟练掌握用万用表检查交流接触器、热继电器、按钮等电气元件的好坏。

③ 能识读简单电气控制系统图，并能分析其动作原理。

④ 掌握按电气控制系统图连接电路的方法及技巧。

2. 实训器材（本章实训器材类似，下略）

① PLC 应用技术综合实训装置 1 台（含交流接触器模块、热继电器模块、开关按钮板模块、行程开关模块等电器元件）。

② 电工工具 1 套（含万用表 1 个、剥线钳 1 把、斜口钳 1 把、尖嘴钳 1 把、螺丝

刀 2 支）。

③ 导线若干。

3. 实训电路

电动机启保停控制的电路如图 2-23 所示。

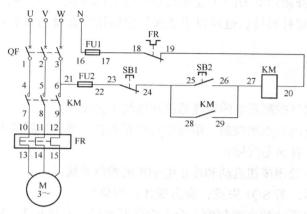

图 2-23　电动机的启保停控制

4. 电路工作原理

（1）启动过程

按下启动按钮 SB2 →KM 线圈得电 ┬→KM 主触点闭合 ─→电动机 M 启动并连续运行
　　　　　　　　　　　　　　　　└→KM 动合触点闭合 ┘

当松开 SB2 时，虽然它恢复到断开位置，但由于有 KM 的辅助动合触点（已经闭合了）与之并联，因此 KM 线圈仍保持得电，这种利用接触器本身的动合触点闭合使接触器线圈保持得电的作法称为自锁或自保，该动合触点就叫自锁（或自保）触点。正是由于自锁触点的作用，所以在松开 SB2 时，电动机仍能继续运行，而不是点动运行。

（2）停止过程

按下停止按钮 SB1 →KM 线圈失电 ┬→KM 主触点断开 ─→电动机 M 停止
　　　　　　　　　　　　　　　　└→KM 动合触点断开 ┘

当松开 SB1 时，其动断触点虽恢复为闭合状态，但因接触器 KM 的自锁触点在其线圈失电的瞬间已断开解除了自锁（SB2 的动合触点也已断开），所以接触器 KM 的线圈不能得电，KM 的主触点断开，电动机 M 就停止运行。

5. 元件选择和检查

从 PLC 应用技术综合实训装置上选出图 2-23 所示所需的电气元件，元件清单如下：三相空气开关（1 个）、交流接触器（1 个）、热继电器（1 个）、熔断器（2 个）、停止按钮（1 个）、启动按钮（1 个）、电动机（1 台）。

根据上述清单，分别在开关、按钮板模块，接触器、热继电器模块，电动机及实训装置上找到相应的元件及接线位置，并用万用表检查其好坏。

6. 电路装接

装接电路应遵循"先主后控，先串后并；从上到下，从左到右；上进下出，左进右出。"

的原则进行接线。其意思是接线时应先接主电路，后接控制电路，先接串联电路，后接并联电路；并且按照从上到下，从左到右的顺序逐根连接；对于电气元件的进、出线，则必须按照上面为进线，下面为出线，左边为进线，右边为出线的原则接线，以免造成元件被短接或接错。

根据上述原则，其实物接线如图 2-24 所示（图中未接 FU1、FU2）。

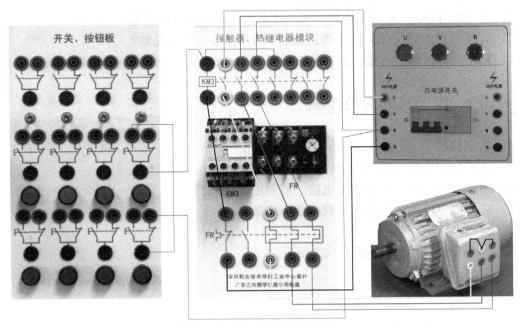

图 2-24　实物接线图

7．电路检查

（1）主电路的检查（将万用表打到 R×1 挡或数字表的 200Ω挡，若无说明，则主电路检查时均置于该位置）。

① 将表笔放在 1、2 处，人为使 KM 闭合（有的只需按 KM 的实验按钮，以下简称按 KM），此时万用表的读数应为电动机两绕组的串联电阻值（设电动机为 Y 接法）。

② 将表笔放在 1、3 处，按 KM，万用表的读数应同上。

③ 将表笔放在 2、3 处，按 KM，万用表的读数应同上。

（2）控制电路的检查（将万用表打到 R×10 或 R×100 挡或数字万用表的 2k 挡，若无说明，则控制电路检查时，万用表挡位均置于该位置。表笔放在 3、N 处，若无说明，则控制电路检查时，万用表表笔均置于该位置）。

① 此时万用表的读数应为无穷大，按 SB2，读数应为 KM 线圈的电阻值。

② 按 KM，万用表读数应为 KM 线圈的电阻值，若再同时按 SB1，则读数应变为无穷大。

8．通电试车

通过上述检查正确后，可在教师的监护下通电试车。

① 合上 QF，即接通电路电源。

② 按一下启动按钮 SB2，接触器 KM 线圈得电，电动机连续运行。

③ 按一下停止按钮 SB1，接触器 KM 失电断开，电动机停止。

④ 断开 QF，即断开电路电源。

9. 实训思考

① 总结实训过程中应注意的安全事项。

② 若 SB1 和 SB2 都接成动断（或动合）按钮，会有什么现象？

③ 若将控制电路的 220 V 电源误接成 380 V，会有什么现象？

④ KM 的自锁触点不接，会有什么后果？

实训 2　电动机的两地控制

1. 实训目的

① 熟悉电动机两地控制的动作原理。

② 熟练掌握用万用表检查主电路、控制电路的方法。

③ 能根据万用表的检查结果判断故障位置。

2. 实训电路

电动机两地控制的电路如图 2-25 所示。

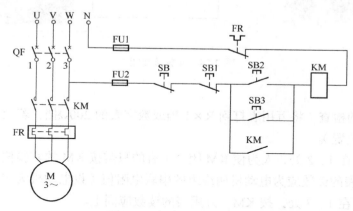

图 2-25　电动机的两地控制

3. 电路工作原理

（1）启动过程

按 SB2（或 SB3）→ KM 线圈得电 ┬→ KM 主触点闭合 ──→ 电动机 M 运行
　　　　　　　　　　　　　　　└→ KM 动合触点闭合自锁

（2）停止过程

按 SB（或 SB1）→ KM 线圈失电 ┬→ KM 主触点断开 ──→ 电动机 M 停止运行
　　　　　　　　　　　　　　　└→ KM 动合触点断开

根据上述动作原理，该电路适应于需要在 2 个地方控制同 1 台电动机（即在 2 个地方对同一台电动机进行启动和停止控制）的场所。

4．元件选择和检查

从 PLC 应用技术综合实训装置上选出图 2-25 中所需的电气元件，并分别检查其好坏。元件清单如下：低压断路器（1 个），交流接触器（1 个），热继电器（1 个），熔断器（2 个），停止按钮（2 个），启动按钮（2 个），电动机（1 台）。

5．电路装接

按图 2-25 所示电路图连接电路。

6．电路检查

（1）主电路的检查

检查方法与实训 1 相同。

（2）控制电路的检查

① 未按任何按钮时，万用表的读数应为无穷大。

② 分别按下 SB2、SB3、KM，读数均应为 KM 线圈的电阻值；再同时按 SB（或 SB1），此时读数应为无穷大。

③ 若不为上述值，则分别检查 FU2、SB、SB1、SB2（或 SB3 或 KM 动合触点）、KM 线圈、FR 是否有误。

7．通电试车

经上述检查正确后，在老师的监护下通电试车。

① 合上 QF，即接通电路电源。

② 按 SB2，电动机 M 运行。

③ 按 SB，电动机 M 停止。

④ 按 SB3，电动机 M 运行。

⑤ 按 SB1，电动机 M 停止。

⑥ 断开 QF，即断开电路电源。

8．实训思考

（1）当电动机的中性点未短接时，按下启动按钮会出现什么现象？

（2）当电源缺相时，按下启动按钮会出现什么现象？

（3）当电动机接成△时，若电源缺一相，则电动机能否空载启动？

实训 3　电动机的正、反转控制

1．实训目的

① 进一步熟悉电气元件的图形符号和文字符号及其好坏判别。

② 识读简单电气控制系统图，并能分析其动作原理。

③ 掌握电气控制系统图的装接及检查。

2．实训电路

电动机正、反转控制的电路如图 2-26 所示。

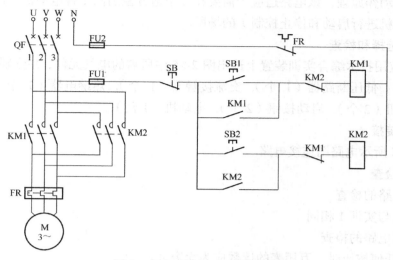

图 2-26　电动机的正、反转控制

3．电路工作原理

（1）电动机正转

按下 SB1 → KM1 线圈得电 → KM1 主触点闭合 → 电动机 M 正转
KM1 动合触点闭合自锁
KM1 联锁动断触点断开

（2）电动机停止正转

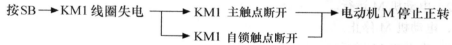

按 SB → KM1 线圈失电 → KM1 主触点断开 → 电动机 M 停止正转
KM1 自锁触点断开

（3）电动机反转

按下 SB2 → KM2 线圈得电 → KM2 主触点闭合 → 电动机 M 反转
KM2 动合触点闭合自锁
KM2 联锁动断触点断开

（4）电动机停止反转

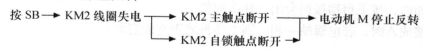

按 SB → KM2 线圈失电 → KM2 主触点断开 → 电动机 M 停止反转
KM2 自锁触点断开

4．元件选择和检查

从 PLC 应用技术综合实训装置上选出如图 2-26 所示的电气元件，并对电气元件进行检查，元件清单如下：低压断路器（1 个）、交流接触器（2 个）、热继电器（1 个）、熔断器（2 个）、启动按钮（2 个）、停止按钮（1 个）、电动机（1 台）。

5．电路连接

在按图 2-26 所示连接电路时，要注意主电路中 KM1 和 KM2 的相序，即 KM1 和 KM2 进线的相序要相反，而出线的相序则完全相同。另外还要注意 KM1 和 KM2 的辅助动合和辅助动断触点的连接。

6．电路检查

（1）主电路的检查

检查方法与实训 1 相似。

（2）控制电路的检查

① 未按任何按钮时读数应为无穷大。

② 分别按下 SB1、SB2、KM1、KM2 时，读数均应为 KM1 或 KM2 线圈的电阻值；再同时按下 SB，此时读数应为无穷大。

7．通电试车

经过上述检查正确后，可在老师监护下通电试车。

① 合上 QF，即接通电路电源。

② 按启动按钮 SB1，则电动机正转。

③ 按停止按钮 SB，则电动机正转停止。

④ 按启动按钮 SB2，则电动机反转。

⑤ 按停止按钮 SB，则电动机反转停止。

⑥ 断开 QF，即断开电路电源。

8．实训思考

① 电动机正转启动后，按 SB2 能实现反转吗？

② 若去掉图 2-26 所示 KM1 和 KM2 的辅助动断触点，则对电路有何影响？

③ 若电源缺一相，则电动机能正常运行吗？

④ 若电动机能正转运行，但是按 SB2 没有反转，请分析是什么原因？

实训 4　电动机的能耗制动控制

1．实训目的

① 掌握时间继电器的各种图形符号及其区别。

② 熟悉二极管的作用。

③ 熟悉电动机能耗制动控制的动作原理。

④ 熟练掌握用万用表检查主电路、控制电路及根据检查结果判断故障位置。

2．实训电路

电动机能耗制动控制的电路如图 2-27 所示。

3．电路工作原理

图 2-27 中的主电路有 2 个交流接触器，其中，KM1 用来控制电动机的启动和停止，而 KM2 则用来接通直流电使电动机制动。能耗制动的原理如下：当按下启动按钮 SB1 时，KM1 线圈得电，交流接触器 KM1 主触点闭合，电动机定子绕组接通三相交流电，电动机开始运行；在电动机运行过程中，当按下制动按钮 SB 时，KM1 线圈失电，交流接触器 KM1 主触点断开，切断三相交流电源，与此同时，交流接触器 KM2 主触点闭合，将经过二极管 VD 整流后的直流电通入定子绕组，使电动机制动。此时电动机绕组 V1V2 和绕组 W1W2 并联后与绕组 U1U2 串联，其定子绕组的连接如图 2-28 所示。能耗制动控制的工作过程如下。

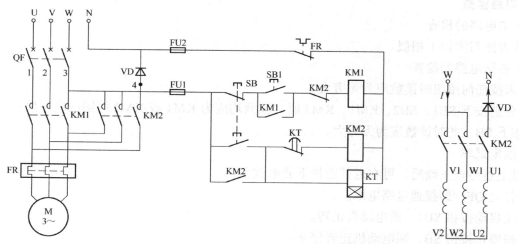

图 2-27　电动机能耗制动控制　　　　图 2-28　制动时电动机定子绕组的连接图

（1）电动机 M 运行过程

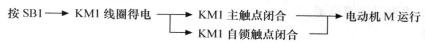

（2）电动机 M 制动过程

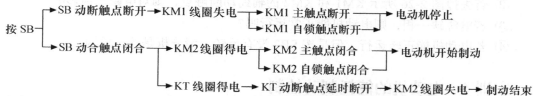

根据上述动作原理，该电路适用于 10 kW 以下小容量异步电动机的制动，且对制动要求不高的场所。对于 10 kW 以上容量较大的异步电动机的制动，多采用带变压器的全波整流能耗制动。

4．元件选择和检查

从 PLC 应用技术综合实训装置上选出如图 2-27 所示的电气元件，并对电气元件进行检查，元件清单如下：低压断路器（1 个）、交流接触器（2 个）、热继电器（1 个）、二极管（1 个）、熔断器（2 个）、启动按钮（1 个）、停止（复合）按钮（1 个）、晶体管时间继电器（1 个）、电动机（1 台）。

5．电路装接

由图 2-28 可知，其主电路的接线可以这样进行：从 KM1 的 3 个主触点的 3 条进线中任取 1 条接到 KM2 主触点的 2 条进线处，第 3 条进线接二极管的一端（不分阴、阳极），KM2 主触点的 3 条出线可不分相序地分别接到 KM1 的 3 条出线处或 FR 的 3 条进线处，如图 2-29 所示，其他电路则按电路图接线。

6．电路检查

（1）主电路的检查

① KM1 的检查与实训 1 相似。

② KM2 的检查，将表笔放在图 2-27 所示的 3 和 4 处，按 KM2，则读数应为电动机 2 个绕组并联后再与另一绕组串联的电阻值（可用图 2-28 所示来分析）。

（2）控制电路的检查

① 未按任何按钮时，读数应为无穷大。

② 分别按 SB1 和 KM1，读数应为 KM1 线圈的电阻值。

③ 分别按 SB 和 KM2，读数应为 KM2 和 KT 线圈的并联电阻值。

④ 同时按 SB1（或 KM1）和 KM2（或 SB），读数应为 KM2 和 KT 线圈并联的电阻值。

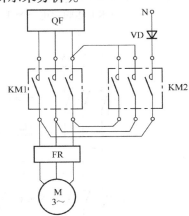

图 2-29　半波整流能耗制动主电路接线图

7．通电试车

经过上述检查正确后，可在老师监护下通电试车。

① 合上 QF，即接通电路电源。

② 按启动按钮 SB1，则电动机运行。

③ 按停止按钮 SB，则电动机立即停止，同时 KM2 闭合，延时时间到 KM2 失电断开。

④ 断开 QF，即断开电路电源。

8．实训思考

① 用数字万用表检查二极管与用指针式万用表检查二极管有何区别？

② 若去掉图 2-27 所示 KM2 的动断触点，则电路有什么缺陷？并说出其在电路中的作用？

③ 二极管开路或短路时，会出现什么现象？

④ 轻按 SB 时，电动机能制动吗？

实训 5　电动机的自动顺序控制

1．实训目的

① 掌握自动顺序控制的工作原理。

② 掌握自动顺序控制线路的装接。

③ 掌握自动顺序控制线路的检查和通电运行。

2．实训电路

电动机的自动顺序控制电路图如图 2-30 所示。其中，主电路由 2 个交流接触器 KM1 和 KM2 分别控制 2 台电动机 M1 和 M2，热继电器 FR1 和 FR2 对电动机实现过载保护。

3．电路工作原理

（1）电动机 M1 先启动，延时后 M2 自动启动

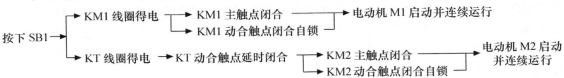

（2）电动机 M1、M2 同时停止

按下 SB ┬→ KM1 线圈失电 ─→ 电动机 M1 停止

└→ KT 线圈失电 ─→ KT 延时闭合动合触点断开 ─→ KM2 线圈失电 ─→ 电动机 M2 停止

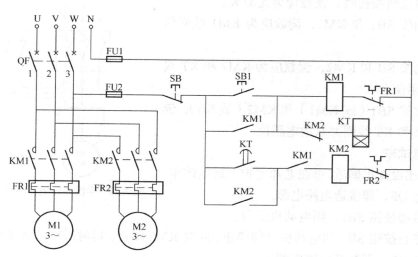

图 2-30　电动机的自动顺序控制

4．元件选择和检查

从 PLC 应用技术综合实训装置上选出如图 2-30 所示的电气元件，并对电气元件进行检查，元件清单如下：低压断路器（1 个）、交流接触器（2 个）、热继电器（2 个）、熔断器（2 个）、启动按钮（1 个）、停止按钮（1 个）、电动机（2 台）。

5．电路装接

在按图 2-30 所示装接电路时，注意主电路要接 2 台电动机，如果条件有限，则第 2 台电动机可以不接，即只需要接到 FR2 为止。另外，控制电路要注意 KT 的引脚分配。

6．电路检查

（1）主电路检查

检查方法与实训 1 相似。

（2）控制电路检查

① 未按任何按钮时，万用表指针应指到无穷大，说明控制电路没有短接。

② 按 SB1，万用表应指示 KM1、KT 线圈电阻的并联值；同时按 SB1 和 SB，指针应指向无穷大，说明电动机 M1 启动及停止的控制电路接线正确。

③ 按 KM1，万用表应指示的电阻值与上述值相同，说明电动机 M1 自锁部分接线正确。

④ 强迫按下时间继电器 KT 同时在按下 KM1，延时后万用表应指示 KM2、KM1、KT 线圈电阻的并联值；松开 KT 后，指针应指示②的读数；说明电动机 M2 延时启动电路接线正确（注：当 KT 是空气阻尼式时间继电器时，可强迫按下；若为晶体管式则不适用）。

⑤ 同时按 KM1、KM2，万用表应指示 KM1、KM2 线圈电阻的并联值，说明电动机 M2 自锁部分接线正确。

7. 通电试车

经过上述检查正确后，可在老师监护下通电试车。

① 闭合开关 QF，即接通电路电源。

② 按 SB1，电动机 M1 运行；经过延时后，电动机 M2 自行启动并连续运行。

③ 按 SB，电动机 M1、M2 同时停止。

④ 断开开关 QF，即断开电路电源。

8. 实训思考

① 如图 2-30 所示，若按 SB1 后，电动机 M1、M2 同时启动，则有可能是哪些地方接错了？

② 如图 2-30 所示，若合上空气开关 QF 后，电动机 M2 就开始运行，而按下 SB1 后，电动机 M1 开始运行，过一会，电动机 M2 又停止，则有可能是哪些地方接错了？

实训 6　电动机的 Y/△降压启动控制

1. 实训目的

① 学会分析电动机 Y/△降压启动控制的动作原理。

② 熟练掌握电动机 Y/△降压启动控制的接线。

③ 能够识读较复杂的电气控制系统。

2. 实训电路

电动机 Y/△降压启动的控制如图 2-31 所示。

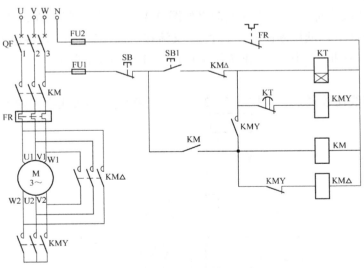

图 2-31　电动机的 Y/△降压启动控制

3. 电路工作原理

图 2-31 中的主电路由 3 个交流接触器 KM、KMY、KM△和 FR 组成，当接触器 KM 和 KMY 主触点闭合时，电动机 M 的 3 个定子绕组末端 U2、V2、W2 接在一起，即 Y 启动，以

降低启动电压限制启动电流。电动机启动后，当转速上升到接近额定值时，接触器 KMY 断开，KM△ 主触点闭合，此时 U1 与 W2 相连，V1 与 U2 相连，W1 与 V2 相连，即把定子绕组变为 △ 连接，电动机在全电压下运行。热继电器 FR 对电动机实现过载保护，其控制过程如下。

（1）电动机 Y 降压启动

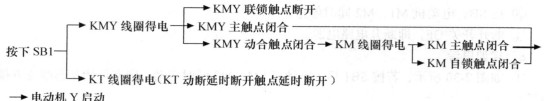

（2）电动机 △ 全压运行

（3）电动机停止运行

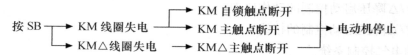

根据上述动作原理，该电路适用于正常运行时为 △ 连接且轻载启动的笼型电动机，如碎石机等。

4．元件选择和检查

从 PLC 应用技术综合实训装置上选出如图 2-31 所示的电气元件，并对电气元件进行检查，元件清单如下：低压断路器（1 个）、交流接触器（3 个）、热继电器（1 个）、熔断器（2 个）、启动按钮（1 个）、停止按钮（1 个）、电动机（1 台）。

5．电路装接

主电路的接线比较复杂，可按图 2-32 所示进行接线，其接线步骤如下。

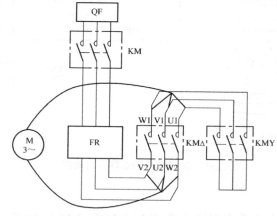

图 2-32　电动机 Y/△ 降压启动主电路的接线图

① 用万用表判别出电动机每个绕组的 2 个端子，可设为 U1、U2、V1、V2 和 W1、W2。

②　按图 2-32 所示将电动机的 6 条引线分别接到 KM△ 的主触点上。

③　从 W1、V1、U1 分别引出 1 条线，再将这 3 条线不分相序地接到 KMY 主触点的 3 条进线处，KMY 主触点的 3 条出线短接在一起。

④　从 V2、U2、W2 分别引出 1 条线，再将这 3 条线不分相序地接到 FR 的 3 条出线处，再将主电路的其他线按图 2-31 所示进行连接。

⑤　主电路接好后，可用万用表的 R×100 挡分别测 KM△ 的 3 个主触点对应的进出线处的电阻。若电阻为无穷大，则正确；若其电阻不为无穷大（而为电动机绕组的电阻值），则 △ 连接有错误。

⑥　按图 2-31 所示将控制电路接好。

6. 电路检查

（1）主电路的检查

①　表笔放在 1，2 处，同时按 KM 和 KMY，读数应为电动机两绕组的串联电阻值。

②　表笔放在 1，2 处，同时按 KM 和 KM△，读数应小于电动机 1 个绕组的电阻值。

③　表笔放在 1，3 处或 2，3 处，分别用上述方法检查。

（2）控制电路的检查

①　未按任何按钮时，读数应为无穷大。

②　按 SB1，读数应为 KT 线圈与 KMY 线圈的并联电阻值；再同时按下 SB，则读数应变为无穷大。

③　按 KM，读数应为 KM 线圈和 KM△ 线圈的并联电阻值；再同时轻按 KMY，则读数应为 KM 线圈的电阻值；再用力按 KMY，则读数应为 KM、KT、KMY 线圈的并联电阻值（当轻按 KMY 时，KMY 的辅助动断触点能断开，而 KMY 的辅助动合触点不能闭合；重按时，则 KMY 的动合触点就闭合了）。

7. 通电试车

经上述检查正确后，可在老师的监护下通电试车。

①　合上 QF，即接通电路电源。

②　按 SB1，则 KM 和 KMY 闭合，电动机星形启动，并且 KT 线圈得电开始延时。

③　延时到时，KMY 失电断开，KT 线圈失电，KM△ 闭合，电动机三角形运行。

④　按 SB，KM 和 KM△ 失电断开，电动机停止。

⑤　断开 QF，即断开电路电源。

8. 实训思考

①　Y/△ 启动适合什么样的电动机？并分析电动机绕组在启动过程中的连接方式。

②　电源缺相时，为什么 Y 启动时电动机不动，到了 △ 连接时，电动机却能转动（只是声音较大）？

③　Y/△ 启动时的启动电流为直接启动时的多少倍？若是重载启动,则启动时间一般为多少？

④　当按下 SB1 后，若电动机能 Y 启动，而一松开 SB1，电动机即停止，则故障可能出在哪些地方？

⑤　若按下 SB1 后，电动机能 Y 启动，但不能 △ 运行，则故障可能出在哪些地方？

3.1 PLC 的产生

现代社会要求制造业对市场需求作出迅速反应，生产出小批量、多品种、多规格、低成本和高质量的产品。为了满足这一要求，生产设备的控制系统必须具有极高的灵活性和可靠性，因此，人们就开始研发 PLC。

3.1.1 PLC 的由来

20 世纪 60 年代末，随着市场的转变，工业生产开始由大批量少品种的生产转变为小批量多品种的生产方式，而当时这类大规模生产线的控制装置大都是由继电控制盘构成的，这种控制装置体积大、耗电多、可靠性低，尤其是改变生产程序很困难。为了改变这种状况，1968 年美国通用汽车公司对外公开招标，要求用新的控制装置取代继电控制盘以改善生产，公司提出了如下 10 项招标指标。

① 编程方便，现场可修改程序。

② 维修方便，采用插件式结构。

③ 可靠性高于继电控制盘。

④ 体积小于继电控制盘。

⑤ 数据可直接送入管理计算机。

⑥ 成本可与继电控制盘竞争。

⑦ 输入可为市电。

⑧ 输出可为市电，输出电流在 2A 以上，可直接驱动电磁阀、接触器等。

⑨ 系统扩展时原系统变更很少。

⑩ 用户程序存储器容量大于 4KB。

针对上述 10 项指标，美国的数字设备公司（DEC）于 1969 年研制出了第 1 台 PLC，投入通用汽车公司的生产线中，实现了生产的自动化控制，取得了极满意的效果。此后，1971 年日本开始生产 PLC，1973 年欧洲开始生产 PLC。这一时期，它主要用于取代继电器控制，只能进行逻辑运算，因此称为可编程逻辑控制器（Programmable Logical Controller）简称 PLC。

20 世纪 70 年代后期，随着微电子技术和计算机技术的迅速发展，可编程逻辑控制器更多地具有了计算机的功能，不仅用于逻辑控制场合，用来代替继电控制盘，而且还可以用于定位控制、过程控制、PID 控制等所有控制领域，故称为可编程控制器（Programmable Controller，PC）。但为了与 PC（Personal Computer，个人计算机）相区别，通常人们仍习惯地用 PLC 作为可编程控制器的简称。

我国从 1974 年也开始研制 PLC。如今，PLC 已经大量应用在进口和国产设备中，各行各业也涌现了大批应用 PLC 改造设备的成果，并且已经实现了 PLC 的国产化，现在生产的设备越来越多地采用 PLC 作为控制装置。因此，了解 PLC 的工作原理，具备设计、调试和维修 PLC 控制系统的能力，已经成为现代工业对电气工作人员和工科学生的基本要求。

3.1.2　PLC 的定义

国际电工委员会（IEC）在 1987 年 2 月颁布了 PLC 的标准草案（第 3 稿），草案对 PLC 作了如下定义，"PLC 是一种数字运算操作的电子装置，专为在工业环境下应用而设计。它采用可编程序的存储器，用来在其内部存储执行逻辑运算、顺序控制、定时、计数和算术运算等操作的指令，并能通过数字式或模拟式的输入和输出控制各种类型的机械或生产过程。PLC 及其有关的外围设备都应按易于与工业控制系统连成一个整体，易于扩充其功能的原则设计"。

由以上定义可知：PLC 是一种数字运算操作的电子装置，是直接应用于工业环境，用程序来改变控制功能，易于与工业控制系统连成一体的工业计算机。

3.2　PLC 的特点

PLC 之所以能够迅速发展，除了它顺应了工业自动化的客观要求之外，更重要的一方面是由于它具有许多适合工业控制的优点，较好地解决了工业控制领域中普遍关心的可靠、安全、灵活、方便、经济等问题，它具有以下几个显著的特点。

1.　可靠性高，抗干扰强

传统的继电控制系统中使用了大量的中间继电器、时间继电器，由于触点接触不良，容易出现故障。PLC 用软件代替大量的中间继电器和时间继电器，仅剩下与输入、输出有关的少量硬件，接线可减少到继电控制系统的 1/10～1/100，因此，因触点接触不良造成的故障大为减少。此外，PLC 使用了一系列硬件和软件抗干扰措施，如电源有 1kV/μs 的脉冲干扰时，PLC 不会出现误动作；它还具有很强的抗震动和抗冲击能力，可以直接用于有强烈干扰的工业生产现场，PLC 已被广大用户公认为最可靠的工业控制设备之一。

2. 功能强大，性价比高

一台小型 PLC 内有成百上千个可供用户使用的编程元件，有很强的功能，可以实现非常复杂的控制功能，与相同功能的继电控制系统相比，具有很高的性能价格比。

3. 编程简易，现场可修改

梯形图是使用得最多的 PLC 的编程语言，其图形符号和表达方式与继电控制电路图相似。梯形图语言形象直观、易学易懂，熟悉继电控制电路图的电气技术人员，只需花几天时间就可以熟悉梯形图语言，并用来编制用户程序，而且可以根据现场情况，在生产现场边调试边修改程序，以适应生产需要。

4. 配套齐全，使用方便

PLC 产品已经标准化、系列化、模块化，配备有品种齐全的各种硬件和软件供用户选用，用户能灵活方便地进行系统配置，组成不同功能、不同规模的系统。PLC 的安装接线也很方便，一般通过接线端子连接外部设备。PLC 有较强的带负载能力，可以直接驱动一般的电磁阀和中小型交流接触器，使用起来极为方便。

5. 寿命长，体积小，能耗低

PLC 平均无故障时间可达到数万小时以上，使用寿命可达几十年。对于复杂的控制系统，使用 PLC 后，可以减少大量的中间继电器和时间继电器，因此，控制柜的体积可以缩小到原来的 1/2～1/10。特别是小型 PLC 的体积仅相当于 2 个继电器的大小，且能耗仅为数瓦，所以它是机电一体化设备的理想控制装置。

6. 系统的设计、安装、调试、维修工作量少，维护方便

PLC 用软件取代了继电控制系统中大量的硬件，使控制柜的设计、安装、接线工作量大大减少。对于复杂的控制系统，如果掌握了正确的设计方法，设计梯形图的时间比设计继电控制电路图的时间要少得多。PLC 可以将现场统调过程中发现的问题通过修改程序来解决，而且还可以在实验室里模拟调试用户程序，系统的调试时间比继电控制系统少得多。PLC 的故障率很低，且有完善的自诊断和显示功能。当 PLC 外部的输入装置和执行机构发生故障时，可以根据 PLC 上的发光二极管或编程器提供的信息方便地查明故障的原因和部位，可以迅速地排除故障，维修极为方便。

3.3 PLC 的分类

PLC 发展到今天，已经有多种形式，而且功能也不尽相同，分类时，一般按以下原则来考虑。

3.3.1 按输入/输出点数分

根据 PLC 的输入/输出（I/O）点数的多少，一般可将 PLC 分为以下 3 类。

1. 小型机

小型 PLC 的功能一般以开关量控制为主，I/O 总点数一般在 256 点以下，用户程序存

储器容量在 4KB 左右。现在的高性能小型 PLC 还具有一定的通信能力和少量的模拟量处理能力。这类 PLC 的特点是价格低廉，体积小巧，适合于控制单台设备和开发机电一体化产品。

典型的小型机有 Siemens 公司的 S7-200 系列、Omron 公司的 Cpm2a 系列、AB 公司的 SLC500 系列、Mitsubish 公司的 FX 系列等整体式 PLC 产品。

2. 中型机

中型 PLC 的 I/O 总点数在 256～2048 点之间，用户程序存储器容量达到 8KB 左右。中型 PLC 不仅具有开关量和模拟量的控制功能，还具有更强的数字计算能力，它的通信功能和模拟量处理能力更强大。中型机的指令比小型机更丰富，中型机适用于复杂的逻辑控制系统以及自动生产线的过程控制等场合。

典型的中型机有 Siemens 公司的 S7-300 系列、Omron 公司的 C200h 系列、AB 公司的 SLC500 系列和 Mitsubish 公司的 A 系列等模块式 PLC 产品。

3. 大型机

大型 PLC 的 I/O 总点数在 2048 点以上，用户程序存储器容量达到 16KB 以上。大型 PLC 的性能已经与工业控制计算机相当，它具有计算、控制和调节的功能，还具有强大的网络结构和通信联网能力，有些 PLC 还具有冗余能力。它的监视系统采用 CRT 显示，能够表示过程的动态流程，记录各种曲线，PID 调节参数等，它配备多种智能板，构成一台多功能系统。大型机适用于设备自动化控制、过程自动化控制和过程监控系统。

典型的大型 PLC 有 Siemens 公司的 S7-400、Omron 公司的 CVM1 和 CS1 系列、AB 公司的 SLC5/05 和 Mitsubish 公司的 Q 系列等产品。

以上划分没有一个十分严格的界限，随着 PLC 技术的飞速发展，某些小型 PLC 也具有中型或大型 PLC 的功能，这是 PLC 的发展趋势。

3.3.2　按结构形式分

根据 PLC 结构形式的不同，可分为整体式和模块式两类。

1. 整体式

整体式结构的特点是将 PLC 的基本部件，如 CPU 板、输入板、输出板、电源板等紧凑地安装在一个标准机壳内，构成一个整体，组成 PLC 的一个基本单元（主机）或扩展单元。基本单元上设有扩展接口，通过扩展电缆与扩展单元相连。整体式 PLC 一般配有许多专用的特殊功能模块，如模拟量处理模块、运动控制模块、通信模块等，以构成 PLC 的不同配置。整体式 PLC 的体积小、成本低、安装方便。

2. 模块式

模块式结构的 PLC 是由一些标准模块单元构成，这些模块如 CPU 模块、输入模块、输出模块、电源模块和各种功能模块等，将这些模块插在框架上或基板上即可。各模块功能是独立的，外形尺寸是统一的，可根据需要灵活配置。目前，中、大型 PLC 多采用这种结构形式。

模块式 PLC 的硬件配置方便灵活，I/O 点数的多少、输入点数与输出点数的比例、I/O

模块的使用等方面的选择余地都比整体式 PLC 大得多，因此，较复杂的系统和要求较高的系统一般选用模块式 PLC，而小型控制系统中，一般采用整体式结构的 PLC。

3.3.3 按生产厂家分

我国有不少的厂家研制和生产过 PLC，比较有影响力的 PLC 厂商有深圳市汇川技术股份有限公司、深圳市矩形科技有限公司、北京和利时公司和南京德冠科技有限公司等。目前我国也大量使用国外的 PLC，它们是美国 Rockwell 自动化公司所属的 A-B（Allen & Bradly）公司、GE-Fanuc 公司，德国的西门子（Siemens）公司和法国的施耐德（Schneider）自动化公司，日本的欧姆龙（Omron）和三菱公司等。这几家公司控制着全世界 80% 以上的 PLC 市场，它们的系列产品有其技术广度和深度，从微型 PLC 到有上万个 I/O 点的大型 PLC 应有尽有。

3.4 PLC 的编程语言

目前 PLC 普遍采用梯形图编程语言，以其直观、形象、简单等特点为广大用户所熟悉和接受。但是，随着 PLC 功能的不断增强，梯形图一统天下的局面将被打破，多种语言并存互补不足将是今后 PLC 编程语言发展的趋势。

PLC 编程语言标准（IEC 61131-3）中有 5 种编程语言，即顺序功能图（Sequential function chart），梯形图（Ladder diagram），功能块图（Function block diagram），指令表（Instruction list），结构文本（Structured text）。其中的顺序功能图（SFC）、梯形图（LD）、功能块图（FBD）是图形编程语言，指令表（IL）、结构文本（ST）是文字语言。此外，有些 PLC 还采用与计算机兼容的 BASIC 语言、C 语言以及汇编语言等编制用户程序。

3.4.1 梯形图

梯形图（LD）是一种以图形符号及其在图中的相互关系来表示控制关系的编程语言，是从继电控制电路图演变过来的，是使用得最多的 PLC 图形编程语言。梯形图与继电控制系统的电路图很相似，直观易懂，很容易被熟悉继电控制的电气人员掌握，特别适用于开关量逻辑控制。梯形图由触点、线圈等组成，触点代表逻辑输入条件，如外部的开关、按钮和内部条件等；线圈通常代表逻辑输出结果，用来控制外部的指示灯、交流接触器等。梯形图的主要特点如下。

① 梯形图通常有左右两条母线（有的时候只画左母线），两母线之间是内部继电器动合、动断触点以及继电器线圈组成的一条条平行的逻辑行（或称梯级），每个逻辑行必须以触点与左母线连接开始，以线圈与右母线连接结束。

② PLC 梯形图中的编程元件沿用了继电器这一名称，如输入继电器、输出继电器、辅助继电器等，它们不是真实的物理继电器（即硬件继电器），而是在梯形图中使用的编程元件（即软元件）。每一软元件与 PLC 存储器中元件映像寄存器的一个存储单元相对应，

如果该存储单元为 0 状态，则梯形图中对应的软元件的线圈"断电"，其动合触点断开，动断触点闭合，称该软元件为 0 状态，或称该软元件为 OFF（断开）。如果该存储单元为 1 状态，则对应软元件的线圈"有电"，其动合触点接通，动断触点断开，称该软元件为 1 状态，或称该软元件为 ON（接通）。

③ 根据梯形图中各触点的状态和逻辑关系，求出图中各线圈对应的软元件的 ON/OFF 状态，称为梯形图的逻辑运算。逻辑运算是按梯形图中从上到下、从左至右的顺序进行的，运算的结果可以马上被后面的逻辑运算所利用。逻辑运算是根据元件映像寄存器中的状态，而不是根据运算瞬时外部输入触点的状态来进行的。

④ 梯形图中各软元件的动合触点和动断触点均可以无限多次地使用。

⑤ 输入继电器的状态唯一地取决于对应的外部输入电路的通断状态，因此在梯形图中不能出现输入继电器的线圈。

⑥ 辅助继电器相当于继电控制系统中的中间继电器，用来保存运算的中间结果，不对外驱动负载，负载只能由输出继电器来驱动。

3.4.2　指令表

PLC 的指令是一种与微型计算机的汇编语言中的指令相似的助记符表达式，由指令组成的程序叫做指令表（IL）程序。指令表程序较难阅读，其中的逻辑关系很难一眼看出，所以在设计时一般使用梯形图语言。如果使用手持式编程器，必须将梯形图转换成指令表后再写入 PLC。在用户程序存储器中，指令按步序号顺序排列。

3.4.3　顺序功能图

顺序功能图（SFC）用来描述开关量控制系统的功能，用于编制顺序控制程序，是一种位于其他编程语言之上的图形语言。顺序功能图提供了一种组织程序的图形方法，根据它可以很容易地画出顺序控制梯形图，本书将在第 6 章中作详细介绍。

3.4.4　功能块图

动能块图（FBD）是一种类似于数字逻辑门电路的编程语言，有数字电路基础的人很容易掌握。该编程语言用类似与门、或门的方框来表示逻辑运算关系，方框的左侧为逻辑运算的输入变量，右侧为输出变量，输入、输出端的小圆圈表示"非"运算，方框被"导线"连接在一起，信号自左向右流动，国内很少有人使用功能块图语言。

3.4.5　结构文本

结构文本（ST）是为 IEC 61131-3 标准创建的一种专用的高级编程语言。与梯形图相比，它能实现复杂的数学运算，编写的程序非常简洁和紧凑。IEC 标准除了提供几种编程语言供用户选择外，还允许编程者在同一程序中使用多种编程语言，这使编程者能选择不同的语言来适应特殊的工作。

3.5 PLC 的应用领域及发展趋势

3.5.1 PLC 的应用领域

目前，PLC 在国内外已广泛应用于钢铁、石油、化工、电力、建材、机械制造、汽车、轻纺、交通运输、环保等各行各业。随着其性能价格比的不断提高，其应用范围正不断扩大，其用途大致有以下几个方面。

1. 开关量逻辑控制

这是 PLC 最基本、最广泛的应用领域。PLC 具有与、或、非等逻辑指令，可以实现触点和电路的串、并联，代替继电器进行组合逻辑控制、定时控制与顺序逻辑控制。开关量逻辑控制可以用于单台设备，也可以用于自动生产线，其应用领域已遍及各行各业。

2. 运动控制

PLC 使用专用的指令或运动控制模块，对直线运动或圆周运动进行控制，可实现单轴、双轴、三轴和多轴位置控制，使运动控制与顺序控制功能有机地结合在一起。PLC 的运动控制功能广泛地用于各种机械，如金属切削机床、金属成形机械、装配机械、机器人、电梯等场合。

3. 过程控制

过程控制是指对温度、压力、流量等连续变化的模拟量的闭环控制。PLC 通过模拟量处理模块，实现模拟量（Analog）和数字量（Digital）之间的 A/D 与 D/A 转换，并对模拟量实行闭环 PID（比例-积分-微分）控制。现代的 PLC 一般都有 PID 闭环控制功能，这一功能可以用 PID 功能指令或专用的 PID 模块来实现。其 PID 闭环控制功能已经广泛地应用于塑料挤压成形机、加热炉、热处理炉、锅炉等设备，以及轻工、化工、机械、冶金、电力、建材等行业。

4. 数据处理

现代的 PLC 具有数学运算（包括四则运算、矩阵运算、函数运算、字逻辑运算、求反、循环、移位和浮点数运算等）、数据传送、转换、排序和查表、位操作等功能，可以完成数据的采集、分析和处理。这些数据可以与储存在存储器中的参考值比较，也可以用通信功能传送到别的智能装置，或者将它们打印制表。

5. 通信联网

PLC 的通信包括主机与远程 I/O 之间的通信、多台 PLC 之间的通信、PLC 与其他智能控制设备（如计算机、变频器、数控装置）之间的通信。PLC 与其他智能控制设备一起，可以组成"分散控制、集中管理"的分布式控制系统，以满足工厂自动化系统发展的需要。

当然，并不是所有的 PLC 都有上述全部功能，有些小型 PLC 只有上述的部分功能。

3.5.2 PLC 的发展趋势

PLC 经过了几十年的发展，实现了从无到有，从一开始的简单逻辑控制到现在的运动控制、过程控制、数据处理和联网通信，随着科学技术的进步，PLC 还将有更大的发展，主要表现在以下几个方面。

① 从技术上看，随着计算机技术的新成果更多地应用到 PLC 的设计和制造上，PLC 会向运算速度更快、存储容量更大、功能更广、性能更稳定、性价比更高的方向发展。

② 从规模上看，随着 PLC 应用领域的不断扩大，为适应市场的需求，PLC 会进一步向超小型和超大型两个方向发展。

③ 从配套性上看，随着 PLC 功能的不断扩大，PLC 产品会向品种更丰富、规格更齐备的方向发展。

④ 从标准上看，随着 IEC1131 标准的诞生，各厂家 PLC 或同一厂家不同型号的 PLC 互不兼容的格局将被打破，将会使 PLC 的通用信息、设备特性、编程语言等向 IEC1131 标准的方向发展。

⑤ 从网络通信的角度看，随着 PLC 和其他工业控制计算机组网构成大型控制系统以及现场总线的发展，PLC 将向网络化和通信的简便化方向发展。

习   题

1. 简述 PLC 的定义。
2. PLC 有哪些主要特点？
3. PLC 有哪几种类型？并列举其典型的产品。
4. PLC 有哪几种编程语言？
5. PLC 梯形图语言有哪些主要特点？
6. PLC 可以用在哪些领域？
7. PLC 未来的发展趋势是什么？

第4章

FX 系列 PLC 及其编程工具

4.1 FX 系列 PLC 概述

4.1.1 三菱小型 PLC 的发展历史

三菱公司 20 世纪 80 年代推出了 F 系列小型 PLC，在 20 世纪 90 年代初 F 系列被 F_1 系列和 F_2 系列取代，后来又相继推出了 FX_2、FX_1、FX_{2C}、FX_0、FX_{0N}、FX_{0S} 等系列产品。目前，三菱 FX 系列产品有 FX_{1S}、FX_{1N}、FX_{2N}、FX_{3G} 和 FX_{3U} 5 个子系列，与过去的产品相比，在性能价格比上又有明显的提高，可满足不同用户的需要。

FX 系列是国内使用得最多的 PLC 系列产品之一，特别是前几年推出的 FX_{2N} 系列 PLC，具有功能强、应用范围广、性价比高等特点，在国内占有很大的市场份额。所以，本书将以 FX_{2N} 系列为主要讲授对象（也适合与之兼容的汇川 H_{2U} 系列，其不同之处请查阅附录 E），同时，也兼顾 FX 的其他子系列。有关三菱 PLC 的资料可以在其工控网站 www.meau.com 下载。

4.1.2 型号名称的含义

FX 系列 PLC 型号名称的含义如下。

FX□□-□□□□-□
　1　　2　3　4　5

1 为系列序号，如 0S、0N、1S、1N、2N、3G、3U 等。

2 为 I/O 总点数，10～128。

3 为单元类型，M 为基本单元，E 为 I/O 混合扩展单元或扩展模块，EX 为输入专用扩展模块，EY 为输出专用扩展模块。

4 为输出形式，R 为继电器输出，T 为晶体管输出，S 为双向晶闸管输出。对于 FX_{3G} 和 FX_{3U} 系列 PLC，其输入均为 DC 24V 漏型/源型输入，可通过外部接线来进行选择，此外也有晶体管源型输出形式。

5 为特殊品种，D 为 DC 24V 电源，24V 直流输入；A 或无标记为 AC 电源，24V 直流输入，横式端子排。例如 FX_{2N}-48MR-001 属于 FX_{2N} 系列，有 48 个 I/O 点的基本单元，DC 24V（漏型）输入，继电器输出型，使用 AC 220V 电源。

4.1.3 技术性能指标

PLC 的技术性能指标有一般指标和技术指标 2 种。一般指标主要指 PLC 的结构和功能情况，是用户选用 PLC 时必须首先了解的，而技术指标可分为一般的性能规格和具体的性能规格。FX 系列 PLC 的基本性能指标、输入技术指标及输出技术指标见表 4-1、表 4-2 及表 4-3。

表 4-1　　　　　　　　　　　　　　　FX 系列 PLC 的基本性能指标

项　　目		FX₁S	FX₁N	FX₂N	FX₃U
运算控制方式		存储程序，反复运算			
I/O 控制方式		批处理方式（在执行 END 指令时），可以使用 I/O 刷新指令			
运算处理速度	基本指令	0.55～0.7 微秒/指令		0.08 微秒/指令	0.065 微秒/指令
	功能指令	3.7～数百微秒/指令		1.52～数百微秒/指令	0.642～数百微秒/指令
程序语言		梯形图和指令表			
程序容量（EEPROM）		内置 2KB	内置 8KB	内置 8KB，用存储盒可达 16KB	内置 64KB
指令数量	基本/步进	基本指令 27 条/步进指令 2 条			29 条/2 条
	应用指令	85 种	89 种	128 种	209 种
I/O 设置		最多 30 点	最多 128 点	最多 256 点	最多 384 点

表 4-2　　　　　　　　　　　　　　　FX 系列 PLC 的输入技术指标

项　　目	X0～X7	其他输入点
输入信号电压	DC 24V ± 10%	
输入信号电流	DC 24V，7mA	DC 24V，5mA
输入开关电流 OFF→ON	>4.5mA	>3.5mA
输入开关电流 ON→OFF	<1.5mA	
输入响应时间	一般为 10ms	
可调节输入响应时间	X0～X17 为 0～60mA（FX₂N），其他系列 0～15m	
输入信号形式	无电压触点或 NPN 集电极开路晶体管	
输入状态显示	输入 ON 时 LED 灯亮	

表 4-3　　　　　　　　　　　　　　　FX 系列 PLC 的输出技术指标

项　目		继电器输出	晶闸管输出（仅 FX2N）	晶体管输出
外 部 电 源		最大 AC 240V 或 DC 30V	AC 85～242V	DC 5～30V
最大负载	电阻负载	2A/1 点，8A/COM	0.3A/1 点，0.8A/COM	0.5A/1 点，0.8A/COM
	感性负载	80V·A	30V·A/AC 200V	12W/DC24V
	灯负载	100W	30W	0.9W/DC24V(FX1S)，其他系列 1.5W/DC 24V
最小负载		电压<DC5V 时 2mA，电压<DC24V 时 5mA（FX2N）	2.3V·A/240V AC	—
响应时间	OFF→ON	10ms	1ms	<0.2ms；<5μs（仅 Y0，Y1）
	ON→OFF	10ms	10ms	<0.2ms；<5μs（仅 Y0，Y1）
开路漏电流		—	2.4mA/AC240V	0.1mA/DC30V
电路隔离		继电器隔离	光电晶闸管隔离	光电耦合器隔离
输出动作显示		线圈通电时 LED 亮		

4.2　FX 系列 PLC

目前，三菱公司的 FX 系列产品中有 FX1S、FX1N、FX2N、FX3G、FX3U 5 个子系列，各子系列又有多种基本单元，并且在 FX1N、FX2N、FX3U 子系列产品中分别还有 FX1NC、FX2NC、FX3UC3 类变形产品。其主要区别在 I/O 连接方式及 PLC 电源上，变形产品的 I/O 连接方式是接插方式，只能使用 DC 24V 输入，其他性能方面两类产品无太大区别。因此，本书所指的 FX 系列 PLC 就涵盖了这类产品。

4.2.1　FX1S 系列 PLC

FX1S 系列 PLC 是用于极小系统的超小型 PLC，可进一步降低设备成本。该系列有 16 种基本单元（见表 4-4），可组成 10～30 个 I/O 点的系统，用户存储器（EEPROM）容量为 2KB 步。FX1S 可使用 1 块 I/O 扩展板、串行通信扩展板或模拟量扩展板，可同时安装显示模块和扩展板，有 2 个内置的设置参数用的小电位器。每个基本单元可同时输出 2 点 100kHz 的高速脉冲，有 7 条特殊的定位指令。通过通信扩展板可实现多种通信和数据链接，如 RS-232C、RS-422 和 RS-485 通信，N:N 链接、并行链接和计算机链接。

表 4-4　　　　　　　　　　　　　　　FX1S 系列的基本单元

AC 电源，24V 直流输入		DC 24V 电源，24V 直流输入		输入点数（漏型）	输 出 点 数
继电器输出	晶体管输出	继电器输出	晶体管输出		
FX1S-10MR-001	FX1S-10MT-001	FX1S-10MR-D	FX1S-10MT-D	6	4
FX1S-14MR-001	FX1S-14MT-001	FX1S-14MR-D	FX1S-14MT-D	8	6
FX1S-20MR-001	FX1S-20MT-001	FX1S-20MR-D	FX1S-20MT-D	12	8
FX1S-30MR-001	FX1S-30MT-001	FX1S-30MR-D	FX1S-30MT-D	16	14

4.2.2　FX$_{1N}$系列 PLC

FX$_{1N}$有 12 种基本单元（见表 4-5），可组成 24～128 个 I/O 点的系统，并能使用特殊功能模块、显示模块和扩展板。用户存储器容量为 8KB 步，有内置的实时时钟。PID 指令可实现模拟量闭环控制，每个基本单元可同时输出 2 点 100kHz 的高速脉冲，有 7 条特殊的定位指令，有 2 个内置的设置参数用的小电位器。

表 4-5　　　　　　　　　　　　　　　　FX$_{1N}$系列的基本单元

AC 电源，24V 直流输入		DC 电源，24V 直流输入		输 入 点 数	输 出 点 数
继电器输出	晶体管输出	继电器输出	晶体管输出		
FX$_{1N}$-24MR-001	FX$_{1N}$-24MT-001	FX$_{1N}$-24MR-D	FX$_{1N}$-24MT-D	14	10
FX$_{1N}$-40MR-001	FX$_{1N}$-40MT-001	FX$_{1N}$-40MR-D	FX$_{1N}$-40MT-D	24	16
FX$_{1N}$-60MR-001	FX$_{1N}$-60MT-001	FX$_{1N}$-60MR-D	FX$_{1N}$-60MT-D	36	24

通过通信扩展模块（板）或特殊适配器可实现多种通信和数据链接，如 CC-Link，AS-i 网络，RS-232C、RS-422 和 RS-485 通信，N:N 链接、并行链接、计算机链接和 I/O 链接。

4.2.3　FX$_{2N}$系列 PLC

FX$_{2N}$是目前 FX 系列中功能较强、速度较快的微型 PLC，它有 25 种基本单元（见表 4-6）。它的基本指令执行时间高达 0.08μs 每条指令，内置的用户存储器为 8KB，可扩展到 16KB，最大可扩展到 256 个 I/O 点。有多种特殊功能模块或功能扩展板，可实现多轴定位控制，每个基本单元可扩展 8 个特殊单元。机内有实时时钟，PID 指令可实现模拟量闭环控制。有功能很强的数学指令集，如浮点数运算、开平方和三角函数等。

表 4-6　　　　　　　　　　　　　　　　FX$_{2N}$系列的基本单元

AC 电源，24V 直流输入			DC 电源，24V 直流输入		输入点数	输出点数
继电器输出	晶体管输出	晶闸管输出	继电器输出	晶体管输出		
FX$_{2N}$-16MR-001	FX$_{2N}$-16MT-001	FX$_{2N}$-16MS-001	—	—	8	8
FX$_{2N}$-32MR-001	FX$_{2N}$-32MT-001	FX$_{2N}$-32MS-001	FX$_{2N}$-32MR-D	FX$_{2N}$-32MT-D	16	16
FX$_{2N}$-48MR-001	FX$_{2N}$-48MT-001	FX$_{2N}$-48MS-001	FX$_{2N}$-48MR-D	FX$_{2N}$-48MT-D	24	24
FX$_{2N}$-64MR-001	FX$_{2N}$-64MT-001	FX$_{2N}$-64MS-001	FX$_{2N}$-64MR-D	FX$_{2N}$-64MT-D	32	32
FX$_{2N}$-80MR-001	FX$_{2N}$-80MT-001	FX$_{2N}$-80MS-001	FX$_{2N}$-80MR-D	FX$_{2N}$-80MT-D	40	40
FX$_{2N}$-128MR-001	FX$_{2N}$-128MT-001	—	—	—	64	64

通过通信扩展模块（板）或特殊适配器可实现多种通信和数据链接，如 CC-Link、AS-i 网络、Profibus、DeviceNet 等开放式网络通信、RS-232C、RS-422 和 RS-485 通信，N:N 链接、并行链接、计算机链接和 I/O 链接。

4.2.4 FX₃ɢ 系列 PLC

FX₃ɢ 是三菱 FX₁ɴ 的升级机型，它继承了原有 FX₁ɴ 系列 PLC 的优势，并结合第 3 代 FX₃ 系列的创新技术，为用户提供了高可靠性、高灵活性、高性能的新选择。它有 12 种基本单元（见表 4-7），与 FX₁ɴ 系列 PLC 相比具有如下特点。

表 4-7　　　　　　　　　　　　　　　FX₃ɢ 系列的基本单元

| AC 电源，24V 直流输入 | | DC 电源，24V 直流输入 | 输 入 点 数 | 输 出 点 数 |
继电器输出	晶体管（漏型）输出	晶体管（源型）输出		
FX₃ɢ-14MR/ES-A	FX₃ɢ-14MT/ES-A	FX₃ɢ-14MT/ESS	8	6
FX₃ɢ-24MR/ES-A	FX₃ɢ-24MT/ES-A	FX₃ɢ-24MT/ESS	14	10
FX₃ɢ-40MR/ES-A	FX₃ɢ-40MT/ES-A	FX₃ɢ-40MT/ESS	24	16
FX₃ɢ-60MR/ES-A	FX₃ɢ-60MT/ES-A	FX₃ɢ-60MT/ESS	36	24

① FX₃ɢ 系列 PLC 内置大容量程序存储器，最高 32KB，标准模式时基本指令处理速度可达 0.21μs，加之大幅扩充的软元件数量，可更加自由的编辑程序并进行数据处理。另外，浮点数运算和中断处理方面，FX₃ɢ 同样表现超群。

② FX₃ɢ 系列 PLC 基本单元自带 2 路高速通信接口（RS-422 和 USB），可同步使用，通信配置选择更加灵活。晶体管输出型基本单元内置最高 3 轴 100kHz 独立脉冲输出，可使用软件编辑指令简便进行定位设置。

③ 在程序保护方面，FX₃ɢ 有了本质的突破，可设置 2 级密码，区分设备制造商和最终用户的访问权限，密码程序保护功能可锁住 PLC，直到新的程序载入。

④ 第 3 代 FX₃ 系列 PLC 更加完善了产品的扩展性，独具双总线扩展方式，使用左侧总线可扩展连接模拟量、通信适配器（最多 4 台），数据传输效率更高，并简化了程序编制工作；右侧总线则充分考虑到与原有系统的兼容性，可连接 FX 系列传统 I/O 扩展和特殊功能模块。基本单元上还可安装 2 个扩展板，完全可根据客户的需要搭配出最贴心的控制系统。

4.2.5 FX₃ᴜ 系列 PLC

FX₃ᴜ 系列 PLC 为第 3 代微型 PLC，内置了高速处理 CPU，提供了多达 209 种应用指令，基本功能兼容了 FX₂ɴ 系列 PLC 的全部功能，它有 33 种基本单元（见表 4-8），其详细介绍见附录 D。

表 4-8　　　　　　　　　　　　　　　FX₃ᴜ 系列的基本单元

| DC（AC）电源 | DC（AC）电源 | DC（AC）电源 | 输入点数 | 输出点数 |
继电器输出	晶体管（漏型）输出	晶体管（源型）输出		
FX₃ᴜ-16MR/ DS (ES-A)	FX₃ᴜ-16MT/ DS (ES-A)	FX₃ᴜ-16MT/DSS(ESS)	8	8
FX₃ᴜ-32MR/ DS (ES-A)	FX₃ᴜ-32MT/ DS (ES-A)	FX₃ᴜ-32MT/DSS(ESS)	16	16
FX₃ᴜ-48MR/ DS (ES-A)	FX₃ᴜ-48MT/ DS (ES-A)	FX₃ᴜ-48MT/DSS(ESS)	24	24

续表

DC（AC）电源 继电器输出	DC（AC）电源 晶体管（漏型）输出	DC（AC）电源 晶体管（源型）输出	输入点数	输出点数
FX$_{3U}$-64MR/ DS (ES-A)	FX$_{3U}$-64MT/ DS (ES-A)	FX$_{3U}$-64MT/DSS(ESS)	32	32
FX$_{3U}$-80MR/ DS (ES-A)	FX$_{3U}$-80MT/ DS (ES-A)	FX$_{3U}$-80MTDSS(ESS)	40	40
FX$_{3U}$-128MR/ES-A	FX$_{3U}$-128MT/ES-A	FX$_{3U}$-128MT/ESS	64	64

4.2.6 扩展单元、扩展模块

FX 系列 PLC 的 5 个子系列都可以进行扩展，表 4-9 为 FX$_{1N}$ 和 FX$_{2N}$ 系列的 I/O 扩展单元，表 4-10 为 FX$_{1N}$ 和 FX$_{2N}$ 系列的扩展模块。此外输入扩展板 FX$_{1N}$-4EX-BD 有 4 点 DC 24V输入，输出扩展板 FX$_{1N}$-2EYT-BD 有 2 点晶体管输出，可用于 FX$_{1S}$ 和 FX$_{1N}$。

表 4-9   FX$_{1N}$ 和 FX$_{2N}$ 系列的 I/O 扩展单元

AC 电源，24V 直流输入			DC 电源，24V 直流输入		输入点数	输出点数	可连接的 PLC
继电器输出	晶体管输出	晶闸管输出	继电器输出	晶体管输出			
FX$_{2N}$-32ER	FX$_{2N}$-32ET	FX$_{2N}$-32ES	—	—	16	16	FX$_{1N}$，FX$_{2N}$
FX$_{0N}$-40ER	FX$_{0N}$-40ET	—	FX$_{0N}$-40ER -D	—	24	16	FX$_{1N}$
FX$_{2N}$-48ER	FX$_{2N}$-48ET	—	—	—	24	24	FX$_{1N}$，FX$_{2N}$
—	—	—	FX$_{2N}$-48ER -D	FX$_{2N}$-48ET-D	24	24	FX$_{2N}$

表 4-10   FX$_{1N}$ 和 FX$_{2N}$ 系列的 I/O 扩展模块

输 入 模 块	继电器输出	晶体管输出	晶闸管输出	输 入 点 数	输 出 点 数
FX$_{0N}$-8ER		—	—	4	4
FX$_{0N}$-8EX	—	—	—	8	—
FX$_{0N}$-16EX	—	—	—	16	—
FX$_{2N}$-16EX	—	—	—	16	—
FX$_{2N}$-16EX-C	—	—	—	16	—
FX$_{2N}$-16EXL-C	—	—	—	16	—
—	FX$_{0N}$-8EYR	FX$_{0N}$-8EYT	—	—	8
—		FX$_{0N}$-8EYT-H	—	—	8
—	FX$_{0N}$-16EYR	FX$_{0N}$-16EYT	—	—	16
—	FX$_{2N}$-16EYR	FX$_{2N}$-16EYT	FX$_{2N}$-16EYS	—	16
—	—	FX$_{2N}$-16EYT-C	—	—	16

4.3 PLC 的基本组成

PLC 是由基本单元、扩展单元、扩展模块及特殊功能模块构成的。基本单元包括 CPU、存储器、I/O 单元和电源，是 PLC 控制的核心；扩展单元是扩展 I/O 点数的装置，内部有电源；扩展模块用于增加 I/O 点数和改变 I/O 点数的比例，内部无电源，由基本单元或扩展单

元供电。扩展单元和扩展模块内无 CPU，必须与基本单元一起使用。特殊功能模块是一些有特殊用途的装置，如模拟量处理模块、通信模块等。下面介绍 PLC 基本单元的硬件和软件。

4.3.1 硬件

PLC 硬件主要由中央处理单元（CPU）、存储器、输入单元、输出单元、电源单元、编程器、扩展接口、编程器接口和存储器接口组成，其结构框图如图 4-1 所示。

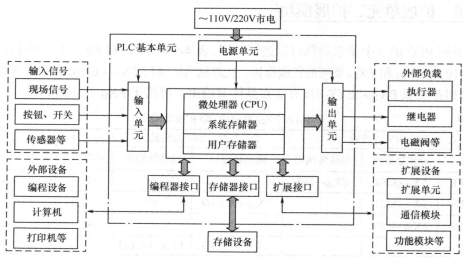

图 4-1 PLC 的结构框图

1. 中央处理单元（CPU）

CPU 是整个 PLC 的运算和控制中心，它在系统程序的控制下，完成各种运算和协调系统内部各部分的工作等。主要采用微处理器（如 Z80A、8080、8086、80286、80386 等）、单片机（如 8031、8096 等）、位片式微处理器（如 AM2900、AM1902、AM2903 等）构成。PLC 的档次越高，CPU 的位数就越长，运算速度也越快。如三菱 FX_{2N} 系列 PLC，大部分芯片都采用表面封装技术的芯片，其 CPU 板有两片超大规模集成电路（双 CPU），所以 FX_{2N} 系列 PLC 在速度、集成度等方面都有明显的提高。

2. 存储器

存储器用于存放程序和数据。PLC 配有系统存储器和用户存储器，前者用于存放系统的各种管理监控程序；后者用于存放用户编制的程序。PLC 的用户程序和参数的存储器有 RAM、EPROM 和 EEPROM 3 种类型。RAM 一般由 CMOSRAM 构成，采用锂电池作为后备电源，停电后 RAM 中的数据可以保存 1～5a。为了防止偶然操作失误而损坏程序，还可采用 EPROM 或 EEPROM，在程序调试完成后就可以固化。EPROM 的缺点是写入时必须用专用的写入器，擦除时要用专用的擦除器。EEPROM 采用电可擦除的只读存储器，它不仅具有其他程序存储器的性能，还可以在线改写，而且不需要专门的写入和擦除设备。

3. I/O 单元

I/O 单元是 PLC 与外部设备连接的接口。CPU 所能处理的信号只能是标准电平，因此现场的输入信号，如按钮开关、行程开关、限位开关以及传感器输出的开关量，需要通过输入单元的转换和处理才可以传送给 CPU。CPU 的输出信号，也只有通过输出单元的转换和处理，才能够驱动电磁阀、接触器、继电器、电动机等执行机构。

（1）输入电路

PLC 以开关量顺序控制为特长，其输入电路基本相同，通常分为 3 种类型：直流输入方式、交流输入方式和交直流输入方式。外部输入元件可以是无源触点或有源传感器。输入电路包括光电隔离和 RC 滤波器，用于消除输入触点抖动和外部噪声干扰。图 4-2 所示是直流输入方式的电路图，其中 LED 为相应输入端在面板上的指示灯，用于表示外部输入的 ON/OFF 状态（LED 亮表示 ON）。输入信号接通时，输入电流一般小于 10mA，响应滞后时间一般都小于 20ms，如 FX_{2N} 系列 PLC 的输入信号为 DC 24V 7mA，响应滞后时间约为 10ms。

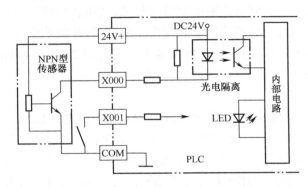

图 4-2　直流（漏型）输入方式的电路图

（2）输出电路

PLC 的输出电路有 3 种形式：继电器输出、晶体管输出、晶闸管输出，如图 4-3 所示。图 4-3（a）所示为继电器输出型，CPU 控制继电器线圈的通电或断电，其触点相应闭合或断开，触点再控制外部负载电路的通断。显然，继电器输出型 PLC 是利用继电器线圈和触点之间的电气隔离，将内部电路与外部电路进行隔离的。图 4-3（b）、（c）所示为晶体管输出型，晶体管输出型通过使晶体管截止或饱和导通来控制外部负载电路，晶体管输出型是在 PLC 的内部电路与输出晶体管之间用光电耦合器进行隔离的；漏型 PLC 的公共端 COM 要接电源的负极，源型 PLC 的公共端 COM 要接电源的正极。图 4-3（d）所示为晶闸管输出型，晶闸管输出型通过使晶闸管导通或关断来控制外部电路，晶闸管输出型是在 PLC 的内部电路与输出元件（三端双向晶闸管开关元件）之间用光电晶闸管进行隔离的。

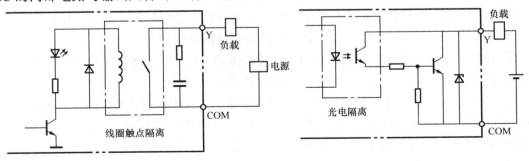

（a）继电器输出型　　　　　　　　　　　　　　（b）晶体管输出型（漏型）

图 4-3　PLC 的输出电路图

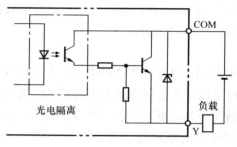
（c）晶体管输出型（源型）

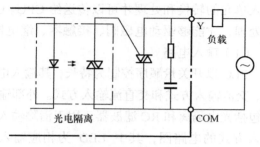
（d）晶闸管输出型

图 4-3　PLC 的输出电路图（续）

在 3 种输出形式中，以继电器输出型最为常见，但响应时间最长。以 FX 系列 PLC 为例，从继电器线圈通电或断电到输出触点变为 ON 或 OFF 的响应时间均为 10ms。其输出电流最大，在 AC 250V 以下时可驱动的负载为：纯电阻 2A/点、感性负载 80V·A、灯负载 100W。FX 系列 PLC 的输出技术指标见表 4-3。

4．电源单元

PLC 的供电电源一般是市电，有的也用 DC 24V 电源供电。PLC 对电源稳定性要求不高，一般允许电源电压在−15%～+10%内波动。PLC 内部含有一个稳压电源，用于对 CPU 和 I/O 单元供电，小型 PLC 的电源往往和 CPU 单元合为一体，大中型 PLC 都有专门的电源单元。有些 PLC 还有 DC 24V 输出，用于对外部传感器供电，但输出电流往往只是毫安级。

5．扩展接口

这种扩展接口实际上为总线形式，可以连接开关量 I/O 单元或模块，也可连接如模拟量处理模块、位置控制模块以及通信模块或适配器等。在大型机中，扩展接口为插槽扩展基板的形式。

6．存储器接口

为了存储用户程序以及扩展用户程序存储区、数据参数存储区，PLC 上还设有存储器扩展口，可以根据使用的需要扩展存储器，其内部也是接到总线上的。

7．编程器接口

PLC 基本单元通常不带编程器，为了能对 PLC 进行现场编程及监控，PLC 的基本单元专门设置有编程器接口，通过这个接口可以接各种形式的编程装置，还可以利用此接口做一些监控的工作。

8．编程器

编程器最少包括键盘和显示 2 部分，用于对用户程序进行输入、读出、检验、修改。PLC 正常运行时，通常并不使用编程器。常用的编程器类型如下。

① 便携式编程器，也叫手持式编程器，用按键输入指令，大多采用数码管显示器，具有体积小、易携带的特点，适合小型 PLC 的编程要求。

② 图形编程器，又称智能编程器，采用液晶显示器或阴极射线管（CRT）显示，可在调试程序时显示各种信号状态和出错提示等，还可与打印机、绘图仪、录音机等设备连接，具有较强的功能，对于习惯用梯形图编程的人员来说，这种编程器尤为适合。

③ 基于个人计算机的编程软件，即在个人计算机上安装专用的编程软件，可以编制梯形图、语句等形式的用户程序。

4.3.2　软件

PLC 是一种工业计算机，不光要有硬件，软件也必不可少。PLC 的软件包括监控程序和用户程序两大部分。监控程序是由 PLC 厂家编制的，用于控制 PLC 本身的运行。监控程序包含系统管理程序、用户指令解释程序、标准程序模块和系统调用三大部分，其功能的强弱直接决定一台 PLC 的性能。用户程序是 PLC 的使用者编制的，用于实现对具体生产过程的控制，用户程序可以是梯形图、指令表、高级语言、汇编语言等。

4.4　FX 系列 PLC 的软元件

4.4.1　概述

PLC 内部有许多具有不同功能的元件，实际上这些元件是由电子电路和存储器组成的。例如，输入继电器 X 是由输入电路和输入映像寄存器组成；输出继电器 Y 是由输出电路和输出映像寄存器组成；定时器 T、计数器 C、辅助继电器 M、状态继电器 S、数据寄存器 D、变址寄存器 V/Z 等都是由存储器组成的。为了把它们与通常的硬元件区分开，通常把这些元件称为软元件，是等效概念抽象模拟的元件，并非实际的物理元件。从工作过程看，只注重元件的功能，按元件的功能给名称，例如，输入继电器 X、输出继电器 Y 等，而且每个元件都有确定的编号，这对编程十分重要。

需要特别指出的是，不同厂家、甚至同一厂家的不同型号的 PLC，其软元件的数量和种类都不一样（见附录 C）。下面以 FX（含汇川）系列 PLC 为蓝本，详细其介绍软元件。

4.4.2　软元件

1.　输入继电器（X）

输入继电器与 PLC 的输入端子相连，是 PLC 接收外部开关信号的窗口，PLC 通过输入端子将外部信号的状态读入并存储在输入映像寄存器中。与输入端子连接的输入继电器是光电隔离的电子继电器，其线圈、动合触点、动断触点与传统硬继电器表示方法一样。这些触点在 PLC 梯形图内可以自由使用。FX$_{2N}$ 系列 PLC 的输入继电器采用八进制编号，如 X000～X007，X010～X017（注意，通过 PLC 编程软件或编程器输入时，会自动生成 3 位八进制的编号，因此在标准梯形图中是 3 位编号，但在非标准梯形图中，习惯写成 X0～X7，X10～X17 等，输出继电器 Y 的写法与此相似），最多可达 184 点。

图 4-4 所示是一个 PLC 控制系统的示意图，X0 端子外接的输入电路接通时，它对应的输入映像寄存器为 1 状态，断开时为 0 状态。输入继电器的状态唯一地取决于外部输入信号的状态，不可能受用户程序的控制，因此在梯形图中绝对不能出现输入继电器的线圈。

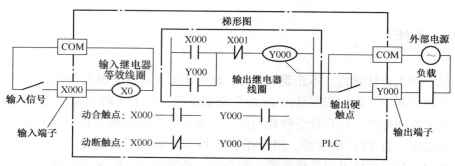

图 4-4　PLC 控制系统的示意图

2. 输出继电器（Y）

输出继电器与 PLC 的输出端子相连，是 PLC 向外部负载发送信号的窗口。输出继电器用来将 PLC 的输出信号传送给输出单元，再由后者驱动外部负载。如图 4-4 所示的梯形图中 Y0 的线圈"通电"，继电器型输出单元中对应的硬件继电器的动合触点闭合，使外部负载工作。输出单元中的每一个硬件继电器仅有一对硬的动合触点，但是在梯形图中，每一个输出继电器的动合触点和动断触点都可以多次使用。FX 系列 PLC 的输出继电器采用八进制编号，如 Y0～Y7，Y10～Y17，…最多可达 184 点，但输入、输出继电器的总和不得超过 256 点。扩展单元和扩展模块的输入、输出继电器的元件号是从基本单元开始，按从左到右、从上到下的顺序，采用八进制编号。表 4-11 给出了 FX$_{2N}$ 系列 PLC 的输入、输出继电器元件号。

表 4-11　　　　　　　　FX$_{2N}$ 系列 PLC 的输入、输出继电器元件号

型号	FX$_{2N}$-16M	FX$_{2N}$-32M	FX$_{2N}$-48M	FX$_{2N}$-64M	FX$_{2N}$-80M	FX$_{2N}$-128M	扩展时
输入	X0～X7 8 点	X0～X17 16 点	X0～X27 24 点	X0～X37 32 点	X0～X47 40 点	X0～X77 64 点	X0～X267 184 点
输出	Y0～Y7 8 点	Y0～Y17 16 点	Y0～Y27 24 点	Y0～Y37 32 点	Y0～Y47 40 点	Y0～Y77 64 点	Y0～Y267 184 点

3. 辅助继电器（M）

PLC 内部有很多辅助继电器，相当于继电器控制系统中的中间继电器。在某些逻辑运算中，经常需要一些中间继电器作为辅助运算用，用于状态暂存、移位等，它是一种内部的状态标志，另外辅助继电器还具有某些特殊功能。它的动合、动断触点在 PLC 的梯形图内可以无限次的自由使用，但是这些触点不能直接驱动外部负载，外部负载必须由输出继电器的外部硬触点来驱动。在 FX（汇川）系列 PLC 中，除了输入继电器和输出继电器的元件号采用八进制编号外，其他软元件的元件号均采用十进制。FX 系列 PLC 的辅助继电器见表 4-12。

表 4-12　　　　　　　　　　　FX 系列 PLC 的辅助继电器

PLC	FX$_{1S}$	FX$_{1N}$	FX$_{2N}$、H$_{2U}$	FX$_{3U}$
通用辅助继电器	384（M0～M383）	384（M0～M383）	500（M0～M499）	
电池后备/锁存辅助继电器	128（M384～M511）	1152（M384～M1535）	2572（M500～M3071）	7180 点， M500～M7679
特殊辅助继电器	256（M8000～M8255）			512 点， M8000～M8511

（1）通用辅助继电器

FX 系列 PLC 的通用辅助继电器没有断电保持功能，如果在 PLC 运行时电源突然中断，输出继电器和通用辅助继电器将全部变为 OFF，若电源再次接通，除了 PLC 运行时即为 ON 的元件以外，其余的均为 OFF 状态。

（2）电池后备/锁存辅助继电器

某些控制系统要求记忆电源中断瞬时的状态，重新通电后再现其状态，电池后备/锁存辅助继电器可以用于这种场合。在电源中断时由锂电池保持 RAM 中映像寄存器的内容，或将它们保存在 EEPROM 中，它们只是在 PLC 重新通电后的第 1 个扫描周期保持断电瞬时的状态。为了利用它们的断电记忆功能，可以采用有记忆功能的电路，如图 4-5 所示。设图 4-5 所示 X0 和 X1 分别是启动按钮和停止按钮，M500 通过 Y0 控制外部的电动机，如果电源中断时 M500 为 1 状态，因为电路的记忆作用，重新通电后 M500 将保持为 1 状态，使 Y0 继续为 ON，电动机重新开始运行；而对于 Y1，则由于 M0 没有停电保持功能，电源中断后重新通电时，Y1 无输出。

（3）特殊辅助继电器

特殊辅助继电器共 256 点，它们用来表示 PLC 的某些状态，提供时钟脉冲和标志（如进位、借位标志等），设定 PLC 的运行方式，或者用于步进顺控、禁止中断、设定计数器是加计数还是减计数等。特殊辅助继电器分为如下 2 类。

① 只能利用其触点的特殊辅助继电器。线圈由 PLC 系统程序自动驱动，用户只可以利用其触点，例如，M8000 为运行监控，PLC 运行时 M8000 的动合触点闭合，其时序如图 4-6 所示。

M8002 为初始脉冲，仅在运行开始瞬间接通一个扫描周期，其时序如图 4-6 所示，因此，可以用 M8002 的动合触点来使有断电保持功能的元件初始化复位或给它们置初始值。

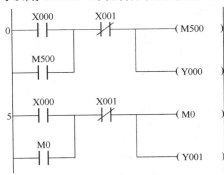

图 4-5　断电保持功能

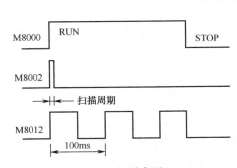

图 4-6　时序图

M8011～M8014 分别是 10ms、100ms、1s 和 1min 的时钟脉冲特殊辅助继电器。

② 可驱动线圈型特殊辅助继电器。由用户程序驱动其线圈，使 PLC 执行特定的操作，用户并不使用它们的触点，例如，M8030 为锂电池电压指示特殊辅助继电器，当锂电池电压跌落时，M8030 动作，指示灯亮，提醒 PLC 维修人员赶快更换锂电池。

M8033 为 PLC 停止时输出保持特殊辅助继电器。

M8034 为禁止输出特殊辅助继电器。

M8039 为定时扫描特殊辅助继电器。

需要说明的是未定义的特殊辅助继电器不可在用户程序中使用。

4. 状态继电器 S

FX 系列 PLC 的状态继电器见表 4-13 所示。状态继电器是构成状态转移图的重要软元件，它与后述的步进顺控指令配合使用。状态继电器的动合和动断触点在 PLC 梯形图内可以自由使用，且使用次数不限。不用步进顺控指令时，状态继电器可以作为辅助继电器在程序中使用。通常状态继电器有下面 5 种类型。

表 4-13　　　　　　　　　　　　FX 系列 PLC 的状态继电器

PLC	FX₁s	FX₁N	FX₂N、H₂U	FX₃U
初始化状态继电器	10 点，S0～S9			
通用状态继电器	—		490 点，S10～S499	
锁存状态继电器	128 点，S0～S127	1000 点，S0～S999	400 点，S500～S899	3596 点，S500～S4095
信号报警器	—		100 点，S900～S999	

① 初始状态继电器 S0～S9 共 10 点。

② 回零状态继电器 S10～S19 共 10 点。

③ 通用状态继电器 S20～S499 共 480 点。

④ 保持状态继电器 S500～S899 共 400 点。

⑤ 报警用状态继电器 S900～S999 共 100 点，这 100 个状态继电器可用作外部故障诊断。

5. 定时器 T

FX 系列 PLC 的定时器见表 4-14。定时器在 PLC 中的作用相当于一个时间继电器，它有 1 个设定值寄存器（1 个字长），1 个当前值寄存器（1 个字长）以及无限个触点（1 个位）。对于每一个定时器，这 3 个量使用同一名称，但使用场合不一样，其所指也不一样。

表 4-14　　　　　　　　　　　　FX 系列 PLC 的定时器

PLC		FX₁s	FX₁N、FX₂N、H₂U	FX₃U
通用型	100ms 定时器	63（T0～T62）	200（T0～T199）	
	10ms 定时器	31（T32～T62）（M8028=1 时）	46（T200～T245）	
	1ms 定时器	1（T63）	—	256 点，T256～T511
积算型	1ms 定时器	—	4（T246～T249）	
	100ms 定时器	—	6（T250～T255）	

PLC 中的定时器是根据时钟脉冲累积计时的，时钟脉冲有 1ms、10ms、100ms 3 挡，当所计时间到达设定值时，延时触点动作。定时器可以用常数 K 作为设定值，也可以用后述的数据寄存器的内容作为设定值，这里使用的数据寄存器应有断电保持功能。

（1）通用型定时器

100ms 定时器的设定值范围为 0.1s～3276.7s；10ms 定时器的设定值范围为 0.01～327.67s；1ms 定时器的设定值范围为 0.001s～32.767s。图 4-7 所示是通用型定时器的工作原理图，当驱动输入 X0 接通时，编号为 T200 的当前值计数器对 10ms 时钟脉冲进行计数，当计数值与设定值 K123 相等时，定时器的动合触点就闭合，其动断触点就断开，即延时触点是在驱动线圈后的 123×0.01s=1.23s 时动作。驱动输入 X0 断开或发生断电时，当前值计数器就复位，延时触点也复位。

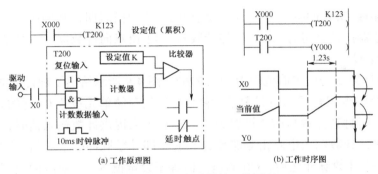

图 4-7   通用型定时器的工作原理

（2）积算型定时器

图 4-8 所示是积算定时器工作原理图，当定时器线圈 T250 的驱动输入 X1 接通时，T250 的当前值计数器开始累积 100ms 的时钟脉冲的个数，当该值与设定值 K345 相等时，定时器的动合触点闭合，其动断触点就断开。当计数值未达到设定值而驱动输入 X1 断开或断电时，当前值可保持，当驱动输入 X1 再接通或恢复供电时，计数继续进行。当累积时间为 0.1s × 345=34.5s 时，延时触点动作。当复位输入 X2 接通时，计算器就复位，延时触点也复位。

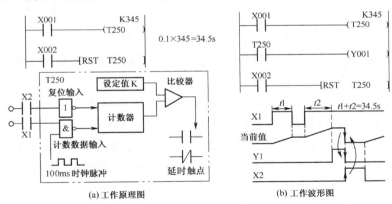

图 4-8   积算定时器工作原理

6．计数器 C

FX 系列的计数器见表 4-15，它分内部信号计数器（简称内部计数器）和外部高速计数器（简称高速计数器）。

表 4-15   FX 系列的计数器

PLC	FX₁s	FX₁N	FX₂N、FX₃U、H₂U
16 位通用计数器	16（C0～C15）	16（C0～C15）	100（C0～C99）
16 位电池后备/锁存计数器	16（C16～C31）	184（C16～C199）	100（C100～C199）
32 位通用双向计数器	—	20（C200～C219）	
32 位电池后备/锁存双向计数器	—	15（C220～C234）	
高速计数器	21（C235～C255）		

（1）内部计数器

内部计数器是用来对 PLC 的内部元件（X，Y，M，S，T 和 C）提供的信号进行计数。

计数脉冲为 ON 或 OFF 的持续时间，应大于 PLC 的扫描周期，其响应速度通常小于数十赫兹。内部计数器按位数可分为 16 位加计数器、32 位双向计数器，按功能可分为通用型和电池后备/锁存型。

① 16 位加计数器的设定值范围为 1～32767。图 4-9 所示给出了加计数器的工作过程，图中 X10 的动合触点闭合后，C0 被复位，它对应的位存储单元被置 0，它的动合触点断开，动断触点闭合，同时其计数当前值被置为 0。X11 用来提供计数输入信号，当计数器的复位输入电路断路，计数输入电路由断路变为导通（即计数脉冲的上升沿）时，计数器的当前值加 1，在 5 个计数脉冲之后，C0 的当前值等于设定值 5，它对应的位存储单元的内容被置 1，其动合触点闭合，动断触点断开。再来计数脉冲时当前值不变，直到复位输入电路接通，计数器的当前值被置为 0。

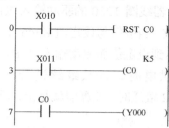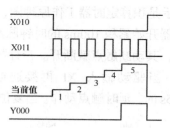

图 4-9　16 位加计数器的工作过程

具有电池后备/锁存功能的计数器在电源断电时可保持其状态信息，重新送电后能立即按断电时的状态恢复工作。

② 32 位双向计数器的设定值范围为 -2147483648～+2147483647，其加/减计数方式由特殊辅助继电器 M8200～M8234 设定，对应的特殊辅助继电器为 ON 时，为减计数，反之为加计数。

计数器的设定值除了可由常数设定外，还可以通过指定数据寄存器来设定。对于 32 位的计数器，其设定值存放在元件号相连的 2 个数据寄存器中。如果指定的是 D0，则设定值存放在 D1 和 D0 中。图 4-10 所示 C200 的设定值为 5，当 X12 断开时，M8200 为 OFF，此时 C200 为加计数，若计数器的当前值由 4 变到 5，计数器的动合触点 ON，当前值为 5 时，动合触点仍为 ON；当 X12 导通时，M8200 为 ON，此时 C200 为减计数，若计数器的当前值由 5 变到 4 时，动合触点 OFF，当前值为 4 时，输入触点仍为 OFF。

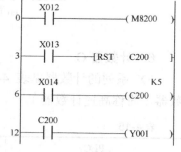

图 4-10　加/减计数器

计数器的当前值在最大值 2147483647 加 1 时，将变为最小值 -2147483648，类似地，当前值为 -2147483648 减 1 时，将变为最大值 2147483647，这种计数器称为"环形计数器"。图 4-10 所示复位输入 X13 的动合触点闭合时，C200 被复位，其动合触点断开，动断触点闭合，当前值被置为 0。

如果使用电池后备/锁存计数器，在电源中断时，计数器停止计数，并保持计数器当前值不变，电源再次接通后，在当前值的基础上继续计数，因此电池后备/锁存计数器可累积计数。

（2）高速计数器

高速计数器均为 32 位加减计数器。但适用高速计数器输入的 PLC 输入端只有 6 个 X0～X5，如果这 6 个输入端中的 1 个已被某个高速计数器占用，它就不能再用于其他高速计数器(或其他用途)。也就是说，由于只有 6 个高速计数输入端，最多只能用 6 个高速计数器同时工作。高速计数器的选择并不是任意的，它取决于所需计数器的类型及高速输入端子，高速计数器的类型如下。

单相无启动/复位端子高速计数器 C235～C240。

单相带启动/复位端子高速计数器 C241～C245。

单相双输入（双向）高速计数器 C246～C250。

双相输入（A-B 相型）高速计数器 C251～C255。

不同类型的高速计数器可以同时使用，但是它们的高速计数器输入点不能冲突。高速计数器的运行建立在中断的基础上，这意味着事件的触发与扫描时间无关。在对外部高速脉冲计数时，梯形图中高速计数器的线圈应一直通电，以表示与它有关的输入点已被使用，其他高速计数器的处理不能与它冲突，高速计数器与输入端的分配见表 4-16，其应用如图 4-11 所示。

表 4-16　高速计数器与输入端的分配

C＼X	单相单计数输入											单相双计数输入					双相双计数输入				
	235	236	237	238	239	240	241	242	243	244	245	246	247	248	249	250	251	252	253	254	255
X0	UD						UD			UD		U	U		U		A	A		A	
X1		UD					R			R		D	D		D		B	B		B	
X2			UD					UD			UD		R		R			R		R	
X3				UD				R			R			U		U			A		A
X4					UD				UD					D		D			B		B
X5						UD			R					R		R			R		R
X6										S					S					S	
X7											S					S					S

注：U 表示增计数输入，D 表示减计数输入，A 表示 A 相输入，B 表示 B 相输入，R 表示复位输入，S 表示启动输入。

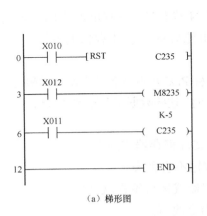

（a）梯形图

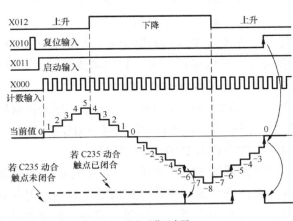

（b）动作示意图

图 4-11　C235 的应用

如图 4-11 所示，若 X10 闭合，则 C235 复位；若 X12 闭合，则 C235 作减计数；若 X12 断开，则 C235 作加计数；若 X11 闭合，则 C235 对 X0 输入的高速脉冲进行计数。当计数器的当前值由−5 到−6 减少时，则 C235 动合触点（先前已经闭合）断开；当计数器的当前值由−6 到−5 增加时，则 C235 动合触点闭合。

（3）计数频率

计数器最高计数频率受 2 个因素限制。一是各个输入端的响应速度，主要是受硬件的限制；二是全部高速计数器的处理时间，这是高速计数器计数频率受限制的主要因素。因为高速计数器的工作是采用中断方式，故计数器用得越少，则可计数频率就高。如果某些计数器用比较低的频率计数，则其他计数器可用较高的频率计数。

7. 数据寄存器（D）

FX 系列 PLC 的数据寄存器见表 4-17。数据寄存器在模拟量检测与控制以及位置控制等场合用来储存数据和参数，数据寄存器可储存 16 位二进制数或 1 个字，2 个数据寄存器合并起来可以存放 32 位数据（双字）。在 D0 和 D1 组成的双字中，D0 存放低 16 位，D1 存放高 16 位。字或双字的最高位为符号位，该位为 0 时数据为正，为 1 时数据为负。

表 4-17　　　　　　　　　　　　　FX 系列 PLC 的数据寄存器

PLC	FX₁S	FX₁N	FX₂N、H₂U	FX₃U
通用寄存器	128（D0～D127）		200（D0～D199）	
电池后备/锁存寄存器	128（D128～D255）	7872（D128～D7999）	7800（D200～D7999）	
特殊寄存器	256（D8000～D8255）	256（D8000～D8255）	106（D8000～D8195）	512 点，D8000～D8511
文件寄存器 R	1500（D1000～D2499）	7000（D1000～D7999）		
外部调节寄存器 F	2（D8030，D8031）		—	

（1）通用寄存器

将数据写入通用寄存器后，其值将保持不变，直到下一次被改写。PLC 从 RUN 状态进入 STOP 状态时，所有的通用寄存器被复位为 0。若特殊辅助继电器 M8033 为 ON，则 PLC 从 RUN 状态进入 STOP 状态时，通用寄存器的值保持不变。

（2）电池后备/锁存寄存器

电池后备/锁存寄存器有断电保持功能，PLC 从 RUN 状态进入 STOP 状态时，电池后备/锁存寄存器的值保持不变。利用参数设定，可改变电池后备/锁存寄存器的范围。

（3）特殊寄存器 D8000～D8195

特殊寄存器 D8000～D8195 共 106 点，用来控制和监视 PLC 内部的各种工作方式和元件，如电池电压、扫描时间、正在动作的状态编号等。PLC 上电时，这些数据寄存器被写入默认的值。

（4）文件寄存器 D1000～D7999

文件寄存器以 500 点为单位，可被外部设备存取。文件寄存器实际上被设置为 PLC 的参数区，文件寄存器与锁存寄存器是重叠的，可保证数据不会丢失。

FX₁S 的文件寄存器只能用外部设备（如手持式编程器或运行编程软件的计算机）来改写。其他系列的文件寄存器可通过 BMOV（块传送）指令改写。

8. 变址寄存器

FX 系列 PLC 有 16 个变址寄存器 V0～V7 和 Z0～Z7，在 32 位操作时将 V、Z 合并使用，Z 为低位。变址寄存器可用来改变软元件的元件号，例如，当 V0＝12 时，数据寄存器 D6V0，则相当于 D18（6+12=18）。通过修改变址寄存器的值，可以改变实际的操作数。变址寄存器也可以用来修改常数的值，例如，当 Z0=21 时，K48Z0 相当于常数 69（48+21=69）。

9. 指针（P/I）

指针（P/I）包括分支和子程序用的指针（P）以及中断用的指针（I）。在梯形图中，指针放在左侧母线的左边。

4.4.3　数据类型

在 PLC 内部和用户应用程序中使用着大量的数据，这些数据从结构或数制上具有以下几种形式。

1. 十进制数

十进制数在 PLC 中又称字数据，主要用于定时器、计数器的设定值和当前值；辅助继电器、定时器、计数器、状态继电器等的编号；也用于指定应用指令中的操作数，常用 K 来表示。16 位操作数的范围为−32768～+32767，32 位操作数的范围为−2147483648～+2147483647。

2. 二进制数

十进制数、八进制数、十六进制数、BCD 码在 PLC 内部均是以二进制数的形态存在，但使用外围设备进行系统运行监控显示时，会还原成原来的数制。1 位二进制数在 PLC 中又称位数据，它主要存在于各类继电器、定时器、计数器的触点及线圈。

3. 八进制数

FX 系列 PLC 的输入继电器、输出继电器的地址编号均采用八进制。

4. 十六进制数

十六进制数用于指定应用指令中的操作数，常用 H 来表示。十六进制包括 0～9 和 A～F 这 16 个数字，16 位操作数的范围为 0～FFFF，32 位操作数的范围为 0～FFFFFFFF。

5. BCD 码

BCD 码是以 4 位二进制数表示与其对应的 1 位十进制数的方法。PLC 中的十进制数常以 BCD 码的形式出现，它还常用于 BCD 码输出的数字开关或 7 段码显示等方面。

6. 浮点数

在计算机（包含 PLC，下同）中，除了整数之外，还有小数。确定小数点的位置通常有 2 种方法：一种是规定小数点位置固定不变，称为定点数；另一种是小数点的位置不固定，可以浮动，称为浮点数。

在计算机中，通常是用定点数来表示整数和纯小数，分别称为定点整数和定点小数。对于既有整数部分又有小数部分的数，一般用浮点数 E 来表示，其范围为 $-1.0 \times 2^{128} \sim -1.0 \times 2^{-126}$，0，$1.0 \times 2^{-126} \sim 1.0 \times 2^{128}$。

（1）定点整数

在定点数中，当小数点的位置固定在最低位的右边时，就表示 1 个整数。请注意：小数点并不单独占 1 个二进制位，而是默认在最低位的右边。定点整数又分为有符号数和无符号数 2 类。

（2）定点小数

当小数点的位置固定在符号位与最高位之间时，就表示 1 个纯小数。因为定点数所能表示数的范围较小，常常不能满足实际问题的需要，所以要采用能表示数的范围更大的浮点数。

（3）浮点数

在浮点数表示法中，小数点的位置是可以浮动的。在大多数计算机中，都把尾数 S 定为二进制纯小数，把阶码 P 定为二进制定点整数。尾数 S 的二进制位数决定了所表示数的精度；阶码 P 的二进制位决定了所能表示数的范围。为了使所表示的浮点数既精度高又范围大，就必须合理规定浮点数的存储格式。

在 FX 系列 PLC 中提供了二进制浮点运算和十进制浮点运算。二进制浮点数采用编号连续的 1 对数据寄存器表示，例 D11 和 D10 组成的 32 位寄存器中，D10 的 16 位加上 D11 的低 7 位共 23 位为浮点数的尾数，而 D11 中除最高位的前 8 位为指数，D11 最高位是尾数的符号位（0 为正，1 是负），其具体表示如下。

二进制浮点数 $= \pm(2^0 + A22 \times 2^{-1} + A21 \times 2^{-2} \cdots + A1 \times 2^{-22} + A0 \times 2^{-23}) \times 2^{(E7 \times 2^7 + E6 \times 2^6 \cdots + E0 \times 2^0) - 127}$

	D11										D10				
	2^7	2^6	…	2^1	2^0	2^{-1}	2^{-2}	…	2^{-6}	2^{-7}	2^{-8}	2^{-9}	…	2^{-22}	2^{-23}
S	E7	E6	…	E1	E0	A22	A21	…	A17	A16	A15	A14	…	A1	A0
符号位	指数 8 位					尾数 23 位									

10 进制的浮点数也用 1 对数据寄存器表示，编号小的数据寄存器为尾数，编号大的为指数，例如使用数据寄存器（D1，D0）时，则表示的 10 进制浮点数为〔尾数 D0〕$\times 10^{〔指数 D1〕}$，其中，D0，D1 的最高位是正、负符号位。

习　题

1. 简述三菱小型 PLC 的发展过程，并说明 FX 系列 PLC 的特点。
2. 简述 PLC 的基本组成。
3. FX 系列 PLC 的输出电路有哪几种形式，各自的特点是什么？
4. FX 系列 PLC 的编程软元件有哪些？
5. 说明通用继电器和电池后备继电器的区别。
6. 说明特殊辅助继电器 M8000 和 M8002 的区别。
7. 说明通用型定时器的工作原理。
8. 解释 FX$_{3U}$-48MT/ESS 所代表的含义。

实训课题 2　FX 系列 PLC 的认识

实训 7　FX$_{2N}$ 系列 PLC 的认识

1. 实训目的

① 了解 PLC 的硬件组成及各部分的功能。
② 掌握 PLC 输入和输出端子的分布。

2. 实训器材

① PLC 应用技术综合实训装置 1 台（含 FX 系列 PLC1 台、各种电源、熔断器、电工工具 1 套、导线若干、已安装 GX Developer 编程软件和配有 SC-09 通信电缆的计算机 1 台，下同）。

② 接触器模块（线圈额定电压为 AC220V，下同）1 个。

③ 热继电器模块 1 个。

④ 开关、按钮板模块 1 个。

⑤ 行程开关模块 1 个。

3. 实训指导

FX 系列 PLC 基本单元的外部特征基本相似，如图 4-12 所示，一般都有外部端子部分、指示部分及接口部分，其各部分的组成及功能如下。

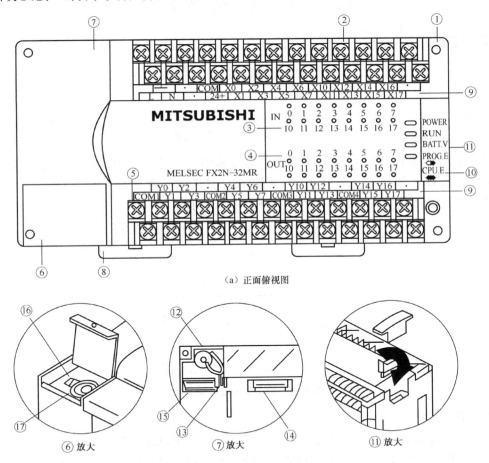

（a）正面俯视图

⑥ 放大　　　⑦ 放大　　　⑪ 放大

（b）局部放大图

① 安装孔（4 个）；② 电源、辅助电源、输入信号用的可装卸式端子；③ 输入状态指示灯；④ 输出状态指示灯；⑤ 输出用的可装卸式端子；⑥ 外围设备接线插座、盖板；⑦ 面板盖；⑧ DIN 导轨装卸用卡子；⑨ I/O 端子标记；⑩ 工作状态指示灯，POWER：电源指示灯，RUN：运行指示灯，BATT，V：电池电压下降指示灯，PROG-E：指示灯闪烁时表示程序语法出错，CPU-E：指示灯亮时表示 CPU 出错；⑪ 扩展单元、扩展模块、特殊单元、特殊模块的接线插座盖板；⑫ 锂电池；⑬ 锂电池连接插座；⑭ 另选存储器滤波器安装插座；⑮ 功能扩展板安装插座；⑯ 内置 RUN/STOP 开关；⑰ 编程设备、数据存储单元接线插座

图 4-12　FX₂ₙ 系列 PLC 外形图

（1）外部端子部分

外部端子包括 PLC 电源端子（L、N、⏚）、供外部传感器用的 DC 24V 电源端子（+24、COM）、输入端子（X）、输出端子（Y）等，如图 4-12（c）所示，主要完成信号的 I/O 连接，是 PLC 与外部设备（输入设备、输出设备）连接的桥梁。

输入端子与输入电路相连，输入电路通过输入端子可随时检测 PLC 的输入信息，即通过输入元件（如按钮、转换开关、行程开关、继电器的触点、传感器等）连接到对应的输入端子上，通过输入电路将信息送到 PLC 内部进行处理，一旦某个输入元件的状态发生变化，则对应输入点（软元件）的状态也随之变化，其连接示意图如图 4-13 所示。

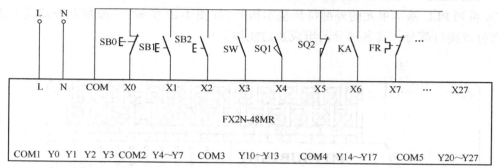

图 4-13　输入信号连接示意图

输出电路就是 PLC 的负载驱动回路，通过输出点，将负载和负载电源连接成一个回路，这样，负载就由 PLC 的输出点来进行控制，其连接示意图如图 4-14 所示。负载电源的规格，应根据负载的需要和输出点的技术规格来选择。

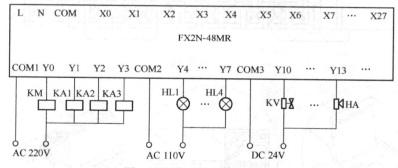

图 4-14　输出信号连接示意图

（2）指示部分

指示部分包括各 I/O 点的状态指示、PLC 电源（POWER）指示、PLC 运行（RUN）指示、用户程序存储器后备电池（BATT）状态指示及程序语法出错（PROG-E）、CPU 出错（CPU-E）指示等，用于反映 I/O 点及 PLC 机器的状态。

（3）接口部分

接口部分主要包括编程器、扩展单元、扩展模块、特殊模块及存储卡盒等外部设备的接口，其作用是完成基本单元同上述外部设备的连接。在编程器接口旁边，还设置了 1 个 PLC 运行模式转换开关 SW1，它有 RUN 和 STOP 2 个运行模式，RUN 模式表示 PLC 处于运行状态（RUN 指示灯亮），STOP 模式表示 PLC 处于停止即编程状态（RUN 指示灯灭），此时，PLC 可进行用户程序的写入、编辑和修改。

4．实训内容

① 了解 PLC 应用技术综合实训装置的相关功能、使用方法及注意事项。

② 按图 4-13 所示连接好各种输入设备。

③ 接通 PLC 的电源，观察 PLC 的各种指示是否正常。

④ 分别接通各个输入信号，观察 PLC 的输入指示灯是否发亮。

⑤ 仔细观察 PLC 的输出端子的分组情况，明白同一组中的输出端子不能接入不同规格的电源。

⑥ 仔细观察 PLC 的各个接口，明白各接口所接的设备。

5．实训思考

① 画出 PLC 的输出端子的分布图及其分组情况。

② 分别写出 PLC 的 I/O 信号的种类。

③ PLC 的软元件和硬元件有何区别？

④ 请到网上搜索其他型号和品牌的 PLC（如 FX_{3U}、H_{2U}），了解其主要性能。

实训课题 3　PLC 编程软件的使用

实训 8　GX Developer 编程软件的基本操作

1．实训目的

① 熟悉 GX Developer 软件界面。

② 会用梯形图和指令表方式编制程序。

③ 掌握利用 PLC 编程软件进行编辑、调试等的基本操作。

2．实训器材

① PLC 应用技术综合实训装置 1 台。

② 开关、按钮板模块 1 个。

③ 指示灯模块 1 个（或黄、绿、红发光二极管各 1 个）。

3．实训指导

GX Developer Version8.34L（SW8D5C-GPP-C）编程软件适用于目前三菱 Q 系列、QnA 系列、A 系列、FX 系列以及汇川的 H_{2U}、H_{1U} 系列的所有 PLC，可在 Windows 95/Windows 98/Windows 2000 及 Windows XP 操作系统中运行。GX Developer 编程软件可以编写梯形图程序和状态转移图程序，它支持在线和离线编程功能，不仅具有软元件注释、声明、注解及程序监示、测试、检查等功能，而且还可直接设定 CC-link 及其他三菱网络参数，能方便地实现监控、故障诊断、程序的传送及程序的复制、删除和打印等。此外，它还具有运行写入功能，这样可以避免频繁操作 STOP/RUN 开关，方便程序的调试。

（1）编程软件的安装

GX Developer Version8.34L 编程软件的安装可按如下步骤进行。

① 启动计算机进入 Windows 系统，双击"我的电脑"图标，找到编程软件的存放位置并双击，出现如图 4-15 所示界面。

图 4-15　编程软件的安装界面 1

② 双击图 4-15 所示的"EnvMEL"图标，出现如图 4-16 所示界面。

图 4-16　编程软件的安装界面 2

③ 双击图 4-16 所示的"SETUP.EXE"图标，然后按照弹出的对话框进行操作，直至单击"结束"。

④ 双击图 4-15 所示的"SN.txt"图标，记下产品的 ID：952-501205687。

⑤ 双击图 4-15 所示的"SETUP.EXE"图标，然后按照弹出的对话框进行操作即可。

（2）程序的编制

① 进入和退出编程环境

在计算机上安装好 GX Developer 编程软件后，执行"开始"→"程序"→"MELSOFT 应用程序"→"GX Developer"命令，即进入编程环境，其界面如图 4-17 所示。若要退出编程环境，则执行"工程"→"退出工程"命令，或直接单击关闭按钮即可退出编程环境。

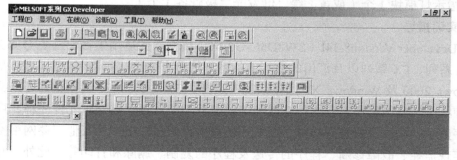

图 4-17　运行 GX Developer 后的界面

② 创建新工程

进入编辑环境后，可以看到该窗口编辑区域是不可用的，工具栏中除了"新建"和"打

开"按钮可见以外，其余按钮均不可见。单击图 4-17 所示的□按钮即创建新工程，或执行

"工程"→"创建新工程"命令，可创建一个新工程，出现如图 4-18 所示界面。

按图 4-18 所示选择 PLC 所属系列（选 FXCPU）和类型（选 FX2N（C））。此外，设置项还包括程序类型（选梯形图逻辑）和工程名设置。工程名设置即设置工程的保存路径（可单击"浏览"进行选择）、工程名和标题。注意，PLC 系列和 PLC 类型 2 项必须设置，且须与所连接的 PLC 一致，否则程序将无法写入 PLC。设置好上述各项后，再按照弹出的对话框进行操作，直至出现如图 4-19 所示窗口，即可进行程序的编制。

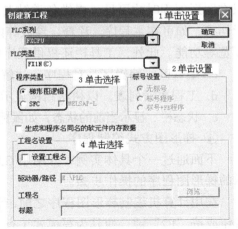

图 4-18　创建新工程界面

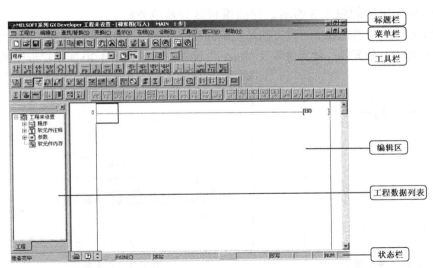

图 4-19　程序的编辑窗口

③ 软件界面

a. 菜单栏。GX Developer 编程软件有 10 个菜单项。"工程"菜单项可执行工程的创建、打开、保存、关闭、删除、打印等；"编辑"菜单项提供图形（或指令）程序编辑的工具，如复制、粘贴、插入行（列）、删除行（列）、画连线、删除连线等；"查找/替换"主要用于查找/替换软元件、指令等；"变换"只在梯形图编程方式可见，程序编好后，需要将图形程序转化为系统可以识别的程序，因此需要进行变换才可存盘、传送等；"显示"用于梯形图与指令表之间切换、注释、申明和注解的显示或关闭等；"在线"主要用于实现计算机与 PLC 之间的程序传送、监示、调试及检测等；"诊断"主要用于 PLC 诊断、网络诊断及 CC-link 诊断；"工具"主要用于程序检查、参数检查、数据合并、注释或参数清除等；"帮助"主要用于查阅各种出错代码等功能。

b. 工具栏。工具栏分为主工具、图形编辑工具、视图工具等，它们在工具栏的位置是

可以拖拽改变的。主工具栏提供文件新建、打开、保存、复制、粘贴等功能；图形工具栏只在图形编程时才可见，提供各类触点、线圈、连接线等图形；视图工具栏可实现屏幕显示切换，如可在主程序、注释、参数等内容之间实现切换，也可实现屏幕放大/缩小和打印预览等功能。此外，工具栏还提供程序的读/写、监示、查找和程序检查等快捷执行按钮。

　　c. 编辑区。编辑区是对程序、注解、注释、参数等进行编辑的区域。

　　d. 工程数据列表。以树状结构显示工程的各项内容，如程序、软元件注释、参数等。

　　e. 状态栏。显示当前的状态，如鼠标所指按钮功能提示、读写状态、PLC 的型号等内容。

　　④ 梯形图方式编制程序

　　下面通过一个具体实例，介绍用 GX Developer 编程软件在计算机上编制如图 4-20 所示的梯形图程序的操作步骤。

　　在用计算机编制梯形图程序之前，首先单击图 4-21 所示程序编制画面中的位置 1 即 ![] 按钮或按"F2"键，使其为写模式（查看状态栏），然后单击图 4-21 所示的位置 2 即 ![] 按钮，选择梯形图显示，即程序在编辑区中以梯形图的形式显示。下一步是选择当前编辑的区域，如图 4-21 所示的位置 3 所示，当前编辑区为蓝色方框。

　　梯形图的绘制有 2 种方法，一种方法是用鼠标和键盘操作，即用鼠标选择工具栏中的图形符号，再用键盘输入其软元件、软元件号及"Enter"键即可。编制图 4-20 所示梯形图的操作如下。

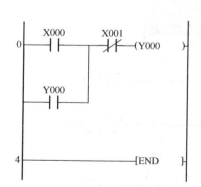

图 4-20　梯形图 1

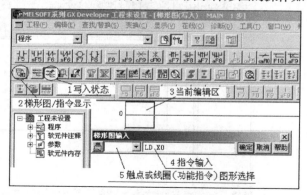

图 4-21　程序编制界面

　　① 单击图 4-22 所示的位置 1，从键盘输入 X→0，然后按回车键。

　　② 单击图 4-22 所示的位置 3，从键盘输入 X→1，然后按回车键。

　　③ 单击图 4-22 所示的位置 4，从键盘输入 Y→0，然后按回车键。

　　④ 单击图 4-22 所示的位置 2，从键盘输入 Y→0，然后按回车键，即生成图 4-22 所示梯形图。

　　梯形图程序编制完后，在写入 PLC（或保存）之前，必须进行变换。单击图 4-22 所示的位置 5"变换"菜单下的"变换"命令，或直接按"F4"键完成变换，此时编辑区不再是灰色状态，即可以存盘或传送。

　　另一种方法是用键盘操作，即通过键盘输入完整的指令。即在当前编辑区输入 L→D→空格→X→0→"Enter"键（或单击"确定"按钮），则 X0 的动合触点就在编辑区域中显示出来。然后输入 A→N→I→空格→X→1→"Enter"键，再输入 O→U→T→空格→Y→0→"Enter"键，再输入 O→R→空格→Y→0→"Enter"键，即绘制出如图 4-22

所示图形。梯形图程序编制完后，也必须单击图 4-22 所示"变换"菜单下的"变换"命令才可以存盘或传送。

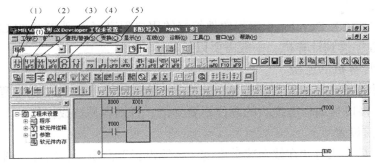

注：在输入的时候要注意阿拉伯数字 0 和英文字母 O 的区别以及空格的问题。

图 4-22　程序变换前的界面

图 4-23 所示的有定时器、计数器线圈及功能指令的梯形图，如用键盘操作，则在当前编辑区输入 L→D→空格→X→0→"Enter"键，再输入 O→U→T→空格→T→0→空格→K→100→"Enter"键，再输入 O→U→T→空格→C→0→空格→K→6→"Enter"键，然后输入 M→O→V→空格→K→20→空格→D→10→"Enter"键；如用鼠标和键盘操作，则选择其对应的图形符号，再输入软元件、软元件号以及定时器和计数器的设定值及"Enter"键，依次完成所有指令的输入。

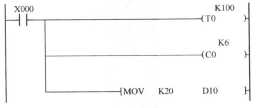

图 4-23　梯形图 2

⑤ 指令表方式编制程序

指令表方式编制程序即直接输入指令并以指令的形式显示的编程方式。对于图 4-20 所示的梯形图，其指令表程序在屏幕上的显示如图 4-24 所示。其操作为单击图 4-21 所示的位置 2 或按"Alt+F1"组合键，即选择指令表显示，其余的与上述介绍的用键盘输入指令的方法完全相同，且指令表程序不需变换。

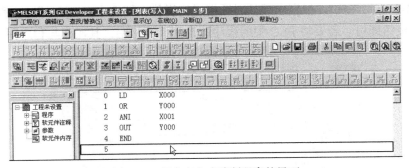

图 4-24　指令表方式编制程序的界面

⑥ 保存、打开工程

当梯形图程序编制完后，必须先进行变换（即执行"变换"菜单中的"变换"命令），然后单击 按钮或执行"工程"菜单中的"保存"或"另存为"命令，系统会提示（如果新建时未设置）保存的路径和工程的名称，设置好路径和输入工程名称后单击"保存"按钮即可。当需要打开保存在计算机中的程序时，单击按钮，在弹出的窗口中选择保存的"驱动器/路径"和"工程名"，然后单击"打开"按钮即可。

（3）程序的写入、读出

将计算机中用 GX Developer 编程软件编好的用户程序写入到 PLC 的 CPU，或将 PLC CPU 中的用户程序读到计算机，一般需要以下几步。

① PLC 与计算机的连接

正确连接计算机（已安装好了 GX Developer 编程软件）和 PLC 的编程电缆（专用电缆），注意 PLC 接口与编程电缆头的方位不要弄错，否则容易造成损坏。

② 进行通信设置

程序编制完后，执行"在线"菜单中的"传输设置"命令后，出现如图 4-25 所示的窗口，设置好 PC I/F 和 PLC I/F 的各项设置，其他项保持默认，单击"确定"按钮。

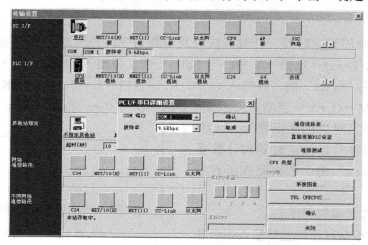

图 4-25　通信设置界面

③ 程序写入与读出

若要将计算机中编制好的程序写入到 PLC，执行"在线"菜单中的"写入 PLC"命令，则出现如图 4-26 所示窗口。根据出现的对话框进行操作，即选中"MAIN"（主程序）后单击"开始执行"按钮即可。若要将 PLC 中的程序读出到计算机中，其操作与程序写入操作类似。

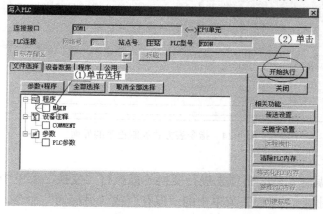

图 4-26　程序写入界面

4. 实训内容

将图 4-27 所示梯形图或表 4-18 列出的指令写入到 PLC 中，运行程序，并观察 PLC 的输出情况。

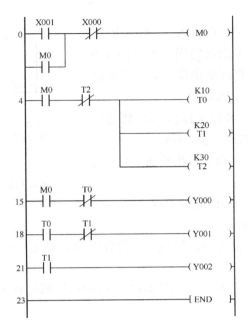

图 4-27　实训 8 梯形图

表 4-18　　　　　　　　　　　　　实训 8 指令表

步　序	指　　　令	步　序	指　　　令	步　序	指　　　令
0	LD　X001	6	OUT　T0　K10	18	LD　T0
1	OR　M0	9	OUT　T1　K20	19	ANI　T1
2	ANI　X000	12	OUT　T2　K30	20	OUT　Y001
3	OUT　M0	15	LD　M0	21	LD　T1
4	LD　M0	16	ANI　T0	22	OUT　Y002
5	ANI　T2	17	OUT　Y000	23	END

（1）PLC 与计算机的连接

① 在 PLC 与计算机电源断开的情况下，将 SC-09 通信电缆连接到计算机的 RS-232C 串行接口（COM1）和 PLC 的编程接口。

② 接通 PLC 与计算机的电源，并将 PLC 的运行开关置于 STOP 一侧。

（2）梯形图方式编制程序

① 进入编程环境。

② 新建一个工程，并将保存路径和工程名称设为 "E：\阮友德\第 4 章实训 8"。

③ 将图 4-27 所示梯形图输入到计算机中（用梯形图显示方式）。

④ 保存工程，然后退出编程环境，再根据保存路径打开工程。

⑤ 将程序写入 PLC 中的 CPU，注意 PLC 的串行口设置必须与所连接的一致。

（3）连接电路

按图 4-28 所示连接好外部电路，经教师检查系统接线正确后，接通 DC 24V 电源，注意 DC 24V 电源的极性。

（4）通电观察

① 将 PLC 的运行开关置于 RUN 一侧，若 RUN 指示灯亮，则表示程序没有语法错误；若 PROG.E 指示灯闪烁，则表示程序有语法错误，需要检查修改程序，并重新将程序写入 PLC 中。

② 断开启动按钮 SB1 和停止按钮 SB，将运行开关置于 RUN（运行）状态，彩灯不亮。

③ 闭合启动按钮 SB1，彩灯依次按黄、绿、红的顺序点亮 1s，并循环。

④ 闭合停止按钮 SB，彩灯立即熄灭。

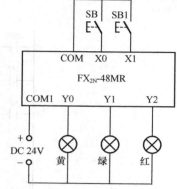

注：模块上的指示灯均已串联了 1kΩ 电阻，下同。

图 4-28　彩灯循环点亮的系统接线图

（5）指令表方式编制程序

将表 4-18 列出了指令输入到计算机，并将程序写入 PLC 中的 CPU 中，然后重复上述操作，观察运行情况是否一致。

（6）将 PLC 中的程序读出，并与图 4-27 所示的梯形图比较是否一致。

5. 实训思考

① GX 编程软件的主菜单有哪些？

② GX 编程软件出现无法与 PLC 通信，可能是什么原因？

③ GX 软件能否在指令显示模式下执行监视模式？

④ PLC 诊断和程序检查有什么不同？

实训 9　GX Developer 编程软件的综合操作

1. 实训目的

① 进一步熟悉 GX Developer 软件界面。

② 会用 SFC 方式编制程序。

③ 会利用 PLC 编程软件进行程序的编辑、调试等操作。

2. 实训器材

与实训 8 相同。

3. 实训指导

程序的编辑

（1）程序的删除与插入

删除、插入操作可以是 1 个图形符号，也可以是 1 行，还可以是 1 列（END 指令不能被删除），其操作有如下几种方法。

① 将当前编辑区定位到要删除、插入的图形处，单击鼠标右键，在快捷菜单中选择需要的操作。

② 将当前编辑区定位到要删除、插入的图形处，在"编辑"菜单中执行相应的命令。

③ 将当前编辑区定位到要删除的图形处，然后按键盘上的"Del"键即可。

④ 若要删除某一段程序时，可拖动鼠标选中该段程序，然后按键盘上的"Del"键，或执行"编辑"菜单中的"删除行"或"删除列"命令。

⑤ 按键盘上的"Ins"键，使屏幕右下角显示"插入"，然后将光标移到要插入的图形处，输入要插入的指令即可。

（2）程序的修改

若发现梯形图有错误，可进行修改操作。如将图 4-20 所示的 X1 由动断改为动合：首先按键盘上的"Ins"键，使屏幕右下角显示"改写"，然后将当前编辑区定位到要修改的图形处，输入正确的指令即可。若将 X1 动合再改为 X2 动断，则可输入 LDI　X2 或 ANI X2，即可将原来错误的程序覆盖。

（3）删除与绘制连线

若将图 4-20 所示 X0 右边的竖线去掉，在 X1 右边加一竖线，其操作如下。

① 将当前编辑区置于要删除的竖线右上侧，然后单击 按钮，再按"Enter"键即可删除竖线。

② 将当前编辑区定位到图 4-20 所示 X1 触点右侧，然后单击 按钮，再按"Enter"键即在 X1 右侧添加了一条竖线。

③ 将当前编辑区定位到图 4-20 所示 Y0 触点的右侧，然后单击 按钮，再按"Enter"键即添加了一条横线。

（4）复制与粘贴

首先拖曳鼠标选中需要复制的区域，单击鼠标右键执行"复制"命令（或"编辑"菜单中"复制"命令），再将当前编辑区定位到要粘贴的区域，执行"粘贴"命令即可。

工程打印

如果要将编制好的程序打印出来，可按以下几步进行。

① 执行"工程"菜单中的"打印机设置"命令，根据对话框设置打印机。

② 执行"工程"菜单中的"打印"命令。

③ 在选项卡中选择梯形图或指令列表。

④ 设置要打印的内容，如主程序、注释、申明等。

⑤ 设置好后可以进行打印预览，若符合打印要求，则执行"打印"命令。

工程校验

工程校验就是对 2 个工程的主程序或参数进行比较，若 2 个工程完全相同，则校验的结果为"没有不一致的地方"；若 2 个工程有不同的地方，则校验后分别显示校验源和校验目标的全部指令，其具体操作如下。

① 执行"工程"→"校验"命令，弹出如图 4-29 所示的对话框。

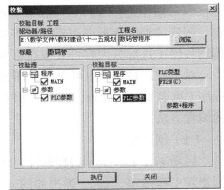

图 4-29　"校验"对话框

② 单击"浏览"按钮，选择校验的目标工程的"驱动器/路径"、"工程名"，再选择校验的内容（如选中图 4-29 所示的"MAIN"和"PLC 参数"），然后单击"执行"按钮。若单击"关闭"按钮，则退出校验。

③ 单击"执行"按钮后，弹出校验结果。若 2 个工程完全相同，则校验结果显示为"没有不一致的地方"；若 2 个工程有不同的地方，则校验后将二者不同的地方分别显示出来。创建软元件注释

创建软元件注释的操作步骤如下。

① 单击"工程数据列表"中的"软元件注释"前的"＋"标记，再双击树下的"COMMENT"（即通用注释），即弹出如图 4-30 所示的窗口。

图 4-30　创建软元件注释窗口

② 在弹出的注释编辑窗口中的"软元件名"的文本框中输入需要创建注释的软元件名，如 X0，再按"Enter"键或单击"显示"按钮，则显示出所有的"X"软元件名。

③ 在"注释"栏中选中"X0"，输入"启动按钮"，再输入其他注释内容，但每个注释内容不能超过 32 个字符。

④ 双击"工程数据列表"中的"MAIN"，则显示梯形图编辑窗口，在菜单栏中执行"显示"→"注释显示"命令或按"Ctrl＋F5"组合键，即在梯形图中显示注释内容。

另外，也可以通过单击工具栏中的注释编辑图标，然后在梯形图的相应位置进行注释编辑。

除此之外，GX Developer 编程软件还有许多其他功能，如单步执行功能，即执行"在线"→"调试"→"单步执行"命令，可以使 PLC 一步一步依程序向前执行，从而判断程序是否正确。又如在线修改功能，即执行"工具"→"选项"→"运行时写入"命令，然后根据对话框进行操作，可在线修改程序的任何部分。还有如改变 PLC 的型号、程序检查、程序监控、梯形图逻辑测试等功能（这部分内容可安排在第 5 章后学习）。SFC 方式编制程序（这部分内容可安排在第 6 章学习）

对于状态转移图，可以梯形图方式编制程序（如图 6-3 所示），也可以指令表方式编制程序（见表 6-1），此外，还可以 SFC 方式编制程序，下面以图 6-2 所示为例介绍 SFC 方式的编程方法。

（1）创建新工程

启动 GX Develop 编程软件，单击"工程"菜单，单击"创建新工程"菜单项或单击创建新工程按钮"□"，弹出如图 4-18 所示创建新工程对话框。在程序类型选项中，选择SFC（不要选梯形图逻辑），其余按图 4-18 所示进行设置和选择，最后单击确认，弹出块

列表窗口，如图 4-31 所示。

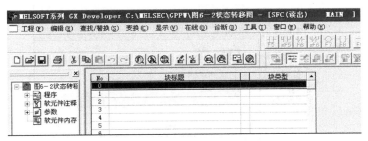

图 4-31　块列表窗口

（2）块信息设置及梯形图编制

双击第 1 行的第 0 块，弹出块信息设置对话框，在块标题文本框中可以填入相应的块标题（也可以不填），在块类型中选择梯形图块。单击"执行"按钮，弹出梯形图编辑窗口，在右边梯形图编辑窗口中输入驱动初始状态的梯形图，输入完成后，单击"变换"菜单，选择"变换"项或按"F4"快捷键完成梯形图的变换，如图 4-32 所示。

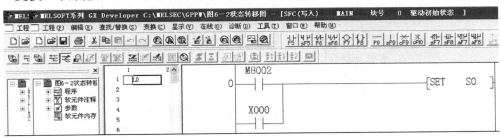

图 4-32　梯形图编辑窗口

需要说明的是，在每一个 SFC 程序中至少有一个初始状态，且初始状态必须在 SFC 程序的最前面。在 SFC 程序的编制过程中，每一个状态中的梯形图编制完成后必须进行变换，才能进行下一步工作，否则弹出出错信息。

（3）单流程 SFC 程序编制

在完成了程序的第 0 块（即梯形图块）后，双击工程数据列表窗口中的"程序"\"MAIN"，返回到如图 4-31 所示块列表窗口。双击第 2 行的第 1 块，在弹出的块信息设置对话框中，填入相应的块标题（也可以不填），在块类型中选择 SFC 块，单击"执行"按钮，弹出如图 4-33 所示的 SFC 程序编辑窗口，然后按如下步骤进行操作。

图 4-33　SFC 程序编辑窗口

① 输入 SFC 的状态。在屏幕左侧的 SFC 程序编辑窗口中，把光标下移到方向线底端，双击图 4-34 所示的长方形，或按工具栏中的工具按钮或单击"F5"快捷键，弹出状态输入设置对话框，在对话框中输入图标号 20，如图 4-34 所示，然后单击"确认"。这时光标将自动向下移动，此时我们看到状态图标号前面有一个"？"号，这表示对此状态还没有进行梯形图编辑，右边的梯形图编辑窗口是灰色的不可编辑状态。

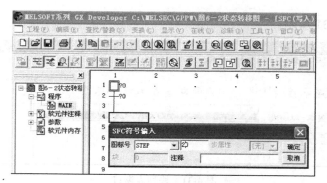

图 4-34　输入 SFC 的状态步骤

② 输入状态转移方向线。在 SFC 程序编辑窗口中，将光标移到状态图标的正下方（即图 4-35 中的长方形处）双击，出现如图 4-35 所示对话框，采用默认设置，然后单击"确认"。按照上述的步骤①和②分别输入状态 S21、S22 及其转移方向线。

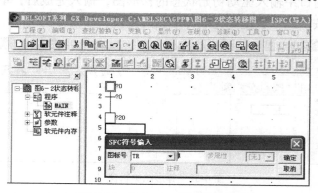

图 4-35　输入 SFC 的转移方向

③ 输入状态的跳转方向。在 SFC 程序中，用 JUMP 加目标状态号进行返回操作，输入方法是在 SFC 程序编辑窗口中，将光标移到方向线的最下端，按"F8"快捷键或者单击工具栏中的工具按钮或双击（本例为双击状态 22 转移方向线的正下方即图 4-36 所示的长方形处），出现图 4-36 所示的对话框，然后在图标号文本框中选择"JUMP"，并输入跳转的目的状态号 20，然后单击"确认"。当输入完跳转目的状态号后，在 SFC 编辑窗口中，可以看到在跳转返回的状态符号的方框中多了一个小黑点，这说明此状态是跳转返回的目标状态，这为阅读 SFC 程序提供了方便。

④ 输入状态的驱动负载。将光标移到 SFC 程序编辑窗口中图 4-36 所示的状态 0 右边的"？"处单击，此时再看右边的梯形图编辑窗口为白色可编辑状态，在梯形图编辑窗口中输入梯形图，此处的梯形图是指程序运行到此状态时要驱动的那些线圈或功能指令（状态 20 的驱动负载为 ZRST S20 S22），然后进行变换，如图 4-37 所示。然后用类似的方法输入其他状态的驱动负载。

⑤ 输入状态的转移条件。下面输入使状态发生转移的条件，在 SFC 程序编辑窗口中，将光标移到转移条件 0 处，在右侧梯形图编辑窗口输入使状态转移的梯形图。在 SFC 程序中所有的转移（Transfer）用 TRAN 表示，不可以用"SET＋S＋元件号"语句表示，这一点请注意，再看 SFC 程序编辑窗口中转移条件 0 前面的"？"不见了。本例为单击图 4-37

所示的转移条件 0，在出现的对话框的右边编辑区域输入如图 4-38 所示的梯形图，然后进行变换，其他状态的转移条件的输入与此类似。

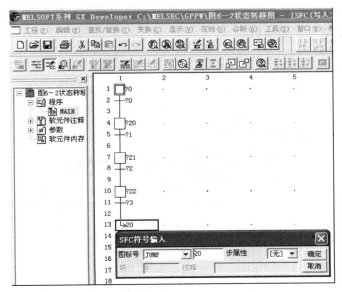

图 4-36　输入 SFC 的跳转方向

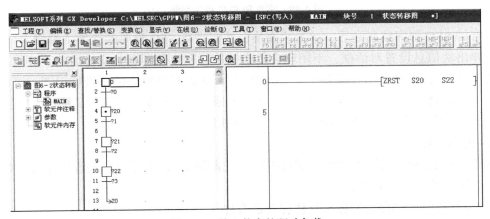

图 4-37　输入状态的驱动负载

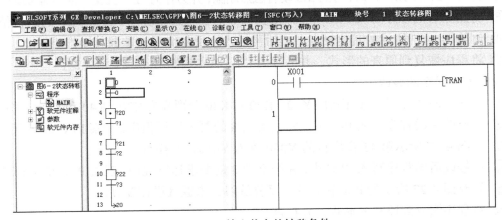

图 4-38　输入状态的转移条件

（4）多流程 SFC 程序编制

对于分支流程 SFC 程序编制可按如下步骤进行，双击图 4-39 所示转移条件 0 下面的长方形，在出现的对话框中选择图标号文本框中的分支类型，然后单击确认即可。对于汇合流程 SFC 程序编制可参照执行。

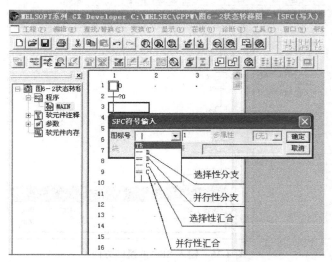

图 4-39　多流程 SFC 程序编制

所有的 SFC 程序编制完后，单击"变换"按钮进行 SFC 程序的变换（编译），如果在变换时弹出块信息设置对话框，不用理会单击"执行"按钮即可，变换后的程序就可以进行仿真实训或写入 PLC 进行调试了。如果想观看 SFC 程序对应的步进梯形图，可以单击"工程" / "编辑数据" / "改变程序类型"，进行数据改变。改变后可以看到由 SFC 程序（如图 6-2 所示）变换成的步进梯形图程序（如图 6-3 所示）。

4．实训内容

在实训 8 的基础上对图 4-27 所示进行编辑、调试等操作，练习 PLC 编程软件的各项功能。

（1）练习程序的删除与插入

① 按照实训 8 保存的路径打开所保存的程序。

② 将图 4-27 所示第 0 步序行的 M0 动合触点删除，并另存为"E：\阮友德\第 4 章实训 4.1"。

③ 将删除后的程序写入 PLC 中，并按实训 8 的要求运行程序，观察 PLC 的运行情况。

④ 删除图 4-27 所示的其他触点，然后再插入，反复练习，掌握其操作要领。

⑤ 将程序恢复到原来的形式，并另存为"E：\阮友德\第 4 章实训 4.2"。

（2）练习程序的修改

① 将图 4-27 所示第 4 步序行的 K10、K20 和 K30 分别改为 K20、K40 和 K60，并存盘。

② 将修改后的程序写入 PLC 中，并按实训 8 的要求运行程序，观察 PLC 的运行情况。

③ 将图 4-27 所示第 15 步序行的 Y000 改为 Y010，并存盘。

④ 将修改后的程序写入 PLC 中，并按实训 8 的要求运行程序，观察 PLC 的运行情况。

⑤ 修改图 4-27 所示的其他软元件，反复练习，掌握其操作要领。

⑥ 将程序恢复到原来的形式，并存盘。

（3）练习连线的删除与绘制

① 将图 4-27 所示第 0 步序行的 M0 动合触点右边的竖线移到动断触点 X0 的右边，并存盘。

② 将修改后的程序写入 PLC 中，并按实训 8 的要求运行程序，观察 PLC 的运行情况。

③ 将程序恢复到原来的形式。

④ 在图 4-27 所示删除与绘制其他软元件右边的连线，反复练习，掌握其操作要领。

⑤ 将程序恢复到原来的形式，并存盘。

（4）练习程序的复制与粘贴

① 将图 4-27 所示第 0 步序行复制，然后粘贴到第 23 步序行的前面，再将第 0 步序行删除。

② 将修改后的程序写入 PLC 中，并按实训 8 的要求运行程序，观察 PLC 的运行情况。

③ 在图 4-27 所示其他位置进行复制与粘贴，反复练习，掌握其操作要领。

④ 将程序恢复到原来的形式，并存盘。

（5）练习工程的打印

① 将图 4-27 所示梯形图打印出来。

② 将图 4-27 所示梯形转换成指令表的形式，并将其打印出来。

（6）练习工程的校验

① 按照实训 8 保存的路径打开所保存的程序。

② 将该程序与目标程序（E：\阮友德\第 4 章实训 4.1）进行校验，观察校验的结果。

③ 将该程序与目标程序（E：\阮友德\第 4 章实训 4.2）进行校验，观察校验的结果。

（7）练习增加注释

给图 4-27 所示梯形图增加软元件注释，注释内容见表 4-19。

表 4-19　　　　　　　　　　　　　　　　软元件注释内容

软 元 件	注 释 内 容	软 元 件	注 释 内 容	软 元 件	注 释 内 容
X0	停止按钮	T0	黄灯延时	M0	辅助继电器
X1	启动按钮	T1	绿灯延时		
Y0～Y2	黄灯、绿灯、红灯	T2	红灯延时		

（8）练习单流程 SFC 程序的编制

① 按照单流程 SFC 程序的编制方法编制图 6-2 所示状态转移图。

② 参照实训 8 的要求调试上述程序。

（9）练习选择性流程 SFC 程序的编制

① 按照选择性流程 SFC 程序的编制方法编制图 6-10 所示状态转移图。

② 参照第 6 章例 3 的要求调试上述程序。

（10）练习并行性流程 SFC 程序的编制

① 按照并行性流程 SFC 程序的编制方法编制图 6-15 所示状态转移图。

② 参照第 6 章例 4 的要求调试上述程序。

5. 实训思考

① 总结本实训的操作要领。

② 该软件除了实训中介绍的功能外，还有哪些主要功能？

实训课题 4 手持编程器的使用

实训 10 FX-20P-E 型编程器的基本操作

1. 实训目的

① 了解 FX-20P-E 手持式编程器的结构。

② 掌握手持式编程器的基本操作。

2. 实训器材

① PLC 应用技术综合实训装置 1 台。

② FX-20P-E 型编程器 1 个（含 FX-20P-CAB 型电缆 1 根，下同）。

3. 实训指导

编程器（俗称 HPP）是 PLC 重要的外部设备。目前，FX 系列和汇川 PLC 使用的编程器有 FX-10P-E 和 FX-20P-E（见图 4-40 所示）2 种，这 2 种编程器的使用方法基本相同。所不同的是 FX-10P-E 的 LED 显示屏只有 2 行，而 FX-20P-E 有 4 行，每行 16 个字符；另外，FX-10P-E 只有在线编程功能，而 FX-20P-E 除了有在线编程功能外，还有离线编程功能。手持式编程器具有体积小、质量轻、携带方便、价格低等优点，广泛用于小型 PLC 的用户程序编制、现场调试和监控。

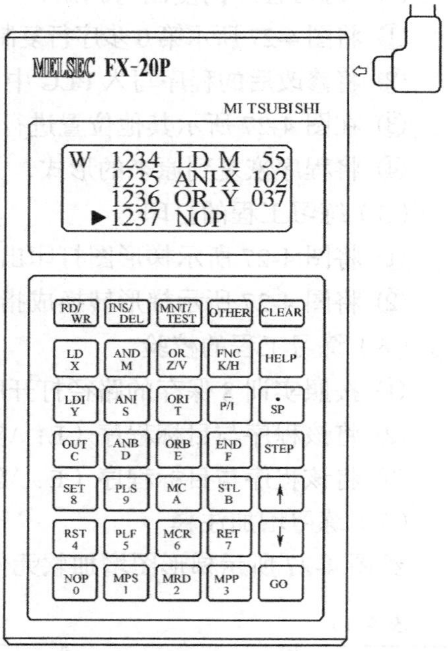

（1）编程器的组成

图 4-40 FX-20P-E 型手持式编程器

FX-20P-E 型手持式编程器主要包括 FX-20P-E 型编程器、FX-20P-CAB 型电缆、FX-20P-RWM 型 ROM 写入器、FX-20P-ADP 型电源适配器、FX-20P-E-FKIT 型接口（用于对三菱的 F1、F2 系列 PLC 编程）几大部件。

（2）编程器的面板

FX-20P-E 型编程器的面板布置如图 4-40 所示。面板的上方是一个液晶（LED）显示屏。它的下面共有 35 个键，最上面一行和最右边一列为 11 个功能键，其余的 24 个键为指令键和数字键。

① LED 显示屏。FX-20P-E 型编程器的 LED 显示屏能把编程与编辑过程中的操作状态、步序号、指令、软元件符号、软元件编号、常数、参数等在显示屏上显示出来。在编程时，LED 显示屏的界面如图 4-41 所示。

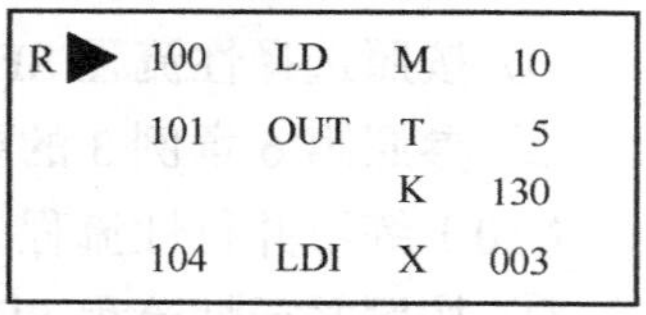

图 4-41 LED 显示屏的界面

LED 显示屏可显示 4 行，每行 16 个字符，第 1 行第 1 列的字符代表编程器的操作方式。其中，"R"为读出用户程序；"W"为写入用户程序；"I"为将所编制的程序插入到光标"▶"所指的指令之前；"D"为删除光标"▶"所指的指令；"M"表示编程器处于监示工作状态，可以监示位元件的 ON/OFF 状态、字元件内的数据以及基本逻辑指令的通断状态；"T"表示编程器处于测试工作状态，可以对位元件的状态以及定时器和计数器的线圈强制 ON 或强制 OFF，也可以对字元件内的数据进行修改。

第 2 列为光标"▶"；第 3～6 列为指令步序号，在写入操作时自动显示；第 7 列为空格，第 8～11 列为指令助记符；第 12 列为元件符号或操作数；第 13～16 列为元件号或操作数。若输入的是功能指令，则显示的内容与上述内容不全相符。

② 功能键。"RD/WR"键：读/写功能键。"INS/DEL"键：插入/删除功能键。"MNT/TEST"键：监示/测试功能键。这 3 个键为双功能键，交替起作用，即按第 1 次时选择键左上方表示的功能，按第 2 次时选择键右下方表示的功能。现以"RD/WR"键为例，按第 1 次选择读出方式，LED 显示屏显示"R"，表示编程器进入程序读出状态；按第 2 次选择写入方式，LED 显示屏显示"W"，表示编程器进入程序写入状态。如此交替变化，编程器的工作状态显示在 LED 显示屏的左上角。

"OTHER"键：其他键，在任何状态下按该键，立即进入工作方式的选择画面。

"CLEAR"键：清除键，取消按"GO"键以前（即确认前）的输入内容。另外，该键还用于清除屏幕上的错误信息或恢复原来的画面。

"HELP"键：帮助键，按下"FNC"键后再按"HELP"键，编程器进入帮助模式，再按下相应的数字键，就会显示出该类功能指令的助记符。在监示模式下按"HELP"键，用于使字元件内的数据在十进制和十六进制之间进行切换。

"SP"键：空格键，输入多个参数的指令时，用来指定多个操作数或常数。在监示模式下，若要监示位元件，则先按下"SP"键，再输入该位元件。

"STEP"键：步序键，如果需要显示某步的指令，先按"STEP"键，再输入步序号。

"↑"、"↓"键：光标键，移动光标"▶"及提示符，指定当前软元件前一个或后一个软元件，作行的滚动显示。

"GO"键：执行键，用于对指令的确认、再搜索和执行命令。在输入某指令后，再按"GO"键，编程器就将该指令写入 PLC 的用户程序存储器中。

指令、软元件符号、数字键共 24 个，都为双功能键。键的上部为指令助记符，下部为软元件符号及数字，上、下 2 部分的功能对应于键的操作，通常为自动切换。下部符号中，Z/V、K/H、P/I 交替作用，反复按键时，互相切换。

（3）编程器的工作方式选择

① 编程器的工作方式。FX-20P-E 型编程器具有在线（ONLINE，或称联机）编程和离线（OFFLINE，或称脱机）编程 2 种工作方式。在线编程时，编程器与 PLC 直接相连，编程器直接对 PLC 的用户程序存储器进行读/写操作。离线编程时，编制的程序首先写入编程器内的 RAM 中，然后再成批地传入 PLC 的存储器。只有用 FX-20P-RWM 型 ROM 写入器才能将用户程序写入 EPROM。

② 工作方式选择。FX-20P-E 型编程器上电后，其 LED 屏幕上显示的内容如图 4-42 所示。其中闪烁的符号■指明编程器目前所处的工作方式。当要改变编程器的工作方式时，只需按↑或↓键，将■移动到所需的方式上，然后按"GO"键即进入选定的编程方式。

在联机编程方式下按"OTHER"键，即进入工作方式选择，此时，LED 屏幕显示的内容如图 4-43 所示，可供选择的工作方式共有以下 7 种。

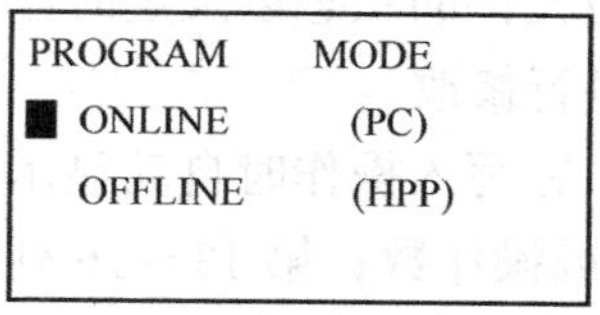

```
PROGRAM    MODE
■ ONLINE    (PC)
  OFFLINE   (HPP)
```

图 4-42　编程器通电后显示的内容

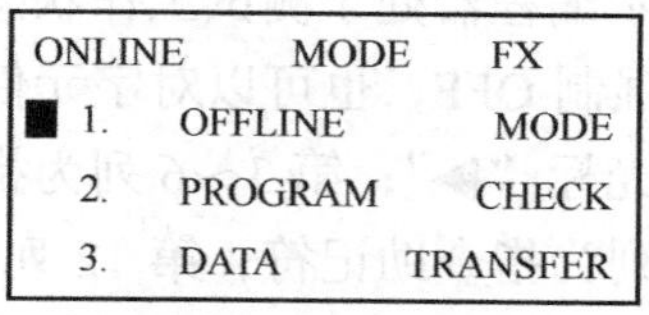

```
ONLINE    MODE    FX
■ 1.  OFFLINE    MODE
  2.  PROGRAM    CHECK
  3.  DATA       TRANSFER
```

图 4-43　按"OTHER"键后显示的内容

OFFLINE MODE：脱机编程方式。

PROGRAM CHECK：程序语法检查。若没有语法错误，显示"NO ERROR"（没有错误）；若有错误，则显示出错误指令的步序号及出错代码。

DATA TRANSFER：数据传送。若 PLC 内安装有存储器卡盒，则在 PLC 的 RAM 和外装的存储器之间进行程序和参数的传送；反之则显示"NO MEM CASSETTE"（没有存储器卡盒），不进行传送。

PARAMETER：对 PLC 的用户程序存储器容量进行设置，还可以对各种具有断电保持功能的软元件的范围以及文件寄存器的数量进行设置。

XYM．．NO．CONV．：修改 X、Y、M 的元件号。

BUZZER LEVEL：蜂鸣器的音量调节。

LATCH CLEAR：复位有断电保持功能的软元件。对文件寄存器的复位与它使用的存储器类别有关，只能对 RAM 和写保护开关处于 OFF 位置的 EEPROM 中的文件寄存器复位。

（4）程序的写入

在写入程序之前，一般要将 PLC 内部存储器的程序全部清除（简称清零）。清零操作如图 4-44 所示，清除程序的框图中每个框表示按一次对应键，清零后即可进行程序写入操作。写入操作包括基本指令（包括步进指令）和功能指令的写入。

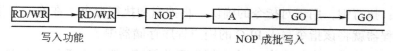

图 4-44　清零操作

① 基本指令的写入。基本指令的写入有 3 种情况，一是仅有指令助记符（无元件）的指令，其写入如图 4-45（a）所示；二是有指令助记符和一个元件的指令，其写入如图 4-45（b）所示；三是有指令助记符和 2 个元件的指令，其写入如图 4-45（c）所示。

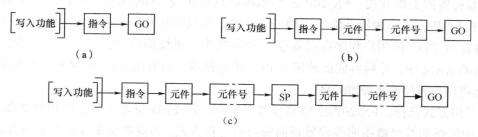

图 4-45　写入基本指令的操作

例如，要将图 4-46 所示的梯形图程序写入 PLC 中，可按如图 4-47 所示进行操作。

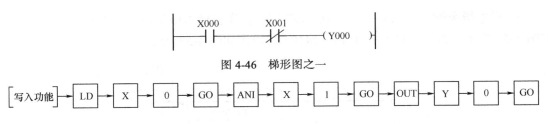

图 4-46　梯形图之一

图 4-47　基本指令写入的操作

若要输入 LDP、ANDP、ORP 指令，则在按指令键后还要按 "P/I" 键，若要输 LDF、ANDF、ORF 指令，则在按指令键后还要按 "F" 键；若要输入 INV 指令，则要按 "NOP" 和 "P/I" 键。

② 功能指令的写入。写入功能指令的操作如图 4-48 所示。例如，写入功能指令（D）MOV（P）D0　D2，其操作与显示如图 4-49 所示。

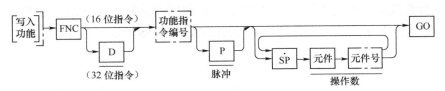

图 4-48　功能指令写入的基本操作

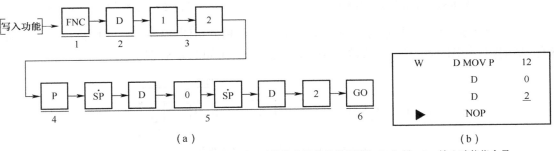

（a）　　　　　　　　　　　　　　（b）

1—按 "FNC" 键；2—指定 32 位指令时，在输入功能指令号之前或之后按 "D" 键；3—输入功能指令号；
4—在指定脉冲指令时，在输入功能指令号后按 "P" 键；5—输入元件时，先按 "SP" 键，再依
次输入元件符号和元件号,元件之间用 "SP" 隔开；6—按 "GO" 键，指令写入完毕

图 4-49　操作与显示图

③ 标号的写入。在程序中 P（指针）、I（中断指针）作为标号使用时，其写入方法和指令相同，即按 "P" 或 "I" 键，再输入指针编号，最后按 "GO" 键。

（5）程序的读出

在调试程序时，经常需要把已写入到 PLC 中的程序读出，读出方式有根据步序号、指令、元件及指针等几种方式。

① 根据步序号读出。指定步序号，从 PLC 用户程序存储器中读出并显示程序的基本操作如图 4-50 所示。例如，读出第 55 步的程序的操作步骤如图 4-51 所示。

图 4-50　根据步序号读出的基本操作　　　　图 4-51　根据步序号读出的操作

② 根据指令读出。指定指令，从 PLC 用户程序存储器中读出并显示程序的基本操作如图 4-52 所示。例如，读出指令 PLS M104 的操作如图 4-53 所示。

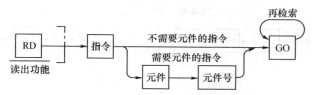

图 4-52　根据指令读出的基本操作

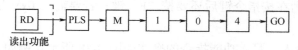

图 4-53　根据指令读出的操作

③ 根据指针读出。指定指针，从 PLC 的用户程序存储器中读出并显示程序的基本操作如图 4-54 所示。例如，读出指针号为 P3 的操作如图 4-55 所示。

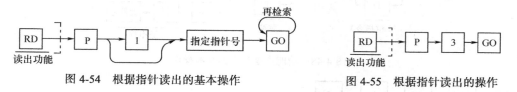

图 4-54　根据指针读出的基本操作　　　　　图 4-55　根据指针读出的操作

④ 根据元件读出。指定元件符号和元件号，从 PLC 用户程序存储器中读出并显示程序的基本操作如图 4-56 所示。例如，读出 Y123 的操作如图 4-57 所示。

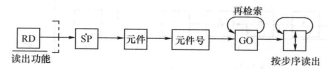

图 4-56　根据元件读出的基本操作

（6）程序的修改

在指令输入过程中，若要修改程序，可按图 4-58 所示的操作进行。

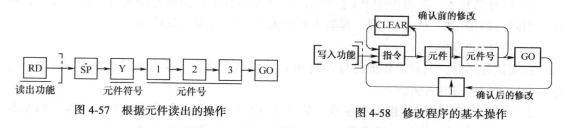

图 4-57　根据元件读出的操作　　　　　　图 4-58　修改程序的基本操作

① 按"GO"键前的修改。例如，在写入指令 OUT　T0　K10 时，在确认前（即按"GO"键前）欲将 K10 改为 D9，其操作如图 4-59 所示。

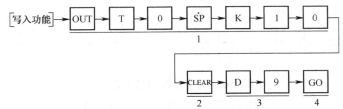

1—按指令键，输入第 1 个元件和第 2 个元件；2—为取消第 2 个元件，按一次 "CLEAR" 键；
3—输入修改后的第 2 个元件；4—按 "GO" 键，指令修改完毕

图 4-59　按 "GO" 键前的修改操作

② 按 "GO" 键后的修改。上例的修改操作如图 4-60 所示。

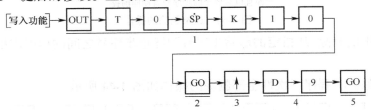

1—按指令键，输入第 1 个元件和第 2 个元件；2—按 "GO" 键即指令已写入 P L C；
3—将行光标移到 K10 的位置上；4—输入修改后的第 2 个
元件；5—按 "GO" 键，指令修改完毕

图 4-60　按 "GO" 键后的修改操作

（7）程序的插入

插入程序的操作是先读出程序，然后在指定的位置上插入程序，其操作如图 4-61 所示。

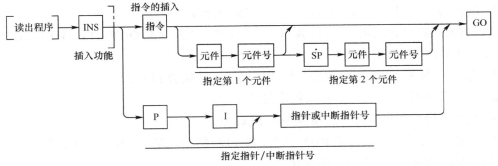

图 4-61　程序插入的基本操作

例如，在第 200 步前插入指令 AND　M5 的操作如图 4-62 所示。

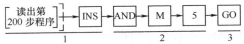

1—根据步序号读出相应的程序，按 "INS" 键，再将行光标移到指定步处进行插入，无步序号的行
不能插入；2—输入指令、元件符号和元件号（或指针符号及指针号）；
3—按 "GO" 键后就可把指令或指针插入到指定位置

图 4-62　程序插入的操作

（8）程序的删除

删除程序分为逐条删除、指定范围删除和全部删除 3 种方式。

① 逐条删除。先读出程序，然后逐条删除光标指定的指令或指针，基本操作如图 4-63
所示。例如，要删除第 100 步的 ANI 指令，其操作如图 4-64 所示。

图 4-63　逐条删除的基本操作

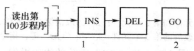

1—根据步序号读出相应程序，按"INS/DEL"键，使显示屏显示"D"；
2—按"GO"键后，即删除了行光标所指定的指针或指令，
而且以后各步的步序号自动向前提

图 4-64　逐条删除的操作

② 指定范围的删除。从指定的起始步序号到终止步序号之间的程序成批删除的操作如图 4-65 所示。

③ 全部删除。将程序一次性全部删除的操作如图 4-44 所示。

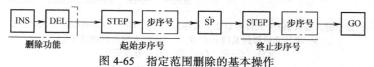

图 4-65　指定范围删除的基本操作

4．实训内容

指令的写入、读出、修改、插入和删除的操作练习，并观察程序的执行情况。

（1）输入指令

在联机方式下，写入下列指令，并观察其运行结果。

LD　X0，OR　M0，OUT　M0，ANI　T1，OUT　T0　K5，OUT　T1　K10，LD　M0，ANI　T0，OUT　Y0，END。

① 将 PLC 与 FX-20P-E 手持式编程器连接好，并接通 PLC 的电源。

② 选择联机编程和向 PLC 写入程序的工作方式。

③ 通过手持式编程器将上述指令写入 PLC 中。

④ 将 PLC 的运行开关打到 RUN 状态，将 PLC 的输入端子 X0 与 COM 端子短接一瞬间，观察 PLC 的输出指示灯 Y0 的变化。

⑤ 断开 PLC 的电源一瞬间，观察 PLC 的输出指示灯 Y0 的变化；再将 PLC 的输入端子 X0 与 COM 端子短接，观察 PLC 的输出指示灯 Y0 的变化。

（2）读出指令

读取上述程序中的 LD　M0 或第 3 步的指令。

① 按"RD/WR"键，使 LED 显示屏显示"R"。

② 输入要读出的指令 LD　M0（或按"STEP"键和数字键"3"）。

③ 按"GO"键，LED 显示屏即显示所读取的指令（或步序号为第 3 步的指令）。

（3）修改程序

在上述基础上练习如何修改程序。

① 练习整条指令的修改。

② 练习按"GO"键前的修改。

③ 练习按"GO"键后的修改。

④ 再恢复到原来的形式。

（4）插入指令

在上述基础上，在 OUT　M0 指令前插入 ANI　X1，并观察其运行情况。

① 读出 OUT　M0 指令，并使光标指到该指令处。

② 按"INS/DEL"键，使 LED 显示屏显示"I"。

③ 输入要插入的指令。

④ 按"GO"键，则指令就插入到 OUT　M0 指令的前面。

⑤ 将 PLC 的运行开关打到 RUN 状态，再将 PLC 的输入端子 X0 与 COM 端子短接一瞬间，观察 PLC 的输出指示灯 Y0 的变化，然后再将 PLC 的输入端子 X1 与 COM 端子短接，观察 PLC 的输出指示灯 Y0 的变化。

（5）删除指令

在上述基础上删除 OR　M0 指令，并观察其运行情况。

① 读出 OR　M0 指令，并使光标指到该指令处。

② 按"INS/DEL"键，使 LED 显示屏显示"D"。

③ 按"GO"键，则 OR　M0 指令就被删除。

④ 将 PLC 的运行开关打到 RUN 状态，并将 PLC 的输入端子 X0 与 COM 端子短接，观察 PLC 的输出指示灯 Y0 的变化。

⑤ 断开 PLC 的电源一瞬间，再断开 PLC 的输入端子 X0 与 COM 端子，观察 PLC 的输出指示灯 Y0 的变化。

5. 实训思考

① 总结本实训的主要操作内容。

② 简述 FX-20P-E 编程器的功能。

③ 程序是否存在语法错误如何检查？

④ 梯形图方式编程与指令表方式编程相比，他们各自有何优、缺点？

实训 11　FX-20P-E 型编程器的综合操作

1. 实训目的

① 掌握手持式编程器的操作要领。

② 掌握手持式编程器的在线与离线功能。

③ 会通过手持式编程器对程序进行监示等复杂的操作。

2. 实训器材

与实训 10 相同。

3. 实训指导

（1）元件的监示

监控功能可分为监示与测试。监示功能是在联机方式下通过简易编程器的显示屏监示 PLC 的动作和控制状态，它包括元件的监示、导通检查和动作状态的监示等内容。测试功能主要是指编程器对 PLC 位元件的触点和线圈进行强制置位和复位以及对常数的修改（包括强制置位、复位，修改 T、C、Z、V 的当前值和 T、C 的设定值，文件寄存器的写入等内容）。下面对监控操作进行说明。

① 元件监示。所谓元件监示是指监示指定元件的 ON/OFF 状态、设定值及当前值。元件监示的基本操作如图 4-66 所示。例如，依次监示 X0 及其以后的元件的操作和显示如图 4-67 所示。

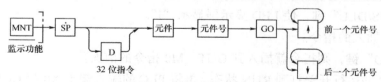

图 4-66　元件监示的基本操作

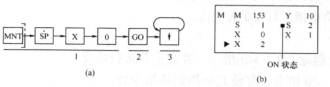

1—按"MNT"键（即显示"M"），再按"SP"键，输入元件符号及元件号；
2—按"GO"键，根据有无"■"标记，监示所输入元件的 ON/OFF 状态；
3—通过按"↑"、"↓"键，监示前后同类元件的 ON/OFF 状态

图 4-67　监示 X0 等元件的操作及显示

② 导通检查。根据步序号或指令读出程序，监示元件触点的导通及线圈的得电与否，基本操作如图 4-68 所示。例如，读出第 126 步作导通检查的操作如图 4-69 所示。

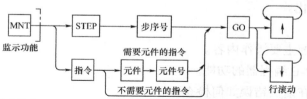

读出指定步序号为 126 步的指令，然后利用显示的"■"标记监示触点闭合和线圈通电
与否，再利用"↑"、"↓"键进行行滚动

图 4-68　导通检查的基本操作

③ 状态继电器的监示。利用步进指令监示状态继电器 S 的动作情况（状态号从小到大，最多为 8 点），其操作如图 4-70 所示。

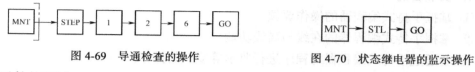

图 4-69　导通检查的操作　　　　　　　　图 4-70　状态继电器的监示操作

（2）元件的测试

① 强制 ON/OFF。进行元件的强制 ON/OFF 测试时，先进行元件监示，然后进行测试，其基本操作如图 4-71 所示。例如，对 Y000 进行强制 ON/OFF 的操作如图 4-72 所示。

② 修改 T、C、D、Z、V 的当前值。先进行元件监示，再进入测试功能，修改 T、C、D、Z、V 的当前值，其基本操作如图 4-73 所示。例如，将 32 位计数器的设定值寄存器（D1、D0）的当前值 K1234 修改为 K10，其操作如图 4-74 所示。

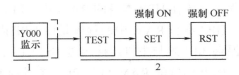

1—利用监示功能，对 Y000 元件进行监示；2—按 "TEST"
（测试）键，若此时被监视元件为 OFF 状态，则按
"SET" 键，强制其为 ON；若 Y000 为 ON 状态，
则按 "RST" 键，强制 Y000 为 OFF

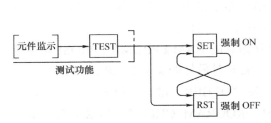

图 4-71　强制 ON/OFF 的基本操作　　　　图 4-72　强制 ON/OFF 的操作

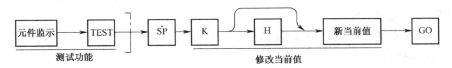

图 4-73　修改 T、C 等当前值的基本操作

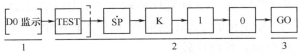

1—应用监示功能，对设定值寄存器进行监示；2—按 "TEST" 键后，按 "SP" 键，
再按 "K" 或 "H" 键（常数 K 为十进制数，H 为十六进制数），
再输入新的当前值；3—按 "GO" 键，当前值变更结束

图 4-74　修改 T、C 等当前值的操作

③ 修改 T、C 的设定值。元件监示或导通检查后，转到测试功能，可修改 T、C 的设定值，其基本操作如图 4-75 所示。例如，将 T5 的设定值 K300 修改为 K500，其操作如图 4-76 所示。

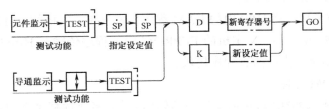

图 4-75　修改 T、C 设定值的基本操作

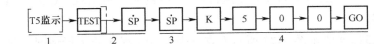

1—利用监示功能对 T5 进行监示；2—按一下 "TEST" 键后，按一下 "SP" 键，则提示符出现在
当前值的位置上；3—再按一下 "SP" 键，提示符移到设定值的位置上；
4—输入新的设定值，按 "GO" 键，设定值即修改完毕

图 4-76　修改 T、C 设定值的操作

（3）离线工作方式

① 离线时的功能

FX-20P-E 型编程器（HPP）本身有内置的 RAM 存储器，所以它具有下述功能。

在 OFFLINE 状态下，HPP 的键盘所输入的程序只被写入 HPP 本身的 RAM 内，而非写入 PLC 主机的 RAM。

PLC 主机的 RAM 若已写入了程序，就可以独立执行已有的程序，而不需 HPP。此时不管主机在 RUN 或 STOP 状态下，均可通过 HPP 来写入、修改、删除、插入程序，但这

些程序存放在 HPP 本身的 RAM 中，PLC 无法执行这些程序。

HPP 本身 RAM 中的程序是由 HPP 内置的大电容器来供电的，但它离开主机后程序只可保存 3d（须与主机连接超过 1h 以上），3d 后程序会自然消失。

HPP 内置的 RAM 可与 PLC 主机的 RAM 或存储盒的 RAM/EPROM/EEPROM 相互传输程序，也可传输至 HPP 附加的 ROM 写入器内（需要时另外购买 FX-20P-RWM）。

② 离线时的工作方式选择。在离线方式下，按"OTHER"键，即进入工作方式选择的操作，可供选择的工作方式共有 7 种，其中 PROGRAM CHECK、PARAMETER、XYM.．NO. CONV.、BUZEER LEVEL 与 ONLINE 工作方式相同，但在 OFFLINE 时它们只对 HPP 内的 RAM 有效。

③ HPP<->FX 主机间的传输（OFFLINE MODE）。HPP 会自动判别存储器的型号，而出现下列 4 种存储体模式的界面。

主机未装存储卡盒。

HPP→FX-RAM：将 HPP 内的 RAM 程序传输至 FX 主机的 RAM。

HPP←FX-RAM：将 FX 主机的 RAM 内的程序传输至 HPP 的 RAM。

HPP：FX-RAM：执行两者程序比较。

主机加装 8 KB RAM（CSRAM）存储卡盒。

HPP→FX CSRAM：将 HPP 内的 RAM 程序传输至 FX 主机的 CSRAM。

HPP←FX CSRAM：将 FX 主机的 CSRAM 内的程序传输至 HPP 的 RAM。

HPP-FX CSRAM：执行两者程序比较。

主机安装 EEPROM 存储卡盒。

HPP→FX EEPROM：将 HPP 内的 RAM 程序传输至 FX 主机的 EEPROM。

HPP←FX EEPROM：将 FX 主机的 EEPROM 内的程序传输至 HPP 的 RAM。

HPP-FX EEPROM：执行两者程序比较。

主机安装 EPROM 存储卡盒。

显示画面与上述画面相似，当需要进行传输时，只需将光标移至欲执行的项目，按"GO"键即可传输，并出现"EXECUTING"（执行中），传输完了再出现"COMPLETE"（完成）。

4. 实训内容

通过手持式编程器监示图 4-77 所示（或见表 4-20）程序的运行情况，并对元件进行测试，然后练习离线方式下的各种功能。

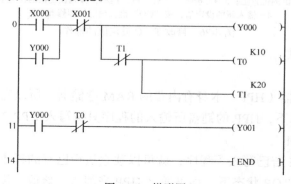

图 4-77　梯形图

表 4-20　　　　　　　　　　　　　　　　　　指令表

步　序	指　令	步　序	指　令	步　序	指　令
0	LD　X0	4	ANI　T1	12	ANI　T0
1	OR　Y0	5	OUT　T0　K10	13	OUT　Y1
2	ANI　X1	8	OUT　T1　K20	14	END
3	OUT　Y0	11	LD　Y0		

（1）监示程序的运行情况

通过手持式编程器监示图 4-77 所示（或见表 4-20）程序的运行情况。

① 通过手持式编程器写入图 4-57 所示（或见表 4-20）程序。

② 将 PLC 的运行开关打到 RUN 状态，再将 PLC 的输入端子 X0 与 COM 端子短接。

③ 通过手持式编程器监示各触点、线圈的 ON/OFF 状态以及 T0、T1 的设定值和当前值。

④ 将 PLC 的输入端子 X1 与 COM 端子短接，再监示各触点、线圈的"ON/OFF"状态以及 T0、T1 的设定值和当前值。

⑤ 整理实训过程中所观察到的各种现象，并分析产生的原因。

（2）测试元件的运行情况

在上述基础上测试元件的运行情况。

① 通过手持式编程器强制输出继电器 Y0、Y1 的 ON/OFF 状态。

② 将 PLC 的运行开关打到 RUN 状态，将输入端子 X0 与 COM 端子短接，然后通过手持式编程器修改 T0、T1 的当前值，并观察 PLC 的运行情况。

③ 通过手持式编程器在运行中修改 T0、T1 的设定值（分别改为 K20、K40），并观察 PLC 的运行情况。

④ 整理实训过程中所观察到的各种现象，并分析产生的原因。

（3）练习离线方式下的各种功能

在离线方式下写入实训 8 的程序（PLC 主机 RAM 中仍为图 4-57 所示或见表 4-20 程序），练习离线方式下的各种功能。

① 在离线方式下写入实训 8 的程序，然后将 PLC 的运行开关打到 RUN 状态，再将输入端子 X1 与 COM 端子短接，观察 PLC 运行了哪段程序。

② 通过手持式编程器将 HPP 中的程序传输到 PLC 中，然后将 PLC 的运行开关打到 RUN 状态，观察 PLC 运行了哪段程序。

③ 通过手持式编程器将 PLC 中的程序传输到 HPP 中，然后再将 HPP 中的程序传输到另外一台 PLC 中，将 PLC 的运行开关打到 RUN 状态，观察 PLC 运行了哪段程序。

④ 整理实训过程中所观察到的各种现象，并分析产生的原因。

5. 实训思考

① 总结本实训的主要操作内容。

② 简述强制 ON/OFF 的主要操作要领。

③ 连机与脱机操作有何异同？

④ 手持编程器编程与计算机软件编程相比，他们各自有何优、缺点？

第5章

基本逻辑指令及其应用

基本逻辑指令是 PLC 最基础的编程语言，掌握了基本逻辑指令也就初步掌握了 PLC 的使用。因此，本章以三菱 FX、汇川、系列 PLC 基本逻辑指令（共 29 条）为例，说明指令的含义、梯形图与指令的对应关系及程序设计的基本方法。

5.1 基本逻辑指令

5.1.1 逻辑取、驱动线圈及程序结束指令 LD/LDI/OUT/END

逻辑取、驱动线圈及程序结束指令见表 5-1。

表 5-1　　　　　　　逻辑取、驱动线圈及程序结束指令表

符号、名称	功　能	电路表示	操作元件	程　序　步
LD 取	动合触点逻辑运算起始	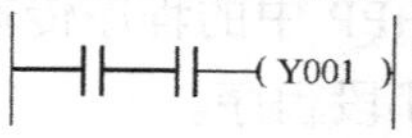 ┤├──┤├──(Y001)	X, Y, M, T, C, S	1
LDI 取反	动断触点逻辑运算起始	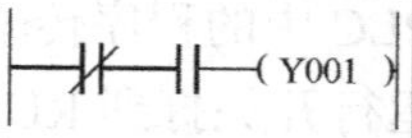 ┤╱├──┤├──(Y001)	X, Y, M, T, C, S	1
OUT 输出	线圈驱动	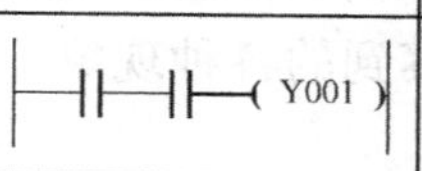 ┤├──┤├──(Y001)	Y, M, T, C, S	Y、M: 1, S、特 M: 2, T: 3, C: 3~5
END 结束	程序结束，执行输出处理，并开始下一扫描周期	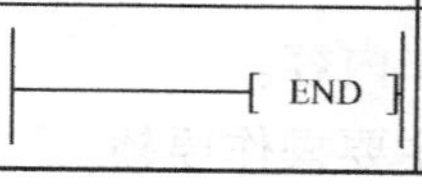 ──────[END]	无	1

1. 用法示例

逻辑取、驱动线圈及程序结束指令的应用如图 5-1 所示。

2. 使用注意事项

① LD 是动合触点连到母线上,可以用于 X,Y,M,T,C 和 S。

② LDI 是动断触点连到母线上,可以用于 X,Y,M,T,C 和 S。

③ OUT 是驱动线圈的输出指令,可以用于 Y,M,T,C 和 S。

④ END 是程序结束指令,没有操作元件。

⑤ LD 与 LDI 指令对应的触点一般与左侧母线相连,若与后述的 ANB、ORB 指令组合,则可用于并、串联电路块的起始触点。

⑥ 线圈驱动指令可并行多次输出(即并行输出),如图 5-1(a)所示梯形图中的 M100 和 T0 线圈就是并行输出。

⑦ 对于定时器的定时线圈或计数器的计数线圈,必须在线圈后设定常数,如图 5-1(a)所示梯形图中的 T0 线圈右上角的 K19 即为设定常数,它表示 T0 线圈得电 1.9s 后,T0 的延时动合触点闭合。

⑧ 输入继电器 X 不能使用 OUT 指令。

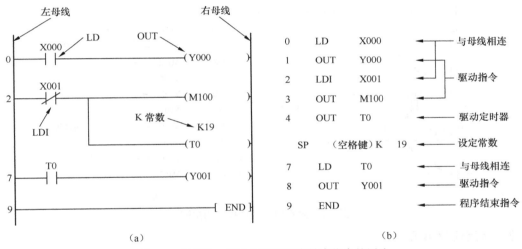

图 5-1 逻辑取、驱动线圈及程序结束指令的用法

3. 程序结束指令 END

PLC 按照循环扫描的工作方式,首先进行输入处理,然后进行程序处理,当处理到 END 指令时,即程序处理结束,开始输出处理。所以,若在程序中写入 END 指令,则 END 指令以后的程序就不再执行,直接进行输出处理;若不写入 END 指令,则从用户程序存储器的第 1 步执行到最后一步。因此,若将 END 指令放在程序结束处,则只执行第 1 步至 END 这一步之间的程序,可以缩短扫描周期。在调试程序时,可以将 END 指令插在各段程序之后,从第 1 段开始分段调试,调试好以后必须删去程序中间的 END 指令,这种方法对程序的查错也很有用处,而且,执行 END 指令时,也刷新警戒时钟。

5.1.2　触点串、并联指令 AND/ANI/OR/ORI

触点串、并联指令见表 5-2。

表 5-2 触点串、并联指令表

符号、名称	功　　能	电　路　表　示	操　作　元　件	程　序　步
AND 与	动合触点串联连接	┤├─┤├─(Y005)	X, Y, M, S, T, C	1
ANI 与非	动断触点串联连接	┤├─┤/├─(Y005)	X, Y, M, S, T, C	1
OR 或	动合触点并联连接	┤├─(Y005)	X, Y, M, S, T, C	1
ORI 或非	动断触点并联连接	┤├─(Y005)	X, Y, M, S, T, C	1

1. 用法示例

触点串、并联指令的应用如图 5-2 所示。

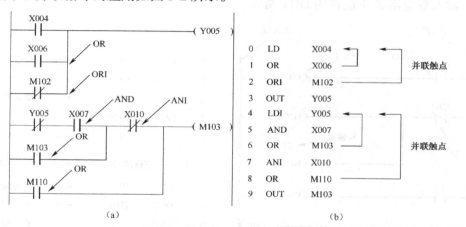

0	LD	X004
1	OR	X006
2	ORI	M102
3	OUT	Y005
4	LDI	Y005
5	AND	X007
6	OR	M103
7	ANI	X010
8	OR	M110
9	OUT	M103

(a)　　　　　　　　　　　　　(b)

图 5-2　触点串、并联指令用法图

2. 使用注意事项

① AND 是动合触点串联连接指令，ANI 是动断触点串联连接指令，OR 是动合触点并联连接指令，ORI 是动断触点并联连接指令。这 4 条指令后面必须有被操作的元件名称及元件号，都可以用于 X，Y，M，T，C 和 S。

② 单个触点与左边的电路串联，使用 AND 和 ANI 指令时，串联触点的个数没有限制，但是因为图形编程器和打印机的功能有限制，所以建议尽量做到 1 行不超过 10 个触点和 1 个线圈。

③ OR 和 ORI 指令是从该指令的当前步开始，对前面的 LD、LDI 指令并联连接的指令，并联连接的次数无限制，但是因为图形编程器和打印机的功能有限制，所以并联连接的次数不超过 24 次。

④ OR 和 ORI 用于单个触点与前面电路的并联，并联触点的左端接到该指令所在的电路块的起始点（LD 点）上，右端与前一条指令对应的触点的右端相连，即单个触点并联到它前面已经连接好的电路的两端（2 个及以上触点串联连接的电路块的并联连接时，要用后续的 ORB 指令）。以图 5-2 所示的 M110 的动合触点为例，它前面的 4 条指令已经将 4 个触点串、并联为一个整体，因此 OR M110 指令对应的动合触点并联到该电路的两端。

3. 连续输出

如图 5-3 所示，OUT M1 指令之后通过 X1 的触点去驱动 Y4，称为连续输出。串联和并联指令是用来描述单个触点与别的触点或触点（而不是线圈）组成的电路的连接关系。虽然 X1 的触点和 Y4 的线圈组成的串联电路与 M1 的线圈是并联关系，但是 X1 的动合触点与左边的电路是串联关系，所以对 X1 的触点应使用串联指令。只要按正确的顺序设计电路，就可以多次使用连续输出，但是因为图形编程器和打印机的功能有限制，所以连续输出的次数不超过 24 次。

应该指出，如果将图 5-3 所示的 M1 和 Y4 线圈所在的并联支路改为图 5-4 所示的电路（不推荐），就必须使用后面要讲到的 MPS（进栈）和 MPP（出栈）指令。

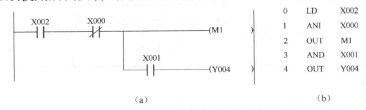

图 5-3　连续输出电路（推荐电路）

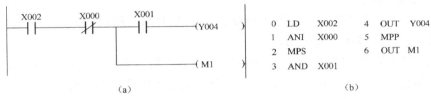

图 5-4　不推荐电路（不推荐电路）

4. 指令应用实例

用所学指令设计三相异步电动机正、反转控制的梯形图。其控制要求如下：若按正转按钮 SB1，正转接触器 KM1 得电，电动机正转；若按反转按钮 SB2，反转接触器 KM2 得电，电动机反转；若按停止按钮 SB 或热继电器 FR 动作，正转接触器 KM1 或反转接触器 KM2 失电，电动机停止；只有电气互锁，没有按钮互锁。

根据以上控制要求，可画出其 I/O 分配图（如图 5-5 所示）和梯形图及指令表（如图 5-6 所示）。

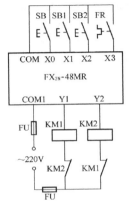

图 5-5　电动机正、反转控制的 I/O 分配图

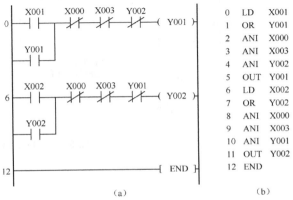

图 5-6　电动机正、反转控制的梯形图及指令表（1）

5.1.3　电路块连接指令 ORB/ANB

电路块连接指令见表 5-3。

表 5-3 电路块连接指令表

符号、名称	功　　能	电　路　表　示	操作元件	程　序　步
ORB 电路块或	串联电路块的并联连接	├┤├──┤├────(Y005)	无	1
ANB 电路块与	并联电路块的串联连接	├┤├──┤├────(Y005)	无	1

1．用法示例

电路块连接指令的应用如图 5-7 和图 5-8 所示。

2．使用注意事项

① ORB 是串联电路块的并联连接指令，ANB 是并联电路块的串联连接指令，它们都没有操作元件，可以多次重复使用。

② ORB 指令是将串联电路块与前面的电路并联，相当于电路块右侧的一段垂直连线。串联电路块的起始触点要使用 LD 或 LDI 指令，完成了电路块的内部连接后，用 ORB 指令将它与前面的电路并联。

③ ANB 指令是将并联电路块与前面的电路串联，相当于 2 个电路之间的串联连线。并联电路块的起始触点要使用 LD 或 LDI 指令，完成了电路块的内部连接后，用 ANB 指令将它与前面的电路串联。

④ ORB、ANB 指令可以多次重复使用，但是，连续使用 ORB 时，应限制在 8 次及以下，所以，在写指令时，最好按图 5-7 和图 5-8 所示的方法写指令。

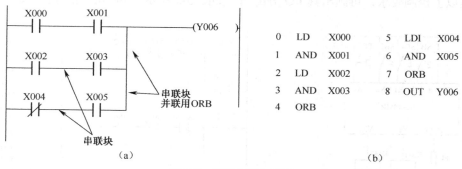

0	LD	X000	5	LDI	X004
1	AND	X001	6	AND	X005
2	LD	X002	7	ORB	
3	AND	X003	8	OUT	Y006
4	ORB				

（a）　　　　　　　　　　　　　　　（b）

图 5-7　串联电路块并联

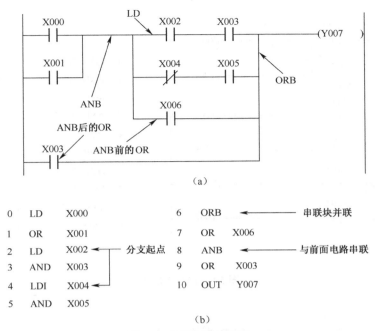

（a）

0	LD	X000		6	ORB	← ——— 串联块并联
1	OR	X001		7	OR	X006
2	LD	X002	——分支起点	8	ANB	← ——— 与前面电路串联
3	AND	X003		9	OR	X003
4	LDI	X004		10	OUT	Y007
5	AND	X005				

（b）

图 5-8　并联电路块串联

5.1.4　多重电路连接指令 MPS/MRD/MPP

多重电路连接指令见表 5-4。

表 5-4　　　　　　　　　　　　多重电路连接指令表

符号、名称	功　能	电路表示	操作元件	程　序　步
MPS 进栈	进栈	⊢⊢ MPS ⊢⊢ (Y004)	无	1
MRD 读栈	读栈	MRD ⊢⊢ (Y005)	无	1
MPP 出栈	出栈	MPP ⊢⊢ (Y006)	无	1

1. 用法示例

多重电路连接指令的应用如图 5-9 和图 5-10 所示。

2. 使用注意事项

① MPS 指令是将多重电路的公共触点或电路块先存储起来，以便后面的多重支路使用。多重电路的第 1 个支路前使用 MPS 进栈指令，多重电路的中间支路前使用 MRD 读栈指令，多重电路的最后一个支路前使用 MPP 出栈指令。该组指令没有操作元件。

② FX 系列 PLC 有 11 个存储中间运算结果的堆栈存储器，堆栈采用先进后出的数据存取方式。每使用 1 次 MPS 指令，当时的逻辑运算结果压入堆栈的第 1 层，堆栈中原来的数据依次向下一层推移。

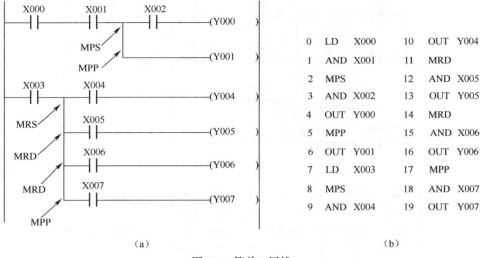

0	LD	X000	10	OUT	Y004
1	AND	X001	11	MRD	
2	MPS		12	AND	X005
3	AND	X002	13	OUT	Y005
4	OUT	Y000	14	MRD	
5	MPP		15	AND	X006
6	OUT	Y001	16	OUT	Y006
7	LD	X003	17	MPP	
8	MPS		18	AND	X007
9	AND	X004	19	OUT	Y007

（a）　　　　　　　　　　　　　　　　（b）

图 5-9　简单 1 层栈

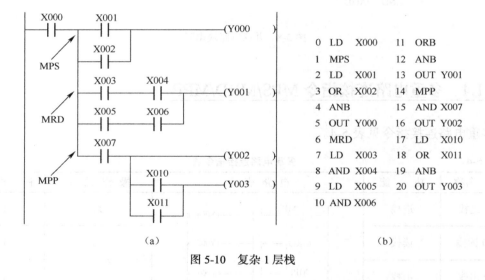

0	LD	X000	11	ORB	
1	MPS		12	ANB	
2	LD	X001	13	OUT	Y001
3	OR	X002	14	MPP	
4	ANB		15	AND	X007
5	OUT	Y000	16	OUT	Y002
6	MRD		17	LD	X010
7	LD	X003	18	OR	X011
8	AND	X004	19	ANB	
9	LD	X005	20	OUT	Y003
10	AND	X006			

（a）　　　　　　　　　　　　　　　　（b）

图 5-10　复杂 1 层栈

③ MRD 指令读取存储在堆栈最上层（即电路分支处）的运算结果，将下一个触点强制性地连接到该点，读栈后堆栈内的数据不会上移或下移。

④ MPP 指令弹出堆栈存储器的运算结果，首先将下一触点连接到该点，然后从堆栈中去掉分支点的运算结果。使用 MPP 指令时，堆栈中各层的数据向上移动一层，最上层的数据在弹出后从栈内消失。

⑤ 处理最后一条支路时必须使用 MPP 指令，而不是 MRD 指令，且 MPS 和 MPP 的使用必须不多于 11 次，并且要成对出现。

3. 指令应用实例

用所学指令设计三相异步电动机正、反转控制的梯形图。其控制要求及 I/O 分配图同前，其梯形图及指令表如图 5-11 所示。

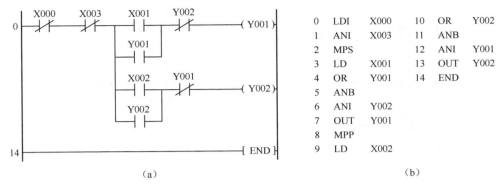

（a）   （b）

图 5-11　电动机正、反转控制的梯形图及指令表（2）

5.1.5　置位与复位指令 SET/RST

置位与复位指令见表 5-5。

表 5-5　　　　　　　　　　　置位与复位指令表

符号、名称	功　　能	电 路 表 示	操作元件	程 序 步
SET 置位	令元件置位并自保持 ON	┤├────[SET Y000]	Y，M，S	Y，M：1 S，特 M：2
RST 复位	令元件复位并自保持 OFF 或清除寄存器的内容	┤├────[RST Y000]	Y，M，S，C，D，V，Z，积 T	Y，M：1； S，特 M，C，积 T：2； D，V，Z，：3

1. 指令用法示例

指令用法示例如图 5-12 所示，其中图（a）所示为梯形图，图（b）所示为指令表，图（c）所示为时序图。

2. 使用注意事项

① 图 5-12 所示的 X0 一接通，即使再变成断开，Y0 也保持接通。X1 接通后，即使再变成断开，Y0 也保持断开，对于 M、S 也是同样。

② 对同一元件可以多次使用 SET、RST 指令，顺序可任意，但对外输出的结果，则只有最后执行的一条指令才有效。

③ 要使数据寄存器 D、计数器 C、积算定时器 T、变址寄存器 V、Z 的内容清零，也可用 RST 指令。

3. 指令应用实例

用所学指令设计三相异步电动机正、反转控制的梯形图。其控制要求及 I/O 分配图同前，其梯形图及指令表如图 5-13 所示。

电气控制与 PLC 实训教程（第 2 版）

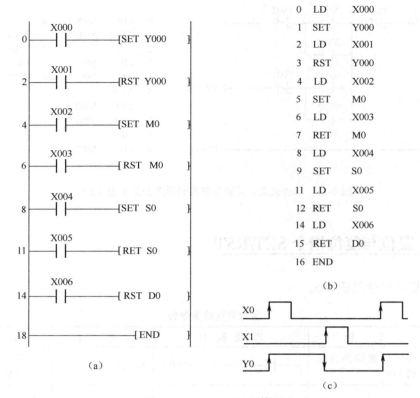

图 5-12　SET、RST 的使用

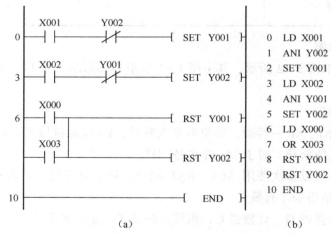

图 5-13　电动机正、反转控制的梯形图及指令表（3）

5.1.6　脉冲输出指令 PLS/PLF

脉冲输出指令见表 5-6。

138

表 5-6　　　　　　　　　　　　脉冲输出指令表

符号、名称	功 能	电 路 表 示	操 作 元 件	程 序 步
PLS 上升沿脉冲	上升沿微分输出	X000 ┤├────[PLS M0]	Y，M	2
PLF 下降沿脉冲	下降沿微分输出	X001 ┤├────[PLF M1]	Y，M	2

1. 用法示例

脉冲输出指令的应用如图 5-14 所示。

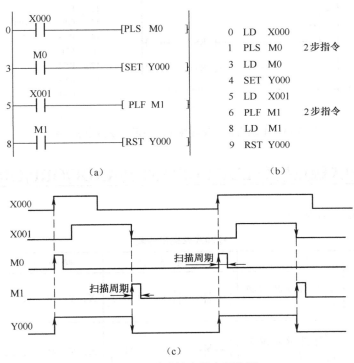

图 5-14　脉冲输出指令用法图

2. 使用注意事项

① PLS 是脉冲上升沿微分输出指令，PLF 是脉冲下降沿微分输出指令。PLS 和 PLF 指令只能用于输出继电器 Y 和辅助继电器 M（不包括特殊辅助继电器）。

② 图 5-14 所示的 M0 仅在 X0 的动合触点由断开变为闭合（即 X0 的上升沿）时的一个扫描周期内为 ON；M1 仅在 X1 的动合触点由闭合变为断开（即 X1 的下降沿）时的一个扫描周期内为 ON。

③ 图 5-14 所示，在输入继电器 X0 接通的情况下，PLC 由运行→停机→运行时，PLS M0 指令将输出 1 个脉冲。然而，如果用电池后备（锁存）的辅助继电器代替 M0，其 PLS 指令在这种情况下不会输出脉冲。

3. 指令应用实例

用所学指令设计三相异步电动机正、反转控制的梯形图。其控制要求及 I/O 分配图同前，其梯形图及指令表如图 5-15 所示。

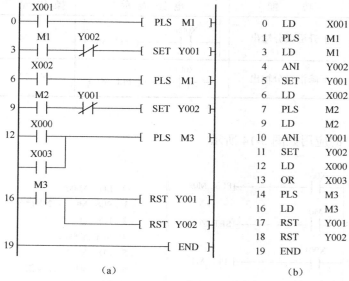

	0	LD	X001
	1	PLS	M1
	3	LD	M1
	4	ANI	Y002
	5	SET	Y001
	6	LD	X002
	7	PLS	M2
	9	LD	M2
	10	ANI	Y001
	11	SET	Y002
	12	LD	X000
	13	OR	X003
	14	PLS	M3
	16	LD	M3
	17	RST	Y001
	18	RST	Y002
	19	END	

（a）　　　　　　　　　　　（b）

图 5-15　电动机正、反转控制的梯形图及指令表（4）

5.1.7　脉冲式触点指令 LDP/LDF/ANDP/ANDF/ORP/ORF

脉冲式触点指令见表 5-7。

表 5-7　　　　　　　　　　　　脉冲式触点指令表

符号、名称	功　能	电 路 表 示	操 作 元 件	程 序 步
LDP 取上升沿脉冲	上升沿脉冲逻辑运算开始	┤↑├──(M1)	X，Y，M，S，T，C	2
LDF 取下降沿脉冲	下降沿脉冲逻辑运算开始	┤↓├──(M1)	X，Y，M，S，T，C	2
ANDP 与上升沿脉冲	上升沿脉冲串联连接	┤├─┤↑├──(M1)	X，Y，M，S，T，C	2
ANDF 与下降沿脉冲	下降沿脉冲串联连接	┤├─┤↓├──(M1)	X，Y，M，S，T，C	2
ORP 或上升沿脉冲	上升沿脉冲并联连接	┤├─┤├──(M1)	X，Y，M，S，T，C	2
ORF 或下降沿脉冲	下降沿脉冲并联连接	┤├─┤├──(M1)	X，Y，M，S，T，C	2

1. 用法示例

脉冲式触点指令的应用如图 5-16 所示。

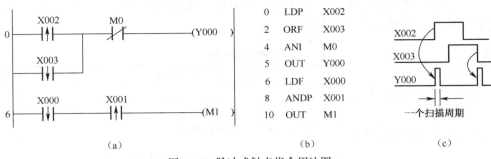

图 5-16　脉冲式触点指令用法图

2. 使用注意事项

① LDP、ANDP 和 ORP 指令是用来作上升沿检测的触点指令，触点的中间有一个向上的箭头，对应的触点仅在指定位元件的上升沿（由 OFF 变为 ON）时接通一个扫描周期。

② LDF、ANDF 和 ORF 是用来作下降沿检测的触点指令，触点的中间有一个向下的箭头，对应的触点仅在指定位元件的下降沿（由 ON 变为 OFF）时接通一个扫描周期。

③ 脉冲式触点指令可以用于 X，Y，M，T，C 和 S。图 5-16 所示 X2 的上升沿或 X3 的下降沿出现时，Y0 仅在一个扫描周期为 ON。

3. 指令应用实例

用所学指令设计三相异步电动机正、反转控制的梯形图。其控制要求及 I/O 分配图同前，其梯形图及指令表如图 5-17 所示。

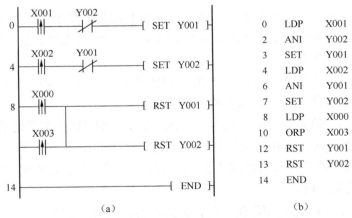

图 5-17　电动机正、反转控制的梯形图及指令表（5）

5.1.8　主控触点指令 MC/MCR

在编程时，经常会遇到许多线圈同时受 1 个或 1 组触点控制的情况，如果在每个线圈的控制电路前都串入同样的触点，将占用很多存储单元，主控指令可以解决这一问题。使用主控指令的触点称为主控触点，它在梯形图中与一般的触点垂直，主控触点是控制一组电路的总开关。主控触点指令见表 5-8。

表 5-8　　　　　　　　　　　主控触点指令表

符号、名称	功　能	电路表示及操作元件	程　序　步
MC 主控	主控电路块起点	——┤├———————[MC N0 Y 或 M]	3
MCR 主控复位	主控电路块终点	N0 ┤├ Y 或 M 不允许使用特 M 　　　　　　　　　[MCR N0]	2

1. 用法示例

主控触点指令的应用如图 5-18 所示。

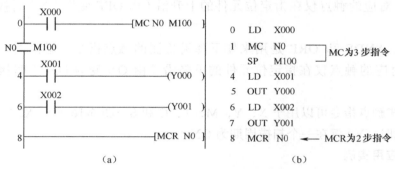

图 5-18　主控指令应用示例

2. 使用注意事项

① MC 是主控起点，操作数 N（0～7 层）为嵌套层数，操作元件为 M、Y，特殊辅助继电器不能用作 MC 的操作元件。MCR 是主控结束，主控电路块的终点，操作数 N（0～7）。MC 与 MCR 必须成对使用。

② 与主控触点相连的触点必须用 LD 或 LDI 指令，即执行 MC 指令后，母线移到主控触点的后面，MCR 使母线回到原来的位置。

③ 图 5-18 所示 X0 的动合触点闭合时，执行从 MC 到 MCR 之间的指令；MC 指令的输入电路（X0）断开时，不执行上述区间的指令，其中的积算定时器、计数器、用复位/置位指令驱动的软元件保持其当时的状态，其余的元件被复位，如非积算定时器和用 OUT 指令驱动的元件变为 OFF。

④ 在 MC 指令内再使用 MC 指令时，称为嵌套，嵌套层数 N 的编号就顺次增大；主控返回时用 MCR 指令，嵌套层数 N 的编号就顺次减小。

3. 指令应用实例

用所学指令设计三相异步电动机正、反转控制的梯形图。其控制要求及 I/O 分配图同前，其梯形图及指令表如图 5-19 所示。

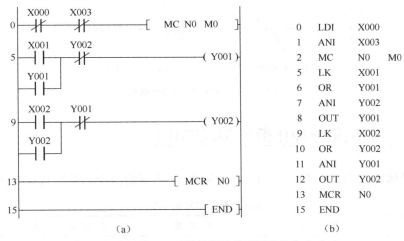

图 5-19　电动机正、反转控制的梯形图及指令表（6）

左侧梯形图 (a)：

0	LDI	X000
1	ANI	X003
2	MC	N0	M0
5	LK	X001
6	OR	Y001
7	ANI	Y002
8	OUT	Y001
9	LK	X002
10	OR	Y002
11	ANI	Y001
12	OUT	Y002
13	MCR	N0
15	END	

（b）

5.1.9　逻辑运算结果取反及空操作指令 INV/NOP

逻辑运算结果取反及空操作指令见表 5-9。

表 5-9　　　　　　　　　　　逻辑运算结果取反及空操作指令表

符号、名称	功　能	电　路　表　示	操　作　元　件	程　序　步
INV 取反	逻辑运算结果取反	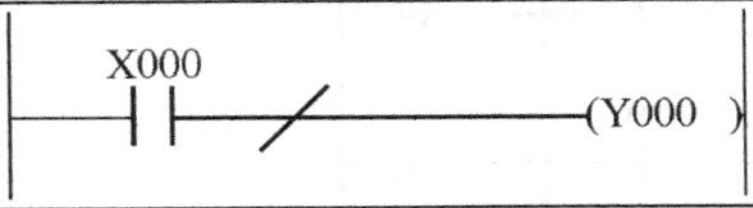 （见图）	无	1
NOP 空操作	无动作	无	无	1

1. 逻辑运算结果取反指令 INV

INV 指令在梯形图中用一条 45° 的短斜线来表示，它将使无该指令时的运算结果取反，如运算结果为 0 时，则将它变为 1；如运算结果为 1 时，则将它变为 0。如图 5-20 所示，如果 X0 为 ON，则 Y0 为 OFF；反之则 Y0 为 ON。

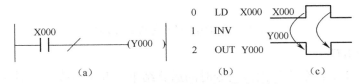

0	LD	X000
1	INV	
2	OUT	Y000

图 5-20　逻辑运算结果取反指令示例

2. 空操作指令 NOP

① 若在程序中加入 NOP 指令，则改动或追加程序时，可以减少步序号的改变。

② 若将 LD、LDI、ANB、ORB 等指令换成 NOP 指令，电路构成将有较大幅度的变化，必须引起注意，如图 5-21 所示。

③ 执行程序全清除操作后，全部指令都变成 NOP。

143

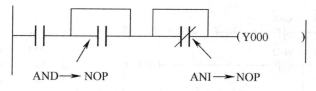

图 5-21　用 NOP 指令短路触点

5.1.10　运算结果脉冲化指令 MEP/MEF

运算结果脉冲化指令是 FX$_{3U}$ 和 FX$_{3G}$ 系列 PLC 特有的指令，其形式见表 5-10。

表 5-10　　　　　　　　　　　　　运算结果脉冲化指令表

符号、名称	功　能	电 路 表 示	操作元件	程 序 步
MEP 上升沿脉冲化	运算结果上升沿时输出脉冲	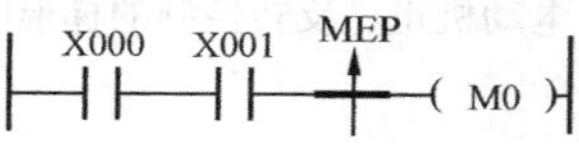 X000　X001　MEP　（M0）	无	1
MEF 下降沿脉冲化	运算结果下降沿时输出脉冲	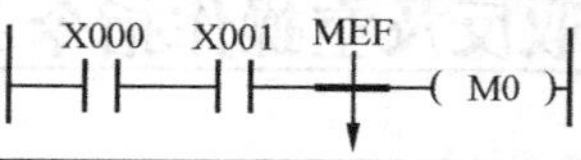 X000　X001　MEF　（M0）	无	1

1. 用法示例

运算结果脉冲化指令的应用如图 5-22 所示。

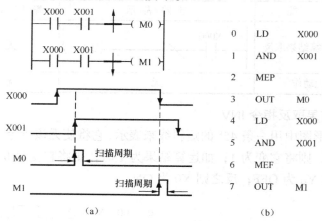

0	LD	X000
1	AND	X001
2	MEP	
3	OUT	M0
4	LD	X000
5	AND	X001
6	MEF	
7	OUT	M1

（a）　　　　　　　　　　（b）

图 5-22　运算结果脉冲化指令用法图

2. 使用注意事项

① MEP（MEF）指令将使无该指令时的运算结果上升（下降）沿时输出脉冲。

② MEP（MEF）指令不能直接与母线相连，它在梯形图中的位置与 AND 指令相同。

5.2　PLC 的工作原理

PLC 有 RUN（运行）与 STOP（编程）2 种基本的工作模式。当处于 STOP 模式时，PLC 只进行内部处理和通信服务等内容，一般用于程序的写入、修改与监视。当处于 RUN

模式时，PLC 除了要进行内部处理、通信服务之外，还要执行反映控制要求的用户程序，即执行输入处理、程序处理、输出处理，如图 5-23 所示。PLC 的这种周而复始的循环工作方式称为扫描工作方式。

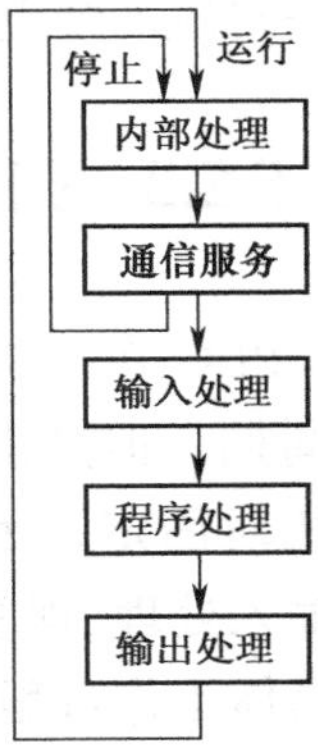

5.2.1　循环扫描过程

由于 PLC 执行指令的速度极快，从外部输入/输出关系来看，其循环扫描过程似乎是同时完成的，其实不然，现就其循环扫描过程分析如下。

1．内部处理阶段

在内部处理阶段，PLC 首先诊断自身硬件是否正常，然后将监控定时器复位，并完成一些其他内部工作。

图 5-23　扫描过程

2．通信服务阶段

在通信服务阶段，PLC 要与其他的智能装置进行通信，如响应编程器输入的命令、更新编程器的显示内容等。

3．输入处理阶段

输入处理又叫输入采样。在 PLC 的存储器中，设置了一片区域用来存放输入信号的状态，这片区域被称为输入映像寄存器；PLC 的其他软元件也有对应的映像存储区，它们统称为元件映像寄存器。外部输入信号接通时，对应的输入映像寄存器为 1 状态，梯形图中对应的输入继电器的动合触点闭合，动断触点断开；外部输入信号断开时，对应的输入映像寄存器为 0 状态，梯形图中对应的输入继电器的动合触点断开，动断触点闭合。因此，某一软元件对应的映像寄存器为 1 状态时，称该软元件为 ON；映像寄存器为 0 状态时，称该软元件为 OFF。

在输入处理阶段，PLC 顺序读入所有输入端子的通、断状态，并将读入的信息存入内存所对应的输入元件映像寄存器中，此时，输入映像寄存器被刷新。接着进入程序执行阶段，在执行程序时，输入映像寄存器与外界隔离，即使输入信号发生变化，其映像寄存器的内容也不会发生变化，只有在下一个扫描周期的输入处理阶段才能被读入。

4．程序处理阶段

程序处理又叫程序执行，根据 PLC 梯形图扫描原则，按先上后下、先左后右的顺序，逐行逐句扫描，即执行程序。但遇到程序跳转指令，则根据跳转条件是否满足来决定程序的跳转地址。当用户程序涉及输入、输出状态时，PLC 从输入映像寄存器中读取上一阶段输入处理时对应输入信号的状态，从输出映像寄存器中读取对应映像寄存器的当前状态，根据用户程序进行逻辑运算，运算结果再存入有关元件映像寄存器中。因此，对每个元件（输入继电器除外）而言，元件映像寄存器中所寄存的内容会随着程序执行过程而变化。

5．输出处理阶段

输出处理又叫输出刷新，在输出处理阶段，CPU 将输出映像寄存器的 0/1 状态传送到输出锁存器，再经输出单元隔离和功率放大后送到输出端子。梯形图中某一输出继电器的线圈"得电"时，对应的输出映像寄存器为 1 状态，在输出处理阶段之后，输出单元中对应的继电器线圈得电或晶体管、可控硅元件导通，外部负载即可得电工作。若梯形图中输出继电器的线圈"断电"，对应的输出映像寄存器为 0 状态，在输出处理阶段之后，输出单元中对应的继电器线圈断电或晶体管、可控硅元件关断，外部负载停止工作。

5.2.2　扫描周期

　　PLC 在 RUN 工作模式时，执行一次如图 5-23 所示的扫描操作所需的时间称为扫描周期。但是由于内部处理和通信服务的时间相对固定，因此，扫描周期通常是指 PLC 的输入处理、程序处理和输出处理这 3 个阶段，其具体工作过程如图 5-24 所示。因此，扫描周期与用户程序的长短、指令的种类和 CPU 执行指令的速度有很大关系。当用户程序较长时，指令执行时间在扫描周期中占相当大的比例；此外，PLC 既可按固定的顺序进行扫描，也可按用户程序所指定的可变顺序进行，这样使有的程序无需每个扫描周期都执行一次，从而可缩短循环扫描的周期，提高控制的实时性。

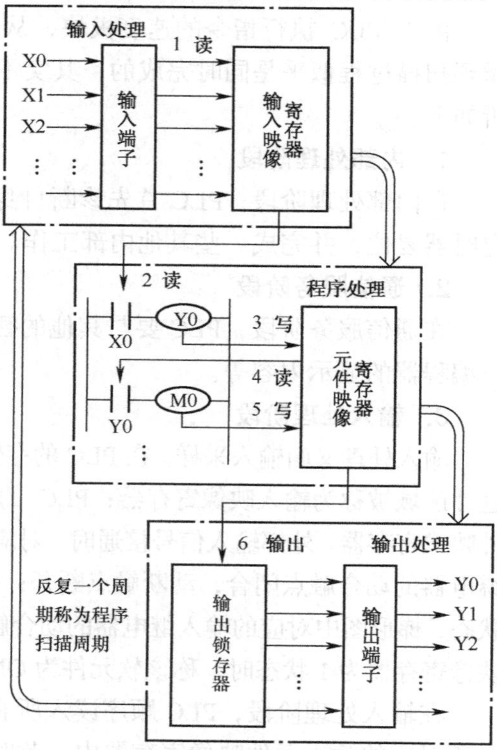

　　循环扫描的工作方式是 PLC 的一大特点，也可以说 PLC 是"串行"工作的，这和传统的继电控制系统"并行"工作有质的区别，PLC 的串行工作方式避免了继电控制系统中触点竞争和时序失配的问题。

5.2.3　输入/输出滞后时间

图 5-24　PLC 的扫描工作过程

　　输入/输出滞后时间又称系统响应时间，是指 PLC 的外部输入信号发生变化的时刻至它控制的有关外部输出信号发生变化的时刻之间的时间间隔，它由输入电路滤波时间、输出电路的滞后时间和因扫描工作方式产生的滞后时间这 3 部分组成。

　　输入单元的 RC 滤波电路用来滤除由输入端引入的噪声等干扰，并消除因外接输入触点动作时产生的抖动引起的不良影响。滤波电路的时间常数决定了输入滤波时间的长短，一般为 10ms 左右。输出单元的滞后时间与输出单元的类型有关，继电器型输出电路的滞后时间一般在 10ms 左右；双向晶闸管型输出电路在负载由断开到接通的滞后时间约为 1ms，负载由接通到断开的最大滞后时间为 10ms；晶体管型输出电路的滞后时间一般在 1ms 以下。

　　由扫描工作方式引起的滞后时间最长可达 2 个多扫描周期。PLC 总的响应延时一般只有几十毫秒，对于一般的系统是无关紧要的，但对于要求输入/输出信号之间的滞后时间尽量短的系统，则可以选用扫描速度快的 PLC 或采取其他措施。

　　因此，影响输入/输出滞后的主要原因有：输入滤波器的惯性；输出继电器触点的惯性；程序执行的时间；程序设计不当的附加影响等。对于用户来说，选择了一个 PLC，合理地编制程序是缩短滞后时间的关键。

5.2.4　程序的执行过程

PLC 的工作过程就是程序的执行过程，也就是循环扫描的过程，下面来分析图 5-25 所示梯形图的执行过程。图 5-25 所示梯形图中，SB1 为接于 X000 端子的输入信号，X000 的时序表示对应的输入映像寄存器的状态，Y000、Y001、Y002 的时序表示对应的输出映像寄存器的状态，高电平表示 1 状态，低电平表示 0 状态，若输入信号 SB1 在第 1 个扫描周期的输入处理阶段之后为 ON，其扫描工作过程如下。

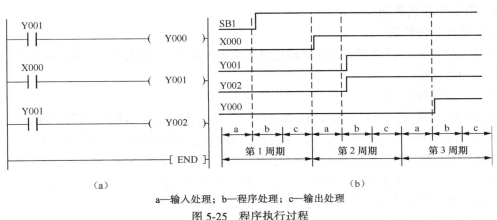

（a）　　　　　　　　　　　　　　　　（b）

a—输入处理；b—程序处理；c—输出处理

图 5-25　程序执行过程

1.　第 1 个扫描周期

（1）输入处理阶段

因输入信号 SB1 尚未接通，输入处理的结果 X000 为 OFF，因此写入 X000 输入映像寄存器的状态为 0 状态。

（2）程序处理阶段

程序按顺序执行，先读取 Y001 输出映像寄存器的内容（为 0 状态），因此逻辑处理的结果 Y000 线圈为 OFF，其结果 0 写入 Y000 输出映像寄存器；接着读 X000 输入映像寄存器的内容（为 0 状态），因此逻辑处理的结果 Y001 线圈为 OFF，其结果 0 写入 Y001 输出映像寄存器；再读 Y001 输出映像寄存器的内容（为 0 状态），因此逻辑处理的结果 Y002 线圈为 OFF，其结果 0 写入 Y002 输出映像寄存器。所以在第 1 个扫描周期内各映像寄存器均为 0 状态。

（3）输出处理阶段

程序执行完毕，因 Y000、Y001 和 Y002 输出映像寄存器的状态均为 0 状态，所以，Y000、Y001 和 Y002 输出均为 OFF。

2.　第 2 个扫描周期

（1）输入处理阶段

因输入信号 SB1 已接通，输入处理的结果 X000 为 ON，因此写入 X000 输入映像寄存器的状态为 1 状态。

（2）程序处理阶段

程序按顺序执行，先读取 Y001 输出映像寄存器的内容（为 "0" 状态），因此 Y000 为 OFF，其结果 0 写入 Y000 输出映像寄存器；接着又读 X000 输入映像寄存器的内容（为 1 状态），因此 Y001 为 ON，其结果 1 写入 Y001 输出映像寄存器；再读 Y001 输出映像寄存器的内容（为 1 状态），因此 Y002 为 ON，其结果 1 写入 Y002 输出映像寄存器。所以，在第 2 个扫描周期内，只有 Y000 输出映像寄存器为 0 状态，其余的 X000、Y001 和 Y002 映像寄存器均为 1 状态。

（3）输出处理阶段

程序执行完毕，因 Y000 输出映像寄存器为 0 状态，而 Y001 和 Y002 输出映像寄存器为 1 状态，所以，Y000 输出为 OFF，而 Y001 和 Y002 输出均为 ON。

3. 第 3 个扫描周期

（1）输入处理阶段

因输入信号 SB1 仍接通，输入处理的结果 X000 为 ON，再次写入 X000 输入映像寄存器的状态为 1 状态。

（2）程序处理阶段

程序按顺序执行，先读取 Y001 输出映像寄存器的内容（为 1 状态），因此 Y000 为 ON，其结果 1 写入 Y000 输出映像寄存器；接着读 X000 输入映像寄存器的内容（为 1 状态），因此 Y001 为 ON，其结果 1 写入 Y001 输出映像寄存器；再读 Y001 输出映像寄存器的内容（为 1 状态），因此 Y002 为 ON，其结果 1 写入 Y002 输出映像寄存器。所以在第 3 个扫描周期内各映像寄存器均为 1 状态。

（3）输出处理阶段

程序执行完毕，因 Y000、Y001 和 Y002 输出映像寄存器的状态均为 1 状态，所以，Y000、Y001 和 Y002 输出均为 ON。

可见，虽外部输入信号 SB1 是在第 1 个扫描周期的输入处理之后闭合的，但 X000 为 ON 是在第 2 个扫描周期的输入处理阶段才被读入，因此，Y001、Y002 输出映像寄存器是在第 2 个扫描周期的程序执行阶段为 ON 的，而 Y000 输出映像寄存器是在第 3 个扫描周期的程序执行阶段为 ON 的。对于 Y001、Y002 所驱动的负载，则要到第 2 个扫描周期的输出刷新阶段才为 ON，而 Y000 所驱动的负载，则要到第 3 个扫描周期的输出刷新阶段才为 ON。因此，Y001、Y002 所驱动的负载要滞后的时间最长可达 1 个多（约 2 个）扫描周期，而 Y000 所驱动的负载要滞后的时间最长可达 2 个多（约 3 个）扫描周期。

若交换图 5-25 所示梯形图中的第 1 行和第 2 行的位置，Y000 状态改变的滞后时间将减少 1 个扫描周期。由此可见，这种滞后时间可以通过程序优化的方法来减少。

4. 实例分析

图 5-26 所示是 3 位同学设计的 2 组彩灯顺序点亮的控制程序，其控制要求为：按下启动按钮 SB1（X1），黄灯（Y1）点亮，5s 后黄灯熄灭红灯（Y2）点亮，按下停止按钮 SB2（X2）系统停止运行。请运用程序执行过程分析其正误。

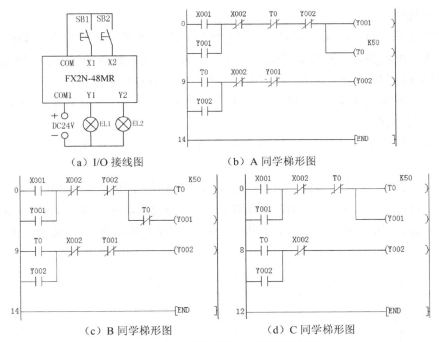

（a）I/O 接线图　　　　（b）A 同学梯形图

（c）B 同学梯形图　　　　（d）C 同学梯形图

图 5-26　2 组彩灯顺序点亮的控制程序

5.2.5　双线圈输出

在梯形图中，同 1 个元件的线圈一般不能重复使用（重复使用即称双线圈输出），图 5-27 所示为 Y3 线圈多次使用的情况。设 X1=ON，X2=OFF，在程序处理时，最初因 X1 为 ON，Y3 的映像寄存器为 ON，输出 Y4 也为 ON。然而，当程序执行到第 3 行时，又因 X2=OFF，Y3 的映像寄存器改写为 OFF，因此，最终的输出 Y3 为 OFF，Y4 为 ON。所以，若输出线圈重复使用，则后面线圈的动作状态对外输出有效。

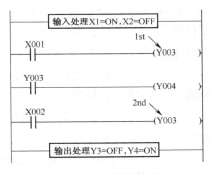

图 5-27　双线圈输出

5.3　常用基本电路的程序设计

为顺利掌握 PLC 程序设计的方法和技巧，尽快提升 PLC 的程序设计能力，本节介绍一些常用基本电路的程序设计，相信对今后 PLC 程序设计能力的提高会大有益处。

5.3.1　启保停程序

启保停程序即启动、保持、停止的控制程序，是梯形图中最典型的基本程序，它包含了如下几个因素。

① 驱动线圈。每一个梯形图逻辑行都必须针对驱动线圈，本例为输出线圈 Y0。

② 线圈得电的条件。梯形图逻辑行中除了线圈外，还有触点的组合，即线圈得电的条件，也就是使线圈为 ON 的条件，本例为启动按钮 X0 为 ON 闭合。

③ 线圈保持驱动的条件。即触点组合中使线圈得以保持有电的条件，本例为与 X0 并联的 Y0 自锁触点闭合。

④ 线圈断电的条件。即触点组合中使线圈由 ON 变为 OFF 的条件，本例为 X1 动断触点断开。

因此，根据控制要求，其梯形图为启动按钮 X0 和停止按钮 X1 串联，并在启动按钮 X0 两端并上自保触点 Y0，然后串接驱动线圈 Y0。当要启动时，按启动按钮 X0，使线圈 Y0 有输出并通过 Y0 自锁触点自锁；当要停止时，按停止按钮 X1，使输出线圈 Y0 断电，如图 5-28（a）所示。

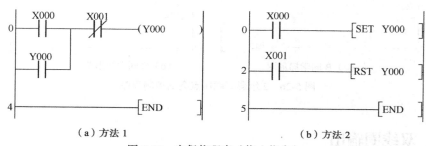

（a）方法 1　　　　　　　　　　　　（b）方法 2

图 5-28　启保停程序（停止优先）

若用 SET、RST 指令编程，启保停程序包含了梯形图程序的 2 个要素，一个是使线圈置位并保持的条件，本例为启动按钮 X0 为 ON；另一个是使线圈复位并保持的条件，本例为停止按钮 X1 为 ON。因此，其梯形图为启动按钮 X0、停止按钮 X1 分别驱动 SET、RST 指令。当要启动时，按启动按钮 X0 使输出线圈置位并保持；当要停止时，按停止按钮 X1 使输出线圈复位并保持，如图 5-28（b）所示。

由上可知，方法 2 的设计思路更简单明了，是最佳设计方案。但在运用这 2 种方法编程时，应注意以下几点。

① 在方法 1 中，用 X1 的动断触点；而在方法 2 中，用 X1 的动合触点，但它们的外部输入接线却完全相同，均为动合按钮。

② 上述的 2 个梯形图都为停止优先，即如果启动按钮 X0 和停止按钮 X1 同时被按下，则电动机停止；若要改为启动优先，则梯形图如图 5-29 所示。

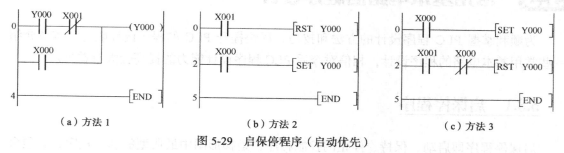

（a）方法 1　　　　　　　（b）方法 2　　　　　　　（c）方法 3

图 5-29　启保停程序（启动优先）

5.3.2　定时器应用程序

1. 得电延时闭合程序

按下启动按钮 X0，延时 2s 后输出 Y0 接通；当按下停止按钮 X2，输出 Y0 断开，其梯形图及时序图如图 5-30 所示。

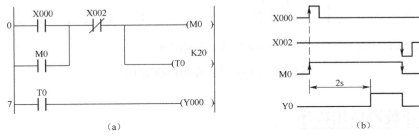

图 5-30　得电延时闭合程序及时序图

2. 断电延时断开程序

当 X0 为 ON 时，Y0 接通并自保；当 X0 断开时，定时器 T0 开始得电延时，当 X0 断开的时间达到定时器的设定时间 10s 时，Y0 才由 ON 变为 OFF，实现断电延时断开，其梯形图及时序图如图 5-31 所示。

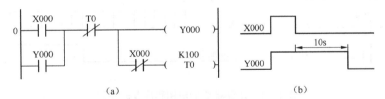

图 5-31　断电延时断开程序及时序图

3. 长延时程序

FX_{2N} 系列 PLC 的定时器最长延时时间为 3276.7s，因此，利用多个定时器组合可以实现大于 3276.7s 的延时，图 5-32（a）所示为 5000s 的延时程序。但几万秒甚至更长的延时，需用定时器与计数器的组合来实现，如图 5-32（b）所示为定时器与计数器组合的延时程序。

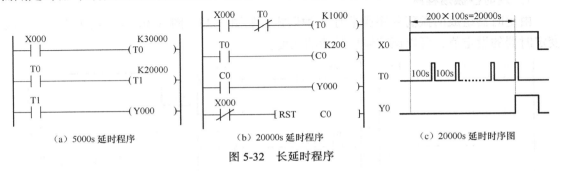

（a）5000s 延时程序　　　　（b）20000s 延时程序　　　　（c）20000s 延时时序图

图 5-32　长延时程序

4. 顺序延时接通程序

当 X0 接通后，输出继电器 Y0、Y1、Y2 按顺序每隔 10s 输出，用 2 个定时器 T0、T1 设置不同的延时时间，可实现按顺序接通，当 X0 断开时同时停止，程序如图 5-33 所示。

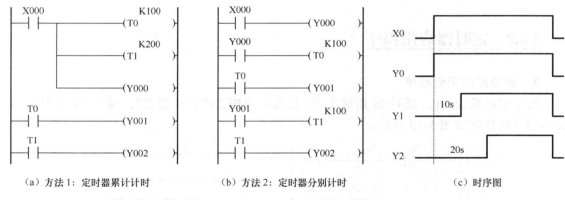

（a）方法 1：定时器累计计时　　　　（b）方法 2：定时器分别计时　　　　（c）时序图

图 5-33　顺序延时接通程序及时序图

5.3.3　计数器应用程序

计数器用于对内部信号和外部高速脉冲进行计数，使用前需要进行复位，其应用如图 5-34 所示。X3 首先使计数器 C0 复位，C0 对 X4 输入的脉冲计数，输入的脉冲数达到 6 个时，计数器 C0 的动合触点闭合，Y0 得电；当 X3 再次动作时，C0 复位，Y0 失电。

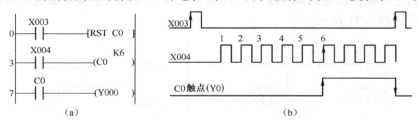

（a）　　　　　　　　　　　　　　（b）

图 5-34　计数器 C 的应用程序及时序图

5.3.4　振荡程序

振荡程序以产生特定的通、断时序脉冲，它经常应用在脉冲信号源或闪光报警电路中。

1．定时器振荡程序

由定时器组成的振荡程序通常有 3 种形式，如图 5-35、图 5-36、图 5-37 所示。若改变定时器的设定值，可以调整输出脉冲的宽度。

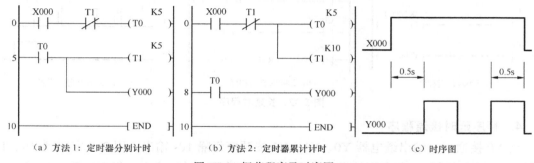

（a）方法 1：定时器分别计时　　　（b）方法 2：定时器累计计时　　　（c）时序图

图 5-35　振荡程序及时序图一

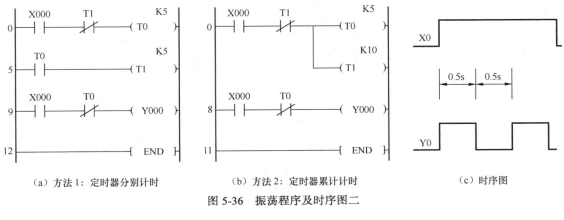

（a）方法 1：定时器分别计时　　　　（b）方法 2：定时器累计计时　　　　（c）时序图

图 5-36　振荡程序及时序图二

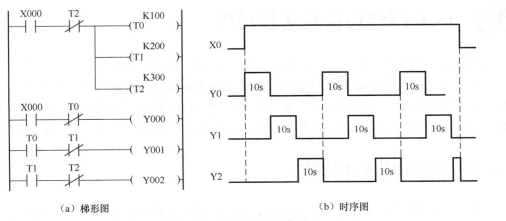

（a）梯形图　　　　　　　　　　　　　　　（b）时序图

图 5-37　振荡程序及时序图三

2. M8013 振荡程序

由 M8013 组成的振荡程序如图 5-38 所示。因为 M8013 为 1s 的时钟脉冲，所以 Y0 输出脉冲宽度为 0.5s。

3. 二分频程序

若输入一个频率为 f 的方波，则在输出端得到一个频率为 $f/2$ 的方波，其梯形图如图 5-39 所示。

图 5-38　M8013 振荡程序

对于图 5-39（a）所示，当 X0 闭合时（设为第 1 个扫描周期），M0、M1 线圈为 ON，此时，Y0 线圈则由于 M0 动合触点、Y0 动断触点闭合而为 ON；下一个扫描周期，M0 线圈由于 M1 线圈为 ON 而为 OFF，所以，Y0 线圈则由于 M0 动断触点和其自锁触点闭合而一直为 ON，直到下一次 X0 闭合时，M0、M1 线圈又为 ON，把 Y0 线圈断开，从而实现二分频。

对于图 5-39（b）所示，当 X0 的上升沿到来时（设为第 1 个扫描周期），M0 线圈为 ON（只接通 1 个扫描周期），此时 M1 线圈由于 Y0 动合触点断开而为 OFF，因此 Y0 线圈则由于 M0 动合触点闭合而为 ON；下一个扫描周期，M0 线圈为 OFF，虽然 Y0 动合触点是闭合的，但此时 M0 动合触点已经断开，所以 M1 线圈仍为 OFF，Y0 线圈则由于自锁触点闭合而一直为 ON，直到下一次 X0 的上升沿到来时，M1 线圈才为 ON，并把 Y0 线圈断开，从而实现二分频。

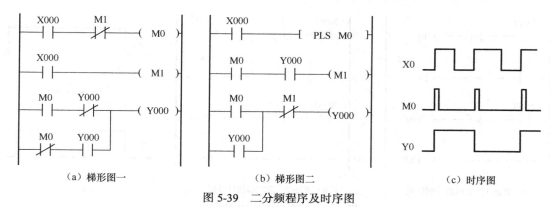

（a）梯形图一　　　　　　　　（b）梯形图二　　　　　　　　（c）时序图

图 5-39　二分频程序及时序图

5.4　PLC 程序设计方法及技巧

如何根据控制要求，设计出符合要求的程序，这就是 PLC 程序设计人员所要解决的问题。PLC 程序设计是指根据被控对象的控制要求和现场信号，对照 PLC 的软元件，画出梯形图（或状态转移图），进而写出指令表程序的过程。这需要编程人员熟练掌握程序设计的规则、方法和技巧，在此基础上积累一定的编程经验，PLC 的程序设计就不难掌握了。

5.4.1　梯形图的基本规则

梯形图作为 PLC 程序设计的一种最常用的编程语言，被广泛应用于工程现场的程序设计。为更好地使用梯形图语言，下面介绍梯形图的一些基本规则。

（1）线圈右边无触点

梯形图中每一逻辑行从左到右排列，以触点与左母线连接开始，以线圈、功能指令与右母线（可允许省略右母线）连接结束。触点不能接在线圈的右边，线圈也不能直接与左母线连接，必须通过触点连接，如图 5-40 所示。

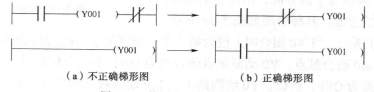

（a）不正确梯形图　　　　　　　　（b）正确梯形图

图 5-40　线圈右边无触点的梯形图

（2）触点可串可并无限制

触点可用于串行电路，也可用于并行电路，且使用次数不受限制，所有输出继电器也都可以作为辅助继电器使用。

（3）触点水平不垂直

触点应画在水平线上，不能画在垂直线上。图 5-41（a）所示梯形图中的 X3 触点被画在垂直线上，所以很难正确地识别它与其他触点的逻辑关系，因此，应根据其逻辑关系改为如图 5-41（b）或图 5-41（c）所示的梯形图。

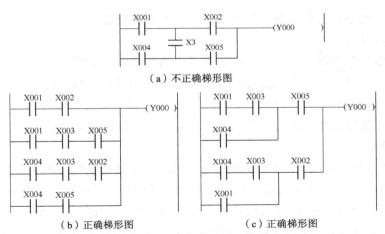

图 5-41　触点水平不垂直的梯形图

（4）多个线圈可并联输出

2 个或 2 个以上的线圈可以并联输出，但不能串联输出，如图 5-42 所示。

（5）线圈不能重复使用

在同一个梯形图中，如果同一元件的线圈使用 2 次或多次，这时前面的输出线圈对外输出无效，只有最后一个输出线圈有效，所以，梯形图中一般不出现双线圈输出，故如图 5-43（a）所示的梯形图必须改为如图 5-43（b）所示的梯形图。

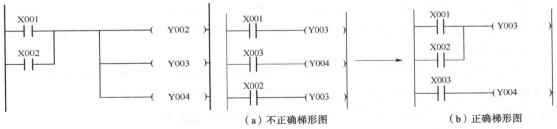

图 5-42　多个线圈可并联输出的梯形图　　　　图 5-43　线圈不能重复使用的梯形图

5.4.2　程序设计的方法

PLC 程序设计有许多种方法，常用的有经验法、转换法、逻辑法及步进顺控法等。

1. 经验法

经验法也叫试凑法，这种方法没有普遍的规律可以遵循，具有很大的试探性和随意性，最后的结果也不是唯一的，设计所用的时间、设计的质量与设计者的经验有很大的关系，一般用于较简单的程序设计。

（1）基本方法

经验法是设计者在掌握了大量典型程序的基础上，充分理解实际控制要求，将实际的控制问题分解成若干典型控制程序，再在典型控制程序的基础上不断修改拼凑而成的，需要经过多次反复地调试、修改和完善，最后才能得到一个较为满意的结果。用经验法设计时，可以参考一些基本电路的梯形图或以往的一些编程经验。

（2）设计步骤

用经验法设计程序虽然没有普遍的规律，但通常按以下步骤进行。

① 在准确了解控制要求后，合理地为控制系统中的信号分配 I/O 接口，并画出 I/O 分配图。

② 对于一些控制要求比较简单的输出信号，可直接写出它们的控制条件，然后依启保停程序的编程方法完成相应输出信号的编程；对于控制条件较复杂的输出信号，可借助辅助继电器来编程。

③ 对于较复杂的控制，要正确分析控制要求，确定各输出信号的关键控制点。在以时间为主的控制中，关键点为引起输出信号状态改变的时间点（即时间原则）；在以空间位置为主的控制中，关键点为引起输出信号状态改变的位置点（即空间原则）。

④ 确定了关键点后，用启保停程序的编程方法或常用基本电路的梯形图，画出各输出信号的梯形图。

⑤ 在完成关键点梯形图的基础上，针对系统的控制要求，画出其他输出信号的梯形图。

⑥ 在此基础上，检查所设计的梯形图，更正错误，补充遗漏的功能，进行最后的优化。

2. 转换法

转换法就是将继电器电路图转换成与原有功能相同的 PLC 内部的梯形图。这种等效转换是一种简便快捷的编程方法，其一，原继电控制系统经过长期使用和考验，已经被证明能完成系统要求的控制功能；其二，继电器电路图与 PLC 的梯形图在表示方法和分析方法上有很多相似之处，因此根据继电器电路图来设计梯形图简便快捷；其三，这种设计方法一般不需要改动控制面板，保持了原有系统的外部特性，操作人员不用改变长期形成的操作习惯。

3. 逻辑法

逻辑法就是应用逻辑代数以逻辑组合的方法和形式设计程序。逻辑法的理论基础是逻辑函数，逻辑函数就是逻辑运算与、或、非的逻辑组合。因此，从本质上来说，PLC 梯形图程序就是与、或、非的逻辑组合，也可以用逻辑函数表达式来表示。

4. 步进顺控法

对于复杂的控制系统，特别是复杂的顺序控制系统，一般采用步进顺控的编程方法。步进顺控设计法是一种先进的设计方法，很容易被初学者接受，对于有经验的工程师，也会提高设计的效率，并且程序的调试、修改和阅读也很方便。有关步进顺控的编程方法将在第 6 章介绍。

5.4.3　梯形图程序设计的技巧

设计梯形图程序时，一方面要掌握梯形图程序设计的基本规则；另一方面，为了减少指令的条数，节省内存和提高运行速度，还应该掌握设计的技巧。

① 如果有串联电路块并联，最好将串联触点多的电路块放在最上面，这样可以使编制的程序简洁，指令语句少，如图 5-44 所示。

② 如果有并联电路块串联，最好将并联电路块移近左母线，这样可以使编制的程序简洁，指令语句少，如图 5-45 所示。

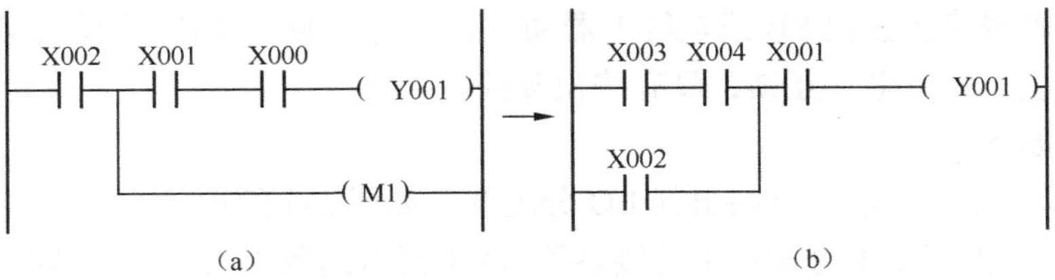

图 5-44　技巧 1 梯形图

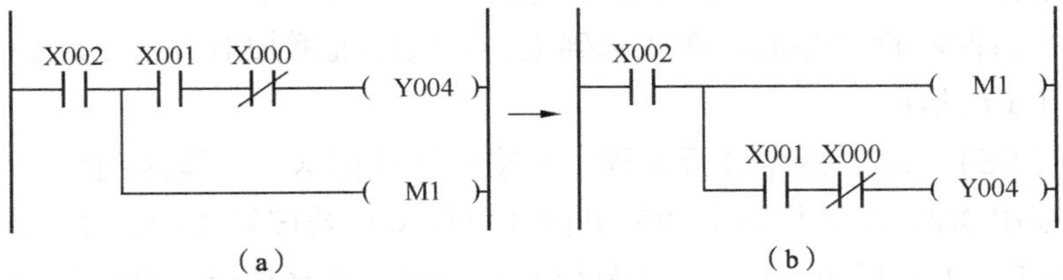

图 5-45　技巧 2 梯形图

③ 如果有多重输出电路，最好将串联触点多的电路放在下面，这样可以不使用 MPS、MPP 指令，如图 5-46 所示。

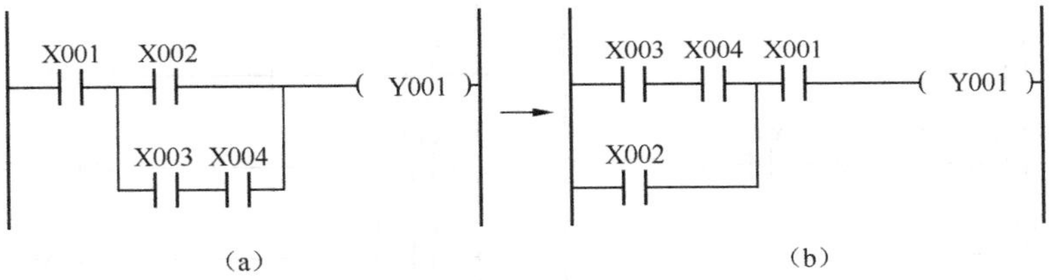

图 5-46　技巧 3 梯形图

④ 如果电路复杂，采用 ANB、ORB 等指令实现比较困难时，可以重复使用一些触点改成等效电路，再进行编程，如图 5-47 所示。

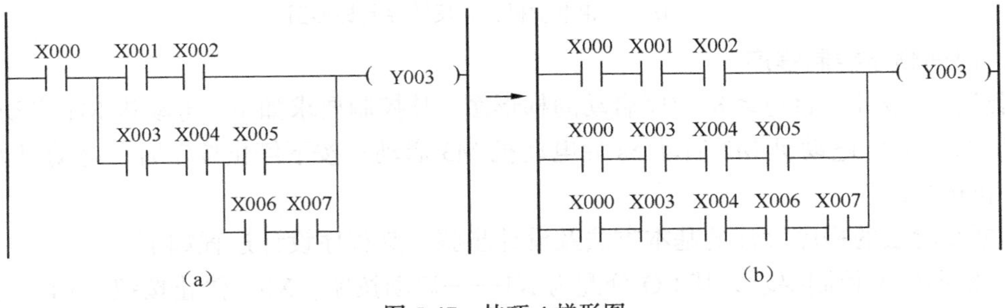

图 5-47　技巧 4 梯形图

5.4.4　程序设计实例

1．启保停程序的应用

用经验法设计三相异步电动机正、反转控制的梯形图。其控制要求如下：若按正转按钮 SB1，正转接触器 KM1 得电，电动机正转；若按反转按钮 SB2，反转接触器 KM2 得电，电动机反转；若按停止按钮 SB 或热继电器动作，正转接触器 KM1 或反转接触器 KM2 断电，电动机停止；只有电气互锁，没有按钮互锁。

设计过程如下。

① 根据以上控制要求，可画出其 I/O 分配图，如图 5-5 所示。

② 根据以上控制要求可知：正转接触器 KM1 得电的条件为按下正转按钮 SB1，正转接触器 KM1 断电的条件为按下停止按钮 SB 或热继电器动作；反转接触器 KM2 得电的条件为按下反转按钮 SB2，反转接触器 KM2 断电的条件为按下停止按钮 SB 或热继电器动作。因此，可用 2 个启保停程序叠加，在此基础上再在线圈前增加对方的动断触点作电气软互锁，如图 5-48（a）所示。

另外，可用 SET、RST 指令进行编程，若按正转按钮 X1，正转接触器 Y1 置位并自保持；若按反转按钮 X2，反转接触器 Y2 置位并自保持；若按停止按钮 X0 或热继电器 X3 动作，正转接触器 Y1 或反转接触器 Y2 复位并自保持；在此基础上再增加对方的动断触点作电气软互锁，如图 5-48（b）所示。

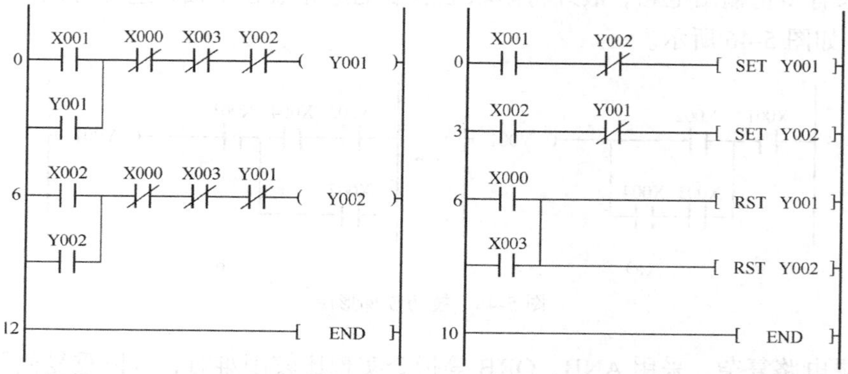

（a）方法1   （b）方法2

图 5-48　三相电动机正、反转控制梯形图

2. 时间顺序控制程序

用经验法设计 3 台电动机顺序启动的梯形图。其控制要求如下：电动机 M1 启动 5s 后电动机 M2 启动，电动机 M2 启动 5s 后电动机 M3 启动；按下停止按钮时，电动机无条件全部停止运行。

根据经验法的程序设计的基本方法及设计步骤，其程序设计过程如下。

① 根据以上控制要求，其 I/O 分配为 X1——启动按钮；X0——停止按钮；Y1—电动机 M1—Y2—电动机 M2—Y3—电动机 M3。

② 根据以上控制要求可知：引起输出信号状态改变的关键点为时间，即采用定时器进行计时，计时时间到则相应的电动机动作，而计时又可以采用分别计时和累积计时的方法，其梯形图分别如图 5-49（a）、（b）所示。

3. 空间位置控制程序

图 5-50 所示为行程开关控制的正、反转电路，图中行程开关 SQ1、SQ2 作为往复控制用，而行程开关 SQ3、SQ4 作为极限保护用，试用经验法设计其梯形图。

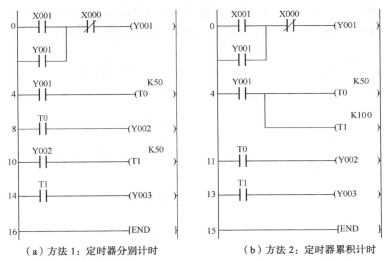

（a）方法 1：定时器分别计时　　　　（b）方法 2：定时器累积计时

图 5-49　3 台电动机顺序启动梯形图

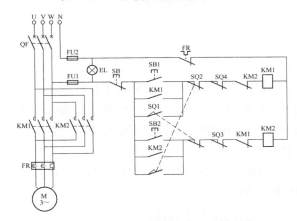

图 5-50　行程开关控制的正、反转电路

根据经验法的程序设计的基本方法及设计步骤，其程序设计过程如下。

① 根据以上控制要求，可画出其 I/O 分配图，如图 5-51（a）所示。

② 根据以上控制要求可知：正转接触器 KM1 得电的条件为按下正转按钮 SB1 或闭合行程开关 SQ1，正转接触器 KM1 断电的条件为按下停止按钮 SB 或热继电器动作或行程开关 SQ2、SQ4 动作；反转接触器 KM2 得电的条件为按下反转按钮 SB2 或闭合行程开关 SQ2，反转接触器 KM2 断电的条件为按下停止按钮 SB 或热继电器动作或行程开关 SQ1、SQ3 动作。由此可知，除启停按钮及热继电器以外，引起输出信号状态改变的关键点为空间位置（空间原则），即行程开关的动作。因此，可用 2 个启保停程序叠加，在此基础上再在线圈前增加对方的动断触点作电气软互锁，如图 5-51（b）所示。

当然，用经验法设计时，也可以将图 5-48（a）所示作为基本程序，再在此基础上增加相应的行程开关即可。另外，也可在图 5-48（b）所示程序的基础上用 SET、RST 指令来设计，其梯形图由读者自行完成。

4. 振荡程序的应用

设计一个数码管从 0、1、2、…、9 依次循环显示的控制系统。其控制要求如下：程序开始后显示 0，延时 1s，显示 1，延时 1s，显示 2……显示 9，延时 1s，再显示 0，如此循环不止；按停止按钮时，程序无条件停止运行（数码管为共阴极）。其程序设计请参考实训 15。

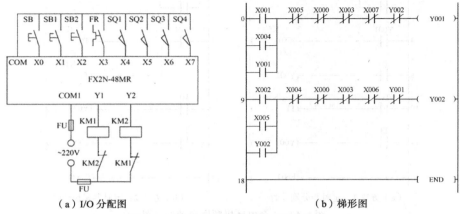

（a）I/O 分配图　　　　　　　　　　（b）梯形图

图 5-51　行程开关控制正、反转

习　　题

1. FX 系列 PLC 的工作原理是什么？并说明其工作过程。

2. FX 系列 PLC 的系统响应时间是什么？主要由哪几部分组成？

3. 在 1 个扫描周期中，如果在程序执行期间输入状态发生变化，输入映像寄存器的状态是否也随之变化？为什么？

4. PLC 为什么会产生输出响应滞后现象？如何提高 I/O 响应速度？

5. 梯形图的基本规则有哪些？

6. 写出图 5-52 所示梯形图的指令表程序。

7. 写出图 5-53 所示梯形图的指令表程序。

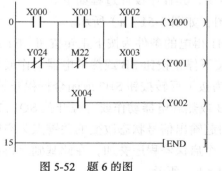

图 5-52　题 6 的图

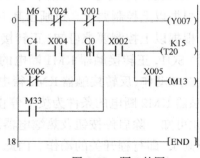

图 5-53　题 7 的图

8. 写出图 5-54 所示梯形图的指令表程序。

9. 写出图 5-55 所示梯形图的指令表程序。

10. 画出图 5-56 所示 M0 的时序图，交换上、下 2 行电路的位置，M0 的时序有什么变化？为什么？

11. 画出图 5-57 所示 2 段指令所对应的梯形图。

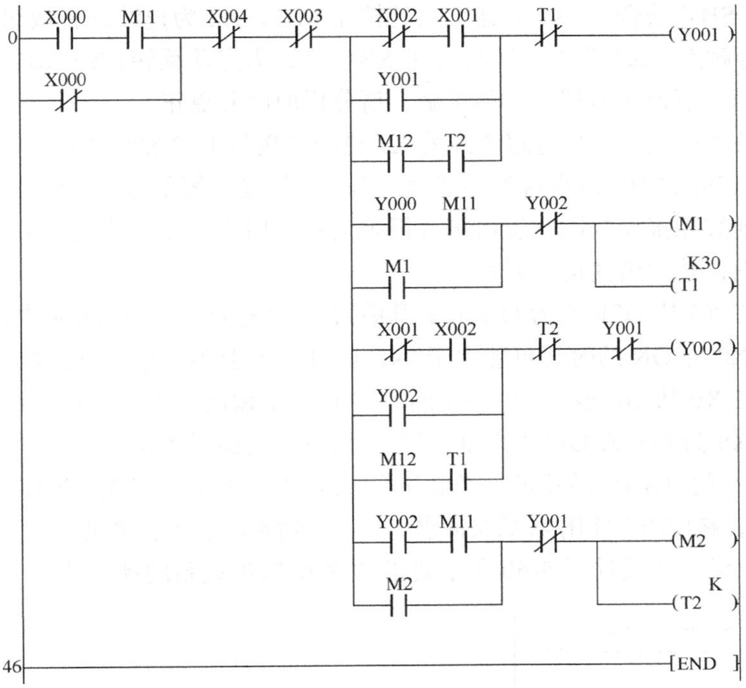

图 5-54   题 8 的图

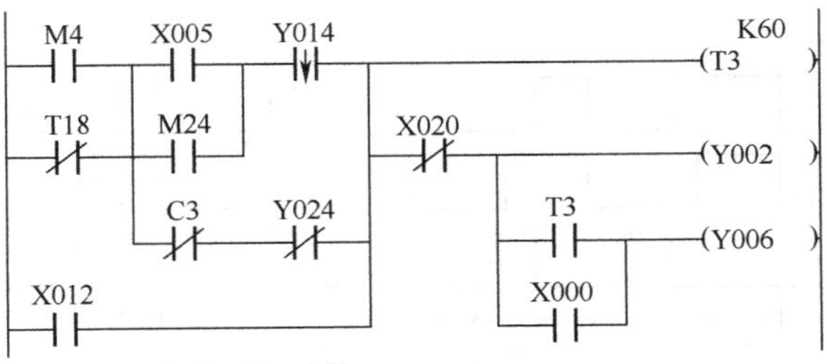

图 5-55   题 9 的图

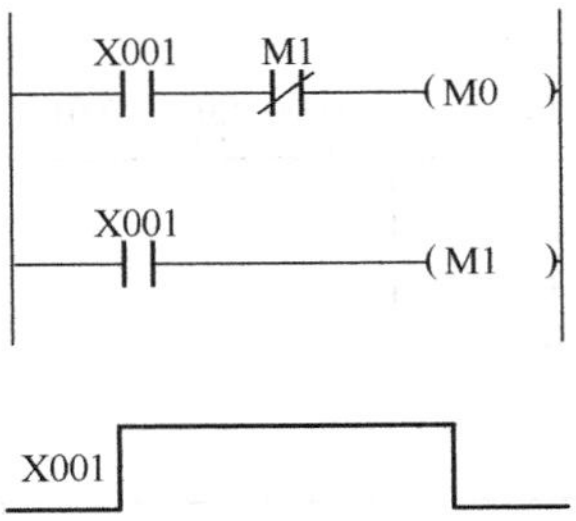

图 5-56   题 10 的图

0	LD	X000	10	OUT	Y004
1	AND	X001	11	MRD	
2	MPS		12	AND	X005
3	AND	X002	13	OUT	Y005
4	OUT	Y000	14	MRD	
5	MPP		15	AND	X006
6	OUT	Y001	16	OUT	Y006
7	LD	X003	17	MPP	
8	MPS		18	AND	X007
9	AND	X004	19	OUT	Y007

（a）指令表 1

0	LD	X000	11	ORB	
1	MPS		12	ANB	
2	LD	X001	13	OUT	Y001
3	OR	X002	14	MPP	
4	ANB		15	AND	X007
5	OUT	Y000	16	OUT	Y002
6	MRD		17	LD	X010
7	LD	X003	18	OR	X011
8	AND	X004	19	ANB	
9	LD	X005	20	ANI	X012
10	AND	X006	21	OUT	Y003

（b）指令表 2

图 5-57   题 11 的图

12. 图 5-58 所示梯形图为某同学设计的具有点动的电动机正、反转控制程序。其中

X0 为停止按钮 SB（动合），X1 为连续正转按钮 SB1，X2 为连续反转按钮 SB2，X3 为热继电器 FR 动合触点，X4 为点动正转按钮 SB4，X5 为点动反转按钮 SB5。请判断程序是否正确？若正确，请说明道理；若不正确，请分析原因并更正。

13. 有一条生产线，用光电感应开关 X1 检测传送带上通过的产品，有产品通过时 X1 为 ON，如果在连续的 10s 内没有产品通过，则发出灯光报警信号，如果在连续的 20s 内没有产品通过，则灯光报警的同时发出声音报警信号，用 X0 输入端的开关解除报警信号，请画出其梯形图，并写出其指令表程序。

14. 要求在 X0 从 OFF 变为 ON 的上升沿时，Y0 输出一个 2s 的脉冲后自动 OFF，如图 5-59 所示。X0 为 ON 的时间可能大于 2s，也可能小于 2s，请设计其梯形图程序。

15. 要求在 X0 从 ON 变为 OFF 的下降沿时，Y1 输出一个 1s 的脉冲后自动 OFF，如图 5-59 所示。X0 为 ON 或 OFF 的时间不限，请设计其梯形图程序。

16. 洗手间小便池在有人使用时，光电开关（X0）为 ON，冲水控制系统使冲水电磁阀（Y0）为 ON，冲水 2s，在使用者使用 4s 后又冲水 2s，离开时再冲水 3s，请设计其梯形图程序。

17. 用经验设计法设计图 5-60 所示要求的输入/输出关系的梯形图。

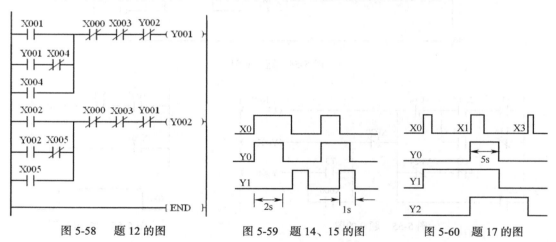

图 5-58　题 12 的图　　　图 5-59　题 14、15 的图　　　图 5-60　题 17 的图

实训课题 5　电动机的 PLC 控制

实训 12　电动机循环正、反转的 PLC 控制

1. 实训目的

① 掌握 PLC 的基本逻辑指令。

② 掌握 PLC 编程的基本方法和技巧。

③ 掌握编程软件的基本操作。

④ 掌握电动机循环正、反转的 PLC 外部接线及操作。

2. 实训器材

① PLC 应用技术综合实训装置 1 台。

② 交流接触器模块 1 个。

③ 热继电器模块 1 个。

④ 按钮开关模块 1 个（动合，其中 1 个用来代替热继电器的动合触点）。

⑤ 电动机 1 台。

3．实训要求

设计一个用 PLC 的基本逻辑指令来控制电动机循环正、反转的控制系统，并在此基础上练习编程软件的各种功能，其控制要求如下。

① 按下启动按钮，电动机正转 3s，停 2s，反转 3s，停 2s，如此循环 5 个周期，然后自动停止。

② 运行中，可按停止按钮停止，热继电器动作也应停止。

4．软件程序

（1）I/O 分配

X0——停止按钮 SB；X1——启动按钮 SB1；X2——热继电器动合点 FR；Y1——电动机正转接触器 KM1；Y2——电动机反转接触器 KM2。

（2）梯形图方案设计

根据控制要求，可采用定时器连续输出并累积计时的方法，这样可使电动机的运行由时间来控制，使编程的思路变得很简单，而电动机循环的次数，则由计数器来控制。定时器 T0、T1、T2、T3 的用途如下（设电动机运行时间 t_1=3s；电动机停止时间 t_2=2s）：T0 为 t_1 的时间，所以 T0=30；T1 为 t_1+t_2 的时间，所以 T1=50；T2 为 $t_1+t_2+t_1$ 的时间，所以 T2=80；T3 为 $t_1+t_2+t_1+t_2$ 的时间，所以 T3=100。因此，其梯形图如图 5-61 所示。

5．系统接线

根据系统控制要求，其系统接线图如图 5-62 所示。

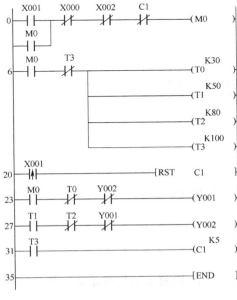

图 5-61　电动机循环正、反转的梯形图

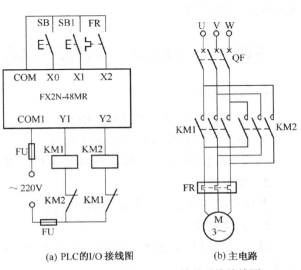

(a) PLC的I/O接线图　　(b) 主电路

图 5-62　电动机循环正、反转的系统接线图

6. 系统调试

（1）输入程序

通过计算机将图 5-61 所示的梯形图正确输入 PLC 中。

（2）静态调试

按图 5-62（a）所示的 PLC 的 I/O 接线图正确连接好输入设备，进行 PLC 的模拟静态调试[即按下启动按钮 SB1（X1）后，Y1 亮 3s 后熄灭 2s，然后 Y2 亮 3s 后熄灭 2s，循环 5 次；在此期间，只要按停止按钮 SB（X0）或热继电器动作 FR（X2），都将全部熄灭]，观察 PLC 的输出指示灯是否按要求指示，否则，检查并修改程序，直至指示正确。

（3）动态调试

按图 5-62（a）所示的 PLC 的 I/O 接线图正确连接好输出设备，进行系统的空载调试，观察交流接触器能否按控制要求动作，否则，检查电路或修改程序，直至交流接触器能按控制要求动作；再按图 5-62（b）所示的主电路图连接好电动机，进行带载动态调试。

（4）修改、打印并保存程序

动态调试正确后，练习删除、复制、粘贴、删除连线、绘制连线、程序读写、监视程序、设备注释等操作，最后，打印程序（指令表及梯形图）并保存程序。

7. 实训报告

（1）实训总结

① 画出电动机循环正、反转的梯形图，并加适当的设备注释。

② 画出电动机正、反转的继电器电路图，并说明设计继电器控制电路与 PLC 控制电路的异同。

（2）实训思考

① 试用其他编程方法设计程序。

② 请用基本逻辑指令，设计一个既能自动循环正、反转，又能点动正转和点动反转的电动机的控制系统。

实训 13 电动机正、反转能耗制动的 PLC 控制（1）

1. 实训目的

① 掌握手持式编程器的基本操作。

② 进一步掌握编程的基本方法和技巧。

③ 掌握电动机正、反转能耗制动的 PLC 外部接线及操作。

2. 实训器材

手持式编程器 1 个，其余与实训 12 相同。

3. 实训要求

设计一个用 PLC 基本逻辑指令来实现电动机正、反转能耗制动的控制系统、其控制要求如下。

① 按 SB1，KM1 闭合，电动机正转。

② 按 SB2，KM2 闭合，电动机反转。

③ 按 SB，KM1 或 KM2 断开，KM3 闭合，能耗制动（制动时间为 Ts）。

④ FR 动作，KM1 或 KM2 或 KM3 断开，电动机自由停车。

4．软件程序

（1）I/O 分配

X0——停止按钮 SB；X1——正转启动按钮 SB1；X2——反转启动按钮 SB2；X3——热继电器动合触点 FR；Y1——正转接触器 KM1；Y2——反转接触器 KM2；Y3——制动接触器 KM3。

（2）梯形图设计

根据控制要求和 PLC 的 I/O 分配，画出其梯形图。

5．系统接线

根据系统控制要求，其系统接线图如图 5-63 所示。

6．系统调试

（1）输入程序

按前面介绍的程序输入方法，用手持式编程器正确输入程序。

（2）静态调试

按图 5-63（a）所示的 PLC 的 I/O 接线图正确连接好输入设备，进行 PLC 的模拟静态调试[即按下正转启动按钮 SB1（X1）时，Y1 亮，按下停止按钮 SB（X0）时，Y1 熄灭，同时 Y3 亮，Ts 后 Y3 熄灭；按下反转启动按钮 SB2（X2）时，Y2 亮，按下停止按钮 SB（X0）时，Y2 熄灭，同时 Y3 亮，Ts 后 Y3 熄灭；在 Y1 或 Y2 或 Y3 点亮期间，若热继电器 FR（X3）动作，则 Y1 或 Y2 或 Y3 都熄灭]，并通过手持式编程器监视，观察其是否与指示一致，否则，检查并修改程序，直至指示正确。

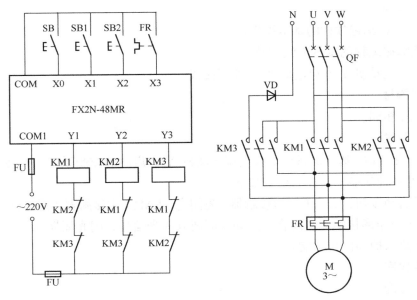

(a) PLC 的 I/O 接线图　　　　(b) 电动机正、反转能耗制动的主电路

图 5-63　电动机正、反转能耗制动的系统接线图

（3）动态调试

按图 5-63（a）所示的 PLC 的 I/O 接线图正确连接好输出设备，进行系统的空载调试，观察交流接触器能否按控制要求动作[即按下正转启动按钮 SB1（X1）时，KM1（Y1）闭合，按下停止按钮 SB（X0）时，KM1（Y1）断开，同时 KM3（Y3）闭合，Ts 后 KM3 也断开；按下反转启动按钮 SB2（X2）时，KM2（Y2）闭合，按下停止按钮 SB（X0）时，KM2（Y2）断开，同时 KM3 闭合，Ts 后 KM3 断开；在有接触器得电闭合期间，若热继电器 FR（X3）动作，则 KM1 或 KM2 或 KM3 都断开]，并通过手持式编程监视，观察其是否与动作一致，否则，检查电路或修改程序，直至交流接触器能按控制要求动作；然后按图 5-63（b）所示的主电路图连接好电动机，进行带载动态调试。

（4）修改程序

动态调试正确后，练习读出、删除、插入、监视程序等操作。

7. 实训报告

（1）实训总结

① 提炼出适合编程的控制要求。

② 画出电动机正、反转能耗制动的梯形图，并写出其指令表。

③ 总结 PLC 程序设计与控制电路设计的思路与方法。

（2）实训思考

① 用另外的方法设计本实训的程序。

② 电动机能正、反转运行，正转时有能耗制动，反转时无能耗制动，请画出其梯形图。

实训 14　电动机 Y/△ 启动的 PLC 控制

1. 实训目的

① 掌握 PLC 编程软件的基本操作。

② 熟练掌握编程的基本方法和技巧。

③ 熟掌握电动机 Y/△ 启动的 PLC 外部接线。

2. 实训器材

与实训 12 相同。

3. 实训要求

设计一个用 PLC 基本逻辑指令来实现电动机 Y/△ 启动的控制系统，并在此基础上练习编程软件的各种功能，其控制要求如下。

① 按下启动按钮，KM2（星形接触器）先闭合，KM1（主接触器）再闭合，3s 后 KM2 断开，KM3（三角形接触器）闭合，启动期间要有闪光信号，闪光周期为 1s。

② 具有热保护和停止功能。

4. 软件程序

（1）I/O 分配

X0——停止按钮 SB；X1——启动按钮 SB1；X2——热继电器动合触点 FR；Y0——KM1；Y1——KM2；Y2——KM3；Y3——闪光信号。

（2）梯形图设计

根据控制要求和 PLC 的 I/O 分配，画出其梯形图。

5. 系统接线

根据系统控制要求，其系统接线图如图 5-64 所示。

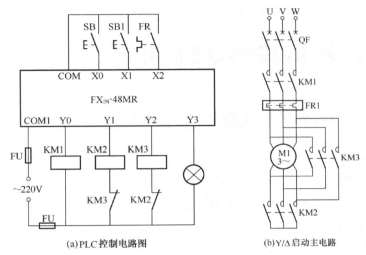

(a) PLC 控制电路图　　(b) Y/△启动主电路

图 5-64　Y/△启动的系统接线图

6. 系统调试

（1）输入程序

按前面介绍的程序输入方法，用计算机正确输入程序。

（2）静态调试

按图 5-64（a）所示的 PLC 的 I/O 接线图正确连接好输入设备，进行 PLC 的模拟静态调试[即按下启动按钮 SB1（X1）时，Y1、Y0 亮，3s 后 Y1 熄灭 Y2 亮，在 Y1 亮的时间内 Y3 闪 3 次；在运行过程中，若按停止按钮（X0）或热继电器 FR（X2）动作，都将全部熄灭]，并通过计算机监视，观察其是否与指示一致，否则，检查并修改程序，直至指示正确。

（3）动态调试

按图 5-64（a）所示的 PLC 的 I/O 接线图正确连接好输出设备，进行系统的空载调试，观察交流接触器能否按控制要求动作[即按下启动按钮 SB1（X1）时，KM2（Y1）、KM1（Y0）闭合，3s 后 KM2 断开 KM3（Y2）闭合，KM2 闭合期间指示灯（Y3）闪 3 次；在运行过程中，若按停止按钮 SB（X0）或热继电器 FR（X2）动作，则 KM1、KM2 或 KM3 断开]，并通过计算机监视，观察其是否与动作一致，否则，检查电路或修改程序，直至交流接触器能按控制要求动作；然后按图 5-64（b）所示的主电路图连接好电动机，进行带载动态调试。

（4）修改、打印并保存程序

动态调试正确后，练习删除、复制、粘贴、删除连线、绘制连线、程序读写、监视程序等操作，最后，打印程序（指令表及梯形图）并保存程序。

7. 实训报告

（1）实训总结

① 提炼出适合编程的控制要求。

② 画出电动机 Y/△启动的梯形图，并写出其指令表。

（2）实训思考

① 比较采用 M8013 产生的时序脉冲和定时器组成的多谐振荡电路产生的时序脉冲的异同。

② 画出电动机手动 Y/△启动的梯形图，并写出其指令表。

实训课题 6   基本逻辑指令的应用

实训 15   数码管循环点亮的 PLC 控制（1）

1. 实训目的

① 掌握 PLC 的基本逻辑指令的应用。

② 熟练掌握 PLC 编程的基本方法和技巧。

③ 熟练掌握编程软件的基本操作。

④ 掌握 PLC 的外部接线及操作。

2. 实训器材

① PLC 应用技术综合实训装置 1 台。

② 按钮开关模块 1 个。

③ 数码管模块 1 个（共阴极数码管，且已串接了分压电阻）。

3. 实训要求

设计一个用 PLC 基本逻辑指令来控制数码管循环显示数字 0、1、2、…、9 的控制系统，其控制要求如下。

① 程序开始后显示 0，延时 Ts，显示 1，延时 Ts，显示 2，……显示 9，延时 Ts，再显示 0，如此循环不止。

② 按停止按钮时，程序无条件停止运行。

③ 需要连接数码管（数码管选用共阴极）。

4. 软件程序

（1）I/O 分配

X0——停止按钮 SB；X1——启动按钮 SB1；Y1～Y7——数码管的 a～g。

（2）梯形图方案设计

根据控制要求，可采用定时器连续输出并累积计时的方法，这样可使数码管的显示由时间来控制，使编程的思路变得简单。数码管的显示是通过输出点来控制，显示的数字与各输出点的对应关系如图 5-65 所示。根据上述时间与图 5-65 所示的对应关系，其梯形图如图 5-66 所示。

5. 系统接线

根据系统控制要求，其系统接线图如图 5-67 所示。

输出点		0	1	2	3	4	5	6	7	8	9
Y1	a	1	0	1	1	0	1	0	1	1	1
Y2	b	1	1	1	1	1	0	0	1	1	1
Y3	c	1	1	0	1	1	1	1	1	1	1
Y4	d	1	0	1	1	0	1	1	0	1	0
Y5	e	1	0	1	0	0	0	1	0	1	0
Y6	f	1	0	0	0	1	1	1	0	1	1
Y7	g	0	0	1	1	1	1	1	0	1	1

(a) 数码管　　　　　　　　　　(b) 数字与输出点的对应关系

图 5-65　数字与输出点的对应关系

6．系统调试

（1）输入程序

通过计算机将图 5-66 所示的梯形图正确输入 PLC 中。

（2）静态调试

按图 5-67 所示的系统接线图正确连接好输入设备，进行 PLC 的模拟静态调试[即按下启动按钮 SB1（X1），输出指示灯按图 5-65（b）所示动作；在运行过程中，若按下停止按钮 SB（X0）时，输出指示灯不显示]，观察 PLC 的输出指示灯是否按要求指示，否则，检查并修改程序，直至指示正确。

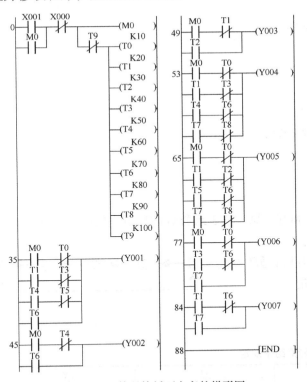

图 5-66　数码管循环点亮的梯形图

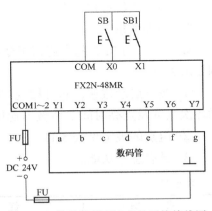

图 5-67　数码管循环点亮的系统接线图

（3）动态调试

按图 5-67 所示的系统接线图正确连接好输出设备，进行系统的调试，观察数码管能否按控制要求显示[即按下启动按钮 SB1（X1），数码管依次循环显示数字 0、1、2、…、9、0、1、…；在运行过程中，若按下停止按钮 SB（X0）时，数码管不显示]，否则，检查电路并修改调试程序，直至数码管能按控制要求显示。

7. 实训报告

（1）实训总结

① 描述实训过程中所见到的现象。

② 给数码管循环点亮的梯形图加必要的设备注释。

（2）实训思考

① 试用其他编程方法设计程序。

② 若数码管为共阳极，请画出其接线图。

③ 按下启动按钮后，数码管显示 1，延时 1s，显示 2，延时 2 s，一直显示 3，按停止按钮后，程序停止无显示。请设计控制程序和系统接线图。

④ 请设计一个带时间显示功能的电动机循环正、反转的控制程序，要求为：用一个数码管显示电动机的正转、反转、暂停的时间，其他请参照实训 12 与实训 15。

实训 16 彩灯循环点亮的 PLC 控制

1. 实训目的

① 熟练掌握手持式编程器的基本操作。

② 熟练掌握编程的基本方法和技巧。

③ 熟练掌握 PLC 的外部接线。

2. 实训器材

① PLC 应用技术综合实训装置 1 台。

② 指示灯模块 1 个（含发光二极管 3 个）。

③ 按钮开关模块 1 个。

④ 手持式编程器 1 个。

3. 实训要求

设计一个用 PLC 基本逻辑指令来控制红、绿、黄 3 组彩灯循环点亮的控制系统，其控制要求如下。

① 按下启动按钮，彩灯按规定组别进行循环点亮：① → ② → ③ → ④ → ⑤ 循环次数 n 及点亮时间 T 由教师现场规定。

② 组别的规定见表 5-11。

③ 具有急停功能。

表 5-11   彩灯组别规定

组　　别	红	绿	黄
1	灭	灭	亮
2	亮	亮	灭
3	灭	亮	灭
4	灭	亮	亮
5	灭	灭	灭

4. 软件程序

（1）I/O 点分配

X0——停止按钮 SB；X1——启动按钮 SB1；Y1——红灯；Y2——绿灯；Y3——黄灯。

（2）梯形图设计

根据控制要求和 PLC 的 I/O 分配，画出其梯形图。

5. 系统接线

根据系统控制要求，其系统接线图如图 5-68 所示。

6. 系统调试

（1）输入程序

按前面介绍的程序输入方法，用手持式编程器正确输入程序。

（2）静态调试

按图 5-68 所示的系统接线图正确连接好输入设备，进行 PLC 的模拟静态调试[即按下启动按钮 SB1（X1）时，Y3 亮，Ts 后 Y3 熄灭，同时 Y1、Y2 亮，Ts 后 Y1 灭 Y2 亮，Ts 后 Y2、Y3 同时亮，Ts 后全熄灭，Ts 后又开始循环；在运行过程中，若按下停止按钮 SB（X0）

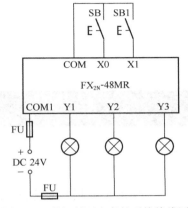

图 5-68 彩灯循环点亮的系统接线图

或循环次数到，则 Y1 或 Y2 或 Y3 都熄灭]，并通过手持式编程器监视，观察其是否与指示一致，否则，检查并修改程序，直至指示正确。

（3）动态调试

按图 5-68 所示的系统接线图正确连接好输出设备，进行系统的调试，观察彩灯能否按控制要求动作[即按下启动按钮 SB1（X1）时，黄灯（Y3）亮，Ts 后黄灯（Y3）熄灭，同时红灯（Y1）、绿灯（Y2）亮，Ts 后红灯（Y1）灭绿灯（Y2）亮，Ts 后绿灯（Y2）、黄灯（Y3）同时亮，Ts 后全熄灭，Ts 后又开始循环；在运行过程中，若按下停止按钮 SB（X0）或循环次数到，则红灯（Y1）或绿灯（Y2）或黄灯（Y3）都熄灭]，并通过手持式编程器监视，观察其是否与动作一致，否则，检查电路或修改程序，直至彩灯能按控制要求动作。

（4）修改程序

动态调试正确后，练习读出、删除、插入、监视程序等操作。

7. 实训报告

（1）实训总结

① 提炼出适合编程的控制要求，并画出动作时序图。

② 画出彩灯循环点亮的梯形图，并写出其指令表。

（2）实训思考

① 用另外的方法编制程序。

② 仔细观察街上的某一广告灯，先拟出一个比较全面的控制要求，然后设计其控制程序，并画出其系统接线图。

第6章

步进顺控指令及其应用

梯形图或指令表方式编程固然为广大电气技术人员所接受，但对于一些复杂的控制系统，尤其是顺序控制系统，由于其内部的联锁、互动关系极其复杂，在程序的编制、修改和可读性等方面都存在许多缺陷。因此，近年来，新生产的 PLC 在梯形图语言之外增加了符合 IEC1131-3 标准的顺序功能图语言。顺序功能图（Sequential Function Chart，SFC）是描述控制系统的控制过程、功能和特性的一种图形语言，专门用于编制顺序控制程序。

所谓顺序控制，就是按照生产工艺的流程顺序，在各个输入信号及内部软元件的作用下，使各个执行机构自动有序地运行。使用顺序功能图设计程序时，首先应根据系统的工艺流程，画出顺序功能图，然后根据顺序功能图画出梯形图或写出指令表。

三菱 FX 和汇川系列 PLC，在基本逻辑指令之外也增加了 2 条简单的步进顺控指令，同时辅之以大量的状态继电器，用类似于 SFC 语言的状态转移图来编制顺序控制程序。

6.1 状态转移图

6.1.1 流程图

首先，还是来分析一下实训 8 的彩灯循环点亮过程，实际上这是一个顺序控制过程，整个控制过程可分为如下 4 个阶段（或叫工序）：复位、黄灯亮、绿灯亮、红灯亮。每个阶段又分别完成如下的工作（也叫动作）：初始及停止复位，亮黄灯、延时，亮绿灯、延时，亮红灯、延时。各个阶段之间只要延时时间到就可以过渡（也叫转移）到下一阶段。因此，可以很容易地画出其工作流程图，如图 6-1 所示。

流程图对大家来说并不陌生，那么，要让 PLC 来识别大家所熟悉的流程图，这就要将流程图"翻译"成如图 6-2 所示的状态转移图，完成"汉译英"的过程就是本章要解决的问题。

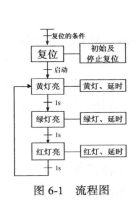

图 6-1　流程图

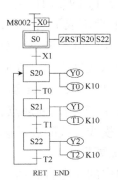

图 6-2　状态转移图

6.1.2　状态转移图

　　状态转移图（如图 6-2 所示）又称状态流程图，它是一种用状态继电器来表示的顺序功能图，是 FX 和汇川系列 PLC 专门用于编制顺序控制程序的一种编程语言。那么，要将流程图转化为状态转移图只要进行如下的变换（即"汉译英"）：将流程图中的每一个阶段（或工序）用 PLC 的一个状态继电器来表示；将流程图中的每个阶段要完成的工作（或动作）用 PLC 的线圈指令或功能指令来实现；将流程图中各个阶段之间的转移条件用 PLC 的触点或电路块来替代；流程图中的箭头方向就是 PLC 状态转移图中的转移方向。

　　1．设计状态转移图的方法和步骤

　　下面以实训 8 的彩灯循环点亮控制系统为例，说明设计 PLC 状态转移图的方法和步骤。

　　① 将整个控制过程按任务要求分解成若干道工序，其中的每一道工序对应一个状态（即步），并分配状态继电器。

　　彩灯循环点亮控制系统的状态继电器分配如下：复位→S0，黄灯亮→S20，绿灯亮→S21，红灯亮→S22。

　　② 搞清楚每个状态的功能。状态的功能是通过状态元件驱动各种负载（即线圈或功能指令）来完成的，负载可由状态元件直接驱动，也可由其他软触点的逻辑组合驱动。

　　彩灯循环点亮控制系统的各状态功能如下。

　　S0：PLC 初始及停止复位（驱动 ZRST S20 S22 区间复位指令，将在第 7 章介绍）。

　　S20：亮黄灯、延时（驱动 Y0、T0 的线圈，使黄灯亮 1s）。

　　S21：亮绿灯、延时（驱动 Y1、T1 的线圈，使绿灯亮 1s）。

　　S22：亮红灯、延时（驱动 Y2、T2 的线圈，使红灯亮 1s）。

　　③ 找出每个状态的转移条件和方向，即在什么条件下将下一个状态"激活"。状态的转移条件可以是单一的触点，也可以是多个触点串、并联电路的组合。

　　彩灯循环点亮控制系统的各状态转移条件如下。

　　S0：初始脉冲 M8002，停止按钮（动合触点）X0，并且，这 2 个条件是或的关系。

S20：一个是启动按钮 X1，另一个是从 S22 来的定时器 T2 的延时闭合触点。

S21：定时器 T0 的延时闭合触点。

S22：定时器 T1 的延时闭合触点。

④ 根据控制要求或工艺要求，画出状态转移图。

经过以上四步，可画出彩灯循环点亮控制系统的状态转移图，如图 6-2 所示。图中 S0 为初始状态，用双线框表示；其他状态为普通状态，用单线框表示；垂直线段中间的短横线表示转移的条件（例如，X1 动合触点为 S0 到 S20 的转移条件，T0 动合触点为 S20 到 S21 的转移条件），若为动断触点，则在软元件的正上方加一短横线表示，如 $\overline{X2}$ 等；状态方框右侧的水平横线及线圈表示该状态驱动的负载。

2. 状态的三要素

状态转移图中的状态有驱动负载、指定转移方向和转移条件 3 个要素，其中指定转移方向和转移条件是必不可少的，驱动负载则要视具体情况，也可能不进行实际负载的驱动。在图 6-2 中，ZRST S20 S22 区间复位指令，Y0、T0 的线圈，Y1、T1 的线圈和 Y2、T2 的线圈，分别为状态 S0、S20、S21 和 S22 驱动的负载；X1、T0、T1、T2 的触点分别为状态 S0、S20、S21、S22 的转移条件；S20、S21、S22、S0 分别为 S0、S20、S21、S22 的转移方向。

3. 状态转移和驱动的过程

当某一状态被"激活"而成为活动状态时，它右边的电路才被处理（即扫描），即该状态的负载可以被驱动。当该状态的转移条件满足时，就执行转移，即后续状态对应的状态继电器被 SET 或 OUT 指令驱动，后续状态变为活动状态，同时原活动状态对应的状态继电器被系统程序自动复位，其右边的负载也复位（SET 指令驱动的负载除外）。如图 6-2 所示状态转移图的驱动过程如下。

当 PLC 开始运行时，M8002 产生一初始脉冲使初始状态 S0 置 1，进而使 ZRST S20 S22 指令有效，使 S20～S22 复位。当按下启动按钮 X1 时，状态转移到 S20，使 S20 置 1，同时 S0 在下一扫描周期自动复位，S20 马上驱动 Y0、T0（亮黄灯、延时）。当延时到即转移条件 T0 闭合时，状态从 S20 转移到 S21，使 S21 置 1，同时驱动 Y1、T1（亮绿灯、延时），而 S20 则在下一扫描周期自动复位，Y0、T0 线圈也就失电。当转移条件 T1 闭合时，状态从 S21 转移到 S22，使 S22 置 1，同时驱动 Y2、T2（亮红灯、延时），而 S21 则在下一扫描周期自动复位，Y1、T1 线圈也就失电。当转移条件 T2 闭合时，状态转移到 S20，使 S20 又置 1，同时驱动 Y0、T0（亮黄灯、延时），而 S22 则在下一扫描周期自动复位，Y2、T2 线圈也就失电，开始下一个循环。在上述过程中，若按下停止按钮 X0，则随时可以使状态 S20～S22 复位，同时 Y0～Y2、T0～T2 的线圈也复位，彩灯熄灭。

4. 状态转移图的特点

由以上分析可知，状态转移图就是由状态、状态转移条件及转移方向构成的流程图。步进顺控的编程过程就是设计状态转移图的过程，其一般思路为：将一个复杂的控制过程分解为若干个工作状态，弄清楚各状态的工作细节（即各状态的功能、转移条件和转移方向），再依据总的控制要求将这些状态连接起来，就形成了状态转移图。状态转移图和流程图一样，具有如下特点。

①　可以将复杂的控制任务或控制过程分解成若干个状态。无论多么复杂的过程都能分解为若干个状态，有利于程序的结构化设计。

②　相对某一个具体的状态来说，控制任务简单了，给局部程序的编制带来了方便。

③　整体程序是局部程序的综合，只要搞清楚各状态需要完成的动作、状态转移的条件和转移的方向，就可以进行状态转移图的设计。

④　这种图形很容易理解，可读性很强，能清楚地反映整个控制的工艺过程。

6.1.3　状态转移图的理解

若对应状态"有电"（即"激活"），则状态的负载驱动和转移处理才有可能执行；若对应状态"无电"（即"未激活"），则状态的负载驱动和转移处理就不可能执行。因此，除初始状态外，其他所有状态只有在其前一个状态处于"激活"且转移条件成立时才可能被"激活"；同时，一旦下一个状态被"激活"，上一个状态就自动变成"无电"。从 PLC 程序的循环扫描角度来分析，在状态转移图中，所谓的"有电"或"激活"可以理解为该段程序被扫描执行；而"无电"或"未激活"则可以理解为该段程序被跳过，未能扫描执行。这样，状态转移图的分析就变得条理清楚，无需考虑状态间繁杂的联锁关系。也可以将状态转移图理解为"接力赛跑"，只要跑完自己这一棒，接力棒传给下一个人，就由下一个人去跑，自己就可以不跑了。或者理解为"只干自己需要干的事，无需考虑其他"。

6.2　步进顺控指令及其编程方法

状态转移图画好后，接下来的工作是如何将它变成指令表程序，即写出指令清单，以便通过编程工具将程序输入到 PLC 中。

6.2.1　步进顺控指令

FX 和汇川系列 PLC 仅有 2 条步进顺控指令，其中 STL（Step Ladder）是步进顺控开始指令，以使该状态的负载可以被驱动；RET 是步进顺控返回（也叫步进顺控结束）指令，使步进顺控程序执行完毕时，非步进顺控程序的操作在主母线上完成。为防止出现逻辑错误，步进顺控程序的结尾必须使用 RET 步进顺控返回指令。利用这两条指令，可以很方便地编制状态转移图的指令表程序。

6.2.2　状态转移图的编程方法

对状态转移图进行编程，就是如何使用 STL 和 RET 指令的问题。状态转移图的编程原则为：先进行负载的驱动处理，然后进行状态的转移处理。图 6-2 所示的指令表程序见表 6-1，其状态梯形图如图 6-3 所示。

表 6-1			图 6-2 的指令表						
0	LD	M8002	14	OUT	Y000		27	SET	S22
1	OK	X000	15	OUT	T0	K10	29	STL	S22
2	SET	S0	18	LD	T0		30	OUT	Y002
4	STL	S0	19	SET	S21		31	OUT	T2	K10
5	ZRST	S20 S22	21	STL	S21		34	LD	T2
10	LD	X001	22	OUT	Y001		35	OUT	S20
11	SET	S20	23	OUT	T1	K10	37	RET	
13	STL	S20	26	LD	T1		38	END	

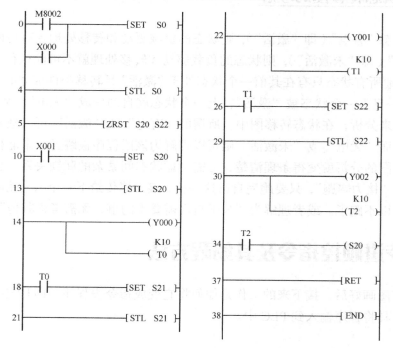

图 6-3　状态梯形图

从以上指令表程序可看出，负载驱动及转移处理必须在 STL 指令之后进行，负载的驱动通常使用 OUT 指令（也可以使用 SET、RST 及功能指令，还可以通过触点及其组合来驱动）；状态的转移必须使用 SET 指令，但若为向上游转移、向非相邻的下游转移或向其他流程转移（称为不连续转移），一般不使用 SET 指令，而用 OUT 指令。

6.2.3　编程注意事项

编程时需注意如下事项。

① 与 STL 指令相连的触点应使用 LD 或 LDI 指令，下一条 STL 指令的出现意味着当前 STL 程序区的结束和新的 STL 程序区的开始，最后一个 STL 程序区结束时（即步进顺控程序的最后），一定要使用 RET 指令，这就意味着整个 STL 程序区的结束，否则将出现"程序语法错误"信息，PLC 不能执行用户程序。

② 初始状态必须预先作好驱动，否则状态流程不可能向下进行。一般用控制系统的初

始条件，若无初始条件，可用 M8002 或 M8000 进行驱动。

M8002 是初始脉冲特殊辅助继电器，它只在 PLC 运行开关由 STOP→RUN 时其动合触点闭合一个扫描周期，故初始状态 S0 就只被它"激活"一次，因此，初始状态 S0 就只有初始置位和复位的功能。M8000 是运行监示特殊辅助继电器，它在 PLC 的运行开关由 STOP→RUN 后其动合触点一直闭合，直到 PLC 停电或 PLC 的运行开关由 RUN→STOP，故初始状态 S0 就一直处在被"激活"的状态。

③ STL 指令后可以直接驱动或通过别的触点来驱动 Y、M、S、T、C 等元件的线圈和功能指令。若同一线圈需要在连续多个状态下驱动，则可在各个状态下分别使用 OUT 指令，也可以使用 SET 指令将其置位，等到不需要驱动时，再用 RST 指令将其复位。

④ 由于 CPU 只执行活动（即有电）状态对应的程序，因此，在状态转移图中允许双线圈输出，即在不同的 STL 程序区可以驱动同一软元件的线圈，但是同一元件的线圈不能在同时为活动状态的 STL 程序区内出现。在有并行流程的状态转移图中，应特别注意这一问题。另外，状态软元件 S 在状态转移图中不能重复使用，否则会引起程序执行错误。

⑤ 在状态的转移过程中，相邻 2 个状态的状态继电器会同时 ON1 个扫描周期，可能会引发瞬时的双线圈问题。因此，要特别注意如下 2 个问题。

一是定时器在下一次运行之前，应将它的线圈"断电"复位，否则将导致定时器的非正常运行。所以，同一定时器的线圈可以在不同的状态中使用，但是同一定时器的线圈不可以在相邻的状态使用。若同一定时器的线圈用于相邻的 2 个状态，则在状态转移时，该定时器的线圈还没有来得及断开，又被下一活动状态启动并开始计时，这样会导致定时器的当前值不能复位，从而导致定时器的非正常运行。

二是为了避免不能同时动作的 2 个输出（如控制三相电动机正、反转的交流接触器线圈）出现同时动作，除了在程序中设置软件互锁电路外，还应在 PLC 外部设置由动断触点组成的硬件互锁电路。

⑥ 若为不连续转移（即跳转），一般不使用 SET 指令进行状态转移，而用 OUT 指令进行状态转移。

⑦ 需要在停电恢复后继续维持停电前的状态时，可使用 S500～S899 停电保持型状态继电器。

6.3　单流程的程序设计

所谓单流程就是指状态转移只有一个流程，没有其他分支。如实训 8 的彩灯循环点亮就只有 1 个流程，是一个典型的单流程程序示例。由单流程构成的状态转移图就叫单流程状态转移图。当然，现实当中并非所有的顺序控制都为 1 个流程，含有多个流程（或路径）的叫分支流程，分支流程将在后面介绍。

6.3.1　设计方法和步骤

单流程的程序设计比较简单，其设计方法和步骤如下。

① 根据控制要求，列出 PLC 的 I/O 分配表，画出 I/O 分配图。

② 将整个工作过程按工作步序进行分解，每个工作步序对应一个状态，将其分为若干个状态。

③ 理解每个状态的功能和作用，即设计负载驱动程序。

④ 找出每个状态的转移条件和转移方向。

⑤ 根据以上分析，画出控制系统的状态转移图。

⑥ 根据状态转移图写出指令表。

6.3.2　程序设计实例

例 1　用步进顺控指令设计一个三相电动机循环正、反转的控制系统。其控制要求如下：按下启动按钮，电动机正转 3s，暂停 2s，反转 3s，暂停 2s，如此循环 5 个周期，然后自动停止；运行中，可按停止按钮停止，热继电器动作也应停止。

解：① 根据控制要求，其 I/O 分配为 X0——停止按钮 SB；X1——启动按钮 SB1；X2——热继电器动合触点 FR；Y1——电动机正转接触器 KM1；Y2——电动机反转接触器 KM2。其 I/O 分配图如图 6-4 所示。

② 根据控制要求可知，这是一个单流程控制程序，其工作流程图如图 6-5 所示；再根据其工作流程图可以画出其状态转移图，如图 6-6 所示。

③ 图 6-6 所示的指令见表 6-2。

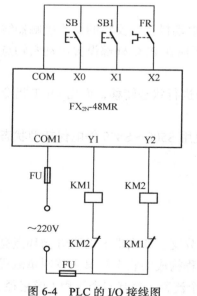

图 6-4　PLC 的 I/O 接线图

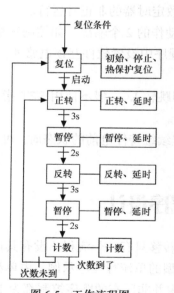

图 6-5　工作流程图

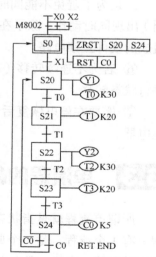

图 6-6　状态转移图

表 6-2　　　　　　　　　　　　　　图 6-6 的指令表

LD　M8002	LD　T0	OUT　T3　K20
OR　X0	SET　S21	LD　T3
OR　X2	STL　S21	SET　S24
SET　S0	OUT　T1　K20	STL　S24

续表

LD　M8002	LD　T0	OUT　T3　K20
STL　S0	LD　T1	OUT　C0　K5
ZRST　S20　S24	SET　S22	LDI　C0
RST　C0	STL　S22	OUT　S20
LD　X001	OUT　Y002	LD　C0
SET　S20	OUT　T2　K30	OUT　S0
STL　S20	LD　T2	RET
OUT　Y001	SET　S23	END
OUT　T0　K30	STL　S23	

例 2　用步进顺控指令设计一个彩灯自动循环闪烁的控制系统。其控制要求如下：3
盏彩灯 HL1、HL2、HL3，按下启动按钮后 HL1 亮，1s 后 HL1 灭 HL2 亮，1s 后 HL2 灭
HL3 亮，1s 后 HL3 灭，1s 后 HL1、HL2、HL3 全亮，1s 后 HL1、HL2、HL3 全灭，1s 后
HL1、HL2、HL3 全亮，1s 后 HL1、HL2、HL3 全灭，1s 后 HL1 亮……如此循环；随时按
停止按钮停止系统运行。

解：①根据控制要求，其 I/O 分配为 X0——停止按钮 SB0；X1——启动按钮 SB1；
Y1——HL1；Y2——HL2；Y3——HL3。其 I/O 分配图如图 6-7 所示。

② 根据上述控制要求，可将整个工作过程分为 9 个状态，每个状态的功能分别为 S0
（初始复位及停止复位）、S20（HL1 亮）、S21（HL2 亮）、S22（HL3 亮）、S23（全灭）、S24
（全亮）、S25（全灭）、S26（全亮）、S27（全灭）；状态的转移条件分别为启动按钮 X1 以
及 T0~T7 的延时闭合触点；初始状态 S0 则由 M8002 与停止按钮 X0 来驱动。其状态转移
图如图 6-8 所示。

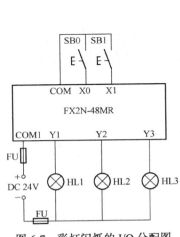

图 6-7　彩灯闪烁的 I/O 分配图

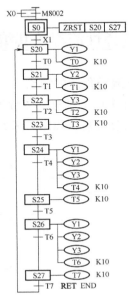

图 6-8　彩灯闪烁的状态转移图

③ 图 6-8 所示的指令见表 6-3。

表 6-3　　　　　　　　　　图 6-8 的指令表

LD　X000	STL　S22	OUT　T5　K10
OR　M8002	OUT　Y003	LD　T5
SET　S0	OUT　T2　K10	SET　S26
STL　S0	LD　T2	STL　S26
ZRST　S20 S27	SET　S23	OUT　Y001
LD　X001	STL　S23	OUT　Y002
SET　S20	OUT　T3　K10	OUT　Y003
STL　S20	LD　T3	OUT　T6　K10
OUT　Y001	SET　S24	LD　T6
OUT　T0　K10	STL　S24	SET　S27
LD　T0	OUT　Y001	STL　S27
SET　S21	OUT　Y002	OUT　T7　K10
STL　S21	OUT　Y003	LD　T7
OUT　Y002	OUT　T4　K10	OUT　S20
OUT　T1　K10	LD　T4	RET
LD　T1	SET　S25	END
SET　S22	STL　S25	

6.4　选择性流程的程序设计

前面介绍的均为单流程顺序控制的状态转移图，在较复杂的顺序控制中，一般都是多流程的控制，常见的有选择性流程和并行性流程 2 种。本节将对选择性流程的程序设计做一全面的介绍。

6.4.1　选择性流程及其编程

1. 选择性流程程序的特点

由 2 个及 2 个以上的分支流程组成的，但根据控制要求只能从中选择 1 个分支流程执行的程序，称为选择性流程程序。图 6-9 所示是具有 3 个支路的选择性流程程序，其特点如下。

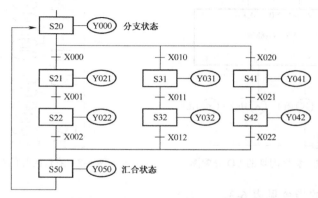

图 6-9　选择性流程程序的结构形式

① 从 3 个流程中选择执行哪个流程由转移条件 X0、X10、X20 决定。

② 分支转移条件 X0、X10、X20 不能同时接通，哪个先接通，就执行哪条分支。

③ 当 S20 已动作时，一旦 X0 接通，程序就向 S21 转移，则 S20 就复位。因此，在 S20 再次动作前，即使 X10 或 X20 接通，S31 或 S41 也不会动作。

④ 汇合状态 S50 可由 S22、S32、S42 中任意一个驱动。

2. 选择性分支的编程

选择性分支的编程与一般状态的编程一样，先进行驱动处理，然后进行转移处理，所有的转移处理按顺序执行，简称先驱动后转移。因此，首先对 S20 进行驱动处理（OUT Y0），然后按 S21、S31、S41 的顺序进行转移处理。选择性分支程序的指令见表 6-4。

表 6-4　　　　　　　　　　　　选择性分支程序的指令表

STL　S20		LD　X010	第 2 分支的转移条件
OUT　Y000	驱动处理	SET　S31	转移到第 2 分支
LD　X000	第 1 分支的转移条件	LD　X020	第 3 分支的转移条件
SET　S21	转移到第 1 分支	SET　S41	转移到第 3 分支

3. 选择性汇合的编程

选择性汇合的编程是先进行汇合前状态的驱动处理，然后按顺序向汇合状态进行转移处理。因此，首先应分别对第 1 分支（S21 和 S22）、第 2 分支（S31 和 S32）、第 3 分支（S41 和 S42）进行驱动处理，然后按 S22、S32、S42 的顺序向 S50 转移。选择性汇合程序的指令见表 6-5。

表 6-5　　　　　　　　　　　　选择性汇合程序的指令表

STL　S21		LD　X021	
OUT　Y021		SET　S42	第 3 分支驱动处理
LD　X001	第 1 分支驱动处理	STL　S42	
SET　S22		OUT　Y042	
STL　S22		STL　S22	
OUT　Y022		LD　X002	由第 1 分支转移到汇合点
STL　S31		SET　S50	
OUT　Y031		STL　S32	
LD　X011	第 2 分支驱动处理	LD　X012	由第 2 分支转移到汇合点
SET　S32		SET　S50	
STL　S32		STL　S42	
OUT　Y032		LD　X022	由第 3 分支转移到汇合点
STL　S41	第 3 分支驱动处理	SET　S50	
OUT　Y041		STL　S50　　OUT　　Y050	

6.4.2　程序设计实例

例 3　用步进顺控指令设计三相电动机正、反转的控制程序。其控制要求如下：按正转启动按钮 SB1，电动机正转，按停止按钮 SB，电动机停止；按反转启动按钮 SB2，电动机反转，按停止按钮 SB，电动机停止；热继电器具有保护功能。

　　解：①根据控制要求，其 I/O 分配为 X0：SB（动合）；X1——SB1；X2——SB2；X3——热继电器 FR（动合）；Y1——正转接触器 KM1；Y2——反转接触器 KM2。

　　② 根据控制要求，三相电动机的正、反转控制是一个具有 2 个分支的选择性流程，分支转移的条件是正转启动按钮 X1 和反转启动按钮 X2，汇合的条件是热继电器 X3 或停止按钮 X0，而初始状态 S0 可由初始脉冲 M8002 来驱动。其状态转移图如图 6-10（a）所示。

　　③ 根据图 6-10（a）所示的状态转移图，其指令表如图 6-10（b）所示。

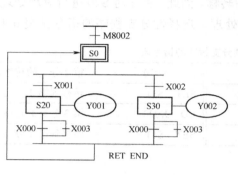

LD	M8002	STL	S20
SET	S0	LD	X000
STL	S0	OR	X003
LD	X001	OUT	S0
SET	S20	STL	S30
LD	X002	LD	X000
SET	S30	OR	X003
STL	S20	OUT	S0
OUT	Y001	RET	
STL	S30	END	
OUT	Y002		

(a) 状态转移图　　　　　　　　　　　(b) 指令表

图 6-10　三相电动机正、反转控制的状态转移图和指令表

6.5　并行性流程的程序设计

6.5.1　并行性流程及其编程

1. 并行性流程程序的特点

由 2 个及以上的分支流程组成的，但必须同时执行各分支的程序，称为并行性流程程序。如图 6-11 所示是具有 3 个支路的并行性流程程序，其特点如下。

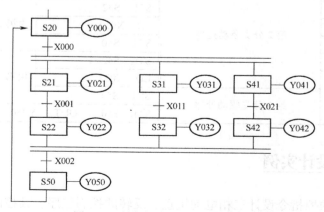

图 6-11　并行性流程程序的结构形式

① 若 S20 已动作，则只要分支转移条件 X0 成立，3 个流程（S21、S22，S31、S32，S41、S42）同时并列执行，没有先后之分。

② 当各流程的动作全部结束时（先执行完的流程要等待全部流程动作完成），一旦 X2 为 ON，则汇合状态 S50 动作，S22、S32、S42 全部复位。若其中一个流程没执行完，则 S50 就不可能动作。另外，并行性流程程序在同一时间可能有 2 个及 2 个以上的状态处于"激活"状态。

2．并行性分支的编程

并行性分支的编程与选择性分支的编程一样，先进行驱动处理，然后进行转移处理，所有的转移处理按顺序执行。根据并行性分支的编程方法，首先对 S20 进行驱动处理（OUT Y0），然后按第 1 分支（S21、S22），第 2 分支（S31、S32），第 3 分支（S41、S42）的顺序进行转移处理。并行性分支程序的指令见表 6-6。

表 6-6　　　　　　　　　　　　　　并行性分支程序的指令表

STL　S20		SET　S21	转移到第 1 分支
OUT　Y000	驱动处理	SET　S31	转移到第 2 分支
LD　X000	转移条件	SET　S41	转移到第 3 分支

3．并行性汇合的编程

并行性汇合的编程与选择性汇合的编程一样，也是先进行汇合前状态的驱动处理，然后按顺序向汇合状态进行转移处理。根据并行性汇合的编程方法，首先对 S21、S22、S31、S32、S41、S42 进行驱动处理，然后按 S22、S32、S42 的顺序向 S50 转移。并行性汇合程序的指令见表 6-7。

表 6-7　　　　　　　　　　　　　　并行性汇合程序的指令表

STL　S21		STL　S41	
OUT　Y021		OUT　Y041	
LD　X001	第 1 分支驱动处理	LD　X021	第 3 分支驱动处理
SET　S22		SET　S42	
STL　S22		STL　S42	
OUT　Y022		OUT　Y042	
STL　S31		STL　S22	由第 1 分支汇合
OUT　Y031		STL　S32	由第 2 分支汇合
LD　X011	第 2 分支驱动处理	STL　S42	由第 3 分支汇合
SET　S32		LD　X002	汇合条件
STL　S32		SET　S50	汇合状态
OUT　Y032		STL　S50　　　OUT　Y050	

4．编程注意事项

① 并行性流程的汇合最多能实现 8 个流程的汇合。

② 在并行性分支、汇合流程中，不允许有如图 6-12（a）所示的转移条件，而必须将其转化为图 6-12（b）所示后再进行编程。

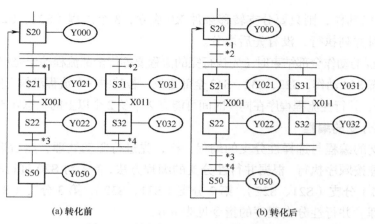

(a) 转化前   (b) 转化后

图 6-12   并行性分支、汇合流程的转化

6.5.2   程序设计实例

    例 4   用步进顺控指令设计一个按钮式人行横道指示灯的控制程序。其控制要求如下：按 X0 或 X1 按钮，人行横道和车道指示灯按图 6-13 所示点亮（高电平表示点亮，低电平表示不亮）。

    解：①根据控制要求，其 I/O 分配为 X0——左启动 SB1；X1——右启动 SB2；Y1——车道红灯；Y2——车道黄灯；Y3——车道绿灯；Y5——人行横道红灯；Y6——人行横道绿灯。

    ② PLC 外部接线图如图 6-14 所示。

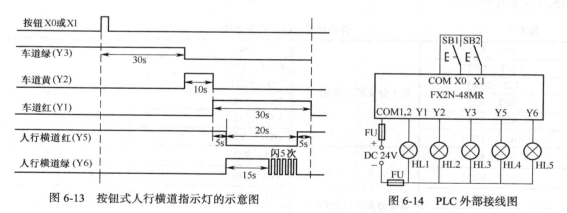

图 6-13   按钮式人行横道指示灯的示意图   图 6-14   PLC 外部接线图

    ③ 根据控制要求，当未按下 X0 或 X1 按钮时，人行横道红灯和车道绿灯亮；当按下 X0 或 X1 按钮时，人行横道指示灯和车道指示灯同时开始运行，因此此流程是具有 2 个分支的并行性流程。其状态转移图如图 6-15 所示。

    ④ 指令表程序。根据并行性分支的编程方法，其指令表程序见表 6-8。

    几点说明如下。

    ① PLC 从 STOP→RUN 时，初始状态 S0 动作，车道信号为绿灯，人行横道信号为红灯。

    ② 按人行横道按钮 X0 或 X1，则状态转移到 S20 和 S30，车道为绿灯，人行横道为红灯。

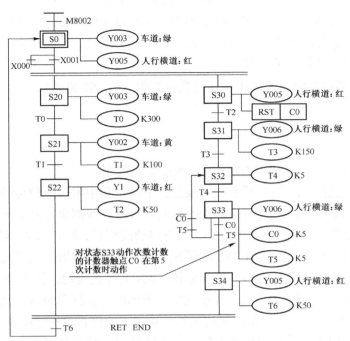

图 6-15 按钮式人行横道指示灯的状态转移图

表 6-8 按钮式人行横道指示灯指令表

LD M8002	STL S22	OUT C0 K5
SET S0	OUT Y001	OUT T5 K5
STL S0	OUT T2 K50	LD T5
OUT Y003	STL S30	ANI C0
OUT Y005	OUT Y005	OUT S32
LD X000	RST C0	LD C0
OR X001	LD T2	AND T5
SET S20	SET S31	SET S34
SET S30	STL S31	STL S34
STL S20	OUT Y006	OUT Y005
OUT Y003	OUT T3 K150	OUT T6 K50
OUT T0 K300	LD T3	STL S22
LD T0	SET S32	STL S34
SET S21	STL S32	LD T6
STL S21	OUT T4 K5	OUT S0
OUT Y002	LD T4	RET
OUT T1 K100	SET S33	END
LD T1	STL S33	
SET S22	OUT Y006	

③ 30s 后车道为黄灯，人行横道仍为红灯。

④ 再过 10s 后车道变为红灯，人行横道仍为红灯，同时定时器 T2 启动，5s 后 T2 触点接通，人行横道变为绿灯。

⑤ 15s 后人行横道绿灯开始闪烁（S32 人行横道绿灯灭，S33 人行横道绿灯亮）。

⑥ 闪烁中 S32、S33 反复循环动作，计数器 C0 设定值为 5，当循环达到 5 次时，C0 动合触点就闭合，动作状态向 S34 转移，人行横道变为红灯，期间车道仍为红灯，5s 后返回初始状态，完成一个周期的动作。

⑦ 在状态转移过程中，即使按动人行横道按钮 X0、X1 也无效。

习　题

1. 写出图 6-16 所示状态转移图所对应的指令表程序。

2. 液体混合装置如图 6-17 所示，上限位、下限位和中限位液位传感器被液体淹没时为 ON，阀 A、阀 B 和阀 C 为电磁阀，线圈得电时打开，线圈失电时关闭。开始时容器是空的，各阀门均关闭，各传感器均为 OFF。按下启动按钮后，打开阀 A，液体 A 流入容器，中限位开关变为 ON 时，关闭阀 A，打开阀 B，液体 B 流入容器。当液面到达上限位开关时，关闭阀 B，电动机 M 开始运行，搅动液体，60s 后停止搅动，打开阀 C，放出混合液，当液面降至下限位开关之后再过 5s，容器放空，关闭阀 C，打开阀 A，又开始下一周期的工作。按下停止按钮，在当前工作周期的工作结束后，才停止工作（停在初始状态）。设计 PLC 的外部接线图和控制系统的程序（包括状态转移图、顺控梯形图）。

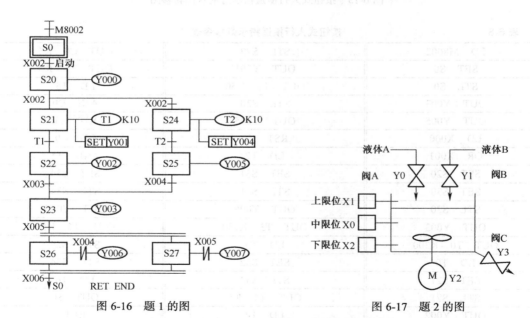

图 6-16　题 1 的图　　　　图 6-17　题 2 的图

3. 冲床机械手运动的示意图如图 6-18 所示。初始状态时机械手在最左边，X4 为 ON；冲头在最上面，X3 为 ON；机械手松开（Y0 为 OFF）。按下启动按钮 X0，Y0 变为 ON，工件被夹紧并保持，2s 后 Y1 被置位，机械手右行碰到 X1，然后顺序完成以下动作：冲头下行，冲头上行，机械手左行，机械手松开，延时 1s 后，系统返回初始状态，各限位开关和定时器提供的信号是各步之间的转换条件。试设计 PLC 的外部接线图和控制系统的程序（包括状态转移图、顺控梯形图）。

4．初始状态时，图 6-19 所示的压钳和剪刀在上限位置，X0 和 X1 为 1 状态。按下启动按钮 X10，工作过程为首先板料右行（Y0 为 1 状态）至限位开关 X3 为 1 状态，然后压钳下行（Y1 为 1 状态并保持）。压紧板料后，压力继电器 X4 为 1 状态，压钳保持压紧，剪刀开始下行（Y2 为 1 状态）。剪断板料后，X2 变为 1 状态，压钳和剪刀同时上行（Y3 和 Y4 为 1 状态，Y1 和 Y2 为 0 状态），它们分别碰到限位开关 X0 和 X1 后，分别停止上行，均停止后，又开始下一周期的工作，剪完 5 块料后停止工作并停在初始状态。试设计 PLC 的外部接线图和系统的程序（包括状态转移图、顺控梯形图）。

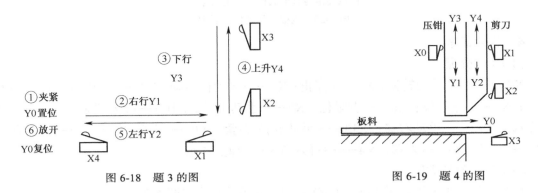

图 6-18　题 3 的图　　　　　　图 6-19　题 4 的图

实训课题 7　单流程的控制

实训 17　机械手的 PLC 控制

1．实训目的

① 熟悉步进顺控指令的编程方法。

② 掌握单流程程序的程序设计。

③ 掌握机械手的程序设计及其外部接线。

2．实训器材

① PLC 应用技术综合实训装置 1 台。

② 机械手模拟显示模块 1 块（带指示灯、接线接口及按钮等）。

③ 手持式编程器或计算机 1 台。

3．实训要求

设计一个用 PLC 控制的将工件从 A 点移到 B 点的机械手的控制系统。其控制要求如下。

① 手动操作，每个动作均能单独操作，用于将机械手复归至原点位置。

② 连续运行，在原点位置按启动按钮时，机械手按图 6-20 连续工作 1 个周期，1 个周期的工作过程如下。

原点→放松→下降→夹紧（T）→上升→右移→下降→放松（T）→上升（夹紧）→左移到原点，时间 T 由教师现场规定。

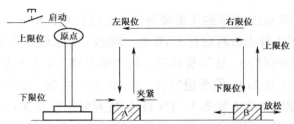

注：机械手的工作是从 A 点将工件移到 B 点。

原点位机械夹钳处于夹紧位，机械手处于左上角位。

机械夹钳为有电放松，无电夹紧。

图 6-20　机械手的动作示意图

4．软件程序

（1）I/O 分配

X0——自动/手动转换；X1——停止；X2——自动位启动；X3——上限位；X4——下限位；X5——左限位；X6——右限位；X7——手动上升；X10——手动下降；X11——手动左移；X12——手动右移；X13——手动放松/夹紧；Y0——夹紧/放松；Y1——上升；Y2——下降；Y3——左移；Y4——右移；Y5——原点指示。

（2）程序设计方案

根据系统的控制要求及 PLC 的 I/O 分配，其系统程序如图 6-21 所示。

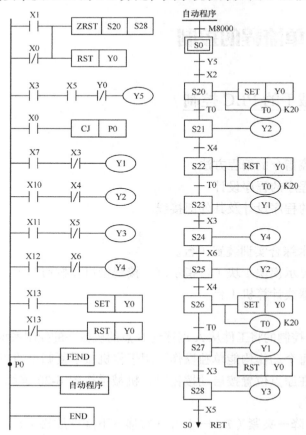

图 6-21　机械手的状态转移图

5. 系统接线

根据系统控制要求，其系统接线图如图 6-22 所示（PLC 的输出负载都用指示灯代替）。

6. 系统调试

① 输入程序，按如图 6-21 所示的程序正确输入（以状态梯形图的形式显示）。

② 静态调试，按如图 6-22 所示的系统接线图正确连接好输入设备，进行 PLC 的模拟静态调试，观察 PLC 的输出指示灯是否按要求指示，否则，检查并修改程序，直至指示正确。

③ 动态调试，按如图 6-22 所示的系统接线图正确连接好输出设备，进行系统的动态调试，先调试手动程序，后调试自动程序，观察机械手能否按控制要求动作，否则，检查线路或修改程序，直至机械手按控制要求动作。

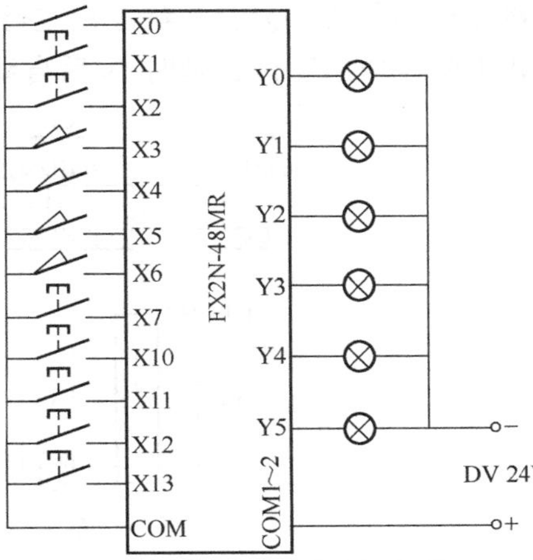

图 6-22 机械手的控制系统线图

7. 实训报告

（1）实训总结

① 描述机械手的动作情况，总结操作要领。

② 画出机械手工作流程图。

（2）实训思考

① 若在右限位增加一个光电检测，检测 B 点是否有工件，若无工件，则下降，若有工件，则不下降，请在本实训程序的基础上设计其程序。

② 请自学功能指令 IST，然后用 IST 指令来设计机械手的程序。

实训 18　自动焊锡机的 PLC 控制

1. 实训目的

① 熟悉编程软件 SFC 的编程方法。

② 掌握单流程程序的程序设计。

③ 掌握自动焊锡机的程序设计及其外部接线。

2. 实训器材

① 自动焊锡机模拟显示模块 1 块（带指示灯、接线端口及按钮等）。

② PLC 应用技术综合实训装置 1 台。

③ 手持式编程器或计算机 1 台。

3. 实训要求

设计一个用 PLC 控制的自动焊锡机的控制系统，其控制要求如下。

自动焊锡机的控制过程为：启动机器，除渣机械手电磁阀得电上升，机械手上升到位碰 SQ7，停止上升；左行电磁阀得电，机械手左行到位碰 SQ5，停止左行；下降电磁阀得电，机械手下降到位碰 SQ8，停止下降；右行电磁阀得电，机械手右行到位碰 SQ6，停止右行。

托盘电磁阀得电上升，上升到位碰 SQ3，停止上升；托盘右行电磁阀得电，托盘右行到位碰 SQ2，托盘停止右行；托盘下降电磁阀得电，托盘下降到位碰 SQ4，停止下降，工件焊锡，焊锡时间到；托盘上升电磁阀通电，托盘上升到位碰 SQ3，停止上升；托盘左行电磁阀得电，托盘左行到位碰 SQ1，托盘停止左行；托盘下降电磁阀得电，托盘下降到位碰 SQ4，托盘停止下降，取出工件，延时 5s 后自动进入下一循环。简易的动作示意图如图 6-23 所示。

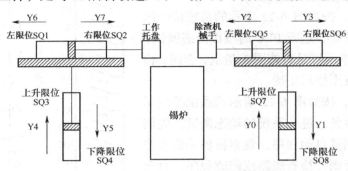

图 6-23　自动焊锡机的动作示意图

4.　软件程序

（1）I/O 分配

X0——自动位启动 SB；X1——左限 SQ1；X2——右限 SQ2；X3——上限 SQ3；X4——下限 SQ4；X5——左限 SQ5；X6——右限 SQ6；X7——上限 SQ7；X10——下限 SQ8；X11——停止 SB1；Y0——除渣上行；Y1——除渣下行；Y2——除渣左行；Y3——除渣右行；Y4——托盘上行；Y5——托盘下行；Y6——托盘左行；Y7——托盘右行。

（2）程序设计方案

根据系统的控制要求及 PLC 的 I/O 分配，画出其状态转移图。

5.　系统接线

根据系统控制要求，其系统接线图如图 6-24 所示（PLC 的输出负载都用指示灯代替）。

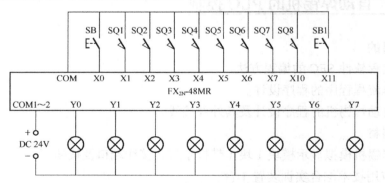

图 6-24　自动焊锡机的控制系统接线图

6.　系统调试

① 输入程序，按前面介绍的程序输入方法，用手持式编程器（或计算机）正确输入程序（以状态梯形图的形式显示）。

② 静态调试，按如图 6-24 所示的系统接线图正确连接好输入设备，进行 PLC 的模拟静态调试，观察 PLC 的输出指示灯是否按要求指示，否则，检查并修改程序，直至指示正确。

③ 动态调试，按图 6-24 所示的系统接线图正确连接好输出设备，进行系统的动态调试，观察自动焊锡机能否按控制要求动作，否则，检查线路或修改程序，直至自动焊锡机按控制要求动作。

7．实训报告

（1）实训总结

① 描述自动焊锡机的动作情况，并总结其操作要领。

② 画出自动焊锡机的工作流程图和状态转移图。

（2）实训思考

① 若要在自动运行的基础上增加手动运行功能，请设计其程序。

② 请用编程软件的 SFC 编程方法来设计自动焊锡机的程序。

实训 19　工业洗衣机的 PLC 控制

1．实训目的

① 熟悉步进顺控指令的编程方法。

② 掌握单流程程序的程序设计。

③ 掌握工业洗衣机的程序设计及其外部接线。

2．实训器材

① 工业洗衣机模拟显示模块 1 块（带指示灯、接线端口及按钮等）。

② PLC 应用技术综合实训装置 1 台。

③ 手持式编程器或计算机 1 台。

3．实训要求

设计一个用 PLC 控制的工业洗衣机的控制系统，其控制要求如下。

启动后，洗衣机进水，高水位开关动作时，开始洗涤。正转洗涤 20s，暂停 3s 后反转洗涤 20s，暂停 3s 再正向洗涤，如此循环 3 次，洗涤结束；然后排水，当水位下降到低水位时进行脱水（同时排水），脱水时间是 10s，这样完成 1 个大循环，经过 3 次大循环后洗衣结束，并且报警，报警 10s 后全过程结束，自动停机。

4．软件程序

（1）I/O 分配

X0——启动按钮；X1——停止开关；X2——高水位开关；X3——低水位开关；Y0——进水电磁阀；Y1——排水电磁阀；Y2——脱水电磁阀；Y3——报警指示；Y4——电动机正转；Y5——电动机反转。

（2）程序设计方案

根据系统的控制要求及 PLC 的 I/O 分配，画出其状态转移图。

5．系统接线

根据系统控制要求，其系统接线图如图 6-25 所示（PLC 的输出负载都用指示灯代替）。

6．系统调试

① 输入程序，按前面介绍的程序输入方法，用手持式编程器（或计算机）正确输

入程序。

② 静态调试，按图 6-25 所示的系统接线图正确连接好输入设备，进行 PLC 的模拟静态调试，观察 PLC 的输出指示灯是否按要求指示，否则，检查并修改程序，直至指示正确。

③ 动态调试，按图 6-25 所示的系统接线图正确连接好输出设备，进行系统的动态调试，观察工业洗衣机能否按控制要求动作，否则，检查线路或修改程序，直至工业洗衣机按控制要求动作。

7. 实训报告

（1）实训总结

① 描述工业洗衣机的动作情况，并总结其操作要领。

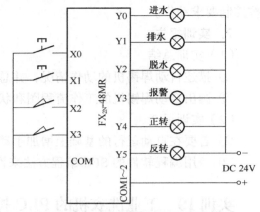

图 6-25　工业洗衣机的控制系统接线图

② 画出工业洗衣机工作流程图和状态转移图。

（2）实训思考

① 若要在自动运行的基础上增加手动运行功能，请设计其程序。

② 请用另外的编程方法设计程序。

③ 请设计一个数码管循环点亮的控制系统，并在实训室完成模拟调试。

实训课题 8　选择性流程的控制

实训 20　电动机正、反转能耗制动的 PLC 控制（2）

1. 实训目的

① 熟悉顺控指令的编程方法。

② 掌握选择性流程程序的程序设计。

③ 掌握电动机正、反转能耗制动的程序设计及其外部接线。

2. 实训器材

其实训器材与实训 13 相同。

3. 实训要求

其实训要求与实训 13 相同。

4. 软件程序

（1）I/O 分配

其 I/O 分配与实训 13 相同。

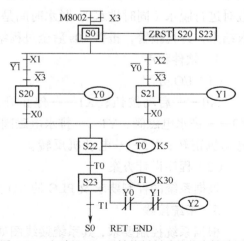

图 6-26　电动机正、反转能耗制动的状态转移图

（2）状态转移图

根据控制要求及 PLC 的 I/O 分配，画出其状态转移图如图 6-26 所示。

5．系统接线

其系统接线与实训 13 相同。

6．系统调试

其系统调试与实训 13 相同。

7．实训报告

（1）实训总结

① 根据电动机正、反转能耗制动的状态转移图，写出其指令表。

② 比较用基本逻辑指令和 STL 指令编程的异同，并说明各自的优、缺点。

③ 画出电动机正、反转能耗制动主电路的接线图。

（2）实训思考

① 用另外的方法编制程序。

② 从安全的角度分析一下状态 S22 的作用，并说明为什么？

实训 21　皮带运输机的 PLC 控制

1．实训目的

① 熟悉编程软件 SFC 的编程方法。

② 掌握选择性流程程序的程序设计。

③ 掌握皮带运输机的程序设计及其外部接线。

2．实训器材

① 皮带运输机模拟显示模块 1 块（带指示灯、接线接口及按钮等）。

② PLC 应用技术综合实训装置 1 台。

③ 手持式编程器或计算机 1 台。

3．实训要求

设计一个用 PLC 控制的皮带运输机的控制系统，其控制要求如下。

在建材、化工、机械、冶金、矿山等工业生产中广泛使用皮带运输系统运送原料或物品。供料由电阀 DT 控制，电动机 M1、M2、M3、M4 分别用于驱动皮带运输线 PD1、PD2、PD3、PD4。储料仓设有空仓和满仓信号，其动作示意简图如图 6-27 所示，其具体要求如下。

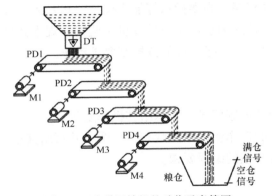

图 6-27　皮带运输机的动作示意简图

① 正常启动，仓空或按启动按钮时的启动顺序为 M1、DT、M2、M3、M4，间隔时间 5s。

② 正常停止，为使皮带上不留物料，要求顺物料流动方向按一定时间间隔顺序停止，即正常停止顺序为 DT、M1、M2、M3、M4，间隔时间 5s。

③ 故障后的启动，为避免前段皮带上造成物料堆积，要求按物料流动相反方向按一定时间间隔顺序启动，即故障后的启动顺序为 M4、M3、M2、M1、DT，间隔时间 10s。

④ 紧急停止，当出现意外时，按下紧急停止按钮，则停止所有电动机和电磁阀。

⑤ 具有点动功能。

4. 软件程序

（1）I/O 点分配

X0——自动/手动转换；X1——自动位启动；X2——正常停止；X3——紧急停止；X4——点动 DT 电磁阀；X5——点动 M1；X6——点动 M2；X7——点动 M3；X10——点动 M4；X11——满仓信号；X12——空仓信号；Y0——DT 电磁阀；Y1——M1 电动机；Y2——M2 电动机；Y3——M3 电动机；Y4——M4 电动机。

（2）程序设计方案

根据系统控制要求及 PLC 的 I/O 分配，设计皮带运输机的系统程序。

5. 系统接线

根据皮带运输机的控制要求，其系统接线图如图 6-28 所示（PLC 的输出负载都用指示灯代替）。

6. 系统调试

① 输入程序，按前面介绍的程序输入方法，用手持式编程器（或计算机）正确输入程序。

② 静态调试，按如图 6-28 所示的系统接线图正确连接好输入设备，进行 PLC 的模拟静态调试，并通过手持式编程器（或计算机）监视，观察其是否与控制要求一致，否则，检查并修改、调试程序，直至指示正确。

③ 动态调试，按如图 6-28 所示的系统接线图正确连接好输出设备，进行系统的动态调试，先调试手动程序，后调试自动程序，观察指示灯能否按

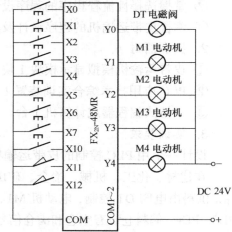

图 6-28　皮带运输机的控制系统接线图

控制要求动作，并通过手持式编程器（或计算机）监视，观察其是否与控制要求一致，否则，检查线路或修改程序，直至指示灯能按控制要求动作。

7. 实训报告

（1）实训总结

① 提炼出适合编程的控制要求，并总结其操作要领。

② 画出皮带运输机的动作流程图和状态转移图，并写出其指令表。

③ 总结一下选择性流程的编程要领。

（2）实训思考

① 请用编程软件的 SFC 编程方法来编制皮带运输机的程序。

② 在皮带运输机的工作过程中突然停电，要求来电后按停电前的状态继续运行，请设计其控制程序。

实训课题 9　并行性流程的控制

实训 22　自动交通灯的 PLC 控制（1）

1. 实训目的
① 熟悉顺控指令的编程方法。
② 掌握并行性流程程序的程序设计。
③ 掌握交通灯的程序设计及其外部接线。

2. 实训器材
① 交通灯模拟显示模块 1 块（带指示灯、接线端口及按钮等）。
② PLC 应用技术综合实训装置 1 台。
③ 手持式编程器或计算机 1 台。

3. 实训要求
设计一个用 PLC 控制的十字路口交通灯的控制系统，其控制要求如下。

① 自动运行，自动运行时，按启动按钮，信号灯系统按图 6-29 所示要求开始工作（绿灯闪烁的周期为 1s），按停止按钮，所有信号灯都熄灭。

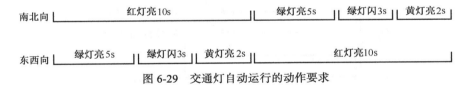

图 6-29　交通灯自动运行的动作要求

② 手动运行，手动运行时，两方向的黄灯同时闪动，周期是 1s。

4. 软件程序
（1）I/O 分配

X0——自动位启动按钮 SB1；X1——手动/自动选择开关 SA；X2——停止按钮 SB2；Y0——东西向绿；Y1——东西向黄；Y2——东西向红；Y4——南北向绿；Y5——南北向黄；Y6——南北向红。

（2）程序设计方案

① 控制时序，根据十字路口交通灯的控制要求，其自动运行的时序如图 6-30 所示。

② 基本逻辑指令编程，根据上述的控制时序图，用 8 个定时器分别作为各信号转换的时间；用特殊功能继电器 M8013 产生的脉冲（周期为 1s）来控制闪烁信号，其梯形图如图 6-31 所示。

③ 步进顺控指令编程，东西方向和南北方向的信号灯的动作过程可以看成是 2 个独立的顺序控制过程，可以采用并行性分支与汇合的编程方法，其状态转移图如图 6-32 所示。

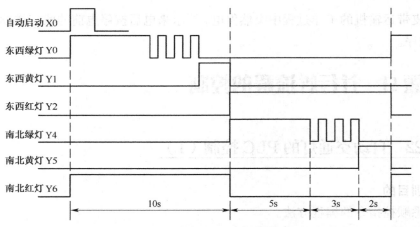

图 6-30 交通灯自动运行的时序图

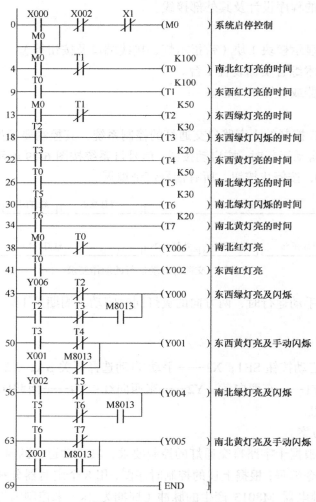

图 6-31 交通灯的梯形图

5. 系统接线

根据系统控制要求，其系统接线图如图 6-33 所示（PLC 的输出负载都用指示灯代替）。

6. 系统调试

① 输入程序，按图 6-31 或图 6-32 所示的图形正确输入程序（以状态梯形图的形式显示）。

② 静态调试，按图 6-33 所示的系统接线图正确连接好输入设备，进行 PLC 的模拟静态调试，观察 PLC 的输出指示灯是否按要求指示，否则，检查并修改程序，直至指示正确。

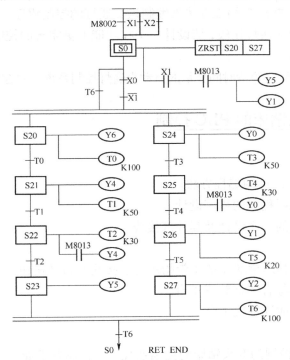

图 6-32 交通灯的状态转移图

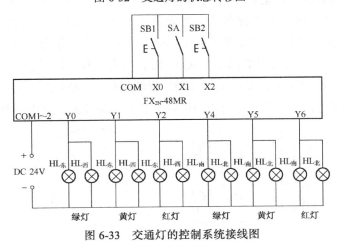

图 6-33 交通灯的控制系统接线图

③ 动态调试，按图 6-33 所示的系统接线图正确连接好输出设备，进行系统的动态调试，观察交通灯能否按控制要求动作，否则，检查线路或修改程序，直至交通灯按控制要求动作。

7. 实训报告

（1）实训总结

① 描述该交通灯的动作情况，并与实际的交通灯比较有何区别？

② 比较用梯形图和用状态转移图编程的优劣。

③ 比较一下选择性流程和并行性流程的异同。

（2）实训思考

① 在图6-32所示的状态转移图中，如何将M8013改为由定时器和计数器组成的震荡电路；

② 请用编程软件的SFC编程方法来编制该交通灯的控制程序。

③ 通过与实际的交通灯比较，请设计一个在功能上更完善的控制程序，如带左转弯车道的交通灯控制系统。

④ 请设计一个带红灯等待时间显示的自动交通灯控制系统，并在实训室完成模拟调试。

实训23　双头钻床的PLC控制

1. 实训目的

① 熟悉编程软件SFC的编程方法。

② 掌握并行性流程程序的程序设计。

③ 掌握双头钻床的程序设计及其外部接线。

2. 实训器材

① 双头钻床模拟显示模块1块（带指示灯、接线端口及按钮等）。

② PLC应用技术综合实训装置1台。

③ 手持式编程器或计算机1台。

3. 实训要求

设计一个用PLC控制的双头钻床的控制系统，其控制要求如下。

① 双头钻床用来加工圆盘状零件上均匀分布的6个孔如图6-34所示。操作人员将工件放好后，按下启动按钮，工件被夹紧，夹紧时压力继电器为ON，此时2个钻头同时开始向下进给。大钻头钻到设定的深度（SQ1）时，钻头上升，升到设定的起始位置（SQ2）时，停止上升；小钻头钻到设定的深度（SQ3）时，钻头上升，升到设定的起始位置（SQ4）时，停止上升。2个都到位后，工件旋转120°，旋转到位时SQ5为ON，然后又开始钻第2对孔。3对孔都钻完后，工件松开，松开到位时，限位开关SQ6为ON，系统返回初始位置。

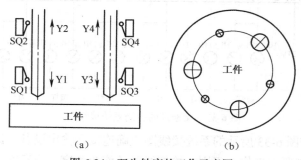

（a） （b）

图6-34　双头钻床的工作示意图

② 具有手动和自动运行功能。

③ 具有急停功能。

4．软件程序

（1）I/O 分配

X0——夹紧 SQ；X1——SQ1；X2——SQ2；X3——SQ3；X4——SQ4；X5——SQ5；X6——SQ6；X7——自动位启动；X10——手动/自动转换 SA；X11——大钻头手动下降 SB1；X12——大钻头手动上升 SB2；X13——小钻头手动下降 SB3；X14——小钻头手动上升 SB4；X15——工件手动夹紧 SB5；X16——工件手动放松 SB6；X17——工件手动旋转 SB7；X20——停止按钮 SB10；Y1——大钻头下降；Y2——大钻头上升；Y3——小钻头下降；Y4——小钻头上升；Y5——工件夹紧；Y6——工件放松；Y7——工件旋转；Y0——原位指示。

（2）程序设计方案

根据系统控制要求及 PLC 的 I/O 分配，设计双头钻床的程序。

5．系统接线

根据双头钻床的控制要求，其系统接线图如图 6-35 所示（PLC 的输出负载都用指示灯代替）。

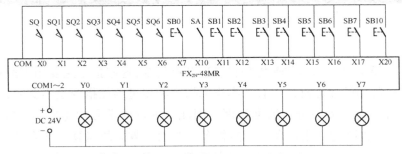

图 6-35　双头钻床的控制系统接线图

6．系统调试

① 输入程序，按前面介绍的程序输入方法，用手持式编程器（或计算机）正确输入程序。

② 静态调试，按图 6-35 所示的系统接线图正确连接好输入设备，进行 PLC 的模拟静态调试，并通过手持式编程器（或计算机）监视，观察其是否与控制要求一致，否则，检查并修改、调试程序，直至指示正确。

③ 动态调试，按图 6-35 所示的系统接线图正确连接好输出设备，进行系统的动态调试，先调试手动程序，后调试自动程序，观察指示灯能否按控制要求动作，并通过手持式编程器（或计算机）监视，观察其是否与控制要求一致，否则，检查线路或修改程序，直至指示灯能按控制要求动作。

7．实训报告

（1）实训总结

① 提炼出适合编程的控制要求，并画出系统的动作流程图。

② 画出双头钻床的状态转移图，并写出其指令表。

③ 总结一下并行性流程的编程要领。

（2）实训思考

① 请用编程软件的 SFC 编程方法来编制双头钻床的程序。

② 现要用该双头钻床来加工一批只需钻 3 个大孔的工件，如何解决这个问题？哪种方案最优？

第7章

功能指令及其应用

  前面已经学习了基本逻辑指令和步进顺控指令,这些指令主要用于逻辑处理。作为工业控制用的计算机,仅有基本逻辑指令和步进顺控指令是不够的,现代工业控制在许多场合需要进行数据处理,因此,本章要学习功能指令(Functional Instruction),也称为应用指令。功能指令主要用于数据的运算、转换及其他控制功能,使 PLC 成为真正意义上的工业计算机。许多功能指令有很强大的功能,往往一条指令就可以实现几十条基本逻辑指令才可以实现的功能,还有很多功能指令具有基本逻辑指令难以实现的功能,如 RS 指令、FROM 指令等。实际上,功能指令是许多功能不同的子程序。

  FX 和汇川系列的功能指令可分为程序流程、传送与比较、算术与逻辑运算、循环与移位、数据处理、高速处理、方便指令、外围设备 I/O、外围设备 SER、浮点数、定位、时钟运算、外围设备、触点比较等,见表 7-1。目前,FX$_{2N}$ 系列 PLC 的功能指令已经达到 128 种。由于应用领域的扩展,制造技术的提高,功能指令的数量将不断增加,功能也将不断增强。

表 7-1   功能指令分类表

FNC00～FNC09[程序流程]	FNC110～FNC119[浮点运算 1]
FNC10～FNC19[传送与比较]	FNC120～FNC129[浮点运算 2]
FNC20～FNC29[算术与逻辑运算]	FNC130～FNC139[浮点运算 3]
FNC30～FNC39[循环与移位]	FNC140～FNC149[数据处理 2]
FNC40～FNC49[数据处理]	FNC150～FNC159[定位]
FNC50～FNC59[高速处理]	FNC160～FNC169[时钟运算]
FNC60～FNC69[方便指令]	FNC170～FNC179[格雷码变换]
FNC70～FNC79[外围设备 I/O]	FNC220～FNC249[触点比较]
FNC80～FNC89[外围设备 SER]	

7.1 功能指令的基本规则

7.1.1　功能指令的表示形式

功能指令都遵循一定的规则，其通常的表示形式也是一致的。一般功能指令都按功能编号（FNC00～FNC□□□）编排，功能指令都有一个指令助记符。有的功能指令只需指令助记符，但更多的功能指令在指定助记符的同时还需要指定操作元件，操作元件由 1～4 个操作数组成，其表现的形式如下。

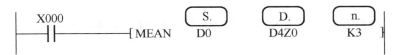

这是一条求平均值的功能指令，D0 为源操作数的首元件，K3 为源操作数的个数（3 个），D4Z0 为目标地址，存放运算的结果。

上图中[S·]、[D·]、[n·]所表示的意义如下。

[S]叫做源操作数，其内容不随指令执行而变化，若具有变址功能，用加"·"符号的[S·]表示，源操作数为多个时，用[S1·][S2·]等表示。

[D]叫做目标操作数，其内容随指令执行而改变，若具有变址功能，用加"·"的符号[D·]表示，目标操作数为多个时，用[D1·][D2·]等表示。

[n]叫做其他操作数，既不作源操作数，又不作目标操作数，常用来表示常数或者作为源操作数或目标操作数的补充说明。可用十进制的 K、十六进制的 H 和数据寄存器 D 来表示。在需要表示多个这类操作数时，可用[n1]、[n2]等表示，若具有变址功能，则用加"·"的符号[n·]表示。此外，其他操作数还可用[m]或[m·]来表示。

功能指令的功能号和指令助记符占 1 个程序步，每个操作数占 2 个或 4 个程序步（16 位操作时占 2 个程序步，32 位操作时占 4 个程序步）。

这里要注意的是某些功能指令在整个程序中只能出现 1 次，即使使用跳转指令使其分处于 2 段不可能同时执行的程序中也不允许，但可利用变址寄存器多次改变其操作数。

7.1.2　数据长度和指令类型

1. 数据长度

功能指令可处理 16 位数据和 32 位数据，举例如下。

功能指令中用符号（D）表示处理 32 位数据，如（D）MOV、FNC（D）12 指令。处理 32 位数据时，用元件号相邻的 2 个元件组成元件对，元件对的首地址用奇数、偶数均可，但建议元件对的首地址统一用偶数编号，以免在编程时弄错。

要说明的是 32 位计数器 C200～C255 的当前值寄存器不能用作 16 位数据的操作数，只能用作 32 位数据的操作数。

2. 指令类型

功能指令有连续执行型和脉冲执行型 2 种形式。

连续执行型的如下。

```
     X001
  ┤ ├──────────[ DMOV    D20     D22 ]
```

上图程序是连续执行方式的例子，当 X1 为 ON 时，上述指令在每个扫描周期都被重复执行一次。

脉冲执行型的如下。

```
     X000
  ┤ ├──────────[ MOVP    D10     D12 ]
```

上图程序是脉冲执行方式的例子，该脉冲执行指令仅在 X0 由 OFF 变为 ON 时有效，助记符后附的（P）符号表示脉冲执行。在不需要每个扫描周期都执行时，用脉冲执行方式可缩短程序处理时间。

对于上述两条指令，当 X1 和 X0 为 OFF 状态时，上述两条指令都不执行，目标元件的内容保持不变，除非另行指定或有其他指令使目标元件的内容发生改变。

（P）和（D）可同时使用，如（D）MOV（P）表示 32 位数据的脉冲执行方式。另外，某些指令，如 XCH、INC、DEC、ALT 等，用连续执行方式时要特别留心。

7.1.3 操作数

操作数按功能分有源操作数、目标操作数和其他操作数；按组成形式分有位元件、字元件和常数。

1. 位元件和字元件

只处理 ON/OFF 状态的元件称为位元件，如 X、Y、M 和 S。处理数据的元件称为字元件，如 T、C、D 等。

2. 位元件组合

位元件组合就是由 4 个位元件作为一个基本单元进行组合，表现形式为 KnM□、KnS□、KnY□。其中的 n 表示组数，16 位操作时 n 为 1～4，32 位操作时 n 为 1～8；其中的 M□、S□、Y□表示位元件组合的首元件。例如，K2M0 表示由 M7～M0 组成的 8 位数据；K4M10 表示由 M25 到 M10 组成的 16 位数据，M10 是最低位，M25 是最高位。被组合的位元件的首元件号可以是任意的，但习惯上采用以 0 结尾的元件，如 X0、X10、M0、M10 等。

当一个 16 位的数据传送到目标元件如 K2M0 时，只传送相应的低位数据，较高位的数据不传送（32 位数据传送也一样）。在作 16 位操作时，参与操作的源操作数由 K1～K4 指定，若仅由 K1～K3 指定，则目标操作数中不足部分的高位均作 0 处理，这意味着只能处理正数（符号位为 0，在作 32 位数操作时也一样）。

程序如下。

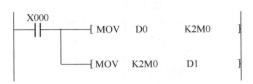

数据传送的过程如图 7-1 所示。

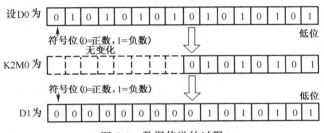

图 7-1　数据传送的过程

因此，字元件 D、T、C 向位元件组合的字元件传送数据时，若位元件组合成的字元件小于 16 位（32 位指令的小于 32 位），只传送相应的低位数据，其他高位数据被忽略。位元件组合成的字元件向字元件 D、T、C 传送数据时，若位元件组合不足 16 位（32 位指令的不足 32 位）时，高位不足部分补 0，因此，源数据为负数时，数据传送后负数将变为正数。

3. 变址寄存器

变址寄存器在传送、比较指令中用来修改操作对象的元件号，其操作方式与普通数据寄存器一样。对于 32 位指令，V、Z 自动组对使用，V 作高 16 位，Z 为低 16 位，其用法如下。

在上图中 K10 传送到 V0，K20 传送到 Z0，所以 V0、Z0 的内容分别为 10、20，当执行（D5V0）+（D15Z0）→（D40Z0）时，即执行（D15）+（D35）→（D60），若改变 Z0、V0 的值，则可完成不同数据寄存器的求和运算，这样，使用变址寄存器可以使编程简化。

7.2 功能指令介绍

7.2.1 程序流程指令

程序流程指令是与程序流程控制相关的指令，程序流程指令见表 7-2。

表 7-2　　　　　　　　　　　　　　　程序流程指令

FNC NO.	指令记号	指令名称	FNC NO.	指令记号	指令名称
00	CJ	条件跳转	05	DI	禁止中断
01	CALL	子程序调用	06	FEND	主程序结束
02	SRET	子程序返回	07	WDT	警戒时钟
03	IRET	中断返回	08	FOR	循环范围开始
04	EI	允许中断	09	NEXT	循环范围结束

这里仅介绍常用的跳转指令 CJ、子程序调用指令 CALL、子程序返回指令 SRET、主程序结束指令 FEND。

1. 跳转指令 CJ

FNC00　CJ（P）（16）	适合软元件		占用步数
	字元件	无	3步
	位元件	无	

跳转指令 CJ 和 CJP 的跳转指针编号为 P0～P127。它用于跳过顺序程序中的某一部分，这样可以减少扫描时间，并使双线圈或多线圈成为可能。跳转发生时，要注意如下情况。

① 如果 Y、M、S 被 OUT、SET、RST 指令驱动，则跳转期间即使 Y、M、S 的驱动条件改变了，它们仍保持跳转发生前的状态，因为跳转期间根本不执行这些程序。

② 如果通用定时器或计数器被驱动后发生跳转，则暂停计时和计数，并保留当前值，跳转指令不执行时定时或计数继续工作。

③ 对于 T192～T199（专用于子程序）、积算定时器 T246～T255 和高速计数器 C235～C255，如被驱动后再发生跳转，则即使该段程序被跳过，计时和计数仍然继续，其延时触点也能动作。

2. 子程序调用指令 CALL 和子程序返回指令 SRET

FNC01　CALL（P）（16） FNC02　SRET	适合软元件		占用步数
	字元件	无	CALL：3步
	位元件	无	SRET：1步

CALL 指令为 16 位指令，占 3 个程序步，可连续执行和脉冲执行。SRET 不需要驱动触点的单独指令。

3. 主程序结束指令 FEND

FNC06　FEND	适合软元件		占用步数
	字元件	无	1步
	位元件	无	

FEND 指令为单独指令，不需要触点驱动的指令。

FEND 指令表示主程序结束，执行此指令时与 END 的作用相同，即执行输入处理、输出处理、警戒时钟刷新、向第 0 步程序返回，FEND 指令执行的过程如图 7-2 所示。

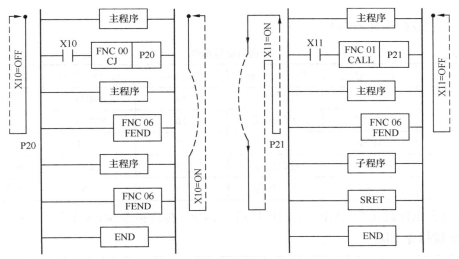

图 7-2　FEND 指令执行的过程

如图 7-3 所示，如果 X0 变 ON 后，则执行调用指令，程序转到 P10 处，当执行到 SRET 指令后返回到调用指令的下一条指令。

如图 7-4 所示，如果 X1 由 OFF 变 ON，CALLP　P11 则只执行 1 次，在执行 P11 的子程序时，如果 CALL P12 指令有效，则执行 P12 子程序，由 SRET 指令返回 P11 子程序，再由 SRET 指令返回主程序。

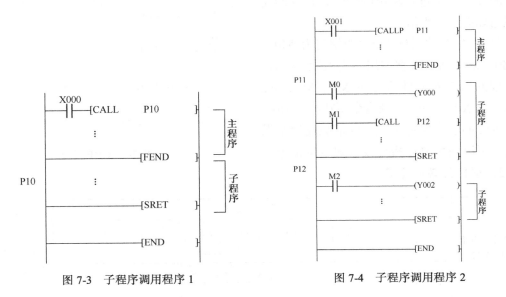

图 7-3　子程序调用程序 1　　　　　　　图 7-4　子程序调用程序 2

调用子程序和中断子程序必须在 FEND 指令之后，且必须有 SRET（子程序返回）或 IRET（中断返回）指令。FEND 指令可以重复使用，但必须注意，在最后一个 FEND 指令和 END 指令之间必须写入子程序（供 CALL 指令调用）或中断子程序。

7.2.2 传送与比较指令

传送与比较指令见表 7-3。

表 7-3 传送与比较指令

FNC NO.	指令记号	指令名称	FNC NO.	指令记号	指令名称
10	CMP	比较指令	15	BMOV	块传送
11	ZCP	区间比较	16	FMOV	多点传送
12	MOV	传送	17	XCH	数据交换
13	SMOV	移位传送	18	BCD	BCD 转换
14	CML	取反传送	19	BIN	BIN 转换

这里仅介绍比较指令 CMP、区间比较指令 ZCP、传送指令 MOV 3 条常用指令。

1. 比较指令 CMP

FNC10 CMP（P）（16/32）	适合软元件									占用步数
	字元件	K、H	KnX	KnY	KnM	KnS	T	C	D	V、Z	16 位：7 步 32 位：13 步
		S1.S2.									
	位元件			X	Y	M	S				
					D.						

CMP 指令是将 2 个操作数大小进行比较，然后将比较的结果通过指定的位元件（占用连续的 3 个点）进行输出的指令，指令的使用说明如图 7-5 所示。

CMP 指令的目标[D.]假如指定为 M0，则 M0、M1、M2 将被占用。当 X0 为 ON，则比较的结果通过目标元件 M0、M1、M2 输出；当 X0 为 OFF，则指令不执行，M0、M1、M2 的状态保持不变，要清除比较结果的话，可以使用复位指令或区间复位指令。

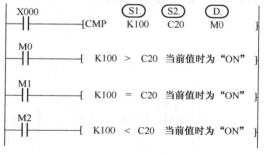

图 7-5 CMP 指令

2. 区间比较指令 ZCP

FNC11 ZCP（P）（16/32）	适合软元件									占用步数
	字元件	K、H	KnX	KnY	KnM	KnS	T	C	D	V、Z	16 位：9 步 32 位：17 步
		S1. S2.S.									
	位元件			X	Y	M	S				
					D.						

ZCP 指令是将 1 个数据与 2 个源数据进行比较的指令。源数据[S1.]的值不能大于[S2.]的值，若[S1.]大于[S2.]的值，则执行 ZCP 指令时，将[S2.]看作等于[S1.]。指令的使用说明如图 7-6 所示。

如图 7-6 所示，当 C30 < K100 时，M3 为 ON；当 K100≤C30≤K120 时，M4 为 ON；当 C30 > K120 时，M5 为 ON。当 X0=OFF 时，不执行 ZCP 指令，但 M3、M4、M5 的状态保持不变。

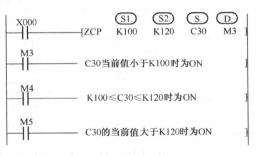

图 7-6　ZCP 指令

3. 传送指令 MOV

FNC12　MOV （P）（16/32）	适合软元件									占 用 步 数
	字元件	**S.**								16 位：5 步 32 位：9 步
		K、H	KnX	KnY	KnM	KnS	T	C	D	V、Z	
		D.								
	位元件									

MOV 指令的使用说明如下。

上述程序的功能是当 X0 为 ON 时，将常数 100 送入 D10；当 X0 变为 OFF 时，该指令不执行，但 D10 内的数据不变。

常数可以传送到数据寄存器，寄存器与寄存器之间也可以传送，此外定时器或计数器的当前值也可以被传送到寄存器，举例如下。

上述程序的功能是当 X1 变为 ON 时，T0 的当前值被传送到 D20 中。

MOV 指令除了进行 16 位数据传送外，还可以进行 32 位数据传送，但必须在 MOV 指令前加 D，举例如下。

7.2.3　算术与逻辑运算指令

算术与逻辑运算指令包括算术运算和逻辑运算，共有 10 条指令，见表 7-4。

表 7-4　　　　　　　　　　　　算术与逻辑运算指令

FNC NO.	指令记号	指令名称	FNC NO.	指令记号	指令名称
20	ADD	BIN 加法	25	DEC	BIN 减 1
21	SUB	BIN 减法	26	WAND	逻辑字与
22	MUL	BIN 乘法	27	WOR	逻辑字或
23	DIV	BIN 除法	28	WXOR	逻辑字异或
24	INC	BIN 加 1	29	NEG	求补码

这里介绍 BIN 加法运算指令 ADD、BIN 减法运算指令 SUB、BIN 乘法运算指令 MUL、BIN 除法运算指令 DIV、BIN 加运算指令 INC、BIN 减运算指令 DEC、逻辑字与 WAND、逻辑字或 WOR、逻辑字异或 WXOR 9 条指令。

1. BIN 加法运算指令 ADD

		适合软元件								占用步数
FNC20　ADD（P）（16/32）	字元件				S1. S2.					16 位：7 步 32 位：13 步
		K、H	KnX	KnY	KnM	KnS	T	C	D	V、Z
					D.					
	位元件									

ADD 指令的使用说明如下。

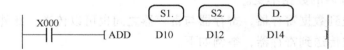

当 X0 为 ON 时，将 D10 与 D12 的二进制数相加，其结果送到指定目标 D14 中。数据的最高位为符号位（0 为正，1 为负），符号位也以代数形式进行加法运算。

当运算结果为 0 时，0 标志（M8020）动作；当运算结果超过 32767（16 位运算）或 2147483647（32 位运算）时，进位标志 M8022 动作；当运算结果小于-32768（16 位运算）或-2147483648（32 位运算）时，借位标志 M8021 动作。

进行 32 位运算时，字元件的低 16 位被指定，紧接着该元件编号后的软元件将作为高 16 位，在指定软元件时，注意软元件不要重复使用。

源和目标元件可以指定为同一元件，在这种情况下必须注意，如果使用连续执行的指令（ADD、DADD），则每个扫描周期运算结果都会变化，因此，可以根据需要使用脉冲执行的形式加以解决，举例如下。

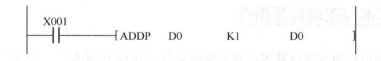

2. BIN 减法运算指令 SUB

		适合软元件									占 用 步 数
FNC21　SUB（P）（16/32）	字元件	S1. S2.									16 位：7 步 32 位：13 步
		K、H	KnX	KnY	KnM	KnS	T	C	D	V、Z	
		D.									
	位元件										

SUB 指令的使用说明如下。

当 X0 为 ON 时，将 D10 与 D12 的二进制数相减，其结果送到指定目标 D14 中。

标志位的动作情况、32 位运算时的软元件的指定方法、连续与脉冲执行的区别等都与 ADD 指令的解释相同。

3. BIN 乘法运算指令 MUL

		适合软元件									占 用 步 数
FNC22　MUL（P）（16/32）	字元件	S1 . S2 .									16 位：7 步 32 位：13 步
		K、H	KnX	KnY	KnM	KnS	T	C	D	V、Z	
		D .							限16位可用		
	位元件										

MUL 指令 16 位运算的使用说明如下。

参与运算的 2 个源指定的内容的乘积，以 32 位数据的形式存入指定的目标，其中低 16 位存放在指定的目标元件中，高 16 位存放在指定目标的下一个元件中，结果的最高位为符号位。

32 位运算的使用说明如下。

```
   X001                  S1.    S2.     D.      BIN        BIN          BIN
───┤├────────[DMUL   D0     D2      D4      (D1,D0) × (D3,D2) → (D7,D6,D5,D4)
                                             32位        32位          64位
```

两个源指定的软元件内容的乘积，以 64 位数据的形式存入目标指定的元件（低位）和紧接其后的 3 个元件中，结果的最高位为符号位。但必须注意，目标元件为位元件组合时，只能得到低 32 位的结果，不能得到高 32 位的结果，解决的办法是先把运算目标指定为字元件，再将字元件的内容通过传送指令送到位元件组合中。

4. BIN 除法运算指令 DIV

		适合软元件									占用步数
FNC23 DIV （P）（16/32）	字元件				S1．S2．						16 位：7 步 32 位：13 步
		K、H	KnX	KnY	KnM	KnS	T	C	D	V、Z	
					D．					限 16 位可用	
	位元件										

16 位运算的使用说明如下。

```
  X001                                      │BIN    BIN    BIN    BIN
  ─┤├────────[DIV   (S1.)   (S2.)   (D.)     │(D0) ÷ (D2) → (D4) … (D5)
                    D0      D2      D4       │16 位  16 位  16 位  余数
```

[S1．]指定元件的内容为被除数，[S2．]指定元件的内容为除数，[D．]所指定元件为运算结果的商，[D．]的后一元件存入余数。

32 位运算的使用说明如下。

```
  X001                                      │BIN          BIN          BIN          BIN
  ─┤├────────[DDIV  (S1.)   (S2.)   (D.)     │(D1,D0) ÷ (D3,D2) → (D5,D4) … (D7,D6)
                    D0      D2      D4       │32 位        32 位        32 位        32 位
```

被除数是[S1.]指定的元件和其相邻的下一元件组成的元件对的内容，除数是[S2．]指定的元件和其相邻的下一元件组成的元件对的内容，其商存入[D.]指定元件开始的连续 2 个元件中，运算结果最高位为符号位，余数存入[D.]指定元件开始的连续第 3、4 个元件中。

DIV 指令的[S2.]不能为 0，否则运算会出错。目标[D.]指定为位元件组合时，对于 32 位运算，将无法得到余数。

5. BIN 加 1 运算指令 INC 和 BIN 减 1 运算指令 DEC

		适合软元件									占用步数
FNC24 INC FNC25 DEC （P）（16/32）	字元件	K、H	KnX	KnY	KnM	KnS	T	C	D	V、Z	16 位：3 步 32 位：5 步
						D．					
	位元件										

INC 指令使用说明如下。

X0 每 ON1 次，[D.]所指定元件的内容就加 1，如果是连续执行的指令，则每个扫描周期都将执行加 1 运算，所以使用时应当注意。

16 位运算时，如果目标元件的内容为+32767，则执行加 1 指令后将变为−32768，但标志不动作；32 位运算时，+2147483647 执行加 1 指令则变为-2147483648，标志也不动作。

DEC 指令的使用说明如下。

X0 每 ON1 次，[D.]所指定元件的内容就减 1，如果是连续执行的指令，则每个扫描周期都将执行减 1 运算。

16 位运算时，如果-32768 执行减 1 指令则变为+32767，但标志位不动作；32 位运算时，-2147483648 执行减 1 指令则变为+2147483647，标志位也不动作。

应用举例，如图 7-7 所示。

当 X20 或 M1 为 ON 时，Z0 清零；X21 每 ON 1 次，C0Z0（即 C0~C9）的当前值即转化为 BCD 码向 K4Y0 输出，同时 Z0 的当前值加 1；当 Z0 的当前值为 10 时，M1 动作，Z0 又清零，这样可将 C 0~C9 的当前值以 BCD 码循环输出。

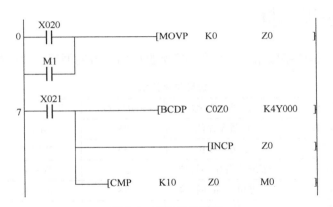

图 7-7　INC 指令应用

6. 逻辑字与指令 WAND、逻辑字或指令 WOR、逻辑字异或指令 WXOR

		适合软元件								占用步数
FNC26　WAND FNC27　WOR FNC28　WXOR （P）（16/32）	字元件	S1 . S2 .								16 位：7 步 32 位：13 步
		K、H	KnX	KnY	KnM	KnS	T	C	D	V、Z	
		D .								
	位元件									

逻辑与指令的使用说明如下。

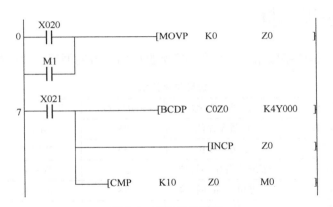

X0 为 ON 时对[S1 .]和[S2 .]2 个源操作数所对应的 BIT 位进行与运算，其结果送到

[D ·]。运算法则是 1∧1=1，1∧0=0，0∧1=0，0∧0=0。

逻辑或指令的使用说明如下。

```
    X000                    S1.     S2.     D.
    ──┤├──────────[WOR    D10     D12    D14 ]──┤
                        D10∨D12→D14
```

X0 为 ON 时对[S1 ·]和[S2 ·]2 个源操作数所对应的 BIT 位进行或运算，其结果送到 [D ·]。运算法则是 1∨1=1，1∨0=1，0∨1=1，0∨0=0。

逻辑异或指令的使用说明如下。

```
    X000                    S1.     S2.     D.
    ──┤├──────────[WXOR   D10     D12    D14 ]──┤
                        D10+D12→D14
```

X0 为 ON 时，对[S1.]和[S2.]2 个源操作数所对应的 BIT 位进行异或运算，其结果送到 [D.]。运算法则是 1⊕1=0，1⊕0=1，0⊕1=1，0⊕0=0。

7.2.4 循环与移位指令

循环与移位指令是使字数据、位组合的字数据向指定方向循环、移位的指令，见表 7-5。

表 7-5　　　　　　　　　　　　循环与移位指令

FNC NO.	指令记号	指令名称	FNC NO.	指令记号	指令名称
30	ROR	右循环移位	35	SFTL	位左移
31	ROL	左循环移位	36	WSFR	字右移
32	RCR	带进位右循环移位	37	WSFL	字左移
33	RCL	带进位左循环移位	38	SFWR	移位写入
34	SFTR	位右移	39	SFRD	移位读出

这里仅介绍右循环移位指令 ROR、左循环移位指令 ROL、带进位右循环移位指令 RCR、带进位左循环移位指令 RCL 指令。

1. 右循环移位指令 ROR 和左循环移位指令 ROL

FNC30　ROR FNC31　ROL （P）（16/32）		适合软元件									占用步数
	字元件	K、H	KnX	KnY	KnM	KnS	T	C	D	V、Z	16 位：7 步 32 位：13 步
		n				D.					
	位元件										

ROR、ROL 是使 16 位数据的各位向右、左循环移位的指令，指令的执行过程如图 7-8 所示。

如图 7-8 所示，每当 X0 由 OFF→ON（脉冲）时，D0 的各位向左或右循环移动 4 位，最后移出位的状态存入进位标志位 M8022。执行完该指令后，D0 的各位发生相应的移位，但奇/偶校验并不发生变化。32 位运算指令的操作与此类似。

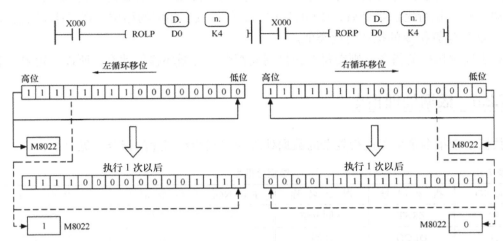

图 7-8　循环移位指令

对于连续执行的指令，则在每个扫描周期都会进行循环移位动作，所以一定要注意。对于位元件组合的情况，位元件前的 K 值为 4（16 位）或 8（32 位）才有效，如 K4M0，K8M0。

2. 带进位的右循环 RCR 和带进位的左循环 RCL

FNC32　RCR FNC33　RCL （P）（16/32）	字元件	K、H	KnX	KnY	KnM	KnS	T	C	D	V、Z	占 用 步 数
		n					D.				16 位：7 步 32 位：13 步
	位元件										

RCL 和 RCR 是使 16 位数据连同进位位一起向左/向右循环移位的指令，指令的执行过程如图 7-9 所示。

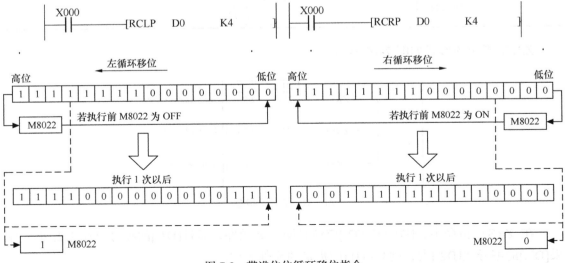

图 7-9　带进位位循环移位指令

如图 7-9 所示，每当 X0 由 OFF→ON（脉冲）时，D0 的各位连同进位位向左或右循环移动 4 位。执行完该指令后，D0 的各位和进位位发生相应的移位，奇/偶校验也会发生变化。32 位运算指令的操作与此类似。

对于连续执行的指令，则在每个扫描周期都会进行循环移位动作，所以一定要注意。

7.2.5 数据处理指令

数据处理指令是可以进行复杂的数据处理和实现特殊用途的指令，见表 7-6。

表 7-6　　　　　　　　　　　　　　数据处理指令

FNC NO.	指 令 记 号	指 令 名 称	FNC NO.	指 令 记 号	指 令 名 称
40	ZRST	区间复位	43	SUM	求 ON 位数
41	DECO	译码	44	BON	ON 位判断
42	ENCO	编码	45	MEAN	求平均值
46	ANS	报警器置位	48	SOR	BIN 数据开方运算
47	ANR	报警器复位	49	FLT	BIN 整数变换 2 进制浮点数

这里仅介绍区间复位指令 ZRST、解（译）码指令 DECO、编码指令 ENCO、ON 位数计算指令 SUM。

1. 区间复位指令 ZRST

		适合软元件									占 用 步 数
FNC40　ZRST （P）（16）	字元件	K、H	KnX	KnY	KnM	KnS	T	C	D	V、Z	5 步
									D1.D2.		
	位元件			X	Y	M	S				
						D1.D2.					

ZRST 指令的形式如图 7-10 所示。

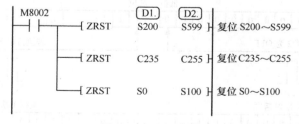

图 7-10　ZRST 指令

在 ZRST 指令中，[D1.]和[D2.]应该是同一类元件，而且[D1.]的编号要比[D2.]小，如果[D1.]的编号比[D2.]大，则只有[D1.]指定的元件复位。

2. 解（译）码指令 DECO

FNC41　DECO （P）（16）		适合软元件									占 用 步 数
	字元件	K、H	KnX	KnY	KnM	KnS	T	C	D	V、Z	7 步
	位元件		X	Y	M	S					

注: 字元件行 S. 标于 T C D 上方, D. 标于其下方; 位元件行 S. 标于 X Y M S 上方, D. 标于其下方。

DECO 指令的执行过程如图 7-11 所示。

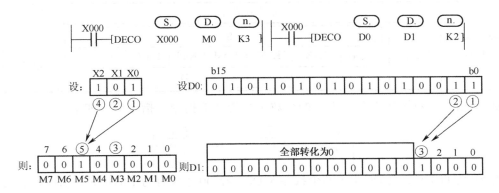

图 7-11　DECO 指令

如图 7-11 所示，[n.]为指定源操作数[S.]中译码的位数（即对源操作数[S.]的 n 个位进行译码），目标操作数[D.]的位数则最多为 2^n 个。因此，如果目标元件[D.]为位元件，则 n 的值应小于等于 8；如果目标元件为字元件，则 n 的值应小于等于 4；如果[S.]中的数为 0，则执行的结果在目标中为 1。

在使用目标元件为位元件时注意，该指令会占用大量的位元件（$n = 8$ 时则占用 $2^8 = 256$ 点），所以在使用时注意不要重复使用这些元件。

3. 编码指令 ENCO

FNC42　ENCO （P）（16）		适合软元件									占 用 步 数
	字元件	K、H n	KnX	KnY	KnM	KnS	T	C	D　D. S.	V、Z	7 步
	位元件		X	Y	M	S					

ENCO 指令的执行过程如图 7-12 所示。

如图 7-12 所示，[n.]为指定目标[D.]中编码后的位数，也就是对源操作数[S.]中的 2^n 个位进行编码，如果[S.]为位元件，则 n 小于等于 8；如果[S.]为字元件，则 n 小于等于 4；如果 [S.]有多个位为 1，则只有高位有效，忽略低位；如果[S.]全为 0，则运算出错。

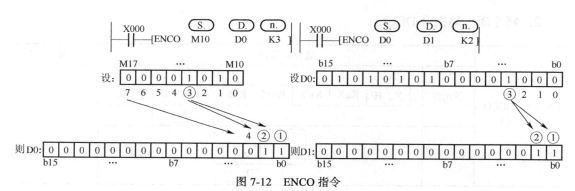

图 7-12 ENCO 指令

4. ON 位数计算指令 SUM

FNC43 SUM （P）（16/32）	字元件	适 合 软 元 件									占 用 步 数
		S.									16 位：5 步 32 位：9 步
		K、H	KnX	KnY	KnM	KnS	T	C	D	V、Z	
		D.									

SUM 指令是对源数据单元中 1 的个数进行统计的指令，指令形式如下。

当 X0 为 ON 时，将 D0 中 1 的个数存入 D2，若 D0 中没有为 1 的位时，则零标志 M8020 动作，其执行过程如下。

设 D0 为	0	1	0	1	0	1	0	1	0	1	0	1	0	1	1	1

则 D2 为	0	0	0	0	0	0	0	0	0	0	0	0	1	0	0	1

对于 32 位操作，将 ［S.］指定元件的 32 位数据中 1 的个数存入 ［D.］所指定的元件中，［D.］的后一元件的各位均为 0。

7.2.6 高速处理指令

高速处理指令能充分利用 PLC 的高速处理能力进行中断处理，达到利用最新的输入输出信息进行控制的目的，高速处理指令见表 7-7。

表 7-7 　　　　　　　　　　　　　　　　高速处理指令

FNC NO.	指令记号	指令名称	FNC NO.	指令记号	指令名称
50	REF	输入输出刷新	55	HSZ	区间比较（高速计数器）
51	REFF	滤波调整	56	SPD	速度检测
52	MTR	矩阵输入	57	PLSY	脉冲输出
53	HSCS	比较置位（高速计数器）	58	PWM	脉宽调制
54	HSCR	比较复位（高速计数器）	59	PLSR	可调速脉冲输出

在高速处理指令中仅介绍比较置位复位指令（高速计数器）HSCS/HSCR、速度检测指令 SPD、脉冲输出指令 PLSY 和可调速脉冲输出指令 PLSR。

1. 比较置位复位指令（高速计数器）HSCS/HSCR

		适合软元件									占用步数
FNC53 HSCS (P)(32) FNC54 HSCR (P)(32)	字元件							S2.			13 步
		K、H	KnX	KnY	KnM	KnS	T	C	D	V、Z	
		S1.									
	位元件			X	Y	M	S				
					D.						

HSCS 和 HSCR 指令是对高速计数器当前值进行比较，并通过中断方式进行处理的指令，指令形式如下。

上述程序是以中断方式对相应高速计数输入端进行计数处理。左边程序是当计数器的当前值由 99 到 100（加计数）或由 101 到 100（减计数）时，输出立即执行，不受扫描周期的影响。右边程序是当计数器的当前值由 199 到 200 或 201 到 200 时，Y10 立即复位，不受系统扫描周期的影响。如果使用如下程序，则向外输出要受扫描周期的影响。如果等到扫描完后再进行输出刷新，计数值可能已经偏离了设定值。

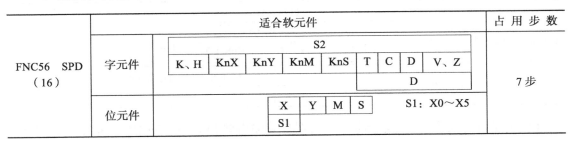

2. 速度检测指令 SPD

		适合软元件									占用步数
FNC56 SPD (16)	字元件					S2					7 步
		K、H	KnX	KnY	KnM	KnS	T	C	D	V、Z	
										D	
	位元件			X	Y	M	S	S1: X0～X5			
				S1							

SPD 是采用中断输入方式对指定时间内的输入脉冲进行计数的指令，指令形式如下。

当 X10 闭合时，在[S2·]指定的时间内（ms）对[S1·]指定的输入继电器（X0～X5）的输入脉冲进行计数，[S2·]指定的时间内输入的脉冲数存入[D·]指定的寄存器内，计数的当前值存入[D·]+1 所指定的寄存器内，剩余时间存入[D·]+2 所指定的寄存器内，所以，其转速公式为

$$N = \frac{60 \ D\bullet}{nt} \times 10^3 (r/min)$$

其中，N 为转速，单位 r/min，n 为脉冲个数/转，t 为[S2·]指定的时间（ms），[D·]为在[S2·]指定的时间内的脉冲个数。

3. 脉冲输出指令 PLSY

FNC57 PLSY （16/32）		适合软元件									占 用 步 数
	字元件	S1.S2									16 位：7 步 32 位：13 步
		K、H	KnX	KnY	KnM	KnS	T	C	D	V、Z	
	位元件			X	Y	M	S		D: Y0 或 Y1		
					D						

PLSY 是以指定的频率对外输出定量脉冲信号的指令，是晶体管输出型 PLC 特有的指令，指令形式如下。

```
    X010
──┤ ├──────[ PLSY    K200    D0    Y000 ]──
              (S1)   (S2)    (D)
```

当 X10 闭合时，PLC 则以[S1·]指定的数据为频率，在[D·]指定的输出继电器中输出[S2·]指定的脉冲个数。脉冲的占空比 50%，输出采用中断方式，不受扫描周期的影响，设定脉冲发送完毕后，执行结束标志 M8029 动作，若中途不执行该指令，则 M8029 复位，且停止脉冲输出。当[S2·]指定的脉冲个数为零时，则执行该指令时可以连续输出脉冲。

对于 PLSY 和 PLSR 指令输出的脉冲总数，保存在以下特殊数据寄存器中，从 Y0 输出的脉冲总数保存在 D8141、D8140，从 Y1 输出的脉冲总数保存在 D8143、D8142。

4. 可调速脉冲输出指令 PLSR

FNC59 PLSR （16/32）		适合软元件									占 用 步 数
	字元件	S1.S2.S3									16 位：9 步 32 位：17 步
		K、H	KnX	KnY	KnM	KnS	T	C	D	V、Z	
	位元件			X	Y	M	S		D: Y0 或 Y1		
					D						

PLSR 是带加减速的脉冲输出指令，是晶体管输出型 PLC 特有的指令，指令形式如下。

```
    X010
──┤ ├──────[ PLSR   K200    K2000    K100    Y000 ]──
              (S1)   (S2)     (S3)     (D)
```

当 X10 闭合时，PLC 则以[S1·]指定的数据为频率，在[D·]指定的输出继电器中输出

[S2·]指定的脉冲个数，频率的加减速时间由[S3·]指定，其执行情况与 PLSY 相似。

7.2.7　方便指令

方便指令是利用最简单的指令完成较为复杂的控制的指令，见表 7-8。

表 7-8　　　　　　　　　　　　　　　方便指令

FNC NO.	指令记号	指令名称	FNC NO.	指令记号	指令名称
60	IST	置初始状态	65	STMR	特殊定时器
61	SER	数据查找	66	ALT	交替输出
62	ABSD	凸轮控制（绝对方式）	67	RAMP	斜坡信号
63	INCD	凸轮控制（增量方式）	68	ROTC	旋转工作台控制
64	TIMR	示教定时器	69	SORT	数据排序

在方便指令中仅介绍交替指令 ALT、旋转工作台控制指令 ROTC。

1.　交替指令 ALT

FNC66　ALT（P）（16）		适合软元件	占用步数
	字元件		3 步
	位元件	X Y M S　D.	

ALT 指令是实现交替输出的指令，该指令只有目标元件，其使用说明如下。

```
    X000
  ──┤├──────────────[ALTP   M0        ]
```

每当 X0 从 OFF→ON 时，M0 的状态就改变 1 次，如果用 M0 再去驱动另一个 ALT 指令，则可以得到多级分频输出。

若为连续执行的指令，则 M0 的状态在每个扫描周期改变 1 次，输出的实际上是跟扫描周期同步的高频脉冲，频率为扫描周期的 1/2。因此，在使用连续执行的指令时应特别注意。

如果用基本指令实现交替动作，则其梯形图如图 5-39 所示。

2.　旋转工作台控制指令 ROTC

FNC68　ROTC（16）		适合软元件							S.		占用步数
	字元件	K、H	KnX	KnY	KnM	KnS	T	C	D	V、Z	9 步
		m1m2									
	位元件		X Y M S　D.								

ROTC 指令是为了使指定的工件以最短路径转到需要的位置的指令，如图 7-13 所示（旋转工作台有 10 个位置）。

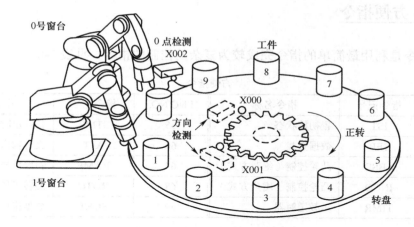

图 7-13　旋转工作台

使用 ROTC 指令所需要的条件如下。

（1）旋转位置检测信号

装 1 个两相开关以检测工作台的旋转方向，如图 7-14 所示。X2 是原点开关，当 0 号工件转到原点位置时，X2 接通。

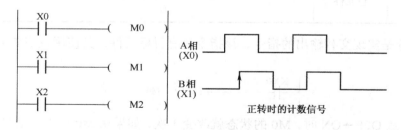

图 7-14　旋转位置检测程序

（2）指定计数寄存器[S.]

例如指定 D200 为旋转工作台位置检测计数器。

（3）分度数（m1）和低速区（m2）

需要指定旋转台的工件位置数 m1 以及低速区间隔 m2。

（4）呼叫条件寄存器

指定了[S.]计数寄存器，就自动指定了[S.]+1 为设定被呼工件位置寄存器；[S.]+2 为设定呼叫位置寄存器。

当以上条件都设定后，则 ROTC 指令就自动地指定输出信号：正/反转，高/低速和停止，其程序格式如下。

```
 X010                  (S.)  m1   m2  (D.)
 ─┤├──────[ROTC  D200  K10  K2  M0     m1: 工作台数量 (2~32767)
                                        m2: 低速区间隔 (2~32767)
```

D200：计数寄存器。

D201：被呼工件位置寄存器。 ⎫
⎬ 预先用传送指令设置。
D201：呼叫位置寄存器。 ⎭

M0：A 相信号。 ⎫
⎪
M1：B 相信号。 ⎬ 编制程序使之与相应输入条件对应。
⎪
M2：原点检测信号。 ⎭

M3：高速正转。 ⎫
⎪
M4：低速正转。 ⎪
⎪
M5：停止。 ⎬ 执行条件 X10 为 ON 时，M3～M7 自动得到输出结果。
⎪ X10 为 OFF 时，M3～M7 均为 OFF。
M6：低速反转。 ⎪
⎪
M7：高速反转。 ⎭

ROTC 指令被驱动时，若检测到原点信号 M2 为 ON，则计数寄存器 D200 清零，所以在任务开始前须先执行清零操作。

ROTC 指令只可使用 1 次。

7.2.8 外部设备 I/O 指令

外部设备 I/O 指令是 PLC 的输入输出与外部设备进行数据交换的指令，这些指令可以通过简单的处理，进行较复杂的控制，因此具有方便指令的特点，见表 7-9。

表 7-9   外部设备 I/O 指令

FNC NO.	指 令 记 号	指 令 名 称	FNC NO.	指 令 记 号	指 令 名 称
70	TKY	10 键输入	75	ARWS	方向开关
71	HKY	16 键输入	76	ASC	ASC 码转换
72	DSW	数字开关	77	PR	ASC 码打印
73	SEGD	7 段译码	78	FROM	BFM 读出
74	SEGL	带锁存的 7 段码显示	79	TO	BFM 写入

在本小节中仅介绍 7 段译码指令 SEGD、BFM 读出指令 FROM、BIM 写入指令 TO。

1. 7 段译码指令 SEGD

		适合软元件								占用步数
FNC73　HSCS（P）（16）	字元件	S .								5 步
		K、H	KnX	KnY	KnM	KnS	T	C	D	V、Z	
		D .								
	位元件									

SEGD 指令的使用说明如下。

```
      X000                  S.            D.
   ─┤├────────[SEGD    D0           K2Y000    ]
```

当 X0 为 ON 时，将[S.]的低 4 位指定的 0～F（16 进制）的数据译成 7 段码，显示的数据存入[D.]的低 8 位，[D.]的高 8 位不变；当 X0 为 OFF 后，[D.]输出不变。7 段译码见表 7-10。

表 7-10　　　　　　　　　　　　　　7 段码译码表

源		7 段组合数字	目 标 输 出							
十六进制数	位组合格式		B7	B6	B5	B4	B3	B2	B1	B0
0	0000		0	1	1	1	1	1	1	1
1	0001		0	0	0	0	0	1	1	0
2	0010		0	1	0	1	1	0	1	1
3	0011		0	1	0	0	1	1	1	1
4	0100		0	1	1	0	0	1	1	0
5	0101		0	1	1	0	1	1	0	1
6	0110		0	1	1	1	1	1	0	1
7	0111		0	0	1	0	0	1	1	1
8	1000		0	1	1	1	1	1	1	1
9	1001		0	1	1	0	1	1	1	1
A	1010		0	1	1	1	0	1	1	1
B	1011		0	1	1	1	1	1	0	0
C	1100		0	0	1	1	1	0	0	1
D	1101		0	1	0	1	1	1	1	0
E	1110		0	1	1	1	1	0	0	1
F	1111		0	1	1	1	0	0	0	1

（7 段组合数字示意图：B0 顶部，B5 左上，B1 右上，B6 中间，B4 左下，B2 右下，B3 底部）

2. BFM 读出指令 FROM

FNC78　FROM（P）（16/32）		适合软元件									占用步数
	字元件	K、H	KnX	KnY	KnM	KnS	T	C	D	V、Z	16 位：9 步
		m1 m2 n					D .				32 位：17 步
	位元件										

FROM 指令是将特殊模块中缓冲寄存器（BFM）的内容读到 PLC 的指令，其使用说明如下。

```
      X002       m1          m2          D.          n
   ─┤├────[FROM   K1          K29         K4M0        K1        ]
                 模块号       BFM#        接收地址     传送点数
```

当 X2 为 ON 时，将#1 模块的#29 缓冲寄存器（BFM）的内容读出传送到 PLC 的 K4M0 中。上图中的 m1 表示模块号，m2 表示模块的缓冲寄存器（BFM）号，n 表示传送数据的个数。

3. BFM 写入指令 TO

		适合软元件									占用步数
FNC79 TO （P）（16/32）	字元件	S.									16位：9步 32位：17步
		K、H	KnX	KnY	KnM	KnS	T	C	D	V、Z	
		m1 m2 n									
	位元件										

TO 指令是将 PLC 的数据写入特殊模块的缓冲寄存器（BFM）的指令，其使用说明如下。

```
    X000        m1        m2       S.         n
──┤├──── TO     K1        K12       D0        K2  ────
            模块号      BFM#     传送地址    传送点数
```

当 X0 为 ON 时，将 PLC 数据寄存器 D1、D0 的内容写到#1 模块的#13、#12 号缓冲寄存器。上图中的 m1 表示模块号，m2 表示特殊模块的缓冲寄存器的 BFM#号，n 表示传送数据的个数。

对 FROM、TO 指令中的 m1、m2、n 的理解说明如下。

（1）m1 模块号

它是连接在 PLC 上的特殊功能模块的编号（即模块号），模块号是从最靠近基本单元的那个开始，按从#0 到#7 的顺序编号，其范围为 0～7，用模块号可以指定 FROM、TO 指令对哪一个特殊功能模块进行读写。

（2）m2 缓冲寄存器号

在特殊功能模块内设有 16 位 RAM，这些 RAM 就叫做缓冲寄存器（即 BFM），缓冲寄存器号为#0～#32767，其内容根据连接模块的不同来决定。对于 32 位操作，指定的 BFM 为低 16 位，其下一个编号的 BFM 为高 16 位。

（3）n 传送数据个数

用 n 指定传送数据的个数，16 位操作时 $n=2$ 和 32 位操作时 $n=1$ 的含义相同。在特殊辅助继电器 M8164（FROM/TO 指令传送数据个数可变模式）为 ON 时，特殊数据寄存器 D8164（FROM/TO 指令传送数据个数指定寄存器）的内容作为传送数据个数 n 进行处理。

7.2.9 外部设备 SER 指令

外部设备 SER 指令是对连接在串行接口上的特殊适配器进行控制的指令，此外 PID 指令也包含其中，见表 7-11。

表 7-11 外部设备 SER 指令

FNC NO.	指 令 记 号	指 令 名 称	FNC NO.	指 令 记 号	指 令 名 称
80	RS	串行数据传送	85	VRRD	电位器读出
81	PRUN	8 进制位传送	86	VRSC	电位器刻度
82	ASCI	HEX→ASCII 转换	87	…	…
83	HEX	ASCII→HEX 转换	88	PID	PID 运算
84	CCD	求校验码	89	…	…

在本小节中仅介绍串行数据传送指令 RS、HEX→ASCⅡ转换指令 ASCI、ASCI→HEX 转换指令 HEX、求校验码指令 CCD、PID 运算指令 PID。

1. 串行数据传送指令 RS

FNC80　RS （16）	适合软元件									占用步数
		K、H	KnX	KnY	KnM	KnS	T	C	D	V、Z	
	字元件	m n							S.D.m n		9 步
	位元件										

该指令用于对 RS-232 及 RS-485 等扩展功能板及特殊适配器进行串行数据发送和接收的指令，其使用说明如下。

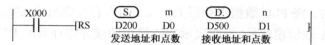

在上图中 m 和 n 是发送和接收字符的个数，可以用寄存器 D 或直接用 K、H 常数设定。在不进行数据发送的系统中，请将发送的个数设定为 K0；在不进行数据接收的系统中，请将接收的个数设定为 K0。

（1）通信格式的设定（D8120）

在 PLC 中，特殊功能寄存器 D8120 用于设定通信格式，D8120 除了用于 RS 指令的无顺序通信外，还可用于计算机链接通信。D8120 的位定义见表 7-12。

表 7-12　　　　　　　　　　　D8120 位信息表

位　号	名　称	内　容	
		0（OFF）	1（ON）
b0	数据长	7 位	8 位
b1 b2	奇偶性	b2，b1 （0，0）：无 （0，1）：奇数（ODD） （1，1）：偶数（EVEN）	
b3	停止位	1 位	2 位
b4 b5 b6 b7	波特率（B/s）	b7，b6，b5，b4 （0，0，1，1）：300 （0，1，0，0）：600 （0，1，0，1）：1200 （0，1，1，0）：2400	b7，b6，b5，b4 （0，1，1，1）：4800 （1，0，0，0）：9600 （1，0，0，1）：19200
b8	头字符	无	有（D8124）初始值 STX（02H）
b9	结束符	无	有（D8125）初始值 ETX（02H）
b10 b11	控制线	无顺序	b11，b10 （0，0）：无<RS-232> （0，1）：普通模式<RS-232> （1，0）：互锁模式<RS-232> （1，1）：调制解调器模式<RS-232,RS-485>

续表

位 号	名 称	内 容	
		0（OFF）	1（ON）
b10 b11	控制线	计算机链接 通信	b11，b10 （0，0）：RS-485 接口 （1，0）：RS-232 接口
b12		不可使用	
b13	和校验	不附加	附加
b14	协议	不使用	使用
b15	控制顺序	方式 1	方式 2

若通信格式的设定如表 7-13，则 D8120 的设定程序如图 7-15 所示。

表 7-13　　　　　　　　　　　　　　　设定举例

数 据 长 度	7 位	起 始 位	无
奇数偶性	奇数	端子	无
停止位	1	控制线	无
传输速率	19200		

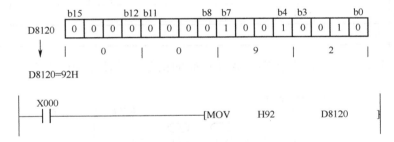

图 7-15　D8120 的设定程序

（2）RS 指令收发数据的程序

RS 指令接收和发送数据的程序如图 7-16 所示。

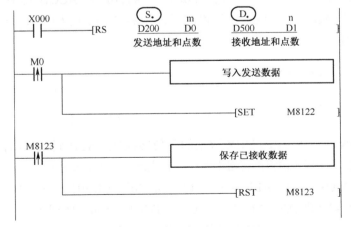

图 7-16　RS 程序格式

（3）发送请求特殊功能继电器（M8122）

如图 7-16 所示，RS 的驱动输入 X0 为 ON 时，PLC 即进入发送和接收等待状态。在发送和接收等待状态时，用脉冲指令置位 M8122，就开始发送从 D200 开始的 D0 长度的数据，数据发送完毕，M8122 自动复位。

（4）接收完成特殊功能寄存器（M8123）

数据接收完成后，接收完成标志 M8123 置位，M8123 需通过程序复位，但在复位前，请将接收寄存器的数据进行保存，否则接收的数据将被下一次接收的数据覆盖。复位完成后，则再次进入接收等待状态。

（5）8 位/16 位数据处理特殊功能寄存器（M8161）

当 M8161=OFF 时，将 16 数据分为高、低 8 位进行发送和接收；当 M8161=ON 时，忽略高 8 位，仅低 8 位有效。M8161 对于 RS 及后面学习的 ASCI、HEX、CCD 指令有效。

2. HEX→ASCII 转换指令 ASCI

FNC82 ASCI （P）（16）	字元件	适合软元件									占用步数
		S.									
		K、H	KnX	KnY	KnM	KnS	T	C	D	V、Z	7 步
		m n				D.					
	位元件										

ASCI 指令是将十六进制数转换成 ASCII 码的指令，其使用说明如下。

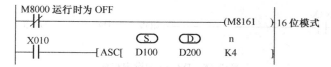

当 M8161=OFF 时，[S.]中的 HEX 数据的各位按低位到高位的顺序转换成 ASCII 码后，向目标元件[D.]的高 8 位、低 8 位分别传送存储 ASCII 码，传送的字符数由 n 指定。如（D100）=0ABCH，当 n=4 时，则（D200）=4130H 即 ASCII 码字符 "A" 和 "0"，（D201）=4342H 即 ASCII 码字符 "C" 和 "B"；当 n=2 时，则（D200）=4342H 即 ASCII 码字符 "C" 和 "B"。

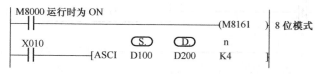

当 M8161=ON 时，[S.]中的 HEX 数据的各位转换成 ASCII 码后，向目标元件[D.]的低 8 位传送存储 ASCII 码，高 8 位将被忽略（为 0），传送的字符数由 n 指定。如（D100）=0ABCH，当 n=4 时，则（D200）=0030H 即 ASCII 码字符 "0"，（D201）=0041H 即 ASCII 码字符 "A"，（D202）=0042H 即 ASCII 码字符 "B"，（D203）=0043H 即 ASCII 码字符 "C"；当 n=2 时，则（D200）=0042H 即 ASCII 码字符 "B"，（D201）=0043H 即 ASCII 码字符 "C"。

3. ASCI→HEX 转换指令 HEX

FNC83　HEX （P）（16）	适合软元件									占用步数
	字元件				S.					7 步
		K、H	KnX	KnY	KnM	KnS	T	C	D	V、Z	
		n				D.					
	位元件									

HEX 指令是将 ASCII 码数据转换成十六进制数的指令，其使用说明如下。

当 M8161=OFF 时，分别将 D100 的高、低 8 位数据转换成 2 位 HEX 数，每 2 个源数据传向目标的 1 个存储单元，存储顺序与原来的相反，转换的字符数由 n 指定。如（D100）=4130H 即 ASCII 码字符 "A" 和 "0"，（D101）=4342H 即 ASCII 码字符 "C" 和 "B"，当 n=4 时，则（D200）=0ABCH；当 n=2 时，（D100）=4342H 即 ASCII 码字符 "C" 和 "B"，则（D200）=00BCH。

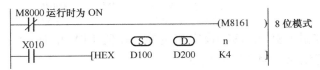

当 M8161=ON 时，将源数据 D100 的 ASCII 码的低 8 位（高 8 位将被忽略）转换为一个 HEX 数据，每 4 个源数据传向目标的一个存储单元，转换的字符数由 n 指定。如（D100）=42H 即 ASCII 码字符 "B"，（D101）=43H 即 ASCII 码字符 "C"，当 n=2 时，则（D200）=00BCH。

在 HEX 指令中，如果源数据[S.]中存储的数据不是 ASCII 码，则运算出错，不能进行 HEX 转换。

4. 校验码指令 CCD

FNC84　CCD （P）（16）	适合软元件									占用步数
	字元件				S.			S.n		7 步
		K、H	KnX	KnY	KnM	KnS	T	C	D	V、Z	
		n				D.					
	位元件									

CCD 指令是求校验码的专用指令，可以求总和校验和水平校验数据。在通信数据传输时，常常用 CCD 指令生成校验码，其使用说明如下。

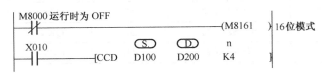

当 M8161=OFF 时，将［S.］指定的元件为起始的 *n* 个数据，将其高低各 8 位的数据总和与水平校验数据存于［D.］和［D.］+1 的元件中，总和校验溢出部分无效。

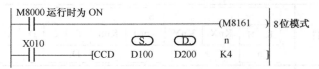

当 M8161=ON 时，将[S.]指定的元件为起始的 *n* 个数据的低 8 位，将其数据总和与水平校验数据存于[D.]和[D.]+1 的元件中，[S.]的高 8 位将被忽略，总和校验溢出部分无效。

5. PID 运算指令 PID

FNC88　PID （16）		适合软元件								占用步数
		K、H	KnX	KnY	KnM	KnS	T	C	D	V、Z	
	字元件								S1.S2.S3.D.		9 步
	位元件										

用于 PID 过程控制的 PID 运算指令，其使用说明如下。

```
 X000
──┤├──────[PID   D0      D1      D100     D150  ]
                 目标值   测定值   参数     输出值
                 (SV)    (PV)            (MV)
```

[S1.]设定目标数据（SV），[S2.]设定测定的现在值（PV），[S3.]～[S3.]+6 设定控制参数，执行程序后运算结果（MV）存入[D.]中。

[S3.]采样时间，[S3.]+1 动作方向，[S3.]+2 输入滤波常数，[S3.]+3 比例增益，[S3.]+4 积分时间，[S3.]+5 微分增益，[S3.]+6 微分时间。

7.2.10　触点比较指令

它使用 LD、AND、OR 与关系运算符组合而成，通过对 2 个数值的关系运算来实现触点闭合和断开的指令，总共有 18 个，见表 7-14。

表 7-14　　　　　　　　　　　　触点比较指令

FNC NO.	指 令 记 号	导 通 条 件	FNC NO.	指 令 记 号	导 通 条 件
224	LD=	S1=S2 导通	236	AND<>	S1≠S2 导通
225	LD>	S1>S2 导通	237	AND≤	S1≤S2 导通
226	LD<	S1<S2 导通	238	AND≥	S1≥S2 导通
228	LD<>	S1≠S2 导通	240	OR=	S1=S2 导通
229	LD≤	S1≤S2 导通	241	OR>	S1>S2 导通
230	LD≥	S1≥S2 导通	242	OR<	S1<S2 导通
232	AND=	S1=S2 导通	244	OR<>	S1≠S2 导通
233	AND>	S1>S2 导通	245	OR≤	S1≤S2 导通
234	AND<	S1<S2 导通	246	OR>=	S1≥S2 导通

1. 触点比较指令 LD□

FNC224-230 LD（P）（16/32）	适合软元件										占用步数
	字元件	S1 . S2 .									16 位：5 步
		K、H	KnX	KnY	KnM	KnS	T	C	D	V、Z	32 位：9 步
	位元件										

LD□是连接到母线的触点比较指令，它又可以分为 LD=、LD>、LD<、LD<>、LD≥、LD≤这 6 个指令，其编程举例如图 7-17 所示。

当计数器 C10 的当前值等于 K200 时，驱动 Y10

当 D200 的内容大于 -30，且 X1 非接通时，Y11 有输出

当计数器 C200 的当前值小于 K678493 或 M3 不通电时，驱动 M50

图 7-17　触点比较程序 1

LD□触点比较指令的最高位为符号位（16 位操作时为 b15，32 位操作时为 b31），最高位为 1 则作为负数处理。C200 及以后的计数器的触点比较，都必须使用 32 位指令，若指定为 16 位指令，则程序会出错。其他的触点比较指令与此相同。

2. 触点比较指令 AND

FNC232-238 AND（P）（16/32）	适合软元件										占用步数
	字元件	S1 . S2 .									16 位：5 步
		K、H	KnX	KnY	KnM	KnS	T	C	D	V、Z	32 位：9 步
	位元件										

AND□是比较触点作串联连接的指令，它又可以分为 AND=、AND>、AND<、AND<>、AND≥、AND≤这 6 个指令，其编程举例如图 7-18 所示。

当 X0 为 ON 且 C10 的当前值等于 K200 时，驱动 Y10

当 X1 为 OFF 且 D0 的值不等于 -10 时，Y11 有输出

当 X2 为 ON 且 D11、D10 的内容小于 K678493，或 M3 接通时，驱动 M50

图 7-18　触点比较程序 2

3. 触点比较指令 OR□

		适合软元件									占用步数
FNC240-FNC246 （P）（16/32）	字元件	S1．S2．									16 位：5 步 32 位：9 步
		K、H	KnX	KnY	KnM	KnS	T	C	D	V、Z	
	位元件										

OR□ 是比较触点作并联连接的指令，它又可以分为 OR=、OR>、OR<、OR<>、OR>=、OR<=这 6 个指令，其编程举例如图 7-19 所示。

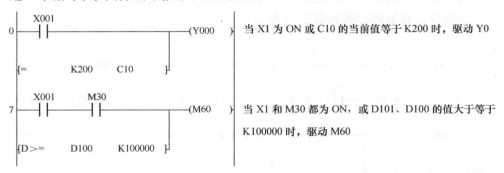

图 7-19　触点比较程序 3

习　题

1. 什么是功能指令？有什么用途？

2. 功能指令有哪些要素？叙述它们的使用意义。

3. 跳转发生后，CPU 是否扫描被跳过的程序段？被跳过的程序段中的输出继电器、定时器及计数器的状态将如何变化？

4. CJ 指令和 CALL 指令有什么区别？

5. MOV 指令能不能向 T、C 的当前值寄存器传送数据？

6. 编码指令 ENCO 被驱动后，当源数据中只有 b0 位为 1 时，则目标数据应为什么？

7. ROTC 指令操作数[S.]、[D.]、m1、m2 各表示什么意思？如何设定？

8. 设计一个适时报警闹钟，要求精确到秒（注意 PLC 运行时应不受停电的影响）。

9. 设计一个密码（6 位）开机的程序（X0～X11 表示 0～9 的输入），密码对按开机键即开机，密码不对有 3 次重复输入的机会，如 3 次均不正确则立即报警。

10. 高速计数器有什么用途，如何设定计数的方向？

实训课题 10　功能指令的应用

实训 24　数码管循环点亮的 PLC 控制（2）

1. 实验目的

① 掌握 MOV、CMP、INC、DEC、SEGD 指令的使用。

② 掌握功能指令编程的基本思路和方法。

③ 能运用功能指令设计较复杂的控制程序。

2．实训器材

① PLC 应用技术综合实训装置 1 台。

② 开关 2 个（按钮开关 1 个，选择开关 1 个）。

③ 7 段数码管 1 只。

④ 计算机 1 台（已安装 GX Developer 或 GPP 软件）。

3．实训要求

用功能指令设计一个数码管循环点亮的控制系统，其控制要求如下。

① 手动时，每按 1 次按钮数码管显示数值加 1，由 0～9 依次点亮，并实现循环。

② 自动时，每隔 1s 数码管显示数值加 1，由 0～9 依次点亮，并实现循环。

4．系统程序

（1）I/O 分配

X0——手动按钮；X1——手动/自动开关；Y0～Y6——数码管 a、b、c、d、e、f、g。

（2）梯形图设计

根据系统的控制要求及 I/O 分配，其程序如图 7-20 所示。

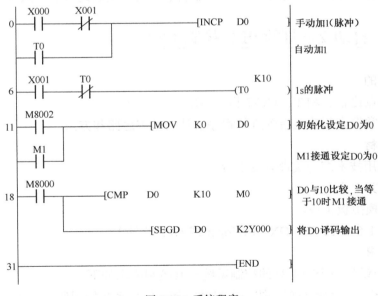

图 7-20　系统程序

5．系统接线

根据系统的控制要求、I/O 分配及系统程序，其系统接线如图 7-21 所示。

6．系统调试

① 输入程序，按图 7-21 所示梯形图输入程序。

② 静态调试，下载程序后，将运行开关打到 RUN，不按启动按钮 X0，输出指示灯 Y0、Y1、Y2、Y3、Y4、Y5 亮（数字 0 的 7 段编码），按 X01 次，Y1、Y2 亮（数字 1 的

7 段编码），再按 1 次，Y0、Y1、Y3、Y4、Y6（数字 2 的 7 段编码）……将 X1 开关闭合，输出自动切换，输出与手动输出相同。如不正确，需检查程序。

③ 动态调试，按图 7-22 所示正确连接好输出线路，加上 DC 24V 电压，注意数码管的共阴、共阳特性。观察数码管输出是否正确，如不正确，则需检查线路的连接及 I/O 接口。

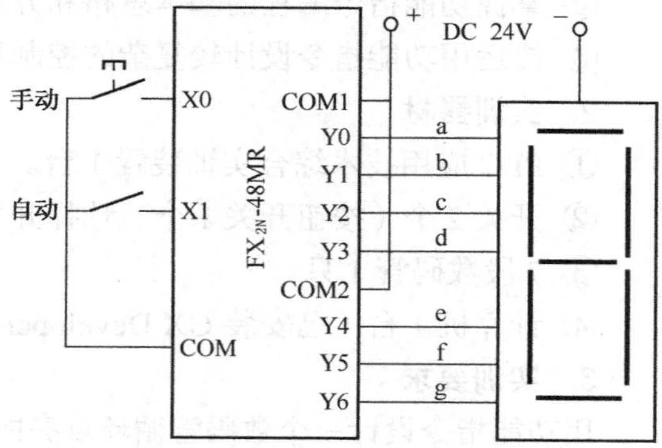
手动
自动
X0
X1
COM
FX_{2N}-48MR
COM1
Y0
Y1
Y2
Y3
COM2
Y4
Y5
Y6
DC 24V
+
−
a
b
c
d
e
f
g

图 7-21　系统接线图

④ 修改、保存并打印程序。

7. 实训报告

（1）实训总结

① 理解图 7-20 所示的系统程序，指出该程序的不足和巧妙之处。

② 与前面实训 13 的数码管循环点亮实训比较，说明其优劣。

（2）实训思考

① 设计一个显示顺序从 9～0 的控制系统，其他要求与本实训相同。

② 请用编码和 7 段译码指令设计一个 8 层电梯的楼层数码管显示系统。

实训 25　自动交通灯的 PLC 控制（2）

1. 实训目的

① 掌握触点比较、ALT、ZRST 指令的用法。

② 进一步掌握应用功能指令进行程序设计的基本思路和方法。

2. 实训器材

① PLC 应用技术综合实训装置 1 台。

② 按钮开关 2 个。

③ 交通灯模拟板 1 块。

④ 计算机 1 台（已安装 GX Developer 或 GPP 软件）。

3. 实训要求

用功能指令设计一个交通灯的控制系统，其控制要求如下。

① 自动运行，自动运行时，按一下启动按钮，信号系统按图所示要求开始工作（绿灯闪烁周期为 1s），按一下停止按钮，所有信号灯都熄灭。

② 手动运行，手动运行时，2 个方向的黄灯同时闪烁，周期为 1s。

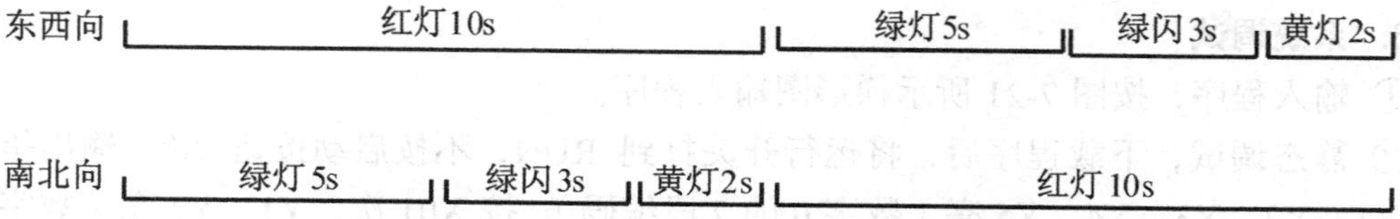
东西向
红灯10s
绿灯5s
绿闪3s
黄灯2s
南北向
绿灯 5s
绿闪3s
黄灯2s
红灯 10s

4．系统程序

（1）I/O 分配

X0——启动/停止按钮。X1——手动开关（带自锁型）；Y0——东西向绿灯。Y1——东西向黄灯。Y2——东西向红灯。Y4——南北向绿灯。Y5——南北向黄灯。Y6——南北向红灯。

（2）程序设计

根据系统的控制要求及 I/O 分配，其梯形图如图 7-22 所示。

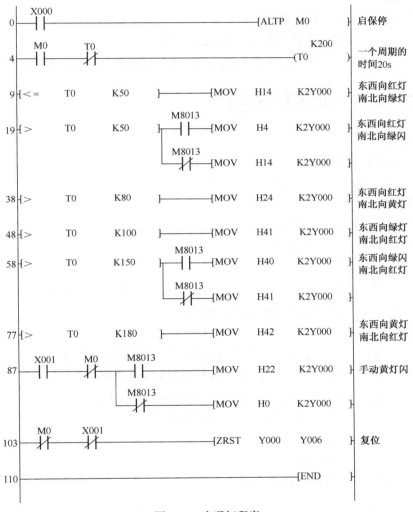

图 7-22　交通灯程序

5．系统接线

系统接线同实训 22。

6．系统调试

① 程序输入，按图 7-22 所示图形输入程序。

② 静态调试，正确连接好输入线路，观察输出指示灯动作情况是否正确，如不正确则检查程序，直到正确为止。

③ 动态调试，正确连接好输出线路，观察模拟板发光二极管的动作是否正确，如不正确则检查线路连接及 I/O 接口。

7. 实训报告

（1）实训总结

① 根据程序提示信息，分析程序的工作原理。

② 对照实训 22，简述用功能指令编程有什么优、缺点。

（2）实训思考

① 分析程序的不足，并予以改进。

② 程序中各语句的位置能否改变？并说明原因。

③ 设计一个具有红灯等待时间显示的交通灯控制系统，并在实训室完成模拟调试。

实训 26　8 站小车的呼叫控制

1. 实训目的

① 掌握较复杂程序的设计。

② 掌握可扩展性程序编写的思路和方法。

2. 实训器材

① PLC 应用技术综合实训装置 1 台。

② 8 站小车的呼叫模拟板 1 块。

③ 交流 220V 接触器 2 个。

④ 共阴数码管 1 只（注：需要在 7 段回路中分别串联 510Ω电阻）。

⑤ 计算机 1 台（已安装 GX Developer 或 GPP 软件）。

3. 实训要求

用功能指令设计一个 8 站小车呼叫的控制系统，其控制要求如下。

① 车所停位置号小于呼叫号时，小车右行至呼叫号处停车。

② 车所停位置号大于呼叫号时，小车左行至呼叫号处停车。

③ 小车所停位置号等于呼叫号时，小车原地不动。

④ 小车运行时呼叫无效。

⑤ 具有左行、右行定向指示。

⑥ 具有小车行走位置的 7 段数码管显示。

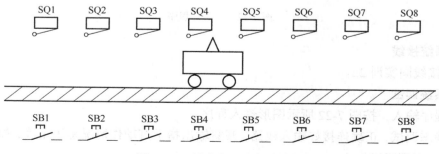

图 7-23　8 站小车呼叫的示意图

234

4. 系统程序

（1）I/O 分配

X0——1 号位呼叫 SB1；X1——2 号位呼叫 SB2；X2——3 号位呼叫 SB3；X3——4 号位呼叫 SB4；X4——5 号位呼叫 SB5；X5——6 号位呼叫 SB6；X6——7 号位呼叫 SB7；X7——8 号位呼叫 SB8；X10——SQ1；X11——SQ2；X12——SQ3；X13——SQ4；X14——SQ5；X15——SQ6；X16——SQ7；X17——SQ8；Y0——正转 KM1；Y1——反转 KM2；Y4——右行指示；Y5——左行指示；Y10～Y16——数码管 a、b、c、d、e、f、g。

（2）程序设计

根据系统的控制要求及 I/O 分配，其梯形图如图 7-24 所示。

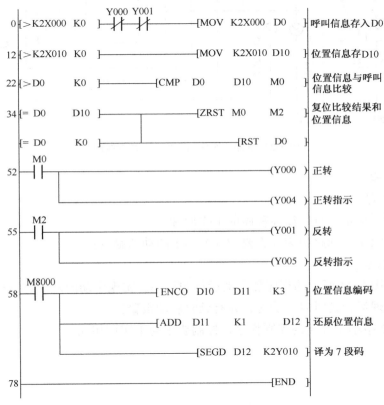

图 7-24　8 站小车呼叫的控制程序

5. 系统接线

根据系统的控制要求、I/O 分配及控制程序，其系统接线如图 7-25 所示。

6. 系统调试

① 程序输入，按图 7-24 所示图形输入程序。

② 静态调试，正确连接好输入线路，观察输出指示灯动作情况是否正确，如不正确则检查程序，直到正确为止。

③ 动态调试，正确连接好输出线路，观察接触器动作情况、方向指示情况、数码管的显示情况，如不正确，则检查输出线路连接及 I/O 端口。

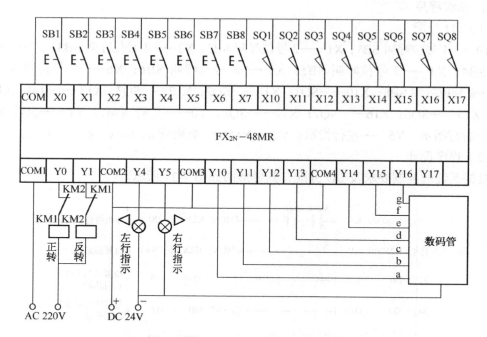

图 7-25　8 站小车呼叫的控制系统接线图

7. 实训报告

（1）实训总结

① 根据程序提示信息，简述程序的工作原理。

② 梯形图第 1 行回路中为什么要加 Y0、Y1 的动断触点？

（2）实训思考

① 如何给图 7-24 所示的程序加手动运行的程序，实现手动向左向右运行？

② 如何实现运行延时启动功能，并有延时启动报警？

③ 设计 12 站小车呼叫的控制程序，控制要求与本实训相同。

第8章

特殊功能模块及其应用

PLC 的应用领域越来越广泛，控制对象也越来越多样化。为了处理一些特殊的控制，PLC 需要扩展一些特殊功能模块。PLC 的特殊功能模块大致可分为模拟量处理模块、数据通信模块、高速计数/定位控制模块、人-机界面等。

限于篇幅，本章只介绍适应 FX2N 和 H2U 的模拟量处理模块（FX2N-4AD、FX2N-4AD-PT、FX2N-2DA、FX0N-3A）、通信扩展板（FX2N-485BD）、CC-Link 现场总线模块（FX2N-16CCL-M、FX2N-32CCL）、定位控制模块（FX2N-20GM）和人-机界面（F940-GOT-SWD）。

8.1 模拟量处理模块

早期的 PLC 是从继电器控制系统发展而来的，主要完成逻辑控制。但是，随着 PLC 的发展，它不仅具有逻辑控制功能，而且如果增加 A/D、D/A 模块等硬件，还能对模拟量进行控制，如温度、湿度、压力、流量等。

FX 系列 PLC 常用的模拟量控制设备有模拟量扩展板（FX1N-2AD-BD、FX1N-1DA-BD）、普通模拟量输入模块（FX2N-2AD、FX2N-4AD、FX2NC-4AD、FX2N-8AD）、模拟量输出模块（FX2N-2DA、FX2N-4DA、FX2NC-4DA）、模拟量输入输出混合模块（FX0N-3A、FX2N-5A）、温度传感器用输入模块（FX2N-4AD-PT、FX2N-4AD-TC、FX2N-8AD）、温度调节模块（FX2N-2LC）等。

8.1.1 普通 A/D 输入模块

普通 A/D 输入模块的功能是把标准的电压信号 0～5V 或−10～+10V 或电流信号 4～20mA 或−20～+20mA 转换成相应的数字量，通过 FROM 指令读入到 PLC

的寄存器，然后进行相应的处理。FX_{2N} 系列的普通 A/D 模块有 FX_{2N}-2AD、FX_{2N}-4AD、FX_{2N}-8AD 这 3 种，现以 FX_{2N}-4AD 为例加以说明。

1．FX_{2N}-4AD 概述

FX_{2N}-4AD 模拟输入模块为 4 通道 12 位 A/D 转换模块。根据外部接线方式的不同，可选择电压或电流输入，通过简易的调整或改变 PLC 的指令可以改变模拟量输入的范围。它与 PLC 之间通过缓冲存储器交换数据，数据的读出和写入通过 FROM/TO 指令来进行，其技术指标见表 8-1。

表 8-1 　　　　　　　　　　　　　　FX_{2N}-4AD 的技术指标

项　　目	输　入　电　压	输　入　电　流
模拟量输入范围	$-10\sim+10V$（输入阻抗 200kΩ）	$-20\sim20mA$（输入阻抗 250 Ω）
数字输出	12 位（二进制补码形式），最大值+2047，最小值-2048	
分辨率	5mV	20μA
总体精度	±1%（对于-10～+10V 的范围）	±1%（对于-20～20mA 的范围）
转换速度	15ms/通道（常速），6ms/通道（高速）	
隔离	模数电路之间采用光电隔离	
电源规格	主单元提供 DC 5V/30mA，外部提供 DC 24V/55mA	
占用 I/O 点数	占用 8 个 I/O 点，可分配为输入或输出	
适用 PLC	FX_{1N}，FX_{2N}，FX_{2NC}，H_{2U}	

2．接线

（1）接线图

FX_{2N}-4AD 的接线如图 8-1 所示。

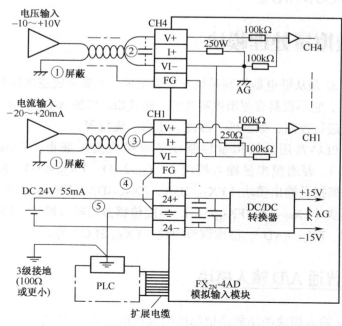

图 8-1　FX_{2N}-4AD 接线图

（2）注意事项

① 模拟输入通过双绞屏蔽电缆来连接到 FX$_{2N}$-4AD，且该电缆应远离电源线或其他可能产生电气干扰的电线。

② 如果输入有电压波动或在外部接线中有电气干扰，可以接一个平滑电容器（0.1～0.47μF/25V）。

③ 如果使用电流输入，则须连接 V+ 和 I+ 端子。

④ 如果存在过多的电气干扰，需将电缆屏蔽层与 FG 端连接，并连接到 FX$_{2N}$-4AD 的接地端。

⑤ 连接 FX$_{2N}$-4AD 的接地端与主单元的接地端，可行的话，在主单元使用 3 级接地。

3. 缓冲存储器（BFM）分配

FX$_{2N}$-4AD 共有 32 个缓冲存储器（BFM），每个 BFM 均为 16 位，BFM 的分配见表 8-2。

表 8-2　　　　　　　　　　　　　　　BFM 分配表

BFM	内　　　　容										说　　　　明
*#0	通道初始化，默认值=H0000										① 带*号的缓冲存储器（BFM）可以使用 TO 指令由 PLC 写入
*#1	通道 1	平均值采样次数（1～4096），用于得到平均结果，默认值为 8（正常速度），高速操作可选择 1									
*#2	通道 2										
*#3	通道 3										
*#4	通道 4										
#5	通道 1	这些缓冲区为输入的平均值									② 不带*号的缓冲存储器的数据可以使用 FROM 指令读入 PLC
#6	通道 2										
#7	通道 3										
#8	通道 4										
#9	通道 1	这些缓冲区为输入的当前值									③ 在从模拟特殊功能模块读出数据之前，确保这些设置已经送入模拟特殊功能模块中，否则，将使用模块里面以前保存的数值
#10	通道 2										
#11	通道 3										
#12	通道 4										
#13～#14	保留										
*#15	选择 A/D 转换速度	如设为 0，则选择正常速度，15ms/通道（默认）									
		如设为 1，则选择高速，6ms/通道									
#16～#19	保留										④ BFM 提供了利用软件调整偏移和增益的手段
*#20	复位到默认值，默认值=0										
*#21	调整增益、偏移选择。（b1，b0）为（0、1）允许，（1、0）禁止										
*#22	增益、偏移调整	b7	b6	b5	b4	b3	b2	b1	b0		⑤ 偏移（截距）：当数字输出为 0 时的模拟输入值
		G4	O4	G3	O3	G2	O2	G1	O1		
*#23	偏移值，默认值=0										⑥ 增益（斜率）：当数字输出为+1000 时的模拟输入值
*#24	增益值，默认值=5000（mV）										
#25～#28	保留										
#29	错误状态										
#30	识别码 K2010										
#31	禁用										

（1）BFM#0 通道选择

通道的初始化由缓冲存储器（BFM）#0 中的 4 位十六进制数字 H□□□□控制，最低位数字控制通道 1，最高位数字控制通道 4，数字的含义如下。

□=0：预设范围（−10～10V）。

□=1：预设范围（4～20mA）。

□=2：预设范围（−20～20mA）。

□=3：通道关闭 OFF。

例如 H3210。

CH1：预设范围（−10～10V）。

CH2：预设范围（4～20mA）。

CH3：预设范围（−20～+20mA）。

CH4：通道关闭（OFF）。

（2）BFM#15 转换速度的改变

在 FX$_{2N}$-4AD 的 BFM#15 中写入 0 或 1，可以改变 A/D 转换的速度，不过要注意下列几点。

① 为保持高速转换率，尽可能少使用 FROM/TO 指令。

② 当改变了转换速度后，BFM#1～#4 将立即设置到默认值，这一操作将不考虑它们原有的数值。如果速度改变作为正常程序执行的一部分时，请记住此点。

（3）BFM#20～BFM#24 调整增益和偏移值

① 通过将 BFM#20 设为 K1，将其激活后，包括模拟特殊功能模块在内的所有的设置将复位成默认值，对于消除不希望的增益和偏移调整，这是一种快速的方法。

② 如果 BFM#21 的（b1，b0）设为（1，0），增益和偏移的调整将被禁止，以防止操作者不正确的改动。若需要改变增益和偏移，则（b1，b0）必须设为（0，1），默认值是（0，1）。

③ BFM#22 的低 8 位用于 CH1～CH4 通道的偏移与增益调整选择。待调整的输入通道可以由 BFM#22 适当的 G-O（增益-偏移）位来指定，若为 1，则允许调整；若为 0，则不允许调整。若允许调整时，则将 BFM#23 和#24 的偏移量和增益量传到指定输入通道的偏移与增益的寄存器。

例如，如果位 G1 和 O1 为 1，当用 TO 指令写入 BFM#22 后，则可调整输入通道 1 的增益和偏移，偏移量和增益量由 BFM23#和 BFM24#的设定值设定。

④ 对于具有相同增益和偏移量的通道，可以单独或一起调整。

⑤ BFM#23 和#24 中的偏移量和增益量的单位是 mV 或μA。由于单元的分辨率，实际的响应将以 5mV 或 20μA 为 FX$_{2N}$-4AD 最小刻度。

（4）BFM#29 为 FX$_{2N}$-4AD 的运行状态信息。BFM#29 的状态信息见表 8-3。

表 8-3　　　　　　　　　　　　　　　　BFM#29 状态信息

BFM#29 各位的功能	ON（1）	OFF（0）
b0：错误	b1～b4 中任何一个为 ON，则该位为 ON；如果 b2 到 b4 中任何一个为 ON，所有通道的 A/D 转换停止	无错误
b1：偏移/增益错误	在 EEPROM 中的偏移/增益数据不正常或者调整错误	增益/偏移数据正常
b2：电源故障	DC 24V 电源故障	电源正常

BFM#29 各位的功能	ON（1）	OFF（0）
b3：硬件错误	A/D 转换器或其他硬件故障	硬件正常
b10：数字范围错误	数字输出值小于−2048 或大于+2047	数字输出值正常
b11：平均采样数错误	平均采样数大于 4096，或者小于 0（使用默认值 8）	平均采样数正常（1～4096）
b12：偏移/增益调整禁止	禁止，BFM#21 的（b1,b0）设为（1，0）	允许，BFM#21 的（b1,b0）设为（0，1）

注：b4 到 b9 和 b13 到 b15 没有定义。

（5）BFM#30 识别码

FX$_{2N}$-4AD 的识别码为 K2010。在传输/接收数据之前，可以使用 FROM 指令读出特殊功能模块的识别码（或 ID），以确认正在对此特殊功能模块进行操作。

（6）注意事项

① BFM#0、#23 和#24 的值将复制到 FX$_{2N}$-4AD 的 EEPROM 中。只有增益/偏移调整缓冲寄存器 BFM#21 和 BFM#22 被设置后，BFM#23 和 BFM#24 才可以设置和复制。同样，BFM#20 也可以写入 EEPROM 中。而 EEPROM 的使用寿命大约是 10000 次，因此不要使用程序频繁地修改这些 BFM 的内容。

② 写入 EEPROM 需要 300ms 左右的延时，因此，在第 2 次写入 EEPROM 之前，需要使用延时器。

4．增益和偏移

增益说明如图 8-2 所示，偏移说明如图 8-3 所示。

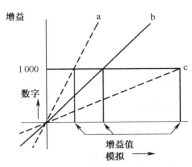

1 000—数字值增益标识决定了校正线的角度或者斜率；
a 小增益，读取数字值间隔大；
b 零增益，默认：5V 或 20mA；
c 大增益，读取数字值间隔小

图 8-2　增益示意图

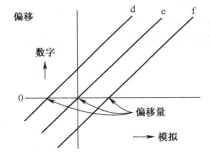

0—数字值偏移标识是校正线的"位置"；
d 负偏移，数字值为 0 时模拟值为负；
e 零偏移，数字值等于 0 时模拟值等于 0；
f 正偏移，数字值为 0 时模拟值为正

图 8-3　偏移示意图

偏移和增益可以独立或一起设置。合理的偏移范围是−5～+5V 或−20～20mA，而合理的增益值是 1～15V 或 4～32mA。增益和偏移都可以用 PLC 的程序调整。

调整增益/偏移时，应该将增益/偏移 BFM#21 的位 b1，b0 设置为 0、1，以允许调整。一旦调整完毕，这些位应该设为 1、0，以防止进一步的变化。

5．实例程序

（1）基本程序

FX$_{2N}$-4AD 模块连接在特殊功能模块的 0 号位置，通道 CH1 和 CH2 用作电压输入。平均采样次数设为 4，并且用 PLC 的数据寄存器 D0 和 D1 接收输入的数字值，其基本程序如图 8-4 所示。

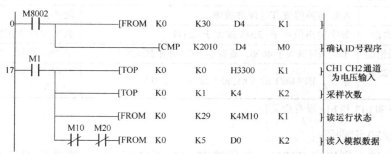

图 8-4   FX$_{2N}$-4AD 基本程序

程序说明如下。

① PLC 将 0 位置的特殊功能模块的 ID 号由 BFM#30 中读出，并保存在 PLC 的 D4 中。该值与 K2010 进行比较，以检查模块是否是 FX$_{2N}$-4AD，如果是，则 M1 变为 ON。这 2 个程序语句对完成模拟量的读入来说不是必需的，但它们确实是有用的检查，因此建议使用。

② 将 H3300 写入 FX$_{2N}$-4AD 的 BFM#0，建立模拟输入通道（CH1，CH2），其输入范围为 -10～10V，CH3、CH4 通道被关闭。

③ 分别将 4 写入 BFM#1 和 #2，将 CH1 和 CH2 的平均采样次数设为 4。

④ FX$_{2N}$-4AD 的运行状态由 BFM#29 中读出，并用 PLC 的位元件表示。

⑤ 如果 FX$_{2N}$-4AD 的运行状态没有错误，则读取 BFM#5 和 #6 的平均数字量，并保存在 D0 和 D1 中。

（2）FX$_{2N}$-4AD 增益和偏移的调整程序

通过软件设置调整偏移/增益量，其程序如图 8-5 所示。

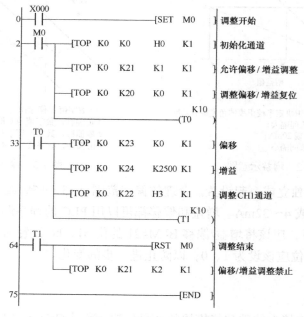

图 8-5   偏移量调整程序

8.1.2 温度 A/D 输入模块

温度 A/D 模块的功能是把现场的模拟温度信号转换成相应的数字信号传送给 CPU。FX_{2N} 有两类温度 A/D 输入模块，一种是热电偶传感器输入型；另一种是铂温度传感器输入型，但两类模块的基本原理相同。现详细介绍 FX_{2N}-4AD-PT 模块。

1. FX_{2N}-4AD-PT 概述

FX_{2N}-4AD-PT 模拟特殊模块将来自 4 个铂温度传感器（PT100，3 线，100Ω）的输入信号放大，并将数据转换成 12 位的可读数据，存储在主处理单元（MPU）中，摄氏度和华氏度数据都可读取。它与 PLC 之间通过缓冲存储器交换数据，数据的读出和写入通过 FROM/TO 指令来进行，其技术指标见表 8-4。

表 8-4　　　　　　　　　　　　　　　　FX_{2N}-4AD-PT 的技术指标

项　目	摄氏度（℃）	华氏度（℉）
模拟量输入信号	箔温度 PT100 传感器（100Ω），3 线，4 通道	
传感器电流	PT100 传感器 100Ω时 1mA	
额定温度范围	−100℃～+600℃	−148℉～+1112℉
数字输出	−1000～+6000	−1480～+11120
	12 位（11 个数据位+1 个符号位）	
最小分辨率	0.2℃～0.3℃	0.36℉～0.54℉
整体精度	满量程的±1%	
转换速度	15ms	
电源	主单元提供 DC 5V/30mA，外部提供 DC 24V/50mA	
占用 I/O 点数	占用 8 个点，可分配为输入或输出	
适用 PLC	FX_{1N}，FX_{2N}，FX_{2NC}，H_{2U}	

2. 接线

（1）接线图

FX_{2N}-4AD-PT 的接线如图 8-6 所示。

（2）注意事项

① FX_{2N}-4AD-PT 应使用 PT100 传感器的电缆或双绞屏蔽电缆作为模拟输入电缆，并且和电源线或其他可能产生电气干扰的电线隔开。

② 可以采用压降补偿的方式来提高传感器的精度。如果存在电气干扰，将电缆屏蔽层与外壳地线端子（FG）连接到 FX_{2N}-4AD-PT 的接地端和主单元的接地端。如可行的话，可在主单元使用 3 级接地。

③ FX_{2N}-4AD-PT 可以使用 PLC 的外部或内部的 24V 电源。

3. 缓冲存储器（BFM）的分配

FX_{2N}-4AD-PT 的 BFM 分配见表 8-5。

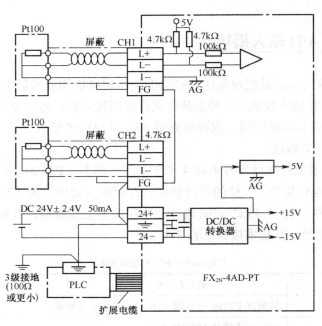

图 8-6 FX$_{2N}$-4AD-PT 接线图

表 8-5　　　　　　　　　　　　　　　　BFM 分配表

BFM	内　容	说　明
*#1～#4	CH1～CH4 的平均温度值的采样次数（1～4096），默认值=8	① 平均温度的采样次数被分配给 BFM#1～#4。只有 1～4096 的范围是有效的，溢出的值将被忽略，默认值为 8
#5～#8	CH1～CH4 在 0.1℃单位下的平均温度	
#9～#12	CH1～CH4 在 0.1℃单位下的当前温度	② 最近转换的一些可读值被平均后，给出一个平均后的可读值。平均数据保存在 BFM 的#5～#8 和#13～#16 中
#13～#16	CH1～CH4 在 0.1℉单位下的平均温度	
#17～#20	CH1～CH4 在 0.1℉单位下的当前温度	
#21～#27	保留	③ BFM#9～#12 和#17～#20 保存输入数据的当前值。这个数值以 0.1℃或 0.1℉为单位，不过可用的分辨率为 0.2℃～0.3℃或者 0.36℉～0.54℉
*#28	数字范围错误锁存	
#29	错误状态	
#30	识别号 K2040	④ 带*的 BFM 可使用 TO 指令写入数据，其他的只能用 FROM 读数据
#31	保留	

（1）缓冲存储器 BFM#28

BFM#28 是数字范围错误锁存，它锁存每个通道的错误状态见表 8-6，据此可用于检查铂温度传感器是否断开。

表 8-6　　　　　　　　　　　FX$_{2N}$-4AD-PT BFM#28 位信息

b15 到 b8	b7	b6	b5	b4	b3	b2	b1	b0
未　用	高	低	高	低	高	低	高	低
	CH4		CH3		CH2		CH1	

注："低"表示当测量温度下降，并低于最低可测量温度极限时，对应位为 ON。

"高"表示当测量温度升高，并高于最高可测量温度极限或者铂温度传感器断开时，对应位为 ON。

如果出现错误，则在错误出现之前的温度数据被锁存。如果测量值返回到有效范围内，则温度数据返回正常运行，但错误状态仍然被锁存在 BFM#28 中。当错误消除后，可用 TO 指令向 BFM#28 写入 K0 或者关闭电源，以清除错误锁存。

（2）缓冲存储器 BFM#29

BFM#29 中各位的状态是 FX$_{2N}$-4AD-PT 运行正常与否的信息，具体规定见表 8-7。

表 8-7   FX$_{2N}$-4AD-PT BFM#29 位信息

BFM#29 各位的功能	ON（1）	OFF（0）
b0：错误	如果 b1～b3 中任何一个为 ON，出错通道的 A/D 转换停止	无错误
b1：保留	保留	保留
b2：电源故障	DC 24V 电源故障	电源正常
b3：硬件错误	A/D 转换器或其他硬件故障	硬件正常
b4～b9：保留	保留	保留
b10：数字范围错误	数字输出/模拟输入值超出指定范围	数字输出值正常
b11：平均值的采样次数错误	采样次数超出范围，参考 BFM#1～#4	正常（1～4096）
b12～b15：保留	保留	保留

（3）缓冲存储器 BFM#30

FX$_{2N}$-4AD-PT 的识别码为 K2040，它存放在缓冲存储器 BFM#30 中。在传输/接收数据之前，可以使用 FROM 指令读出特殊功能模块的识别码（或 ID），以确认正在对此特殊功能模块进行操作。

4．实例程序

图 8-7 所示的程序中，FX$_{2N}$-4AD-PT 模块占用特殊模块 0 的位置（即紧靠 PLC），平均采样次数是 4，输入通道 CH1～CH4 以℃表示的平均温度值分别保存在数据寄存器 D10～D13 中。

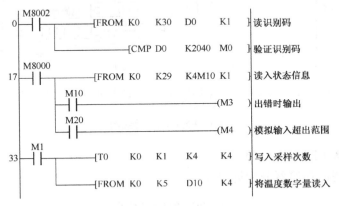

图 8-7   FX$_{2N}$-4AD-PT 基本程序

8.1.3   D/A 输出模块

D/A 输出模块的功能是把 PLC 的数字量转换为相应的电压或电流模拟量，以便控制现场设备。FX$_{2N}$ 常用的 D/A 输出模块有 FX$_{2N}$-2DA 和 FX$_{2N}$-4DA 2 种，下面仅介绍 FX$_{2N}$-2DA 模块。

1. FX_{2N}-2DA 概述

FX$_{2N}$-2DA 模拟输出模块用于将 12 位的数字量转换成 2 路模拟信号输出（电压输出和电流输出）。根据接线方式的不同，模拟输出可在电压输出和电流输出中进行选择，也可以是一个通道为电压输出，另一个通道为电流输出。PLC 可使用 FROM/TO 指令与它进行数据传输，其技术指标见表 8-8。

表 8-8   FX$_{2N}$-2DA 的技术指标

项　　目	输　出　电　压	输　出　电　流
模拟量输出范围	0～10V 直流，0～5V 直流	4mA～20mA
数字量范围	12 位	
分辨率	2.5mV（10V/4000） 1.25mV（5V/4000）	4μA（16mA/4000）
总体精度	满量程±1%	
转换速度	4ms/通道	
电源规格	主单元提供 5V/30mA 和 24V/85mA	
占用 I/O 点数	占用 8 个 I/O 点，可分配为输入或输出	
适用的 PLC	FX$_{1N}$，FX$_{2N}$，FX$_{2NC}$	

2. 接线图

FX$_{2N}$-2DA 的接线如图 8-8 所示。

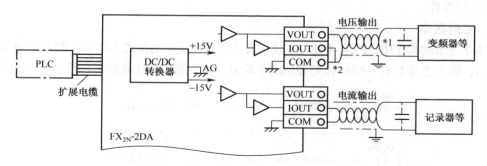

*1—当电压输出存在波动或有大量噪声时，在图中位置处连接 0.1～0.47μF DC 25V 的电容；
*2—对于电压输出，须将 IOUT 和 COM 进行短路

图 8-8　FX$_{2N}$-2DA 接线图

3. 缓冲存储器（BFM）分配

FX$_{2N}$-2DA 的缓冲存储器分配见表 8-9。

表 8-9   FX$_{2N}$-2DA 的 BFM 分配

BFM 编号	b15 到 b8	b7 到 b3	b2	b1	b0
#0 到#15	保留				
#16	保留	输出数据的当前值（8 位数据）			
#17	保留		D/A 低 8 位数据保持	通道 1 的 D/A 转换开始	通道 2 的 D/A 转换开始
#18 或更大	保留				

BFM#16：存放由 BFM#17（数字值）指定通道的 D/A 转换数据。D/A 数据以二进制形式出现，并以低 8 位和高 4 位 2 部分顺序进行存放和转换。

BFM#17：b0：通过将 1 变成 0，通道 2 的 D/A 转换开始。

b1：通过将 1 变成 0，通道 1 的 D/A 转换开始。

b2：通过将 1 变成 0，D/A 转换的低 8 位数据保持。

4. 偏移和增益的调整

FX$_{2N}$-2DA 的偏移和增益的调整程序如图 8-9 所示。

上述程序的功能是完成 D/A 转换，并从 CH1 通道输出电压或电流。当调整偏移时，将 X0 置 ON；当调整增益时，将 X1 置 ON，偏移和增益的调整方法如下。

① 当调整偏移/增益时，应按照偏移调整和增益调整的顺序进行。

② 通过 OFFSET 和 GAIN 旋钮对通道 1 进行偏移调整和增益调整。

③ 反复交替调整偏移值和增益值，直到获得稳定的数值。

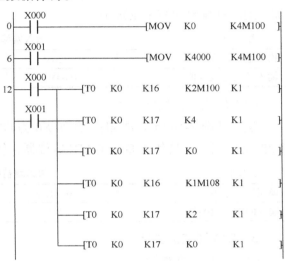

图 8-9　偏移和增益调整程序

8.1.4　模拟输入/输出模块 FX$_{0N}$-3A

FX$_{0N}$-3A 有 2 个模拟输入通道和 1 个模拟输出通道，输入通道将现场的模拟信号转化为数字量送给 PLC 处理，输出通道将 PLC 中的数字量转化为模拟信号输出给现场设备。FX$_{0N}$-3A 的最大分辨率为 8 位，可以连接 FX$_{2N}$、FX$_{2NC}$、FX$_{1N}$、FX$_{0N}$、H2U 系列的 PLC，FX$_{0N}$-3A 占用 PLC 的扩展总线上的 8 个 I/O 点，8 个 I/O 点可以分配给输入或输出。

1. FX$_{0N}$-3A 的 BFM 分配

FX$_{0N}$-3A 的 BFM 分配见表 8-10。

表 8-10　　　　　　　　　　　　FX$_{0N}$-3A BFM 分配

BFM	b15～b8	b7	b6	b5	b4	b3	b2	b1	b0
#0	保留	存放 A/D 通道的当前值输入数据（8 位）							
#16		存放 D/A 通道的当前值输出数据（8 位）							
#17		保留					D/A 启动	A/D 启动	A/D 通道选择
#1～5，#18～31		保留							

BFM #17：b0=0 选择通道 1，b0=1 选择通道 2；b1 由 0 变为 1 启动 A/D 转换，b2 由"1"变为 0 启动 D/A 转换。

2. A/D 通道的校准

（1）A/D 校准程序

A/D 校准程序如图 8-10 所示。

（2）输入偏移校准

运行如图 8-10 所示的程序，使 X0 为 ON，在模拟输入 CH1 通道输入见表 8-11 的模拟电压/电流信号，调整其 A/D 的 OFFSET 电位器，使读入 D0 的值为 1。顺时针调整为数字量增加，逆时针调整为数字量减小。

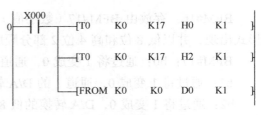

图 8-10　A/D 校准程序

表 8-11　　　　　　　　　　　　　　输入偏移参照表

模拟输入范围	0～10V	0～5V	4～20mA
输入的偏移校准值	0.04V	0.02V	4.064mA

（3）输入增益校准

运行如图 8-10 所示的程序，并使 X0 为 ON，在模拟输入 CH1 通道输入见表 8-12 的模拟电压/电流，调整其 A/D 的 GAIN 电位器，使读入 D0 的值为 250。

表 8-12　　　　　　　　　　　　　　输入增益参照表

模拟输入范围	0～10V	0～5V	4～20mA
输入的增益校准值	10V	5V	20mA

3．D/A 通道的校准

（1）D/A 校准程序

D/A 校准程序如图 8-11 所示。

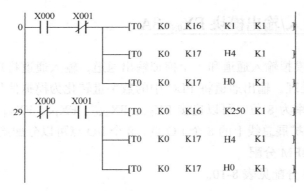

图 8-11　D/A 校准程序

（2）D/A 输出偏移校准

运行如图 8-11 所示程序，使 X0 为 ON，X1 为 OFF，调整模块 D/A 的 OFFSET 电位器，使输出值满足的电压/电流值见表 8-13。

表 8-13　　　　　　　　　　　　　　输出偏移参照表

模拟输入范围	0～10V	0～5V	4～20mA
输出的偏移校准值	0.04V	0.02V	4.064mA

（3）D/A 输出增益校准

运行如图 8-11 所示程序，使 X1 为 ON，X0 为 OFF，调整模块 D/A 的 GAIN 电位器，使输出值满足的电压/电流值见表 8-14。

表 8-14	输出增益参照表		
模拟输入范围	0~10V	0~5V	4~20mA
输出的偏移校准值	10V	5V	20mA

8.1.5　模拟输入/输出模块 FX$_{2N}$-5A

FX$_{2N}$-5A 是有 4 个 A/D 输入通道和 1 个 D/A 输出通道的特殊功能模块，输入通道将现场的模拟信号（可以是电压或电流）转化为数字量送给 PLC 处理，输出通道将 PLC 中的数字量转化为模拟信号（可以是电压或电流）输出给现场设备。可以连接 FX$_{3U}$、FX$_{2N}$、FX$_{2NC}$、FX$_{1N}$、FX$_{0N}$、H$_{2U}$ 系列的 PLC，其输入和输出技术指标见表 8-15。

表 8-15	FX$_{2N}$-5A 技术指标					
项　目	电　压　输　入			电　流　输　入		
模拟量输入	−10~+10VDC	偏移	−32V~5V	−20~+20mA	偏移	−32mA~10mA
		增益	−5V~32V		增益	−10mA~32mA
	−100mV~100mV	偏移	−320mV~50mV	+4~20mA	偏移	−32mA~10mA
		增益	−50mV~320mV		增益	−10mA~32mA
最大输入值	±15V			±30mA		
数字量	带符号的 16 或 12 位二进制			带符号的 15 位二进制		
分辨率	20V × 1/64000（−10~+10VDC）或 200mV × 1/4000（−100mV~100mv）			40mA × 1/4000 或 40mA × 1/32000		
精度	0.3%（25℃±5）					
模拟量输出	−10~+10VDC	偏移	−32V~5V	0~+20mA	偏移	−32mA~10mA
		增益	−5V~32V	+4~20mA	增益	−10mA~32mA
数字量	带符号的 12 位二进制			带符号的 10 位二进制		
分辨率	20V × 1/4000			40mV × 1/4000		

1. FX$_{2N}$-5A 接线图

FX$_{2N}$-5A 模块的输入、输出接线如图 8-12 所示。

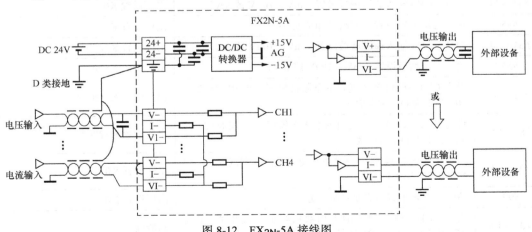

图 8-12　FX$_{2N}$-5A 接线图

2. 缓冲存储器（BFM）分配

FX$_{2N}$-5A 缓冲寄存器编号从 BFM#0～#249，其中一部分作为保留单元，不能使用 FROM/TO 指令对其进行读写，否则 FX$_{2N}$-5A 模块动作异常，其缓冲寄存器的分配如表 8-16 所示。

表 8-16　　　　　　　　　　　　　　　　FX2N-5A 缓冲寄存器

BFM NO.	内　容	说　明
#0	指定 CH1～CH4 的输入模式	可停电保持，出厂设置 H0000
#1	指定输出模式	可停电保持，出厂设置 H0000
#2～5	CH～CH41 的平均数据采样次数，设定范围 1～256	出厂设置 K8
#6～9	CH1～CH4（平均）数据	只能读
#10～13	CH1～CH4（即时）数据	只能读
#14	进行 D/A 转换的输出数据（设置模拟量输出的数据）	出厂设置 K0
#15	直接输出控制功能有效时，计算得出的模拟量输出数据	出厂设置 K0
#18	当 PLC 停止运行时将输出保持或恢复到偏置值	出厂设置 K0
#19	I/O 特性和快捷功能的设定（当设为 K2 时不能更改）	出厂设置 K1（可以更改）
#20	初始化功能，当设为 K1 时执行初始化功能，完成初始化以后会自动返回到 K0	出厂设置 K0
#21	当 I/O 特性、偏移、增益和量程功能值完成写入时，会自动返回到 K0	出厂设置 K0
#22	设置快捷功能（上下限检测、即时数据峰值、平均数据峰值保持，超范围出错切断功能）	出厂设置 K0
#23	用于输入和输出之间直接控制功能的参数设置	出厂设置 K0
#25	滤波器模式选择寄存器	出厂设置 K0
#26	上限/下限报警状态（当 BFM#22 的 b0 或 b1 为 ON 时有效）	出厂设置 K0
#27	A/D 数据突变检测（当 BFM#91～94 不等于 0 时有效）	出厂设置 K0
#28	超出量程状态和没有连接检测	出厂设置 K0
#29	出错状态	出厂设置 K0
#30	模块代码 K1010	出厂设置 K1010
#41～44	CH1～CH4 输入通道偏置设置（mV、10μV 或 μA）	出厂设置 K0
#45	输出通道偏置设置（mV、10μV 或 μA）	出厂设置 K0
#51～54	CH1～CH4 输入通道增益设置（mV、10μV 或 μA）	出厂设置 K5000
#55	输出通道增益设置（mV、10μV 或 μA）	出厂设置 K5000
#71～74	设定 CH1～CH4 输入通道的下限报警值（当 BFM#22 的 b0 或 b1 为 ON 时有效）	出厂设置 K-32000
#81～84	设定 CH1～CH4 输入通道的上限报警值（当 BFM#22 的 b0 或 b1 为 ON 时有效）	出厂设置 K32000
#91～94	设定 CH1～CH4 输入通道的突变检测，设定范围：0 到 32000（0 表示无效）	出厂设置 K0
#99	清除上下限报警和突变检测报警	出厂设置 K0
#101～104	CH1～CH4 输入通道的平均数据峰值（最小值）（当 BFM#22 的 b2 为 ON 时有效）	只能读

续表

BFM NO.	内　　容	说　　明
#105～108	CH1～CH4 输入通道的即时数据峰值（最小值）（当 BFM#22 的 b3 为 ON 时有效）	只能读
#109	峰值（最小值）复位标志	出厂设置 K0
#111～114	CH1～CH4 输入通道的平均数据峰值（最大值）（当 BFM#22 的 b2 为 ON 时有效）	只能读
#115～118	CH1～CH4 输入通道的即时数据峰值（最大值）（当 BFM#22 的 b3 为 ON 时有效）	只能读
#119	峰值（最大值）复位标志	出厂设置 K0
#200～239	CH1～CH4 输入通道的量程功能模拟量输入值	
#240～249	CH1～CH4 输出通道的量程功能数字量输出值	

#16～17、#24、#31～40、#46～50、#56～70、#75～80、#85～90、#95～98、#100、#110、#120～199 预留

（1）BFM#0 输入模式设置

BFM#0 用于设定 CH1～CH4 通道的输入模式，每个通道的设置占用 4 个 bit 位，CH1 通道由 bit0～bit3 设定，CH2 通道由 bit4～bit7 设定，CH3、CH4 通道依此类推，每个通道的设置定义如表 8-17 所示。

表 8-17　　　　　　　　　　　　　　　　BFM#0 设置定义

数　值	定　　义	数　值	定　　义
0	电压输入方式（−10～+10V，数字范围−32000～32000）	7	电流表显示方式（−20～20mA 数字范围−20000～20000）
1	电流输入方式（4～20mA，数字范围0～32000）	8	电压表显示方式（−100～+100mV 数字范围−10000～10000）
2	电流输入方式（−20～20mA，数字范围−32000～32000）	9	量程功能（−10～+10V，最大显示范围−32768～32767 默认：−32640～32640）
3	电压输入方式（−100～+100mV 数字范围−32000～32000）	A	量程功能电流输入−20～20mA，最大显示范围−32768～32767 默认：−32640～32640
4	电压输入方式（−100～+100mV 数字范围−2000～2000）	B	量程功能（−100～+100mV，最大显示范围−32768～32767 默认：−32640～32640）
5	电压表显示方式（−10～+10V，数字范围−10000～10000）	F	通道无效
6	电流表显示方式（4～20mA 数字范围4000～20000，可显示到2000 即2mA）		

（2）BFM#1 输出模式设置

由 BFM#1 的低 4 位设置输出的方式，其余高 12 位忽略，其设置定义如表 8-18 所示。

（3）BFM#15 计算出的模拟量数据

如果直接输出控制功能有效，写入到模拟量输出的运算处理结果会保存在 BFM#15，供 PLC 程序使用。

表 8-18　　　　　　　　　　　　　　　　BFM#1 设置定义

数　值	定　义	数　值	定　义
0	电压输出方式（−10～+10V，数字范围 −32000～32000）	6	绝对电压输出方式（−10～+10V 数字范围−10000～10000）
1	电压输出方式（−10～+10V，数字范围 −2000～2000）	7	绝对电流输出方式（4～20mA 数字范围 4000～20000）
2	电流输出方式（4～20mA 数字范围 0～ 32000）	8	绝对电流输出方式（0～20mA 数字范围 0～20000）
3	电流输出方式（4～20mA 数字范围 0～ 1000）	9	量程电压输出方式（−10～+10V，数字范围−32768～32767）
4	电流输出方式（0～20mA 数字范围 0～ 32000）	A	量程电流输出方式（4～20mA 数字范围 0～32767）
5	电流输出方式（0～20mA 数字范围 0～ 1000）		

（4）BFM#18 PLC 停止时，模拟量输出设置

BFM#18=0 时，即使 PLC 停止，BFM#15 的值也会被输出，如果直接控制功能有效的话，输出值会不断地更新，输入值也会随外部输入变化而不断变化；BFM#18=1 时，若 PLC 停止，在 200ms 后输出停止，BFM#15 保持最后的数值；BFM#18=2 时，若 PLC 停止，在 200ms 后输出被复位到偏置值。

（5）BFM#19 更改设定有效/无效

BFM#19=1，允许更改；BFM#19=2，禁止更改。BFM#19 可以允许或禁止以下 BFM 的 I/O 特性的更改：BFM#0、BFM#1、BFM#18、BFM#20～22、BFM#25、BFM#41～45、BFM#51～55、BFM#200～249。

（6）BFM#21 写入 I/O 特性

BFM#21 的 bit0～bit4 被分配给 4 个输入通道和 1 个输出通道，用于设定其 I/O 特性，其余的 bit 位无效。只有当对应的 bit 位为 ON 时，其偏移数据（BFM#41～BFM#45）和增益数据（BFM#51～BFM55）以及量程功能数据（BFM#200～BFM249）才会被写入到内置的存储器 EEPROM 中。

（7）BFM#22 快捷功能设置

BFM#22 的 bit0～bit3 为 ON 时，开启以下功能：

bit0：平均值上下限检测功能，将报警结果保存在 BFM#26 中；

bit1：即时值上下限检测功能，将报警结果保存在 BFM#26 中；

bit2：平均值峰值保持功能，将平均值峰值保存在 BFM#111～BFM114 中；

Bit3：即时值峰值保持功能，将即时值峰值保存在 BFM#115～BFM118 中。

（8）BFM#23 直接控制参数设置

BFM#23 用于指定 4 路输入通道直接控制功能，由 4 个十六进制数组成，每一个十六进制数对应 1 个通道，其中最低位对应 CH1，最高位对应 CH4，其数值定义如下：

H0：对应的模拟输入通道对模拟输出没有影响；H1：对应的模拟通道输入的平均值加上 BFM#14 的值；H2：对应的模拟通道输入的即时值加上 BFM#14 的值；H3：BFM#14 的值减去

对应的模拟输入通道的平均值；H4：BFM#14 的值减去对应的模拟输入通道的即时值；H5～HF 对应的模拟输入通道对模拟输出通道的输出没有影响，但 BFM29 的直接输出控制错误位 bit15 会置 ON。如设 BFM#23=H1432，则输出值（BFM#15）=BFM#14+BFM#10（即 CH1 的即时值）-BFM#15（即 CH2 的平均值）-BFM#12（即 CH3 的即时值）+BFM#9（即 CH4 的平均值）。

（9）BFM#28 超出量程状态和没有连接检测

BFM#28 的高六位为预留，其低十位用来指示 CH1～CH4 以及模拟输出通道是否超出量程和没有连接检测，其定义为：b0 位表示 CH1 通道的模拟量输入小于下限值或检测没有连接，b1 位表示 CH1 通道的模拟量输入大于上限值，b2 位表示 CH2 通道的模拟量输入小于下限值或检测没有连接，b3 位表示 CH2 通道的模拟量输入大于上限值，b4～b7 以此类推，b8 位表示模拟输出通道的输出小于下限值，b9 位表示模拟输出通道的输出大于上限值。

其他缓冲存储器（BFM）的详细介绍请参考相关手册。

3．程序设计实例

FX$_{2N}$-5A 模块连接于 PLC 基本单元的 0 号单元位，其 CH1、CH2 通道的输入信号为 -10～10V 的电压信号，对应数字量为-32000～32000，CH3、CH4 通道的输入信号为 4～20mA 的电流信号，对应数字量为 0～32000，输出信号要求为-10～10V 的电压信号（对应数字量为-32000～32000），平均采样次数为 10 次，I/O 特性为初始值，不使用快捷功能；且 X1 闭合一次则模拟输出增加 1V，X2 闭合一次则模拟输出减少 1V，X0 为清除超量程错误，Y0～Y11 为通道的超量程错误指示。

根据上述要求，其梯形图程序如图 8-13 所示。

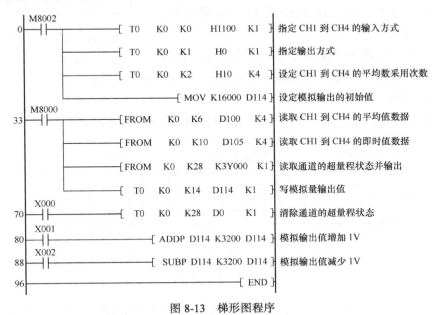

图 8-13　梯形图程序

8.2　通信扩展板

由 PLC、变频器等组合的控制系统，它们之间通常采用通信方式进行信息交换。三菱

PLC 常用的通信设备有用于 RS-232C 通信的 FX$_{1N}$-232-BD、FX$_{2N}$-232-BD、FX$_{0N}$-232ADP、FX$_{2NC}$-232ADP、FX$_{2N}$-232IF，有用于 RS-485 通信的 FX$_{1N}$-485-BD、FX$_{2N}$-485-BD、FX$_{0N}$-485ADP、FX$_{2NC}$-485ADP，有用于 RS-422 通信的 FX$_{1N}$-422-BD、FX$_{2N}$-422-BD。下面仅对 FX$_{2N}$-485-BD 板进行介绍，其他请参考相关设备手册。

8.2.1　FX$_{2N}$-485-BD 通信板

1. 485BD 的功能

FX$_{2N}$-485-BD（简称 485BD）是用于 RS-485 通信的特殊功能板，可连接 FX$_{2N}$ 系列 PLC，可用于下述应用中。

（1）无协议的数据传送

通过 RS-485 转换器，可在各种带有 RS-232C 单元的设备之间进行数据通信，如个人计算机，条形码阅读机和打印机。在无协议的数据传送中，数据的发送和接收是通过 RS 指令指定的数据寄存器来进行的。在无协议系统中使用 485BD 时，整个系统的扩展距离为 50m。

（2）专用协议的数据传送

使用专用协议，可在 1:N 基础上通过 RS-485 进行数据传送。在专用协议系统中使用 485BD 时，整个系统的扩展距离与无协议时相同。使用专用协议时，最多 16 个站，包括 A 系列的 PLC。

（3）并行连接的数据传送

两台 FX$_{2N}$ 系列 PLC，可在 1:1 基础上实现数据传送如图 8-14 所示，可对 100 个辅助继电器和 10 个数据寄存器进行数据传送。

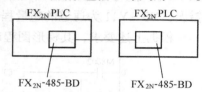

图 8-14　并行连接

在并行系统中使用 485BD 时，整个系统的扩展距离为 50m（最大 500m），但是，当系统中使用 FX$_2$-40AW 时，此距离为 10m。

（4）使用 N:N 网络的数据传送

通过 FX$_{2N}$ 系列 PLC，可在 N:N 基础上进行数据传送如图 8-15 所示。

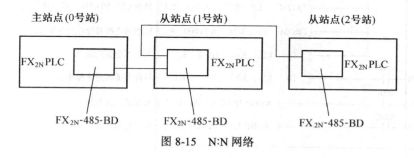

图 8-15　N:N 网络

当 N:N 系统中使用 485BD 时，整个系统的扩展距离为 50m（最大 500m），最多为 8 个站。

2. 485BD 的接线

图 8-16 所示为 FX$_{2N}$-485-BD 板，其接线可分为双对子布线和单对子布线，如图 8-17 所示。

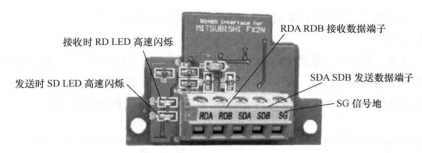

接收时 RD LED 高速闪烁

RDA RDB 接收数据端子

发送时 SD LED 高速闪烁

SDA SDB 发送数据端子

SG 信号地

图 8-16　FX₂N-485-BD 板

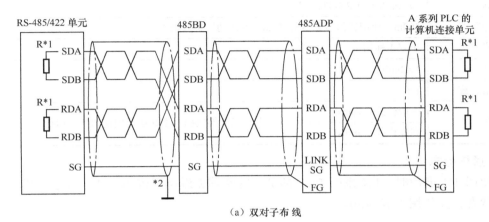

（a）双对子布线

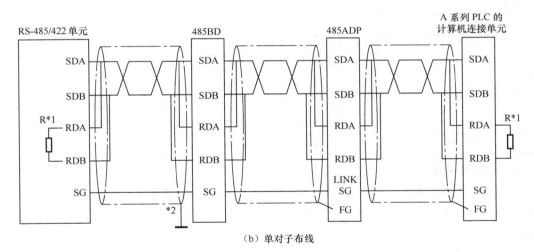

（b）单对子布线

*1—终端电阻（330Ω），接在端子 RDA 和 RDB 及 SDA 和 SDB 之间；
*2—屏蔽双绞电缆的屏蔽线接地（100Ω 或更小）

图 8-17　485BD 的接线

8.2.2　PLC 的并行通信

　　FX 系列 PLC 的并行通信即 1:1 通信，它应用特殊辅助继电器和数据寄存器在 2 台 PLC 间进行自动的数据传送。并行通信有普通模式和高速模式 2 种，由特殊辅助继电器 M8162

识别；主、从站分别由 M8170 和 M8171 特殊辅助继电器来设定。

1. 通信规格

FX$_{2N(C)}$、FX$_{1N}$ 和 FX$_{3U}$ 系列 PLC 的数据传输可在 1:1 的基础上，通过 100 个辅助继电器和 10 个数据寄存器来完成；而 FX$_{1S}$ 和 FX$_{0N}$ 系列 PLC 的数据传输可在 1:1 的基础上，通过 50 个辅助继电器和 10 个数据寄存器来完成，其通信规格见表 8-19。

表 8-19　　　　　　　　　　　　　　1:1 通信规格

项　目	规　格	
通信标准	与 RS-485 及 RS-422 一致	
最大传送距离	500m（使用通信适配器），50m（使用功能扩展板）	
通信方式	半双工通信	
传送速度	19.2kbit/s	
可连接站点数	1:1	
通信时间	一般模式：70ms	包括交换数据、主站运行周期和从站运行周期
	高速模式：20ms	

2. 通信标志

在使用 1:1 通信时，FX 系列 PLC 的部分特殊辅助继电器被用作通信标志，代表不同的通信状态，其作用见表 8-20。

表 8-20　　　　　　　　　　　　　　通信标志

元　件	作　用
M8070	并行通信时，主站 PLC 必须使 M8070 为 ON
M8071	并行通信时，从站 PLC 必须使 M8071 为 ON
M8072	并行通信时，PLC 运行时为 ON
M8073	并行通信时，当 M8070、M8071 被不正确设置时为 ON
M8162	并行通信时，刷新范围设置，ON 为高速模式，OFF 为一般模式
D8070	并行通信监视时间，默认：500ms

3. 软元件分配

在使用 1:1 通信时，FX 系列 PLC 的部分辅助继电器和部分数据存储器被用于存放本站的信息，其他站可以在 1:1 网络上读取这些信息，从而实现信息的交换，其辅助继电器和部分数据存储器的分配如下。

（1）一般模式

在使用 1:1 通信时，若使特殊辅助继电器 M8162 为 OFF，则选择一般模式进行通信，其通信时间为 70ms。对于 FX$_{2N(C)}$、FX$_{1N}$ 系列 PLC，其部分辅助继电器和数据寄存器被用于传输网络信息，其分配如图 8-18 所示。对于 FX$_{0N}$、FX$_{1S}$ 系列 PLC，其辅助继电器和数据寄存器的分配如图 8-19 所示。

（2）高速模式

在使用 1:1 通信时，若使特殊辅助继电器 M8162 为 ON，则选择高速模式进行通信，其通信时间为 20ms。对于 FX$_{2N(C)}$、FX$_{1N}$ 系列 PLC，其 4 个数据寄存器被用于传输网络信息，其分配如图 8-20 所示。对于 FX_{0N}、FX_{1S} 系列 PLC，其 4 个数据寄存器的分配如图 8-21 所示。

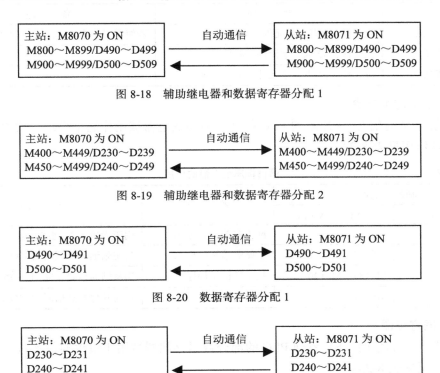

图 8-18　辅助继电器和数据寄存器分配 1

图 8-19　辅助继电器和数据寄存器分配 2

图 8-20　数据寄存器分配 1

图 8-21　数据寄存器分配 2

8.2.3　PLC 的 N:N 通信

　　FX 系列 PLC 进行的数据传输可建立 N:N 的通信网络，网络中必须有 1 台 PLC 为主站，其他 PLC 为从站，最多能够连接 8 台 FX 系列 PLC。在被连接的站点中，位元件（0~64 点）和字元件（4~8 点）可以被自动连接，每一个站可以监控其他站的共享数据。通信时所需的设备有 RS-485 适配器（FX_{0N}-485-ADP）或功能扩展板（FX_{2N}-485-BD、FX_{1N}-485-BD）。

1.　通信规格

　　N:N 通信的通信规格见表 8-21。

表 8-21　　　　　　　　　　　　　　　　　　N:N 通信规格

项　　目	规　　格	备　　注
通信标准	RS-485	
最大传送距离	500m（使用通信适配器），50m（使用功能扩展板）	
通信方式	半双工通信	
传送速度	38.4kbit/s	
可连接站点数	最多 8 个站	

续表

项 目		规 格	备 注
刷新范围	模式 0	位元件：0 点，字元件：4 点	若使用了 1 个 FX_{1S}，则只能用模式 0
	模式 1	位元件：32 点，字元件：4 点	
	模式 2	位元件：64 点，字元件：8 点	

2. 通信标志继电器

在使用 N:N 通信时，FX 系列 PLC 的部分辅助继电器被用作通信标志，代表不同的通信状态，其作用见表 8-22。

表 8-22 　　　　　　　　　　通信标志继电器的作用

辅助继电器		名 称	作 用
FX_{0N}、FX_{1S}	FX_{1N}、$FX_{2N(C)}$		
M8038		网络参数设置标志	用于设置 N:N 网络参数
M504	M8183	主站通信错误标志	当主站通信错误时为 "ON"
M505～M511	M8184～M8190	从站通信错误标志	当从站通信错误时为 "ON"
M503	M8191	数据通信标志	当与其他站通信时为 "ON"

3. 数据寄存器

在使用 N:N 通信时，FX 系列 PLC 的部分数据存储器被用于设置通信参数和存储错误代码，其作用见表 8-23。

表 8-23 　　　　　　　　　　数据寄存器的作用

数据寄存器		名 称	作 用
FX_{0N}、FX_{1S}	FX_{1N}、$FX_{2N(C)}$		
D8173		站号存储	用于存储本站的站号
D8174		从站总数	用于存储从站的总数
D8175		刷新范围	用于存储刷新范围
D8176		站号设置	用于设置站号，0 为主站，1～7 为从站
D8177		从站数设置	用于在主站中设置从站的总数（默认 7）
D8178		刷新范围设置	用于设置刷新范围，0～2 对应模式 0～2（默认 0）
D8179		重试次数设置	用于在主站中设置重试次数 0～10（默认 3）
D8180		通信超时设置	设置通信超时的时间 50～2550ms，对应设置为 5～255（默认 5）
D201	D8201	当前网络扫描时间	存储当前网络扫描时间
D202	D8202	网络最大扫描时间	存储网络最大扫描时间
D203	D8203	主站通信错误数目	存储主站通信错误数目
D204～D210	D8204～D8210	从站通信错误数目	存储从站通信错误数目
D211	D8211	主站通信错误代码	存储主站通信错误代码
D212～D218	D8212～D8218	从站通信错误代码	存储从站通信错误代码

4. 软元件分配

在使用 N:N 通信时，FX 系列 PLC 的部分辅助继电器和部分数据存储器被用于存放本站的信息，其他站可以在 N:N 网络上读取这些信息，从而实现信息的交换，其辅助继电器和部分数据存储器的分配见表 8-24。

表 8-24 软元件的分配

站号	模式 0	模式 1		模式 2	
	字元件（D）	位元件（M）	字元件（D）	位元件（M）	字元件（D）
	4 点	32 点	4 点	64 点	8 点
0#站	D0～D3	M1000～M1031	D0～D3	M1000～M1063	D0～D7
1#站	D10～D13	M1064～M1095	D10～D13	M1064～M1127	D10～D17
2#站	D20～D23	M1128～M1159	D20～D23	M1128～M1191	D20～D27
3#站	D30～D33	M1192～M1223	D30～D33	M1192～M1255	D30～D37
4#站	D40～D43	M1256～M1287	D40～D43	M1256～M1319	D40～D47
5#站	D50～D53	M1320～M1351	D50～D53	M1320～M1383	D50～D57
6#站	D60～D63	M1384～M1415	D60～D63	M1384～M1447	D60～D67
7#站	D70～D73	M1448～M1479	D70～D73	M1448～M1511	D70～D77

5. 参数设置程序例

在进行 N:N 通信时，需要在主站设置站号（0）、从站总数（2）、刷新范围（1）、重试次数（3）和通信超时（60ms）等参数，为了确保参数设置程序作为 N:N 通信参数，通信参数设置程序必须从第 0 步开始编写，其程序如图 8-22 所示。

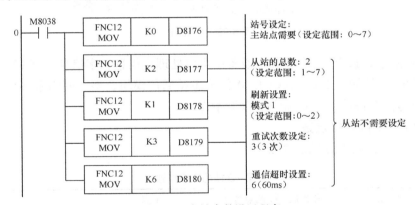

图 8-22 主站参数设置程序

8.3 CC-Link 现场总线模块

CC-Link 是日本三菱公司于 1996 年推出的开放式现场总线，其全称为 Control & Communication-Link，它通过专门的通信模块将分散的 I/O 模块、特殊功能模块等连接起来，并且通过 PLC 的 CPU 来控制相应的模块。CC-Link 总线网络是一种开放式工业现场网络，可完成大数据量、远距离的网络系统实时控制，在 156kbit/s 的传输速率下，控制距离达到 1.2km，如采用中继器，可以达到 13.2km，并具有性能卓越、应用广泛、使用简单、节省成本等突出优点。三菱常用的网络模块有 CC-Link 通信模块（FX$_{2N}$-16CCL-M、FX$_{2N}$-32CCL）、CC-Link/LT 通信模块（FX$_{2N}$-64CL-M）、Link 远程 I/O 链接模块（FX$_{2N}$-16Link-M）和 AS-i

网络模块（FX_{2N}-32ASI-M），下面仅介绍 FX_{2N}-16CCL-M、FX_{2N}-32CCL 模块。

8.3.1　CC-Link 主站模块

当采用 FX 系列 PLC 作为 CC-Link 主站时，与之相连的主站模块则为 FX_{2N}-16CCL-M，是特殊扩展模块，主站在整个网络中是控制数据链接系统的站，其系统配置如图 8-23 所示。

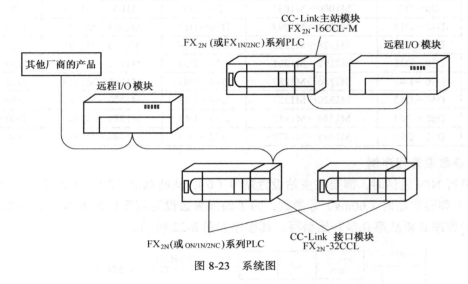

图 8-23　系统图

远程 I/O 站仅仅处理位信息，远程设备站可以处理位信息和字信息。当 FX 系列的 PLC 作为主站单元时，只能以 FX_{2N}-16CCL-M 作为主站通信模块，整个网络最多可以连接 7 个 I/O 站和 8 个远程设备站，且必须满足以下条件。

1．远程 I/O 站的连接点数

远程 I/O 站的连接点数见表 8-25。

表 8-25　　　　　　　　　　　远程 I/O 站的连接点数

PLC 的 I/O 点数（包括空的点数和扩展 I/O 的点数）	X 点
FX_{2N}-16CCL-M 占用的点数	8 点
其他特殊扩展模块所占用 PLC 的点数	Y 点
32 × 远程设备站的数量	Z 点
总计的点数 $X+Y+Z+8$	FX_{2N}/FX_{2NC} 系列 PLC≤256 点 FX1N 系列 PLC≤128 点

2．远程设备站的连接站数

远程设备站的连接站数见表 8-26。

表 8-26　　　　　　　　　　　远程设备站的连接站数

远程设备站占用 1 个站的数量	1 个站×模块数
远程设备站占用 2 个站的数量	2 个站×模块数

续表

远程设备站占用 3 个站的数量	3 个站×模块数
远程设备站占用 4 个站的数量	4 个站×模块数
站的总和	≤8

3. 最大连接的配置图

CC-Link 总线最大连接的配置如图 8-24 所示。

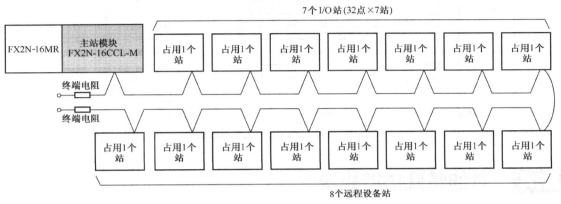

图 8-24　最大连接的配置图

如果是远程设备站，可以不考虑远程 I/O 点的数量情况。图 8-24 所示远程 I/O 站及 PLC 主站、FX$_{2N}$-16CCL-M 所占用的点数为 32 点 × 7 个站+16+8=248，因此，最多还可以增加 8 个 I/O 点或相当于 8 点的特殊模块。

4. 最大传输距离

在使用高性能 CC-Link 电缆时，最大的传输距离见表 8-27。

表 8-27　　　　　　　　　　　　　　　传输速率

传输速度（bit/s）	最大传输距离（m）
156k	1200
625k	900
2.5M	400
5M	160
10M	100

8.3.2　CC-Link 远程站模块

FX$_{2N}$-32CCL 是将 PLC 连接到 CC-Link 网络中的远程站模块，可连接的 PLC 有 FX$_{0N}$/FX$_{2N}$/FX$_{2NC}$ 系列的小型 PLC，与之连接的 PLC 将作为远程设备站，并占用 PLC 的 8 个 I/O 点。

FX$_{2N}$-32CCL 在连接到 CC-Link 网络时，必须进行站号和占用站数的设定。站号由 2 位旋转开关设定，占用站数由 1 位旋转开关设定，站号可在 1～64 之间设定，超出此范围将出错，占用站数在 1～4 之间设定。

FX$_{2N}$-32CCL 与系统的通信连接如图 8-25 所示。它们采用专用双绞屏蔽电缆将各站的 DA 与 DA，DB 与 DB，DG 与 DG 端子连接。FX$_{2N}$-32CCL 具有 2 个 DA 和 DB 端子，它们的功能是相同的，SLD 端子应与屏蔽电缆的屏蔽层连接，FG 端子采用 3 级接地。

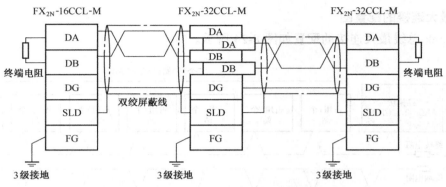

图 8-25　FX$_{2N}$-32CCL 与主单元的连接

8.4　其他特殊功能模块

8.4.1　定位控制模块

为了解决机械速度与准确停车控制等问题，三菱产品中有点位控制单元，它们可以和通用电动机、变频装置以及制动设备配合，实现点位控制。常用的点位控制单元有脉冲输出模块（FX$_{2N}$-1PG、FX$_{2N}$-10PG）、定位控制模块（FX$_{2N}$-10GM、FX$_{2N}$-20GM）和角度控制模块 FX$_{2N}$-1RM-E-SET 等，这里仅介绍 FX$_{2N}$-20GM 模块。

定位单元 FX$_{2N}$-20GM 是输出脉冲序列的专用单元。FX-20GM 是一个能独立进行 2 轴定位控制的装置。它不仅具有定位控制语言、编程控制语言，还有可进行数据处理的功能指令，因此可独立地进行更高级的定位控制。FX-20GM 可输出最高频率 200kHz（采用插补功能时为 100kHz）的脉冲序列。在同时进行 2 轴定位控制时，可进行线性插补和圆弧插补，并可连续执行 30 条指令。

FX-20GM 主机上有 8 点输入、8 点输出，I/O 总点数可扩展到 48 点。I/O 可连接到分离的接线端子排，使输出点更接近控制元件。执行机构可使用步进电动机或伺服电动机，并通过驱动单元来控制定位。

FX$_{2N}$-20GM 与 PLC 通信是通过 PLC 的 FROM/TO 指令，可以使定位单元内部的 BFM 与 PLC 交换数据，从而实现 FX$_{2N}$-20GM 与 PLC 的通信。

8.4.2　人-机界面

人-机界面（或称人-机交互，Human Computer Interaction）是系统与用户之间进行信息交互的媒介。近年来，随着信息技术与计算机技术的迅速发展，人-机界面在工业控制中已得到了广泛的应用。工业控制领域通常所说的人-机界面包括触摸屏和组态软件。触摸屏又叫图示操作终端（Graph Operation Terminal，GOT），是目前工业控制领域应用较多的一种人-机交互设备。

1.　触摸屏工作原理

为工业控制现场操作的方便，人们用触摸屏来代替鼠标、键盘和控制屏上的开关、按钮。触摸屏由触摸检测部件和触摸屏控制器组成。触摸检测部件安装在显示屏幕前面，用于检测并接受用户触摸信息；触摸屏控制器的主要作用是将检测部件上接收的触摸信息转换成触点坐标，并发送给 CPU，同时还能接收 CPU 发来的命令并加以执行。所以，触摸屏工作时必须首先用手指或其他物体触摸安装在显示器前端的触摸屏，然后系统根据触摸的图标或菜单来定位并选择信息输入。

2.　触摸屏的分类

按照触摸屏的工作原理和传输信息的介质，把触摸屏分为电阻式、电容感应式、红外线式以及表面声波式 4 类。电阻式触摸屏是利用压力感应来进行控制，电容感应式触摸屏是利用人体的电流感应进行工作的，红外式触摸屏是利用 X、Y 方向上密布的红外线矩阵来检测并控制的，表面声波式触摸屏是利用声波能量传递进行控制的。本书主要介绍三菱触摸屏的使用。

3.　三菱通用触摸屏

三菱常用的人-机界面有通用触摸屏 900（A900 和 F900）、1000（GT11 和 GT15）系列、显示模块（FX_{1N}-5DM、FX-10DM-E）和小型显示器（FX-10DU-E），种类达数十种，而 GT11 和 F900 系列触摸屏是目前应用最广泛的，典型产品有 GT1155-Q-C 和 F940GOT-SWD 等，GT1155-Q-C 具有 256 色 TFT 彩色液晶显示，F940GOT-SWD 具有 8 色 STN 彩色液晶显示，界面尺寸为 5.7 寸（对角），分辨率为 320 × 240，用户储存器容量 GT1155-Q-C 为 3M，F940GOT-SWD 为 512KB，可生成 500 个用户界面，能与三菱的 FX 系列、Q 系列 PLC 进行连接，也可与定位模块 FX_{2N}-10GM、FX_{2N}-20GM 及三菱变频器进行连接，同时还可与其他厂商的 PLC 进行连接，如 OMRON、SIEMENS、AB 等。

4.　系统连接

GT1155-Q-C 和 F940GOT-SWD 有 2 个接口，1 个与计算机连接的 RS 232 接口，用于传送用户界面，1 个与 PLC 等设备连接的 RS-422 接口，用于与 PLC 等进行通信。GT1155-Q-C 不仅具有 F940GOT-SWD 的 RS-232、RS-422 接口，还增加了 1 个 USB 串口，与电脑连接更加方便，可实现界面的高速传送。它们都需要外部提供 410mA /DC 24V 电源，有关它的使用将在实训中作详细介绍。

习题

1.　特殊功能模块有哪些类别，它们各有什么用途？

2.　什么叫偏移和增益，调整偏移和增益在 A/D 模块和 D/A 模块中有什么意义？

3.　什么是 BFM？BFM 在特殊功能模块中具有什么作用？如何读写？

4.　A/D 模块电压输入和 D/A 模块电流输出接线有什么要求？

5. 设计一个气温监控系统，用特殊功能模块 FX_{2N}-4AD-PT 采集温度、PLC 进行控制、数码管显示当前气温（保留 1 位小数，共 3 位）。当温度在 10℃～35℃时绿灯亮，当温度在 35℃～40℃时黄灯亮，当温度高于 40℃时红灯亮。

6. 用触摸屏（F940GOT-SWD）与 PLC（三菱 FX_{2N}-48MR）控制 3 台电动机的启动和停止，要求制作 4 个触摸屏界面，4 个界面能互相切换。

实训课题 11　模拟量控制模块的应用

实训 27　FX_{2N}-4AD 的应用

1. 实训目的
① 熟悉 A/D 特殊功能模块的连接、操作和调整。
② 掌握 A/D 特殊功能模块程序设计的基本方法。
③ 进一步掌握 PLC 功能指令的应用。

2. 实训器材
① FX_{2N}-4AD 模块 1 个。
② 指示灯模块 1 个。
③ 开关按钮板模块 1 块。
④ 手持式编程器或计算机 1 台。
⑤ PLC 应用技术综合实训装置 1 台。

3. 实训要求
FX_{2N}-4AD 的应用，其控制要求如下。
① 将 4AD 的 CH1、CH2 通道分别通过 2 个 12V 可调开关电源装置输入 2 个模拟电压（0～10V），改变通道的输入电压值。
② 当 CH1 通道的电压小于 CH2 通道的电压时，输出指示灯 HL1 亮。
③ 当 CH1 通道的电压大于 CH2 通道的电压 2V 小于 4V 时，输出指示灯 HL2 亮。
④ 当 CH1 通道的电压大于 CH2 通道的电压 4V 小于 6V 时，输出指示灯 HL3 亮。
⑤ 当 CH1 通道的电压大于 CH2 通道的电压 6V 小于 10V 时，输出指示灯 HL4 亮。
⑥ 当 CH1 通道和 CH2 通道的电压都大于 10V 时，输出指示灯 HL5 亮。

4. 系统程序
（1）I/O 分配
X0——启动；X1——停止；Y0——HL1 指示灯；Y1——HL2 指示灯；Y2——HL3 指示灯；Y3——HL4 指示灯；Y4——HL5 指示灯。
（2）系统程序
根据系统控制要求、I/O 分配，其系统程序如图 8-26 所示。

5. 系统接线
根据系统控制要求、I/O 分配及系统程序，其系统接线如图 8-27 所示。

```
 0 ┤├M8002─────────────────[T0   K0  K30  D0   K1 ]  读ID号
                           [CMP  K2010  D0   M0 ]  比较
      M1
17 ┤├────────────────────[TOP  K0   K0  H3300 K1 ]  设定CH1、CH2为电压输入
                           [TOP  K0   K1   K4   K2 ]  设定采样次数
                           [FROM K0  K29  K4M10 K1 ]  读运行状态
      M10  M20
      ┤│├─┤│├──────────────[FROM K0   K5   D10  K2 ]  读入模拟值
      M8000
56 ┤├────────────────────[SUB  D10  D11  D12 ]  CH1、CH2输入数字量减法运算
64 ┤< D12  K0 ├──────────────────────(Y000)  CH1通道输入值小于CH2时输出Y0
70 ┤> D12 K400├┤< D12  K800├──────────(Y001)  大于2V时输出Y1
81 ┤> D12 K800├┤< D12  K1200├─────────(Y002)  大于4V时输出Y2
92 ┤> D12 K1200├┤< D12  K1600├────────(Y003)  大于6V时输出Y3
103┤> D10 K2000├───────────────────────(Y004)  CH1、CH2通道大于10V时输出Y4
   ┤> D11 K2000├
114─────────────────────────────────────[END ]
```

图 8-26　系统程序

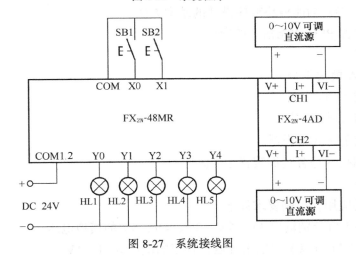

图 8-27　系统接线图

6. 程序调试

① 连接好 4AD 的电源，按图 8-5 所示编写好偏移和增益调整程序，并写入 PLC，调整 FX$_{2N}$-4AD 的 CH1、CH2 通道的偏移和增益，使输入 0～10V 时输出数字量为 0～2000。

② 按图 8-26 编制程序，并写入 PLC。

③ 按图 8-27 接好 PLC 的 I/O 电路和 4AD 的模拟输入信号。

④ 运行程序，调整输入电压，监视 CH1、CH2 通道对应的数字量变化情况，模拟量与数字量对应的关系见表 8-28。如果改变输入电压，数字量没有发生变化或显示为 0，应首先检查模块编号是否正确，如果正确，检查 4AD 与 PLC 连接的通信线及模拟输入电路，直到正确为止。

表 8-28 　　　　　　　　　　　　　　　　模拟量与数字量对应的关系

模拟量（V）	1	2	3	4	5	6	7	8	9	10
数字量	200	400	600	800	1000	1200	1400	1600	1800	2000

⑤ 按控制要求输入电压，观察指示灯的动作情况，否则，检查系统程序和输出电路。

7. 实训报告

（1）实训总结

① 简述增益和偏移调整的意义。

② 写出增益和偏移调节的过程及注意事项。

（2）实训思考

① 如果模拟电压输入改为电流输入，电路应该如何连接？画出接线图。

② 如果 CH1、CH2 通道不能使用，要改为 CH3、CH4 通道，则程序要如何修改？

③ 图 8-26 所示程序中未设计启动（X0）和停止（X1）信号，请完善设计程序。

实训 28　FX$_{2N}$-2DA 的应用

1. 实训目的

① 熟悉 D/A 特殊功能模块的连接、操作和调整。

② 掌握 D/A 特殊功能模块程序设计的基本方法。

③ 进一步掌握 PLC 功能指令的应用。

2. 实训器材

① FX$_{2N}$-2DA 模块 1 个。

② 电压表或万用表 1 个。

③ 开关按钮板模块 1 块。

④ 计算机或手持式编程器。

⑤ PLC 应用技术综合实训装置 1 台。

3. 实训要求

FX$_{2N}$-2DA 的应用，控制要求如下。

① 按 X1～X5 可分别输出 1V、2V、3V、4V、5V 的模拟电压。

② 按 X10、X11 可以实现输出补偿，补偿的范围为-1～1V。

4. 系统程序

（1）I/O 分配

X1——SB1；X2——SB2；X3——SB3；X4——SB4；X5——SB5；X10——SB6 补偿加；X11——SB7 补偿减。

（2）系统程序

根据系统控制要求及 I/O 分配，其系统程序如图 8-28 所示。

5. 系统接线

根据系统控制要求、I/O 分配及系统程序，其系统接线如图 8-29 所示。

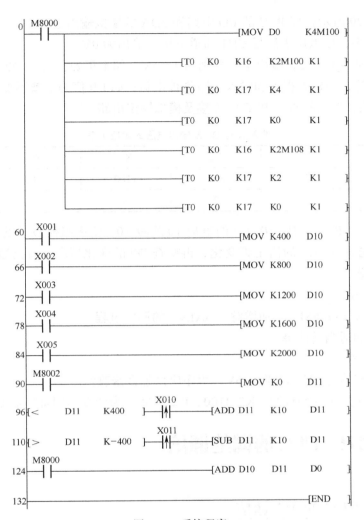

图 8-28 系统程序

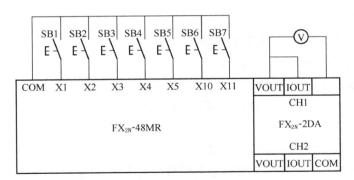

图 8-29 系统接线图

6. 系统调试

① 调整好 FX$_{2N}$-2DA 偏移和增益（见图 8-9），使数字量为 0～2000 时，输出模拟电压为 0V ～5V。

② 按图 8-28 所示编写好程序并写入 PLC 中。

③ 按图 8-29 所示接好 PLC 的 I/O 电路和 2DA 的模拟输出电路。

④ 运行程序，用电压表测量 CH1 通道电压，输出为 0V。

⑤ 分别接通 X1～X5，输出电压分别为 1～5V。如不正确，监视 D0 的值见表 8-29，如与表 8-29 不符，则检查程序和输入电路是否正确；如 D0 值为 0 或不变，则首先检查模块编号是否正确，然后检查与 PLC 的连接及模拟输出电路。

表 8-29　　　　　　　　　　　　输入 X 与 D0 及输出电压的对应关系

输入	X1	X2	X3	X4	X5
D0 数字量	400	800	1200	1600	2000
模拟量（V）	1	2	3	4	5

⑥ 按 SB6、SB7，每按一次 D0 的值加 10 或减 10，使输出模拟量发生微小变化。如调整无效，首先观察 D11 的值是否变化，再检查 D0 的变化情况，直到数字量变化正确。

7. 实训报告

（1）实训总结

① 写出偏移（OFFSET）和增益（GAIN）的调整过程。

② 给程序加适当的注释。

（2）实训思考

① 如果将偏移为 0V，增益为 5V，程序应该怎么修改？

② 程序中使用了 K4M100、K2M100、K2M108，为什么不用寄存器 D？

实训课题 12　PLC 的网络通信

实训 29　PLC 的 1:1 通信

1. 实训目的

① 掌握 1:1 通信中辅助继电器的功能。

② 掌握 1:1 通信中软元件的分配。

③ 掌握 1:1 通信程序的设计。

④ 能够组建 1:1 网络，并能解决实际工程问题。

2. 实训器材

完成本实训每组学生需要配备如下器材。

① FX$_{2N}$-RS485-BD 板 1 块（配超五类网络线若干，下同）。

② 开关、按钮板模块 1 个。

③ PLC 应用技术综合实训装置 1 台。

④ 手持式编程器或计算机 1 台。

3. 实训要求

设计一个具有 2 台 PLC 的 1:1 网络通信系统，并在实训室完成调试，实训要求如下。

① 该系统设有 2 个站，其中 1 个主站，1 个从站，采用 RS-485BD 板通过 1:1 通信的一般模式进行通信。

② 主站输入信号（X0～X7）的 ON/OFF 状态要求从 2 台 PLC 的 Y0～Y7 输出。

③ 从站输入信号（X0～X7）的 ON/OFF 状态要求从 2 台 PLC 的 Y10～Y17 输出。

④ 主、从 PLC 的输入信号 X10 分别为其计数器 C0 的输入信号。当 2 个站的计数器 C0 的计数之和小于 5 时，系统输出 Y20；当大于等于 5 小于等于 10 时，系统输出 Y21；当大于 10 时，系统输出 Y22。

4．软件程序

（1）设计思路

系统由 2 台 PLC 组成的 1:1 网络，2 台 PLC 分别设为主站和从站。每个站除了将本站的信息挂到网上，同时，还要从网上接收需要的信息，然后进行处理，执行相应的操作。实训时可以将相邻的 2 组同学组合成一个系统，2 组同学既有分工又有合作，共同制定与讨论实施方案。

（2）I/O 分配

根据系统的控制要求、设计思路，PLC 的 I/O 分配如下。

X0～X10——SB0～SB8；Y0～Y7——对应主站的输入信号 X0～X7；Y10～Y17——对应从站的输入信号 X0～X7；Y20——计数之和小于 5 指示；Y21——计数之和大于等于 5 小于等于 10 指示；Y22——计数之和大于 10 指示。

（3）系统程序

根据 PLC 的输入输出分配及设计思路，PLC 的控制程序如图 8-30 所示。

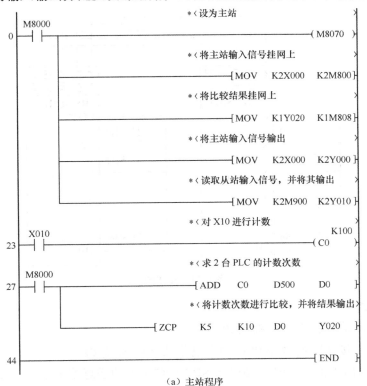

（a）主站程序

图 8-30　控制程序

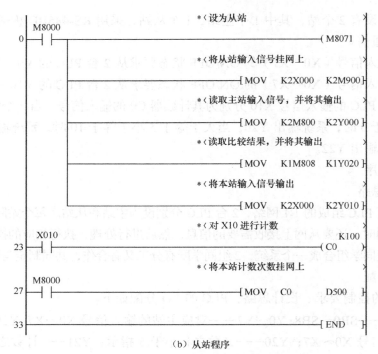

```
        M8000                                    *〈设为从站                  〉
    0 ───┤ ├──┬──────────────────────────────────────────────( M8071 )
          │                                      *〈将从站输入信号挂网上      〉
          ├──────────────────────────────[ MOV  K2X000   K2M900 ]
          │                                      *〈读取主站输入信号，并将其输出 〉
          ├──────────────────────────────[ MOV  K2M800   K2Y000 ]
          │                                      *〈读取比较结果，并将其输出    〉
          ├──────────────────────────────[ MOV  K1M808   K1Y020 ]
          │                                      *〈将本站输入信号输出         〉
          └──────────────────────────────[ MOV  K2X000   K2Y010 ]

        X010                                     *〈对 X10 进行计数            〉
   23 ───┤ ├────────────────────────────────────────────K100──( C0 )

        M8000                                    *〈将本站计数次数挂网上       〉
   27 ───┤ ├──────────────────────────────[ MOV  C0      D500 ]

   33 ─────────────────────────────────────────────────────[ END ]
```

（b）从站程序

图 8-30　控制程序（续）

5. 系统接线

根据系统控制要求、I/O 分配及控制程序，其系统接线如图 8-31 所示。

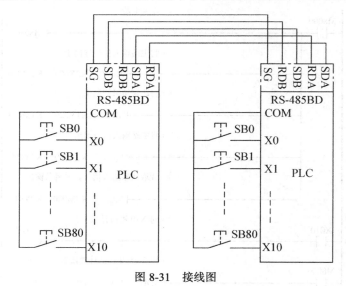

图 8-31　接线图

6. 系统调试

① 按图 8-30 输入程序，下载至 PLC。

② 按图 8-31 接线图连接好 PLC 输入电路及 RS-485 总线。

③ 按主站的输入信号 SB0（X0）～SB7（X7）中的任意若干个，则 2 个站的对应输出信号 Y0～Y7 指示亮。

④ 按从站的输入信号 SB0（X0）～SB7（X7）中的任意若干个，则 2 个站的对应输出信号 Y10～Y17 指示亮。

⑤ 按任意站的输入信号 SB8（X10）若干次，当所按次数之和小于 5 时，2 个站的输出 Y20 指示亮；当大于等于 5 小于等于 10 时，2 个站的输出 Y21 指示亮；当大于 10 时，2 个站的输出 Y22 指示亮。

7. 实训报告

（1）实训总结

① 分析理解程序，并画出信息交换的路线图。

② 实训要求采用一般通信模式进行通信，但程序中没有进行设置，请说明理由。

（2）实训思考

① 程序中无计数器 C0 的复位程序，请补上。

② 主站程序中，计数器 C0 的设定值为 100，能否改为其他值？请说明理由。

③ 主站程序的第 27 步，求 2 台 PLC 的计数次数的程序能否放到从站程序？若能，请设计系统程序；若不能，请说明理由。

④ 请使用高速模式，按本实训要求，重新设计一个 1:1 的网络通信系统。

实训 30　PLC 的 N:N 通信

1. 实训目的

① 掌握 N:N 通信中辅助继电器和数据寄存器的功能。

② 掌握 N:N 通信中软元件的分配。

③ 掌握 N:N 通信程序的设计。

④ 能够组建小型的 N:N 网络，并能解决实际工程问题。

2. 实训器材

与上一实训相同。

3. 实训要求

设计 1 个具有 3 台 PLC 的 N:N 网络通信系统，并在实训室完成调试，实训要求如下。

① 该系统设有 3 个站，其中 1 个主站，2 个从站，要求采用 RS-485BD 板进行通信。其通信参数为刷新范围（1）、重试次数（4）和通信超时（50ms）。

② 每个站的输入信号 X4 分别为各站 PLC 计数器 C0 的输入信号。当 3 个站的计数器 C0 的计数次数之和小于 5 时，系统输出 Y0；当大于等于 5 小于等于 10 时，系统输出 Y1；当大于 10 时，系统输出 Y2。

③ 主站的输入信号 X0～X3 分别控制 3 个站的输出信号 Y10～Y13。

④ 1#站的输入信号 X0～X3 分别控制 3 个站的输出信号 Y14～Y17。

⑤ 2#站的输入信号 X0～X3 分别控制 3 个站的输出信号 Y20～Y23。

4. 软件程序

（1）设计思路

系统由 3 台 PLC 组成的 N:N 网络，3 台 PLC 分别设为网络的 0#站（即主站）、1#站和

2#站。每个站除了设置通信参数外，还要将本站的信息挂到网上，同时，还要接收网上相应的信息，然后进行处理，执行相应的操作。实训时可以将相邻的 3 组同学组合成一个系统，3 组同学既有分工又有合作，共同制定与讨论实施方案。

（2）I/O 分配

根据系统的控制要求、设计思路，PLC 的 I/O 分配如下。

X0——SB0；X1——SB1；X2——SB2；X3——SB3；X4——SB4；Y0——计数之和小于 5 指示；Y1——计数之和大于等于 5 小于等于 10 指示；Y2——计数之和大于 10 指示；Y10～Y23——相应站的输入指示。

（3）系统程序

根据 PLC 的输入输出分配及设计思路，PLC 的控制程序如图 8-32 所示。

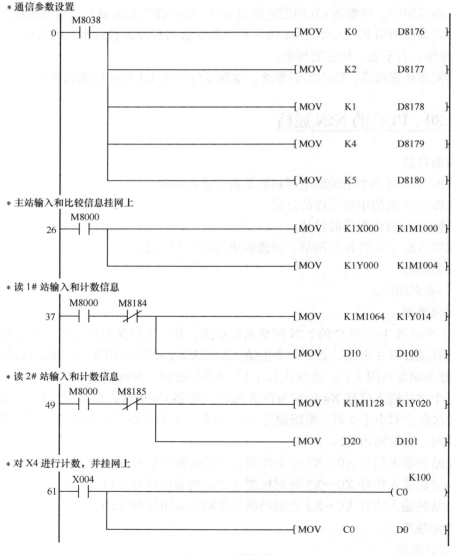

图 8-32　控制程序

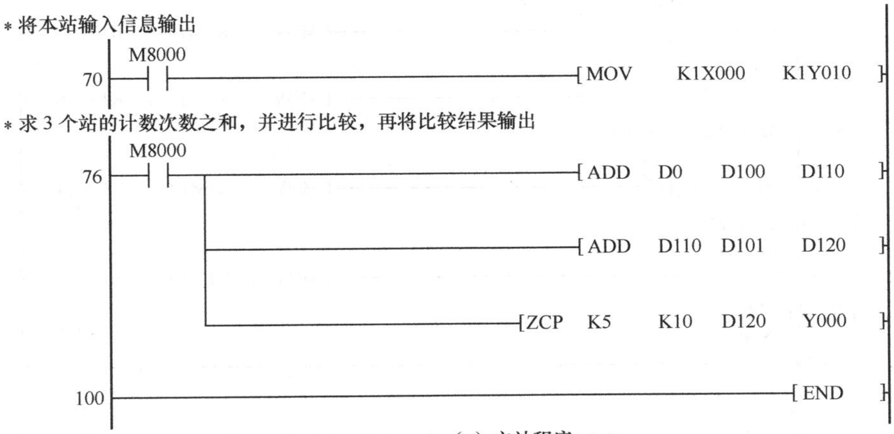

* 将本站输入信息输出

```
          M8000
70 ├───┤ ├──────────────────────────────[ MOV   K1X000   K1Y010 ]
```

* 求 3 个站的计数次数之和，并进行比较，再将比较结果输出

```
          M8000
76 ├───┤ ├──┬───────────────────────────[ ADD   D0    D100   D110 ]
            │
            ├───────────────────────────[ ADD   D110  D101   D120 ]
            │
            └───────────────────[ ZCP   K5   K10   D120   Y000 ]

100├──────────────────────────────────────────────────[ END ]
```

（a）主站程序

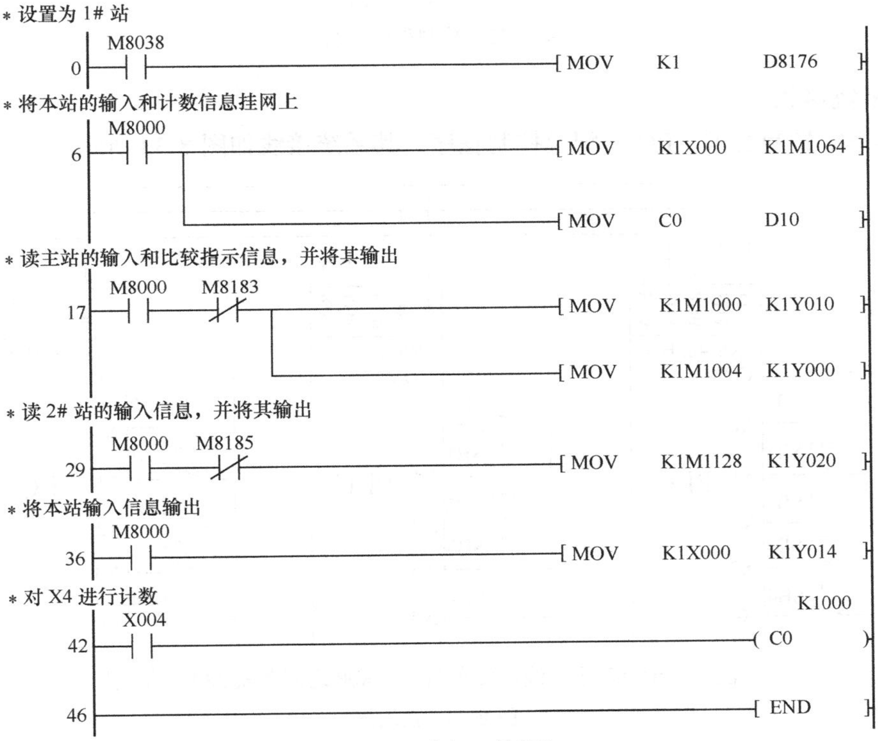

* 设置为 1# 站

```
          M8038
0 ├───┤ ├──────────────────────────────[ MOV   K1       D8176 ]
```

* 将本站的输入和计数信息挂网上

```
          M8000
6 ├───┤ ├──┬───────────────────────────[ MOV   K1X000   K1M1064 ]
            │
            └───────────────────────────[ MOV   C0       D10 ]
```

* 读主站的输入和比较指示信息，并将其输出

```
         M8000  M8183
17├───┤ ├──┤/├─┬──────────────────────[ MOV   K1M1000   K1Y010 ]
              │
              └──────────────────────[ MOV   K1M1004   K1Y000 ]
```

* 读 2# 站的输入信息，并将其输出

```
         M8000  M8185
29├───┤ ├──┤/├────────────────────────[ MOV   K1M1128   K1Y020 ]
```

* 将本站输入信息输出

```
          M8000
36├───┤ ├──────────────────────────────[ MOV   K1X000   K1Y014 ]
```

* 对 X4 进行计数

```
                                                        K1000
          X004
42├───┤ ├────────────────────────────────────────────( C0 )

46├──────────────────────────────────────────────────[ END ]
```

（b）1# 站程序

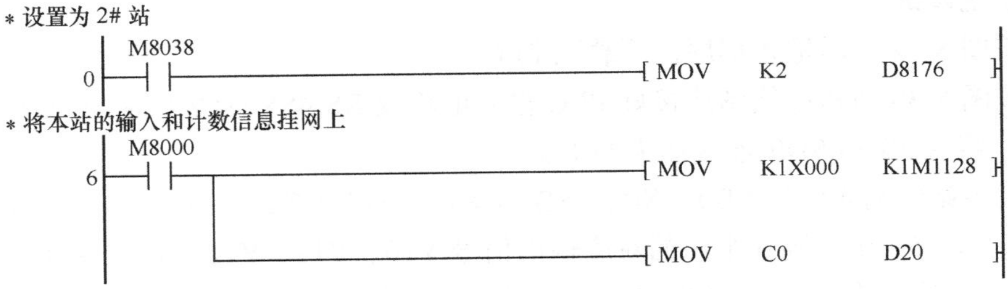

* 设置为 2# 站

```
          M8038
0 ├───┤ ├──────────────────────────────[ MOV   K2       D8176 ]
```

* 将本站的输入和计数信息挂网上

```
          M8000
6 ├───┤ ├──┬───────────────────────────[ MOV   K1X000   K1M1128 ]
            │
            └───────────────────────────[ MOV   C0       D20 ]
```

图 8-32　控制程序（续）

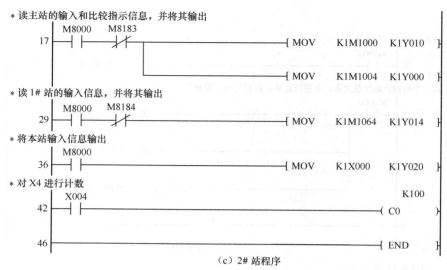

（c）2# 站程序

图 8-32　控制程序（续）

5. 系统接线

根据系统控制要求、I/O 分配及控制程序，其系统接线如图 8-33 所示。

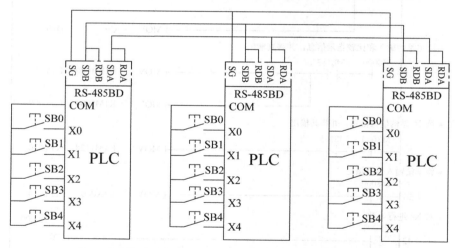

注：对于单对子布线，要在 RDA 与 RDB 之间并联 330Ω 的电阻。

图 8-33　接线图

6. 系统调试

① 按图 8-32 所示输入程序，下载至 PLC。

② 按图 8-33 所示接线图连接好 PLC 输入电路及 RS-485 总线（将 RDA 和 SDA 连接作为 DA，将 RDB 和 SDB 连接作为 DB）。

③ 按主站的输入信号 SB0（X0）、SB1（X1）、SB2（X2）、SB3（X3）中的任意 1 个或 2 个或 3 个或 4 个，则 3 个站的对应输出信号 Y10、Y11、Y12、Y13 指示亮。

④ 按 1#站的输入信号 SB0（X0）或 SB1（X1）或 SB2（X2）或 SB3（X3）中的任意 1 个或 2 个或 3 个或 4 个，则 3 个站的对应输出信号 Y14、Y15、Y16、Y17 指示亮。

⑤ 按 2#站的输入信号 SB0（X0）或 SB1（X1）或 SB2（X2）或 SB3（X3）中的任意 1 个或 2 个或 3 个或 4 个，则 3 个站的对应输出信号 Y20、Y21、Y22、Y23 指示亮。

⑥ 按任意站的输入信号 SB4（X4）若干次，当所按次数之和小于 5 时，3 个站的输出 Y0 指示亮；当大于等于 5 小于等于 10 时，3 个站的输出 Y1 指示亮；当大于 10 时，3 个站的输出 Y2 指示亮。

7．实训报告

（1）实训总结

① 分析理解程序，程序中辅助继电器 M8038 起什么作用。

② 请画出单对子接线的接线图。

（2）实训思考

① 1#站和 2#站为什么没有求计数的次数？请说明理由。

② 请说明 1:1 通信与 N:N 通信各自的优、缺点。

③ 若刷新范围采用模式 2，请编写本实训程序。

④ 设计一个有 8 个站的 N:N 网络通信系统，其控制要求与本实训相同。

实训课题 13　触摸屏的使用

实训 31　触摸屏控制电动机的正、反转

1．实训目的

① 了解触摸屏相关知识，掌握触摸屏与 PLC 控制系统的连接。

② 会通过触摸屏调试软件（GTDesigner2 Version 2.19V）制作触摸屏界面。

③ 掌握 PLC 和触摸屏相关联的程序设计。

④ 能用触摸屏与 PLC 组成简易控制系统，解决简单的实际工程问题。

2．实训器材

① GT1155-Q-C 或 F940 GOT-SWD 触摸屏 1 台。

② 电动机 1 台。

③ 交流接触器模块 1 个。

④ 触摸屏用 DC 24V 电源，也可用 PLC 输出 DC 24V。

⑤ PLC 应用技术综合实训装置 1 台。

⑥ 计算机 1 台（已安装 GTDesigner2 和 GXDeveloper 软件）。

3．实训指导

GT1155-Q-C 和 F940GOT-SWD 触摸屏的界面分系统界面和用户界面，用户界面是用户根据具体的控制要求设计制作的，具有显示功能、监视功能、数据变更功能和开关控制功能等。系统界面是触摸屏制造商设计的，具有监视功能、数据采集功能、报警功能等。

（1）系统界面

按屏幕左上方（默认位置）的菜单界面呼出键（该键的位置用户可任意设置），即可显

示系统界面主菜单，系统主菜单如图 8-34 所示。

① 界面状态，是用来显示用户界面制作软件（如 GT Designer2）制作的界面状态，实现系统界面和用户界面的切换。

② HPP 状态，是对连接 GOT 的 PLC 进行程序的读写、编辑、软元件的监视及软元件的设定值和当前值的变更等，其操作类似与 FX-20P 手持式编程器。

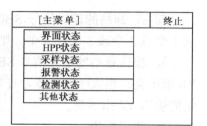

图 8-34　系统主菜单

③ 采样状态，通过设定采样的条件，将收集到的数据以图表或清单的形式进行显示。

④ 报警状态，触摸屏可以指定 PLC 位元件（可以是 X、Y、M、S、T、C，但最多 256 个）为报警元素，通过这些位元件的 ON/OFF 状态来显示界面状态或报警状态。

⑤ 检测状态，可以进行用户界面一览显示，可以对数据文件的数据进行编辑，也可以进行触摸键的测试和界面的切换等操作。

⑥ 其他状态，具有设定时间开关、数据传送、打印输出、关键字、动作环境设置等功能，在动作环境设定中可以设定系统语言、连接 PLC 的类型、通信设置等重要的设定功能。

三菱触摸屏调试软件有 FX-DU/WIN-C 和 GT Designer2 类，FX-DU/WIN-C 是早期的版本，不支持全系列。GT Designer 目前已有 3 个版本，其中 GT Designer2 Version 2.19V（SW2D5C-GTD2-CL）支持全系列的触摸屏，下面介绍 GT Designer2 软件。

（2）GT Designer2 的安装

本软件可以在 98 操作系统（CPU 在奔腾 200MHz 及内存 64M 以上）和 XP 操作系统（CPU 需在奔腾 300MHz 及内存 128M 以上）中运行，硬盘空间要求在 300M 以上。安装过程如下。

首先插入安装光盘，找到安装文件，进入到 "EnvMEL" 文件夹，双击该文件夹中 "SETUP.EXE" 文件，按照向导指示安装系统运行环境。

安装完系统运行环境后，再返回到安装文件，执行文件夹中的 "GTD2-C.EXE" 文件，弹出如图 8-35 所示界面，单击图 8-35 所示界面中的 "GT Designer2 安装" 即进入安装程序，安装过程按照向导指示执行即可，产品序列号在文件夹 "ID.TXT" 中。

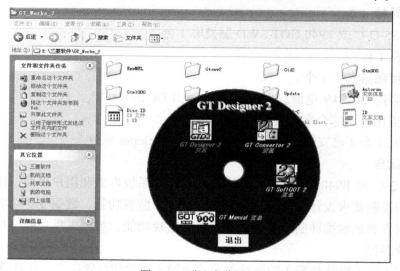

图 8-35　进入安装界面

（3）新建工程

新建工程的操作有如下几步。

① 安装好软件后，可以单击屏幕左下角的"开始→程序→MELSOFT 应用程序→GT Designer2"即启动调试软件，其过程如图 8-36 所示。

图 8-36　启动程序调试软件界面

② 启动调试软件后，就进入了如图 8-37 所示的"新建"、"打开"工程界面。

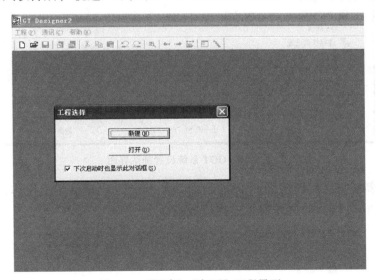

图 8-37　"新建"、"打开"工程界面

③ 然后在图 8-37 中选择"新建"，出现图 8-38 所示的新建工程向导界面。

④ 如图 8-38 所示直接选择"下一步"，出现如图 8-39 所示的 GOT 系统设置界面。

⑤ 如图 8-39 所示进行系统设置，即选择实际连接的 GOT（触摸屏）类型，如 GT11**-Q -C（320×240），并设置为 256 色，再单击"下一步"按钮，出现如图 8-40 所示的 GOT 系统设置确认界面。

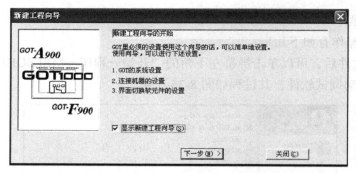

图 8-38　新建工程向导界面

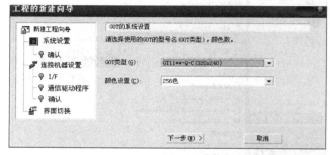

图 8-39　GOT 系统设置界面

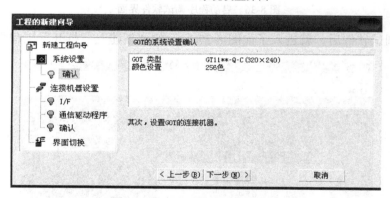

图 8-40　GOT 系统设置确认界面

⑥ 若需重新设置，则单击图 8-40 所示的"上一步"；若确认以上操作，则单击"下一步"，出现如图 8-41 所示的选择实际连接机器界面。

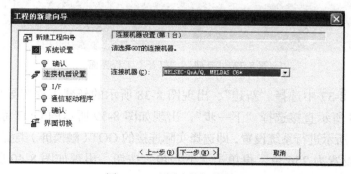

图 8-41　选择连接机器界面

⑦　如图 8-41 所示设置连接的机器，即选择触摸屏工作时连接的控制设备系列，如选择 MELSEC　FX，再单击"下一步"即出现如图 8-42 所示的连接机器端口设置界面。

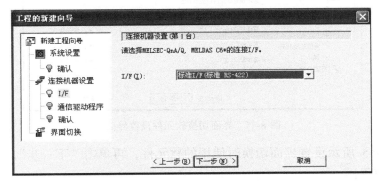

图 8-42　连接机器端口设置界面

⑧　如图 8-42 所示设置 I/F，即设置触摸屏与外部被控设备所使用的端口，如选择 RS-422 端口，再单击"下一步"，出现如图 8-43 所示的通信驱动程序选择界面。

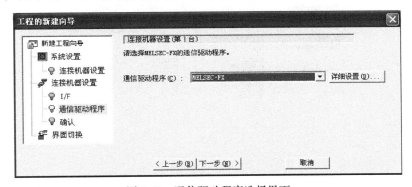

图 8-43　通信驱动程序选择界面

⑨　如图 8-43 所示选择所连接设备的通信驱动程序，系统会自动安装驱动，再单击"下一步"，出现如图 8-44 所示的确认操作界面。

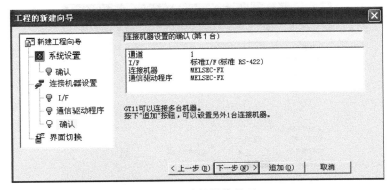

图 8-44　确认操作界面

⑩　若需重新设置，则单击图 8-44 所示的"上一步"；若确认以上操作，则直接单击"下一步"，出现如图 8-45 所示的界面切换软元件设置界面。

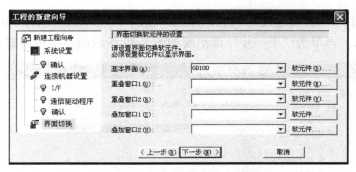

图 8-45　界面切换软元件设置界面

⑪　如图 8-45 所示设置界面切换时使用的软元件，再单击"下一步"，出现如图 8-46 所示的向导结束界面。

⑫　若需重新设置，则单击图 8-46 所示的"上一步"；若确认以上操作，则单击"结束"，进入如图 8-47 所示的界面属性设置界面。

图 8-46　向导结束界面

图 8-47　界面属性设置界面

⑬ 在图 8-47 所示的界面属性设置界面中，选中"指定背景色"，然后选择合适的"填充图样"、"图样前景色"、"图样背景色"、"透明色"，单击"确认"即可进入如图 8-48 所示的软件开发环境界面。

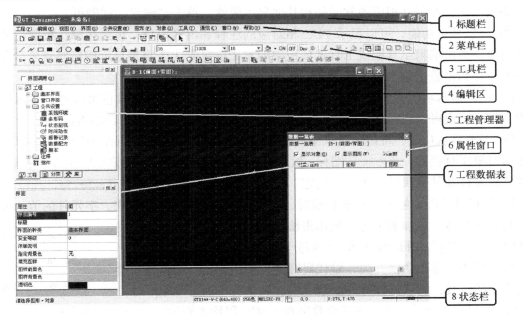

图 8-48 软件开发环境界面

（4）软件界面

三菱触摸屏调试软件 GT Designer2 的界面主要有以下几个栏目。

① 标题栏，显示屏幕的标题，将光标移动到标题栏，则可以将屏幕拖动到希望的位置，GT Designer2 具有屏幕标题栏和应用窗口标题栏。

② 菜单栏，显示 GT Designer2 可使用的菜单名称，单击某个菜单，就会出现一个下拉菜单，然后可以从下拉菜单中选择执行各种功能，GT Designer2 具有自适应菜单。

③ 工具栏，工具栏包括主工具栏、视图工具栏、图形/对象工具栏、编辑工具栏，工具栏以按钮形式显示，将光标移动到任意按钮，然后单击，即可执行相应的功能，在菜单栏当中，也有相应工具栏按钮所具有的功能。

④ 编辑区，制作图形界面的区域。

⑤ 工程管理器，显示界面信息，进行编辑界面切换，实现各种设置功能。

⑥ 属性窗口，显示工程中图形、对象的属性，如图形、对象的位置坐标、使用的软元件、状态、填充色等。

⑦ 工程数据表，显示界面中已有的图形、对象，也可以在数据表中选择图形、对象，并进行属性设置。

⑧ 状态栏，显示 GOT 类型、连接设备类型，图形、对象坐标和光标坐标等。

（5）对象属性设置

① 数值显示功能，能实时显示 PLC 数据寄存器中的数据，数据可以以数字（或数据列表）、ASCII 码字符及时钟等显示。单击数值显示的相应图标 123 ASC 及 ⊙，即选择相应的功能。

281

然后在编辑区域单击鼠标即生成对象，再按计算机键盘的"Esc"键，拖动对象到任意需要的位置。双击该对象，设置相应的软元件和其他显示属性，设置完毕再单击"确定"按钮即可。

② 指示灯显示，能显示 PLC 位状态或字状态的图形对象，单击按钮 🔲🔲，将对象放到需要的位置，设定好相应的软元件和其他显示属性，单击"确定"键即可。

③ 信息显示功能，可以显示 PLC 相对应的注释和出错信息，包括注释、报警记录和报警列表。单击编辑工具栏或工具选项板中的 🔲🔲 按钮或 3 个报警显示按钮 🔲🔲🔲，即可以添加注释和报警记录，设置好属性后单击"确定"键即可。

④ 动画显示功能，显示与软元件相对应的零件/屏幕，显示的颜色可以通过其属性来设置，同时，也可以根据软元件的 ON/OFF 状态来显示不同颜色，以示区别。

⑤ 图表显示功能，可以显示采集到 PLC 软元件的值，并将其以图表的形式显示。单击图形对象工具栏的 🔲🔲🔲🔲🔲 图标，然后将光标指向编辑区，单击鼠标即生成图表对象，设置好软元件及其他属性后单击"确定"键。

⑥ 触摸键功能，触摸键在被触摸时，能够改变位元件的开关状态，字元件的值，也可以实现界面跳转。添加触摸键时须单击编辑对象工具栏中的 🔲 按钮，立即弹出下拉选项如图 8-49 所示，他们分别是位开关、数据写入开关、扩展功能开关、界面切换开关、键代码开关、多用动作开关，将其放置到希望的位置，设置好软元件参数、属性后单击"确定"键即可。

图 8-49　下拉选项

⑦ 数值输入功能，可以将任意数字和 ASCII 码输入到软元件中。对应的图标是 🔲🔲，操作方法和属性设置与上述相似。

⑧ 其他功能，包括硬拷贝功能、系统信息功能、条形码功能、时间动作功能，此外还具有屏幕调用功能、安全设置功能等。

4. 实训要求

设计一个用触摸屏控制电动机正反转的控制系统，控制要求如下。

① 若按触摸屏上的"正转按钮"，电动机则正转运行；若按"反转按钮"，电动机则反转运行。

② 正转运行或反转运行或停止时均有相应文字显示。

③ 具有电动机的运行时间设置及已运行时间显示功能。

④ 运行时间到或按"停止按钮"，电动机即停止运行。

5. 软元件分配及系统接线图

（1）触摸屏软元件分配

M100——正转按钮；M101——反转按钮；M102——停止按钮；M103——停止中显示；D100——运行时间设定；D101——定时器 T0 的设定值；D102——已运行时间显示；Y0——正转指示；Y1——反转指示。

（2）PLC 软元件分配

Y0——正转接触器；Y1——反转接触器；M103——停止；D101——定时器 T0 的设定值。

（3）系统接线图

计算机、PLC、触摸屏系统接线图如图 8-50 所示。

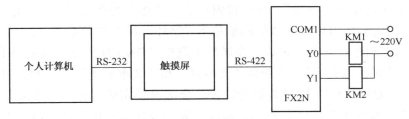

图 8-50　系统接线图

6. 触摸屏界面设计与制作

根据系统的控制要求及触摸屏的软元件分配，触摸屏的界面如图 8-51 所示。

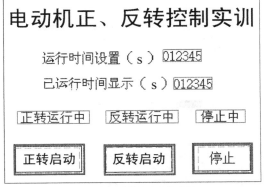

（a）元件为 ON 状态时　　　　　（b）元件为 OFF 状态时

图 8-51　触摸屏界面

（1）文本对象

图 8-51 所示界面中，"电动机正、反转控制实训"、"运行时间设置（s）"、"已运行时间显示（s）"为文本对象，需要用文本对象来制作。选中图形、对象工具栏中的 **A** 按钮，单击编辑区即弹出如图 8-52 所示的属性设置窗口，然后按图进行设置。首先在文本栏中输入要显示的文字（电动机正、反转控制实训），然后在下面文字属性中选择"文本类型"、"文本颜色"、"字体"和"尺寸"（用右侧的箭头进行选择）等，设置完毕，单击"确定"按钮，然后再将文本拖到编辑区合适的位置即可。图 8-49 所示"运行时间设置（s）"和"已运行时间显示（s）"的操作方法与此相似。

（2）注释显示

图 8-51 所示界面的第 4 行可用"注释显示"、"指示灯"功能来制作，其操作

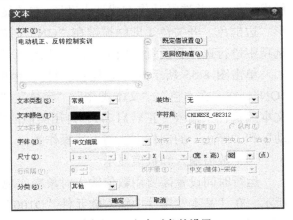

图 8-52　文本对象的设置

方法大同小异，下面介绍"注释显示"的操作方法。首先单击对象工具栏 **B** 按钮，弹出如图 8-53 所示窗口，然后在"基本"标签下的"软元件"选项中输入"Y0"，再在属性

中选择"图形"（可单击"其他"，在可视窗口中选择适合的形状）、"边框色"（即边框的颜色，单击右边的箭头可以设定边框的颜色）、"字体"和"文本尺寸"等；然后选中"显示注释"即弹出如图 8-54 所示窗口，在属性中选中"ON（N）"和"直接注释"，在文本框中输入文字"正转运行中"，再选择"文本色"和"文本类型"等；然后用类似的方法在属性中选中"OFF（F）"进行类似的设置，全部设置完毕后单击"确定"键即可。最后再将文本拖到编辑区合适的位置。图 8-51 所示"反转运行中"和"停止中"的操作方法与此相似。

图 8-53　注释显示的设置 1

图 8-54　注释显示的设置 2

（3）触摸键

图 8-51 所示界面的第 5 行可用"触摸键"功能来制作，先单击图形/对象工具栏 按钮，选择位开关，然后单击编辑窗口将触摸键拖到相应位置，并双击该触摸键，弹出如图 8-55 所示属性设置窗口。在"基本"标签的"动作设置"选项中输入软元件"M100"（为触发元件），并选择动作方式"点动"。在"显示方式"选项中选择"ON"，然后分别在图形、边框色、开关色（即触摸键在"ON"时的颜色）、背景色（即触摸键的背景颜色）等选项中进行选择和设置；用类似的方法选择"OFF"进行选择和设置。

单击图 8-55 所示的"文本/指示灯"，弹出如图 8-56 所示的界面。在文本选项中选中"ON"，在"文本色"、"文本类型"、"字体"、"文本尺寸"中设置或选择相关内容，然后在文本编辑栏中输入"正转启动"，再用类似的方法选中"OFF"进行设置或选择。"反转启动"和"停止"的制作方法与上述操作类似。

（4）数值输入和数值显示

运行时间设置需要用数值输入对象来实现，单击对象工具栏 按钮，其设置如图 8-57 所示。在"基本"属性中输入软元件"D100"，在"显示方式"选项中选择"数据类型"、"数值色"、"显示位数"、"字体"、"数值尺寸"等，在"图形"选项中选择"图形"、"边框色"、"底色"等，其他为默认设置。已运行时间显示需要用数值显示对象来实现，其设置如图 8-58 所示，设定方法与数值输入对象类似。

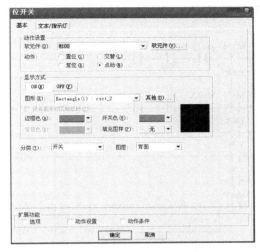

图 8-55 触摸键的设置 1

图 8-56 触摸键的设置 2

图 8-57 数值输入对象的设置

图 8-58 数值显示对象的设置

（5）PLC 程序设计

根据实训要求、触摸屏与 PLC 的输入输出分配以及触摸屏的界面，PLC 的控制程序如图 8-59 所示。

7. 程序调试

① 按图 8-50 所示连接好通信电缆，即触摸屏 RS-232 接口与计算机 RS-232 接口连接，触摸屏 RS-422 接口与 PLC 编程接口连接，然后开启电源，写入触摸屏界面和 PLC 程序。如果无法写入，检查通信电缆的连接、触摸屏界面制作软件和 PLC 编程软件的通信设置。

② 程序和界面写入后，观察触摸屏显示是否与计算机制作界面一致，如显示"界面显示无效"，则可能是触摸屏中"PLC 类型"项不正确，须设置为 FX 类型，再进入"HPP 状态"，此时应该可以读出 PLC 程序，说明 PLC 与触摸屏通信正常。

③ 返回"界面状态"，并将 PLC 运行开关打至 RUN；按运行时间设定按钮，输入运行时间；若按"正转按钮"（或"反转按钮"），该键颜色改变后又立即变为红色，注释文本显示"正转运行中"（或"反转运行中"），PLC 的 Y0（或 Y1）指示灯亮；在正转运行或反转运行时，触摸屏界面能显示已运行的时间，并且，当按"停止按钮"按钮或运行时间到时，正转或反转均复位，注释文本显示"停止中"，Y0、Y1 指示灯不亮。如果输出不正确，检查触摸屏对象属性设置和 PLC 程序，并检查软元件是否对应。

④ 连接好 PLC 输出线路和电动机主回路，再运行程序。

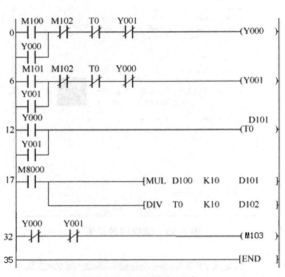

图 8-59　PLC 控制程序

8. 实训报告

（1）实训总结

① 说明"反转按钮"和"停止按钮"的属性设置方法。

② 简述用"指示灯显示"功能制作图 8-51 第 4 行的界面的操作方法。

（2）实训思考

① 若控制中增加热继电器，要求在热继电器动作后，触摸屏界面显示"热保护动作"，请设计其界面。

② 将实训 12 改为触摸屏和 PLC 控制，要求可以通过触摸屏设定和显示电动机正、反转的运行时间和暂停时间 T、循环次数 N 等参数。

第9章

PLC与变频器综合实训

本章安排了6个实训课题共14个实训项目。通过实训，使读者了解现代控制器件在实际中的应用情况，了解变频器的基本结构和各参数的意义，了解传感器、电磁阀、气缸、步进电动机的作用；掌握PLC、变频器、触摸屏的综合应用，掌握PLC模拟量处理模块的应用，掌握PLC与变频器的RS-485通信，了解PLC的CC-Link通信；能运用PLC、变频器、触摸屏、特殊功能模块、通信模块等现代控制器件来解决工程实践问题。

9.1 变频器实训

通过本节的学习，了解变频器的基本结构和工作原理，掌握变频器各参数的意义、操作面板的基本操作和外部端子的作用，掌握变频器操作面板和外部端子组合控制的参数设置和外部接线。

实训课题14 变频器基础实训

实训32 A系列变频器的基本操作

1. **实训目的**
① 了解变频器的基本结构及工作原理。
② 理解变频器各参数的意义。
③ 掌握变频器的基本操作。
2. **实训器材**
① PLC应用技术综合实训装置1台。

② 变频器模块 1 个（三菱 FR-A540 或 FR-A740，下同）。

③ 电动机 1 台（Y-112-0.55，下同）。

3. 基础知识

（1）变频器的基本构成

变频器分为交-交和交-直-交 2 种形式。交-交变频器可将工频交流直接转换成频率、电压均可控制的交流；交-直-交变频器则是先把工频交流通过整流器转换成直流，然后再把直流转换成频率、电压均可控制的交流，其基本构成如图 9-1 所示。主要由主电路（包括整流器、中间直流环节、逆变器）和控制电路组成。

整流器主要是将电网的交流整流成

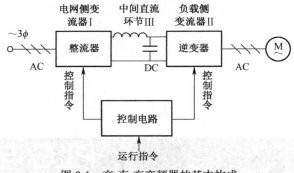

图 9-1　交-直-交变频器的基本构成

直流；逆变器是通过三相桥式逆变电路将直流转换成任意频率的三相交流；中间环节又叫中间储能环节，由于变频器的负载一般为电动机，属于感性负载，运行中中间直流环节和电动机之间总会有无功功率交换，这种无功功率将由中间环节的储能元件（电容器或电抗器）来缓冲；控制电路主要是完成对逆变器的开关控制，对整流器的电压控制以及完成各种保护功能。

（2）变频器的调速原理

因为三相异步电动机的转速公式为

$$n=n_0(1-s)=\frac{60f}{p}(1-s)$$

式中，n_0——同步转速；f——电源频率，单位为 Hz；p——电动机极对数；s——电动机转差率。

从公式可知，改变电源频率即可实现调速。

对异步电动机进行调速时，希望主磁通保持不变，因为磁通太弱，铁芯利用不充分，同样转子电流下转矩减小，电动机的负载能力下降；若磁通太强，铁芯发热，波形变坏。如何实现磁通不变？根据三相异步电动机定子每相绕组的电动势有效值

$$E_1=4.44f_1N_1\Phi_m$$

式中，f_1——电动机定子频率，单位为 Hz；N_1——定子每相绕组的有效匝数；Φ_m——每极磁通量，单位为 Wb。

从公式可知，对 E_1 和 f_1 进行适当控制即可维持磁通量不变。

因此，异步电动机的变频调速必须按照一定的规律同时改变其定子电压和频率，即必须通过变频器获得电压和频率均可调节的供电电源。

（3）变频器的额定值和频率指标

① 输入侧的额定值，主要是电压和相数。在我国的中小容量变频器中，输入电压的额定值有以下几种：380V/50Hz，200～230V/50Hz 或 60Hz。

② 输出侧的额定值，包括如下项目。

输出电压 U_N，由于变频器在变频的同时也要变压，所以输出电压的额定值是指输出电

压中的最大值。在大多数情况下，它就是输出频率等于电动机额定频率时的输出电压值。通常，输出电压的额定值总是和输入电压相等的。

输出电流 I_N，是指允许长时间输出的最大电流，是用户在选择变频器时的主要依据。

输出容量 S_N（kV·A），S_N 与 U_N、I_N 关系为 $S_N = \sqrt{3}\, U_N I_N$。

配用电动机容量 P_N（kW），变频器说明书中规定的配用电动机容量，仅适合于长期连续负载。

过载能力，变频器的过载能力是指其输出电流超过额定电流的允许范围和时间。大多数变频器都规定为 $150\% I_N$、60s，$180\% I_N$、0.5s。

③ 频率指标，包括如下项目。

频率范围，即变频器能够输出的最高频率 f_{max} 和最低频率 f_{min}。各种变频器规定的频率范围不尽一致，通常，最低工作频率为 0.1Hz～1Hz，最高工作频率为 120～650Hz。

频率精度，指变频器输出频率的准确程度。在变频器使用说明书中规定的条件下，用变频器的实际输出频率与设定频率之间的最大误差与最高工作频率之比的百分数来表示。

频率分辨率，指输出频率的最小改变量，即每相邻两挡频率之间的最小差值。一般分模拟设定分辨率和数字设定分辨率 2 种。

4．实训指导

（1）变频器的基本参数

变频器用于单纯可变速运行时，可按出厂设定的参数运行即可，若考虑负荷、运行方式时，必须设定必要的参数。这里介绍三菱 FR-A540 变频器（FR-A740 为其升级机型，基本包含了 A540 的参数和功能）的一些常用参数，有关其他参数，请参考附录或有关设备使用手册。

① 输出频率范围（Pr.1、Pr.2、Pr.18），Pr.1 为上限频率，用 Pr.1 设定输出频率的上限，既使有高于此设定值的频率指令输入，输出频率也被钳位在上限频率。Pr.2 为下限频率，用 Pr.2 设定输出频率的下限。Pr.18 为高速上限频率，在 120Hz 以上运行时，用 Pr.18 设定输出频率的上限。

② 多段速度运行（Pr.4、Pr.5、Pr.6、Pr.24～Pr.27），Pr.4、Pr.5、Pr.6 为三速设定（速度 1、速度 2 和速度 3）的参数号，用于设定变频器的运行频率，至于变频器实际运行哪个参数设定的频率，则分别由其控制端子 RH、RM 和 RL 的闭合来决定。Pr.24～Pr.27 为 4～7 段速度设定，实际运行哪个参数设定的频率由端子 RH、RM 和 RL 的组合（闭合）来决定，如图 9-2 所示。

注意，上述功能只在外部操作模式或 Pr.79=3 或 4 时，才能生效，否则无效。

③ 加减速时间（Pr.7、Pr.8、Pr.20），Pr.20 为加减速基准频率。Pr.7 为加速时间，即用 Pr.7 设定从 0Hz 加速到 Pr.20 设定的频率的时间；Pr.8 为减速时间，即用 Pr.8 设定从 Pr.20 设定的频率减速到 0Hz 的时间。

④ 电子过电流保护（Pr.9），Pr.9 用来设定电子过电流保护的电流值，以防止电动机过热，故一般设定为电动机的额定电流值。

⑤ 启动频率（Pr.13），Pr.13 为变频器的启动频率，即当启动信号为 ON 时的开始频率，如果设定变频器的运行频率小于 Pr.13 的设定值时，则变频器将不能启动。

注意，当 Pr.2 的设定值高于 Pr.13 的设定值时，即使设定的运行频率（大于 Pr.13 的设定值）小于 Pr.2 的设定值，只要启动信号为 ON，电动机都以 Pr.2 的设定值运行；当 Pr.2 的设定值小于 Pr.13 的设定值时，若设定的运行频率小于 Pr.13 的设定值，即使启动信号为 ON，电动机也不运行，若设定的运行频率大于 Pr.13 的设定值，只要启动信号为 ON，电动机就开始运行。

⑥ 适用负荷选择（Pr.14），Pr.14 用于选择与负载特性最适宜的输出特性（V/F 特性）。当 Pr.14=0 时，适用定转矩负载（如运输机械、台车等）；当 Pr.14=1 时，适用变转矩负载（如风机、水泵等）；当 Pr.14=2 时，适用提升类负载（反转时转矩提升为 0%）；当 Pr.14=3 时，适用提升类负载（正转时转矩提升为 0%）。

⑦ 点动运行（Pr.15、Pr.16），Pr.15 为点动运行频率，即在 PU 和外部模式时的点动运行频率，并且请把 Pr.15 的设定值设定在 Pr.13 的设定值之上。Pr.16 为点动加减速时间的设定参数。

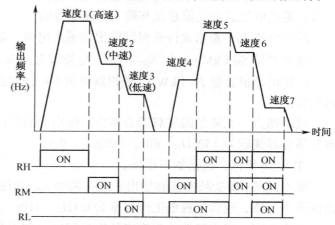

说明：多段速度比主速度优先；多段速度在 Pu 和外部运行模式下都可以设定；Pr.24～Pr.27 及 Pr.232～Pr.239 之间的设定没有优先之分；运行期间参数值能被改变；当用 Pr.180～Pr.186 改变端子功能时，其运行将发生改变

图 9-2　7 段速度对应的端子

⑧ 参数写入禁止选择（Pr.77），Pr.77 用于参数写入与禁止的选择，当 Pr.77=0 时，仅在 PU 操作模式下，变频器处于停止时才能写入参数；当 Pr.77=1 时，除 Pr.75、Pr.77、Pr.79 外不可写入参数；当 Pr.77=2 时，即使变频器处于运行也能写入参数。

注意，有些变频器的部分参数在任何时候都可以设定。

⑨ 操作模式选择（Pr.79），Pr.79 用于选择变频器的操作模式，当 Pr.79=0 时，电源投入时为外部操作模式（简称 EXT，即变频器的频率和启、停均由外部信号控制端子来控制），但可用操作面板切换为 PU 操作模式（简称 PU，即变频器的频率和启、停均由操作面板控制）；当 Pr.79=1 时，为 PU 操作模式；当 Pr.79=2 时，为外部操作模式；当 Pr.79=3 时，为 PU 和外部组合操作模式（即变频器的频率由操作面板控制，而启、停由外部信号控制端子来控制）；当 Pr.79=4 时，为 PU 和外部组合操作模式（即变频器的频率由外部信号控制端子来控制，而启、停由操作面板控制）；当 Pr.79=5 时，为程序控制模式。

（2）变频器的主接线

FR-A540 型变频器的主接线一般有 6 个端子，其中输入端子 R、S、T 接三相电源；输出端子 U、V、W 接三相电动机，切记不能接反，否则，将损毁变频器，其接线图如图 9-3 所示。有的变频器能以单相 220V 作电源，此时，单相电源接到变频器的 R、N 输入端，输出端子 U、V、W 仍输出三相对称的交流电，可接三相电动机。

（3）变频器的操作面板

FR-A500 系列变频器一般配有 FR-DU04 操作面板或 FR-PU04 参数单元（统称为 PU 单元）。图 9-4（a）所示为 FR-A540 的操作面板，其按键及显示符的功能见表 9-1、表 9-2。图 9-4（b）所示为 FR-A740 的操作面板，其按键及显示符的功能与 FR-A540 的相似，其旋钮的功能类似于 FR-A540 的增减键。

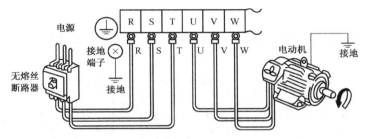

图 9-3　变频器的主接线

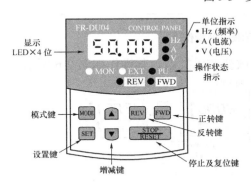

(a) FR-A540 变频器的操作面板

(b) FR-A740 变频器的操作面板

图 9-4　操作面板外形图

表 9-1　　　　　　　　　　　　　　操作面板各按键的功能

按 键	说 明
MODE 键	可用于选择操作模式或设定模式
SET 键	用于确定频率和参数的设定
▲/▼ 键	• 用于连续增加或降低运行频率。按下这个键可改变频率 • 在设定模式中按下此键，则可连续设定参数
FWD 键	用于给出正转指令
REV 键	用于给出反转指令
STOP/RESET 键	• 用于停止运行 • 用于保护功能动作输出停止时复位变频器（用于主要故障）
PU/EXT	用于选择 PU 或 EXT 运行方式
旋钮	旋钮的功能类似于 FR-A540 的增减键，顺时针旋转即增加，逆时针旋转即减少

表 9-2　　　　　　　　　　　　　　操作面板各显示符的功能

显 示	说 明
Hz	显示频率时点亮
A	显示电流时点亮
V	显示电压时点亮
MON	监示显示模式时点亮
PU	PU 操作模式时点亮
EXT	外部操作模式时点亮
FWD	正转时闪烁
REV	反转时闪烁

（4）变频器的基本操作

① PU 显示模式，在 PU 模式下，按 "MODE" 键可改变 PU 显示模式，其操作如图 9-5 所示。

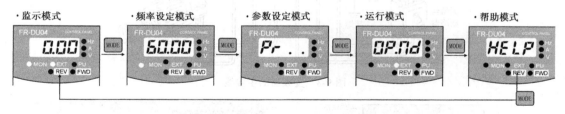

图 9-5　改变 PU 显示模式的操作

② 监示模式，在监示模式下，按 SET 键可改变监示类型，其操作如图 9-6 所示。

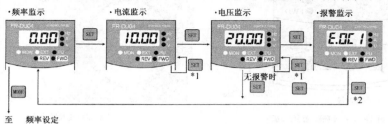

*1 按下此 SET 键超过 1.5s 时，能将当前监示模式改为上电模式；
*2 按下此 SET 键超过 1.5s 时，能显示包括最近 4 次的错误

图 9-6　改变监示类型的操作

③ 频率设定模式，在频率设定模式下，可改变设定频率，其操作如图 9-7 所示（将目前频率 60Hz 设为 50Hz）。

④ 参数设定模式，在参数设定模式下，改变参数号及参数设定值时，可以用⏶或⏷键增减来设定，其操作如图 9-8 所示（将目前 Pr.79=2 改为 Pr.79=1）。

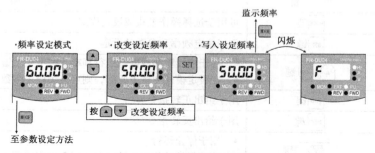

图 9-7　改变设定频率的操作

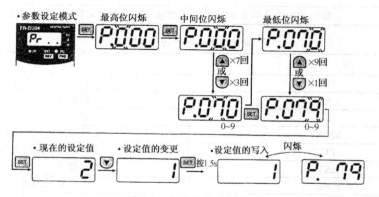

图 9-8　参数设定的操作

⑤ 运行模式，在运行模式下，按 ▲ 或 ▼ 键可以改变运行模式，其操作如图 9-9 所示。

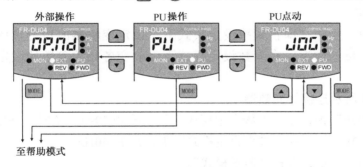

图 9-9　改变运行模式的操作

⑥ 帮助模式，在帮助模式下，按 ▲ 或 ▼ 键可以依次显示报警记录、清除报警记录、清除参数、全部清除、用户清除及读软件版本号，其操作如图 9-10 所示。对于 FR-A740 型，在参数设定模式下，在选择设定 Pr.0 时，再逆时针旋转即可进入帮助模式。

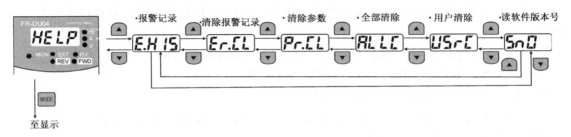

图 9-10　帮助模式的操作

报警记录清除的操作如图 9-11 所示。

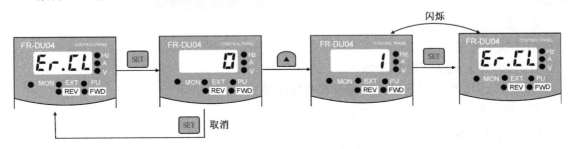

图 9-11　报警记录清除的操作

全部清除的操作如图 9-12 所示。

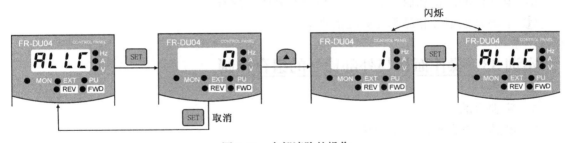

图 9-12　全部清除的操作

其他的操作，如报警记录、参数清除、用户清除的操作与上述操作相似。

　　5．实训内容

　　变频器的 PU 操作。即在频率设定模式下，设定变频器的运行频率；在监示模式下，监示各输出量的情况；在参数设定模式下，改变各相关参数的设定值，观察其运行情况。

　　① 按图 9-3 所示连接好变频器。

　　② 按"MODE"键，在"参数设定模式"下，设 Pr.79=1，这时，"PU"灯亮。

　　③ 按"MODE"键，在"频率设定模式"下，设 F=40Hz。

　　④ 按"MODE"键，选择"监示模式"。

　　⑤ 按"FWD"或"REV"键，电动机正转或反转，监示各输出量，按"STOP"键，电动机停止。

　　⑥ 按"MODE"键，在"参数设定模式"下，设定变频器的有关参数如下。

　　Pr.1=50Hz，Pr.2=0Hz，Pr.3=50Hz，Pr.7=3s，Pr.8=4s，Pr.9=1A。

　　⑦ 分别设变频器的运行频率为 35Hz、45Hz、50Hz，运行变频器，观察电动机的运行情况。

　　⑧ 单独改变上述一个参数，观察电动机的运行情况有何不同。

　　⑨ 按"MODE"键，回到"运行模式"，再按🔼键，切换到"点动模式"，此时显示"JOG"，运行变频器，观察电动机的点动运行情况。

　　⑩ 按"MODE"键，在"参数设定模式"下，设定 Pr.15=10Hz，Pr.16=3s，按 FWD 或 REV 键，观察电动机的运行情况。

　　⑪ 按"MODE"键，在"参数设定模式"下，分别设定 Pr.77=0、1、2，然后分别在变频器运行和停止状态下修改其参数的设定值，观察是否修改成功。

　　6．实训报告

　　（1）实训总结

　　① 实训中，设置了哪些参数？

　　② FR-A540 变频器的操作面板有哪些操作模式？

　　③ 实训中，要注意哪些安全事项？

　　（2）实训思考

　　① 简述变频器的组成及调速的基本原理。

　　② 在变频器的实训中，一般需要设定哪些基本参数？

　　③ 电动机的停止和启动时间与变频器的哪些参数有关？

　　④ 了解其他型号和品牌变频器的性能。

实训 33　操作面板与外部信号的组合控制

　　1．实训目的

　　① 熟悉变频器外部端子的功能。

　　② 掌握变频器组合控制的接线和参数设置。

③ 能运用变频器的组合控制解决工程实际问题。

2. 实训器材

① 变频器模块 1 个（含 2W/1kΩ电位器 1 个）。

② 电动机 1 台（Y-112-0.55）。

③ 开关按钮板模块 1 个。

④ PLC 应用技术综合实训装置 1 台。

3. 实训指导

（1）变频器外部端子

变频器外部端子如图 9-13 所示，有关端子的说明见表 9-3。

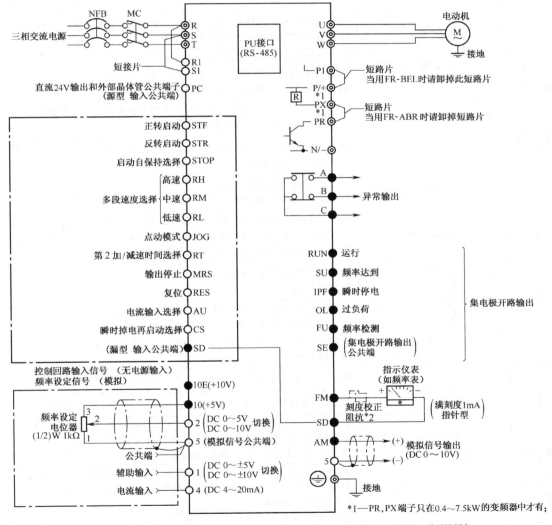

*1—PR,PX 端子只在0.4～7.5kW的变频器中才有；

*2—用操作面板(FR-DU04)或参数单元(FR-PU04)时没必要校正,仅当频率计不在附近又需要用频率
计校正时使用, 但是连接刻度校正阻抗后, 频率计的指针有可能达不到满量程, 这时请和操作面板或参数
单元校正共同使用；

◎—主回路端子；　　○—控制回路输入端子；　　●—控制回路输出端子

图 9-13　变频器端子图

表 9-3　　　　　　　　　　　　控制回路端子说明

类型		端子记号	端子名称	说　明	
输入信号	启动及功能设定	STF	正转启动	STF 信号处于 ON 为正转，处于 OFF 为停止。程序运行模式时，为程序运行开始信号（ON 开始，OFF 停止）	当 STF 和 STR 信号同时处于 ON 时，相当于给出停止指令
		STR	反转启动	STR 信号处于 ON 为反转，处于 OFF 为停止	
		STOP	启动自保持选择	使 STOP 信号处于 ON，可以选择启动信号自保持	
		RH，RM，RL	多段速度选择	用 RH、RM 和 RL 信号的组合可以选择多段速度	输入端子功能选择（Pr.180 到 Pr.186），用于改变端子功能
		JOG	点动模式选择	JOG 信号 ON 时选择点动运行（出厂设定），用启动信号（STF 和 STR）可以点动运行	
		RT	第 2 加/减速时间选择	RT 信号处于 ON 时选择第 2 加/减速时间。设定了第 2 转矩提升和第 2V/F（基底频率）时，也可以用 RT 信号处于 ON 时选择这些功能	
		MRS	输出停止	MRS 信号为 ON（20ms 以上）时，变频器输出停止。用电磁制动停止电动机时，用于断开变频器的输出	
		RES	复位	使端子 RES 信号处于 ON（0.1s 以上），然后断开，可用于解除保护回路动作的保持状态	
		AU	电流输入选择	只在端子 AU 信号处于 ON 时，变频器才可用直流 4～20mA 作为频率设定信号	输入端子功能选择（Pr.180 到 Pr.186）用于改变端子功能
		CS	瞬停电再启动选择	CS 信号预先处于 ON，瞬时停电再恢复时变频器便可自动启动。但用这种运行方式时必须设定有关参数，因为出厂时设定为不能再启动	
		SD	公共输入端（漏型）	输入端子和 FM 端子的公共端。直流 24V，0.1A（PC 端子）电源的输出公共端	
		PC	直流 24V 电源和外部晶体管公共端或接点输入公共端（源型）	当连接晶体管输出（集电极开路输出）时，将晶体管输出用的外部电源公共端接到这个端子，可以防止因漏电引起的误动作。该端子还可用于直流 24V，0.1A 电源的输出。当选择源型时，该端子作为接点输入的公共端	
模拟信号	频率设定	10E	频率设定用电源	DC10V，容许负荷电流 10mA	按出厂设定状态连接频率设定电位器时，与端子 10 连接。当连接到 10E 时，请改变端子 2 的输入规格
		10		DC5V，容许负荷电流 10mA	
		2	频率设定（电压）	输入 DC 0～5V 或 DC 0～10V 时，5V（10V）对应为最大输出频率，输入/输出成比例。用参数 Pr.73 来进行输入 DC 0～5V（出厂设定）和 0～10V 的选择。输入阻抗 10kΩ时，容许最大电压为直流 20V	
		4	频率设定（电流）	DC 4～20mA，20mA 为最大输出频率，输入/输出成比例。只在端子 AU 信号处于 ON 时，该输入信号有效。输入阻抗为 250Ω时，容许最大电流为 30mA	
		1	辅助频率设定	输入 DC 0～±5V 或 DC 0～±10V 时，端子 2 或 4 的频率设定信号与这个信号相加。用 Pr.73 设定不同的参数来进行输入 DC 0～±5V 或 DC 0～±10V（出厂设定）的选择。输入阻抗 10kΩ时，容许电压 DC ±20V	
		5	频率设定公共端	频率信号设定端（2，1 或 4）和模拟输出端 AM 的公共端子，请不要接大地	

续表

类型		端子记号	端子名称	说明	
输出信号	接点	A, B, C	异常输出	指示变频器因保护功能动作而输出停止的转换接点，AC 200V 0.3A，DC 30V 0.3A。异常时：B-C 间不接通（A-C 间接通），正常时：B-C 间接通（A-C 间不接通）	
	集电极开路	RUN	变频器正在运行	变频器输出频率为启动频率（出厂时为 0.5Hz，可变更）以上时为低电平，正在停止或正在直流制动时为高电平*1。容许负荷为 DC 24V，0.1A	输出端子的功能选择（Pr.190 到 Pr.195），用于改变端子功能
		SU	频率到达	输出频率达到设定频率的 ±10%（出厂设定，可变更）时为低电平，正在加/减速或停止时为高电平*2。容许负荷为 DC 24V，0.1A	
		0L	过负荷报警	当失速保护功能动作时为低电平，失速保护解除时为高电平*1。容许负荷为 DC 24V，0.1A	
		IPF	瞬时停电	瞬时停电，电压不足保护动作时为低电平*1，容许负荷为 DC 24V，0.1A	
		FU	频率检测	输出频率为任意设定的检测频率以上时为低电平，以下时为高电平*1，容许负荷为 DC 24V，0.1A	
		SE	集电极开路输出公共端	端子 RUN、SU、0L、IPF、FU 的公共端子	
	脉冲	FM	指示仪表用	可以从 16 种监示项目中选一种作为输出*2，例如输出频率、输出信号与监示项目的大小成比例	出厂设定的输出项目：频率容许负荷电流 1mA，60Hz 时 1440 脉冲/s
	模拟	AM	模拟信号输出		出厂设定的输出项目：频率输出信号 0 到 DC 10V 时，容许负荷电流 1mA
通信	RS-485	PU	PU 接口	通过操作面板的接口，进行 RS-485 通信 ● 遵守标准：EIA RS-485 标准 ● 通信方式：多任务通信 ● 通信速率：最大 19.2kbit/s ● 最长距离：500m	

注：*1 低电平表示集电极开路输出用的晶体管处于 ON（导通状态），高电平为 OFF（不导通状态）。

*2 变频器复位中不被输出

（2）外部信号控制连续运行

图 9-14 所示是变频器外部信号控制连续运行的接线图。当变频器需要用外部信号控制连续运行时，将 Pr.79 设为 2，此时，EXT 灯亮，变频器的启动、停止以及频率都通过外部端子由外部信号来控制。若按图 9-14（a）所示接线，当合上 S1、转动电位器 RP 时，电动机可正向加减速运行；当断开 S1 时，电动机即停止运行。当合上 S2、转动电位器时，电动机可反向加减速运行；当断开 S2 时，电动机即停止运行。当 S1、S2 同时合上时，电动机即停止运行。若按图 9-14（b）所示接线，当按下 SB1、转动电位器时，电动

机可正向加减速运行；当按下 SB 时，电动机即停止运行。当按下 SB2、转动电位器时，电动机可反向加减速运行；当按下 SB 时，电动机即停止运行。当先按下 SB1（或 SB2）时，电动机可正向（或反向）运行，之后再按下 SB2（或 SB1）时，电动机即停止运行。

（3）外部点动运行

当变频器需要用外部信号控制点动运行时，按图 9-15 所示接线，并将 Pr.79 设为 2，此时，变频器处于外部点动状态，点动频率由 Pr.15 设定，加、减速时间由 Pr.16 设定。在此前提下，若按 SB1，电动机正向点动；若按 SB2，电动机反向点动。

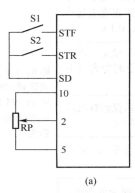
(a)

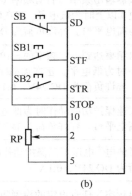
(b)

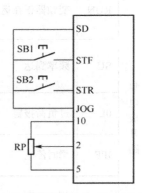

图 9-14　外部信号控制连续运行的接线图　　　　图 9-15　外部信号控制点动运行的接线图

（4）多段速度运行

变频器可以在 3 段（Pr.4～Pr.6）和 7 段（Pr.4～Pr.6 和 Pr.24～Pr.27）速度下运行，其频率分别由 Pr.4～Pr.6 和 Pr.4～Pr.6、Pr.24～Pr.27 来设定，其运行哪一段速度由外部端子来控制，见表 9-4。

表 9-4　　　　　　　　　　　　　　7 段速度对应的参数号和端子

7 段 速 度	1 段	2 段	3 段	4 段	5 段	6 段	7 段
输入端子闭合	RH	RM	RL	RM、RL	RH、RL	RH、RM	RH、RM、RL
参数号	Pr.4	Pr.5	Pr.6	Pr.24	Pr.25	Pr.26	Pr.27

4．实训内容

变频器的组合控制。即首先用外部信号控制变频器运行，然后组合控制变频器运行，最后多段速度运行变频器。

① 按图 9-3、图 9-16 所示连接好变频器，设定各相关参数。

② 设 Pr.79=2，用外部信号控制变频器运行，观察频率的变化。

合上 S5，电动机正向运行，调节 RP，电动机转速发生改变，断开 S5，电动机即停止。

合上 S4，电动机反向运行，调节 RP，电动机转速发生改变，断开 S4，电动机即停止。

③ 设 Pr.79=3，用外部端子控制电动机启动、停止，操作面板设定运行频率（此时，EXT 和 PU 灯同时亮）。

合上 S5，电动机正向运行在 PU 设定的频率上，断开 S5 即停止。

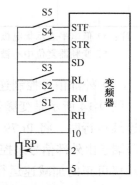

图 9-16　多段速度运行接线图

合上 S4，电动机反向运行在 PU 设定的频率上，断开 S4 即停止。

④ 多段速度运行。

按表 9-5 设定各参数的值。

表 9-5　　　　　　　　　　　　　　多段速度的设定值

参　数　号	Pr.4	Pr.5	Pr.6	Pr.24	Pr.25	Pr.26	Pr.27
设定值（Hz）	10	20	25	30	35	40	50

按表 9-4 使相应端子闭合，即可运行相应参数号的设定频率。

5．实训报告

（1）实训总结

① 实训中，您设置了哪些参数？使用了哪些外部端子？

② 电动机的正、反转可以通过继电器接触器控制，也可以用 PLC 控制，本实训是通过变频器控制，这 3 种方式各有何优、缺点？

③ 通过本实训，学会了哪些知识和技能？

（2）实训思考

① 在变频器的外部端子中，用作输入信号的有哪些？用作输出信号的有哪些？

② 用可调电阻控制变频器的输出频率时，实际上是通过什么来控制变频器的输出频率？

③ 若用电流信号来控制变频器的运行频率，则需要设定哪些参数？并画出接线图。

④ 在变频器的外部控制端子中，能提供几种电压输入方式？如何进行设置参数？

9.2　PLC 与变频器的综合实训

通过本节的学习，掌握变频器多段调速的参数设置和外部端子的接线，能运用 PLC 的指令系统编制复杂的控制程序，能运用 PLC 和变频器综合控制解决工程实际问题。

实训课题 15　变频器多段调速的应用

实训 34　三相异步电动机多速运行的综合控制

1．实训目的

① 了解 PLC 和变频器综合控制的一般方法。

② 了解变频器外部端子的作用。

③ 熟悉变频器多段调速的参数设置和外部端子的接线。

④ 能运用变频器的外部端子和参数实现变频器的多段速度控制。

2．实训器材

① 变频器模块 1 个。

② 电动机 1 台。

③ 手持式编程器（FX-20P）或计算机（已安装 PLC 软件）1 台。

④ 开关按钮模块 1 个。

⑤ PLC 应用技术综合实训装置 1 台。

3. 实训要求

用 PLC、变频器设计一个电动机的 3 速运行的控制系统，其控制要求如下。

按下启动按钮，电动机以 30Hz 速度运行，5s 后转为 45Hz 速度运行，再过 5s 转为 20Hz 速度运行，按停止按钮，电动机即停止。

4. 软件设计

（1）设计思路

电动机的 3 速运行，采用变频器的多段运行来控制；变频器的多段运行信号通过 PLC 的输出端子来提供，即通过 PLC 控制变频器的 RL、RM、RH 以及 STF 端子与 SD 端子的通和断。

（2）变频器的设定参数

根据控制要求，除了设定变频器的基本参数以外，还必须设定操作模式选择和多段速度设定等参数，具体参数如下。

① 上限频率 Pr.1=50Hz。

② 下限频率 Pr.2=0Hz。

③ 基底频率 Pr.3=50Hz。

④ 加速时间 Pr.7=2s。

⑤ 减速时间 Pr.8=2s。

⑥ 电子过电流保护 Pr.9=电动机的额定电流。

⑦ 操作模式选择（组合）Pr.79=3。

⑧ 多段速度设定（1 速）Pr.4=20Hz。

⑨ 多段速度设定（2 速）Pr.5=45Hz。

⑩ 多段速度设定（3 速）Pr.6=30Hz。

（3）PLC 的 I/O 分配

根据系统的控制要求、设计思路和变频器的设定参数，PLC 的 I/O 分配如下。

X0——停止（复位）按钮；X1——启动按钮；Y0——运行信号（STF）；Y1——1 速（RL）；Y2——2 速（RM）；Y3——3 速（RH）。

（4）控制程序

根据系统的控制要求，该控制是一个典型的顺序控制，所以，首选状态转移图来设计系统的程序，其状态转移图如图 9-17 所示。

5. 系统接线

根据控制要求及 I/O 分配，其系统接线图如 9-18 所示。

6. 系统调试

① 设定参数，按上述变频器的设定参数值设定变频器的参数。

② 输入程序，按图 9-17 所示的状态转移图正确输入程序。

③ PLC 模拟调试，按图 9-18 所示的系统接线图正确连接好输入设备，进行 PLC 的模拟调试，观察 PLC 的输出指示灯是否按要求指示（按下启动按钮 X1，PLC 输出指示灯 Y0、Y1 亮，5s 后 Y1 灭 Y0、Y2 亮，再过 5s 后 Y2 灭 Y0、Y3 亮，任何时候按下停止按钮 X0，Y0～Y3 都熄灭），否则，检查并修改程序，直至指示正确。

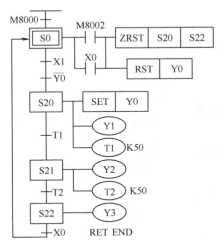

图 9-17　电动机多速运行的状态转移图　　　　图 9-18　电动机多速运行的系统接线图

④ 空载调试，按图 9-18 所示的系统接线图，将 PLC 与变频器连接好（不接电动机），进行 PLC、变频器的空载调试，通过变频器的操作面板观察变频器的输出频率是否符合要求（即按下启动按钮 X1，变频器输出 30Hz，5s 后输出 45Hz，再过 5s 后输出 20Hz，任何时候按下停止按钮 X0，变频器减速至停止），否则，检查系统接线、变频器参数、PLC 程序，直至变频器按要求运行。

⑤ 系统调试，按图 9-18 所示的系统接线图正确连接好全部设备，进行系统调试，观察电动机能否按控制要求运行（即按下启动按钮 X1，电动机以 30Hz 速度运行，5s 后转为 45Hz 速度运行，再过 5s 后转为 20Hz 速度运行，任何时候按下停止按钮 X0，电动机在 2s 内减速至停止），否则，检查系统接线、变频器参数、PLC 程序，直至电动机按控制要求运行。

7. 实训报告

（1）实训总结

① 描述电动机的运行情况，并与前面学过的 3 速电动机的运行进行比较，说明其异同。

② 实训中，设置了哪些参数？使用了哪些外部端子？

（2）实训思考

① 请用基本逻辑指令设计 PLC 的控制程序。

② 若将电动机的 3 速运行改为 5 速运行，如何设计 PLC 的控制程序和系统接线图？

实训 35　恒压供水系统的综合控制

1. 实训目的

① 了解 PLC 与变频器综合控制的设计思路。

② 掌握变频器 7 段调速的参数设置和外部端子的接线。

③ 能运用变频器的外部端子和参数实现变频器的多段速度控制。

④ 能运用变频器的多段调速解决工程实际问题。

2．实训器材

① 交流接触器模块 2 个。

② 指示灯模块 1 个。

③ 热继电器模块 3 个（用 1 个按钮开关板模块替代）。

④ 其余与前一实训相同。

3．实训要求

用 PLC、变频器设计一个有 7 段速度的恒压供水系统，其控制要求如下。

① 共有 3 台水泵，按设计要求 2 台运行，1 台备用，运行与备用 10d 轮换一次。

② 用水高峰时，1 台工频全速运行，1 台变频运行；用水低谷时，只需 1 台变频运行。

③ 3 台水泵分别由电动机 M1、M2、M3 拖动，而 3 台电动机又分别由变频接触器 KM1、KM3、KM5 和工频接触器 KM2、KM4、KM6 控制如图 9-19 所示。

④ 电动机的转速由变频器的 7 段调速来控制，7 段速度与变频器的控制端子的对应关系见表 9-6。

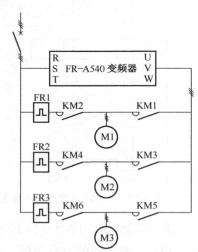

图 9-19　主电路接线原理图

表 9-6　　　　　　　　　　　7 段速度与变频器的控制端子的对应关系

7 段速度	1	2	3	4	5	6	7
控制端子接通	RH				RH	RH	RH
控制端子接通		RM		RM		RM	RM
控制端子接通			RL	RL	RL		RL
运行频率（Hz）	15	20	25	30	35	40	45

⑤ 变频器的 7 段速度及变频与工频的切换由管网压力继电器的压力上限触点与下限触点控制。

⑥ 水泵投入工频运行时，电动机的过载由热继电器保护，并有报警信号指示。

⑦ 变频器的有关参数自行设定。

⑧ 实训时 KM1、KM3、KM5 并联接变频器与电动机，KM2、KM4、KM6 用指示灯代替；压力继电器的压力上限触点与下限触点分别用按钮来代替；运行与备用 10d 轮换 1 次改为 100s 轮换 1 次。

4．软件设计

（1）设计思路

电动机的 7 段速度由变频器的 7 段调速来控制，变频器的 7 段运行由变频器的控制端子来选择，变频器控制端子的信号通过 PLC 的输出继电器来提供（即通过 PLC 控制变频器的 RL、RM、RH 以及 STF 端子与 SD 端子的通和断），而 PLC 输出信号的变化则通过管网压力继电器的压力上限触点与下限触点来控制。

（2）变频器的设定参数

根据控制要求，变频器的具体设定参数如下。

① 上限频率 Pr.1=50Hz。

② 下限频率 Pr.2=0Hz。

③ 基底频率 Pr.3=50Hz。

④ 加速时间 Pr.7=2s。

⑤ 减速时间 Pr.8=2s。

⑥ 电子过电流保护 Pr.9=电动机的额定电流。

⑦ 操作模式选择（组合）Pr.79=3。

⑧ 多段速度设定 Pr.4=15Hz。

⑨ 多段速度设定 Pr.5=20Hz。

⑩ 多段速度设定 Pr.6=25Hz。

⑪ 多段速度设定 Pr.24=30Hz。

⑫ 多段速度设定 Pr.25=35Hz。

⑬ 多段速度设定 Pr.26=40Hz。

⑭ 多段速度设定 Pr.27=45Hz。

（3）PLC 的 I/O 分配

根据系统的控制要求、设计思路和变频器的设定参数，PLC 的 I/O 分配如下。

X0——启动按钮；X1——水压下限；X2——水压上限；X3——停止按钮；X4——FR1（动合）；X5——FR2（动合）；X6——FR3（动合）；Y0——运行（STF）；Y1——多段速度（RH）；Y2——多段速度（RM）；Y3——多段速度（RL）；Y4～Y11——KM1～KM6；Y12——FR 动作报警。

（4）控制程序

根据系统的控制要求，该控制是顺序控制，其中的 1 个顺序是 3 台泵的切换，如图 9-20 所示，另 1 个顺序是 7 段速度的切换，如图 9-21 所示，并且，这 2 个顺序是同时进行的，所以，可以用并行性流程来设计系统的程序，其状态转移图如图 9-22 所示。

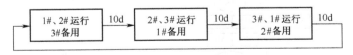

图 9-20　3 台泵的切换

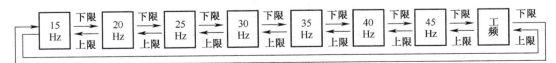

图 9-21　7 段速度的切换

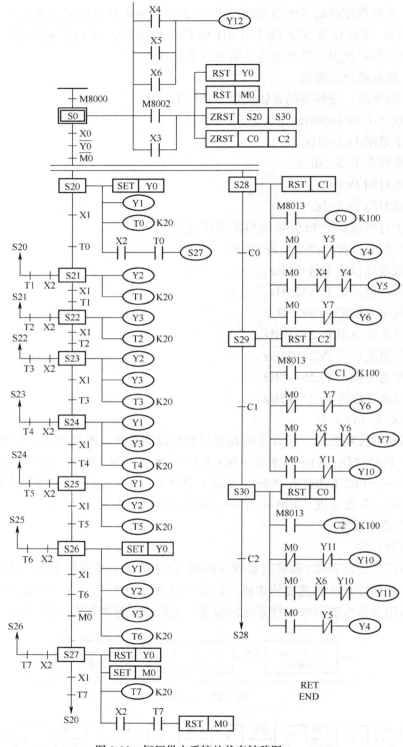

图 9-22　恒压供水系统的状态转移图

5. 系统接线

根据控制要求及 I/O 分配，其系统接线图如 9-23 所示。

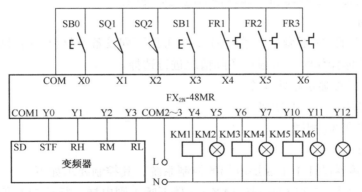

图 9-23　恒压供水系统的控制电路接线图

6．系统调试

① 设定参数，按上述变频器的设定参数值设定变频器的参数。

② 输入程序，按图 9-22 所示的状态转移图正确输入程序。

③ PLC 模拟调试，按图 9-23 所示的控制电路正确连接好输入设备，进行 PLC 的模拟调试，观察 PLC 的输出指示灯是否按要求指示，否则，检查并修改程序，直至指示正确。

④ 空载调试，按图 9-23 所示的控制电路图，将 PLC 与变频器连接好（不接电动机），进行 PLC、变频器的空载调试，通过变频器的操作面板观察变频器的输出频率是否符合要求，否则，检查系统接线、变频器参数、PLC 程序，直至变频器按要求运行。

⑤ 系统调试，按图 9-23 所示的控制电路图正确连接好全部设备，进行系统调试，观察电动机能否按控制要求运行，否则，检查系统接线、变频器参数、PLC 程序，直至电动机按控制要求运行。

7．实训报告

（1）实训总结

① 描述电动机的运行情况，总结操作要领。

② 给 PLC 的控制程序加设备注释。

（2）实训思考

① 写出运行与备用 10d 轮换 1 次的 PLC 控制程序。

② 分别画出主电路的实训和工程接线原理图。

实训课题 16　PLC 与变频器在电梯上的综合应用

实训 36　PLC 与变频器在 3 层电梯中的综合控制

1．实训目的

① 了解电梯的基本结构及控制要求。

② 熟悉 PLC、变频器综合控制的有关参数的确定和设置。

③ 能应用基本逻辑指令设计复杂的控制程序。

④ 能设计 PLC、变频器和外部设备的电气原理图。

2. 实训器材

可用 1 台成套的"3 层微型教学电梯"，也可用下列设备及材料（括号内所列设备及材料仅供参考），具体操作时，可根据实际情况进行选择。

① 3 层电梯模拟显示模块 1 个。

② 数码管模块 1 个（共阴极）。

③ 其余与实训 34 相同。

3. 实训要求

用 PLC、变频器设计 1 个 3 层电梯的控制系统，其控制要求如下。

① 电梯停在 1 层或 2 层时，按 3AX（3 楼下呼）则电梯上行至 3LS 停止。

② 电梯停在 3 层或 2 层时，按 1AS（1 楼上呼）则电梯下行至 1LS 停止。

③ 电梯停在 1 层时，按 2AS（2 楼上呼）或 2AX（2 楼下呼）则电梯上行至 2LS 停止。

④ 电梯停在 3 层时，按 2AS 或 2AX 则电梯下行至 2LS 停止。

⑤ 电梯停在 1 层时，按 2AS、3AX 则电梯上行至 2LS 停止 ts，然后继续自动上行至 3LS 停止。

⑥ 电梯停在 1 层时，先按 2AX，后按 3AX（若先按 3AX，后按 2AX，则 2AX 为反向呼梯无效），则电梯上行至 3LS 停止 ts，然后自动下行至 2LS 停止。

⑦ 电梯停在 3 层时，按 2AX、1AS 则电梯运行至 2LS 停 ts，然后继续自动下行至 1LS 停止。

⑧ 电梯停在 3 层时，先按 2AS，后按 1AS（若先按 1AS，后按 2AS，则 2AS 为反向呼梯无效），则电梯下行至 1LS 停 ts，然后自动上行至 2LS 停止。

⑨ 电梯上行途中，下降呼梯无效；电梯下行途中，上行呼梯无效。

⑩ 轿厢位置要求用 7 段数码管显示，上行、下行用上下箭头指示灯显示，楼层呼梯用指示灯显示，电梯的上行、下行通过变频器控制电动机的正、反转。

4. 软件设计

（1）工作原理

电梯由各楼层厅门口的呼梯按钮和楼层限位行程开关进行操纵和控制，其内容为，控制电梯的运行方向、呼叫电梯到呼叫楼层；同时，电梯的启停平稳度、加减速度和运行速度由变频器的加减速时间和运行频率来控制。

图 9-24 所示为 3 层电梯的示意图。电梯呼梯按钮有 1 层的上呼按钮 1AS、2 层的上呼按钮 2AS 和下呼按钮 2AX 及 3 层的下呼按钮 3AX，停靠限位行程开关分别为 1LS、2LS、3LS，每层设有上、下运行指示（▲、▼）和呼梯指示，电梯的上、下运行由变频器控制曳引电动机拖动，电动机正转则电梯上升，电动机反转则电梯下降。

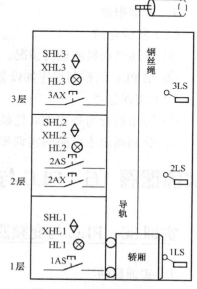

图 9-24 3 层电梯的示意图

（2）I/O 分配

为了在实训室比较顺利地完成该实训，将各楼层厅门口的呼梯按钮和楼层限位行程开关分别接入 PLC 的输入端子；将各楼层的呼梯指示灯（HL1～HL3）、上行指示灯（SHL1～SHL3 并联）、下行指示灯（XHL1～XHL3 并联）、7 段数码管的每一段分别接入 PLC 的输出端子。其 I/O 设备及分配见表 9-7。

表 9-7   I/O 设备及分配表

输 入 设 备	输 入 点	输 出 设 备	输 出 点
按钮 1AS	X1	1 楼呼梯指示灯（HL1）	Y1
按钮 2AS	X2	2 楼呼梯指示灯（HL2）	Y2
按钮 2AX	X10	3 楼呼梯指示灯（HL3）	Y3
按钮 3AX	X3	上行指示灯 SHL1～SHL3	Y4
1 楼限位开关 1LS	X5	下行指示灯 XHL1～XHL3	Y5
2 楼限位开关 2LS	X6	上升 STF	Y11
3 楼限位开关 3LS	X7	下降 STR	Y12
		7 段数码管	Y20～Y26

（3）控制方案

① 各楼层单独呼梯控制。根据控制要求，1 楼单独呼梯应考虑以下情况：电梯停在 1 楼时（即 X5 闭合）、电梯在上升时（此时 Y4 有输出），1 楼呼梯（Y1）应无效，其余任何时候 1 楼呼梯均应有效；电梯到达 1 楼（X5）时，1 楼呼梯信号应消除。2 楼上呼单独呼梯应考虑以下情况：电梯停在 2 楼时（即 X6 闭合）、电梯在上升至 2、3 楼的这一段时间及电梯在下降至 2、1 楼的这一段时间（此时 M10 闭合），2 楼上呼单独呼梯（M1）应无效，其余任何时候均应有效；电梯上行（Y4）到 2 楼（X6）和电梯下行（此时 M5 的动断触点闭合）到 2 楼（X6）时，2 楼上呼单独呼梯信号应消除。2 楼下呼单独呼梯与 2 楼上呼单独呼梯的情况相似，3 楼单独呼梯与 1 楼单独呼梯的情况相似，其梯形图如图 9-25 所示。

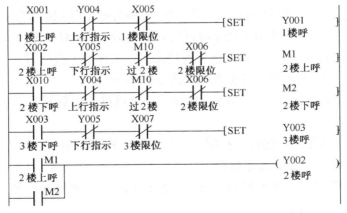

图 9-25   各楼层单独呼梯梯形图

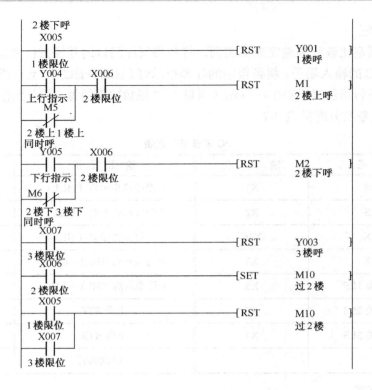

图 9-25　各楼层单独呼梯梯形图（续）

② 同时呼梯控制。根据控制要求，1 楼上呼和 2 楼下呼同时呼梯（M4）应考虑以下情况：首先必须有 1 楼上呼（Y1）和 2 楼下呼（M2）信号同时有效；其次在到达 2 楼（X6）时（此时 M7 线圈通电）停 ts（t=T0 定时时间-变频器的制动时间），ts 后（此时 M7 线圈无电）又自动下降。3 楼下呼和 2 楼上呼同时呼梯、2 楼上呼（先呼）和 1 楼上呼（后呼）同时呼梯、2 楼下呼（先呼）和 3 楼下呼（后呼）同时呼梯的情况与 1 楼上呼和 2 楼下呼同时呼梯的情况相似，其梯形图如图 9-26 所示。

③ 上升、下降运行控制。根据控制要求及上述分析，上升运行控制应考虑以下情况：3 楼单独呼梯有效（即 Y3 有输出）、2 楼上呼单独呼梯有效（即 M1 闭合）、2 楼下呼单独呼梯有效（即 M2 闭合）、3 楼下呼和 2 楼上呼同时呼梯有效（即 M4 闭合）时（在 2 楼停 ts，M7 动断触点断开）、2 楼下呼和 3 楼下呼同时呼梯有效（即 M6 闭合）时（在 3 楼停 ts，M9 动断触点闭合时转为下行），在上述 4 种情况下，电梯应上升运行。下行运行控制的情况与上升运行控制的情况相似，其梯形图如图 9-27 所示。

④ 轿厢位置显示。轿厢位置用编码和译码指令通过 7 段数码管来显示，其梯形图如图 9-28 所示。

⑤ 电梯控制梯形图。根据以上控制方案的分析，3 层电梯的梯形图如图 9-29 所示。

（4）PLC、变频器参数的确定和设置

为使电梯准确平层，增加电梯的舒适感，发挥 PLC、变频器的优势，必须设定如下参数（括号内为参考设定值）。

① 上限频率 Pr.1（50Hz）。

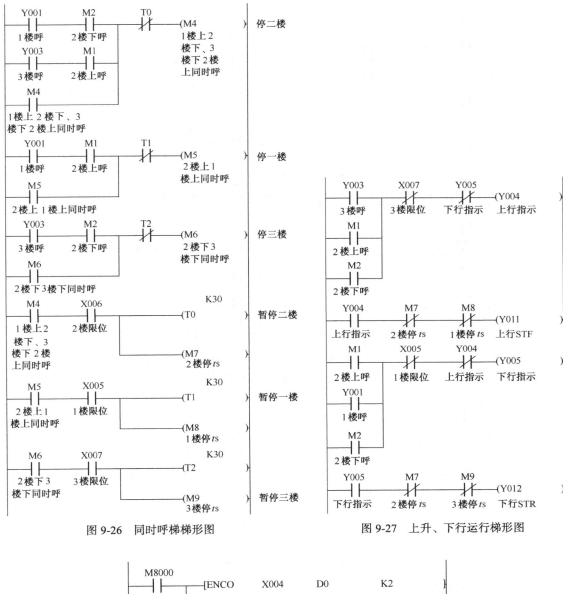

图 9-26　同时呼梯梯形图　　　　　图 9-27　上升、下行运行梯形图

图 9-28　轿厢位置显示梯形图

② 下限频率 Pr.2（5Hz）。

③ 加速时间 Pr.7（1s）。

④ 减速时间 Pr.8（1s）。

⑤ 电子过电流保护 Pr.9（等于电动机额定电流）。

⑥ 启动频率 Pr.13（0Hz）。

⑦ 适应负荷选择 Pr.14（2）。

⑧ 点动频率 Pr.15（5Hz）。

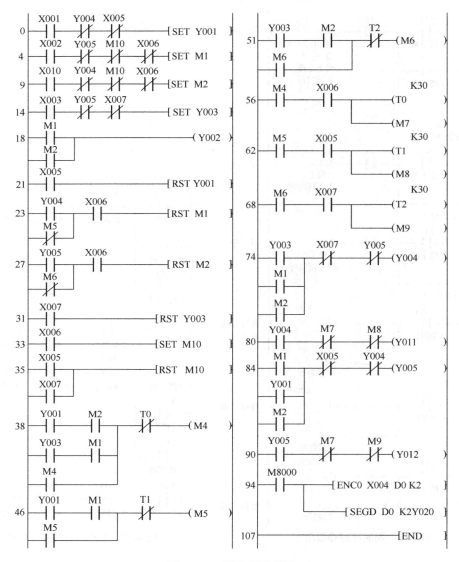

图 9-29　3 层电梯梯形图

⑨　点动加减速时间 Pr.16（1s）。

⑩　加减速基准频率 Pr.20（50Hz）。

⑪　操作模式选择 Pr.79（2）。

⑫　PLC 定时器 T0 的定时时间（T0 定时时间=t+变频器的制动时间=3s）。

以上参数必须设定，其余参数可默认为出厂设定值，当然，实际运行中的电梯，还必须根据实际情况设定其他参数。

5．系统接线

为了使 PLC 的控制与变频器有机地结合，变频器必须采用外部信号控制，即变频器的频率（即电动机的转速）由可调电阻 RP 来控制，变频器的运行（即启动、停止、正转和反转）由 PLC 输出的上升（Y11）和下降（Y12）信号来控制，其系统接线图如图 9-30 所示。

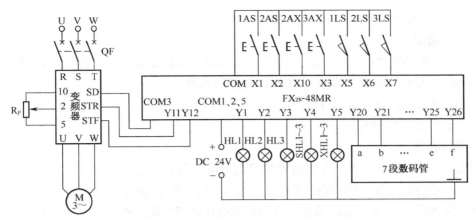

图 9-30　3 层电梯的系统接线图

6. 系统调试

① 输入程序，按图 9-29 所示的梯形图正确输入程序。

② 设置参数，设置变频器的相关参数。

③ PLC 模拟调试，按图 9-30 所示的系统接线图正确连接好输入设备，进行 PLC 的模拟静态调试，观察 PLC 的输出指示灯是否按要求指示，否则，检查并修改程序，直至指示正确。

④ 空载调试，按图 9-30 所示的系统接线图，正确连接好 PLC 与变频器（不接电动机），进行 PLC、变频器的空载调试，观察变频器能否按控制要求动作，否则，检查线路并修改调试程序，直至变频器按控制要求动作。

⑤ 系统调试，按图 9-30 所示的系统接线图，正确连接好全部设备，进行电梯的系统调试，观察电梯能否按控制要求动作，否则，检查线路并修改调试程序，直至电梯按控制要求动作。

7. 实训报告

（1）实训总结

① 描述该 3 层电梯的动作情况，总结操作要领。

② 与实际的电梯比较，在功能上还存在哪些不足？并在此基础上提出理想的设计方案。

（2）实训思考

① 若要设置电梯轿厢门的开和关，且电梯停后才能开门，电梯门关后才能开始运行，控制系统该如何设计？

② 图 9-28 所示的楼层显示是通过编码、解码指令来实现的，请用其他功能指令实现楼层显示。

③ 请尽量用功能指令来设计该 3 层电梯的程序。

实训 37　PLC 与变频器在 4 层电梯中的综合控制

1. 实训目的

① 进一步掌握电梯的结构特点及控制要求。

② 进一步掌握 PLC、变频器综合控制的有关参数的确定和设置。

③ 掌握 PLC、变频器和外部设备的电路设计及综合布线。

④ 能运用功能指令设计多层电梯的控制程序。

2. 实训器材

可用 1 台成套的"8 层微型教学电梯"，也可用下列设备及材料（括号内所列设备及材料仅供参考），具体操作时，可根据实际情况进行选择。

① 4 层电梯模拟显示模块 1 个。

② 其余与前一实训相同。

3. 实训要求

用 PLC、变频器设计 1 个 4 层电梯的控制系统。其控制要求如下。

① 每一楼层均设有 1 个呼梯按钮（SB1～SB4）与 1 个楼层磁感应位置开关（LS1～LS4），不论轿厢停在何处，均能根据呼梯信号自动判断电梯运行方向，然后延时 ts 后开始运行。

② 响应呼梯信号后，呼梯指示灯（HL1～HL4）亮，直至电梯到达该层时熄灭。

③ 当有多个呼梯信号时，能自动根据呼梯信号在相应楼层停靠，并经过 ts 后，继续上升或下降，直到所有的信号响应完毕。

④ 电梯运行途中，任何反方向呼梯均无效，且呼梯指示灯不亮。

⑤ 轿厢位置要求用 7 段数码管显示，上行、下行用上、下箭头指示灯显示。

⑥ 使用变频器拖动曳引机，电梯启动加速时间、减速时间由现场教师规定。

⑦ 要求采用功能指令编程。

4. 软件设计

（1）I/O 分配

X1～X4——1 层～4 层呼梯；X11～X14；1 层～4 层限位；Y0——STF（上升）；Y1——STR（下降）；Y5——上升指示；Y6——下降指示；Y20～Y26——a～g7 段数码管；Y11～Y14——1 层～4 层楼层指示。

（2）控制程序

根据 4 层电梯的控制要求及 I/O 分配，其控制程序如图 9-31 所示。

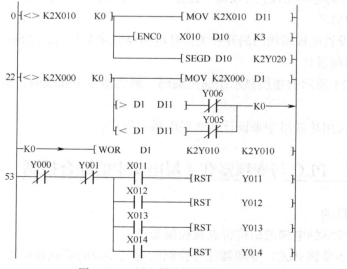

图 9-31　4 层电梯的梯形图

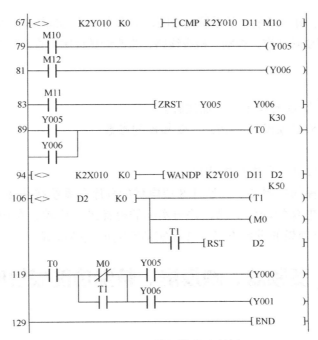

图 9-31　4 层电梯的梯形图（续）

（3）PLC、变频器参数的确定和设置

PLC、变频器参数的确定和设置请参照 3 层电梯的参数进行设置。

5. 系统接线

根据 4 层电梯的控制要求及 I/O 分配，其系统接线图如图 9-32 所示。

6. 系统调试

① 输入程序，按图 9-31 所示的梯形图正确输入程序。

② 设置参数，设置变频器的相关参数。

③ PLC 模拟调试，按图 9-32 所示的系统接线图正确连接好输入设备，进行 PLC 的模拟静态调试，观察 PLC 的输出指示灯是否按要求指示，否则，检查并修改程序，直至指示正确。

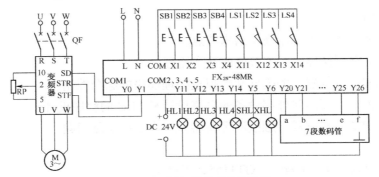

图 9-32　4 层电梯的系统接线图

④ 空载调试，按图 9-32 所示的系统接线图，正确连接好 PLC 与变频器（不接电动机），进行 PLC、变频器的空载调试，观察变频器能否按控制要求动作，否则，检查线路并修改调试程序，直至变频器按控制要求动作。

⑤ 系统调试，按图 9-32 所示的系统接线图，正确连接好全部设备，进行电梯的系统调试，观察电梯能否按控制要求动作，否则，检查线路并修改调试程序，直至电梯按控制要求动作。

7. 实训报告

（1）实训总结

① 解释图 9-31 所示的程序，并加注释。

② 写出 4 层电梯必须设置的 PLC、变频器的参数。

（2）实训思考

① 用其他方法设计 4 层电梯的程序。

② 参照 4 层电梯的控制要求，设计 8 层电梯的程序和系统接线图。

③ 描述该 4 层电梯的动作情况，并与实际的电梯进行比较，在功能上还存在哪些不足？在此基础上提出理想的设计方案，并在实训室完成模拟调试。

9.3 PLC、变频器、触摸屏、特殊功能模块的综合应用

通过本节的学习，了解气动控制的基本原理；了解传感器、电磁阀、气缸、步进电动机的特性；掌握 PLC、变频器、触摸屏及特殊功能模块的功能；掌握 RS-485 通信和 CC-Link 通信的通信设置和通信程序的设计；通过实训，达到能运用 PLC、变频器、触摸屏、特殊功能模块解决工程实际问题。

实训课题 17 PLC、变频器、触摸屏、模拟量模块的综合应用

实训 38 中央空调循环水节能系统的综合控制

1. 实训目的

① 了解中央空调的工作原理及结构特点。

② 了解中央空调循环水系统节能的基本原理。

③ 掌握 PLC、变频器、触摸屏和模拟量处理模块的综合控制。

④ 掌握 PLC、变频器和外部设备的电路设计和 PLC 的程序设计。

⑤ 能运用 PLC、变频器、触摸屏等新器件解决工程实际问题。

2. 实训器材

① 触摸屏模块 1 个（F940 或 GT1155，下同）。

② FX_{2N}-4AD-PT 特殊功能模块 1 个（配 PT100 温度传感器 2 个）。

③ FX_{2N}-2DA 特殊功能模块 1 个。

④ 交流接触器模块 1 个。

⑤ 指示灯模块 1 个。

⑥ 其余与实训 34 相同。

3. 中央空调节能分析

（1）系统概述

中央空调系统主要由冷冻机组、冷却水塔、房间风机盘管及循环水系统（包括冷却水和冷冻水系统）、新风机等组成。在冷冻水循环系统中，冷冻水在冷冻机组中进行热交换，在冷冻泵的作用下，将温度降低了的冷冻水（称出水）加压后送入末端设备，使房间的温度下降，然后流回冷冻机组（称回水），如此反复循环（是一个闭式系统）。在冷却水循环系统中，冷却水吸收冷冻机组释放的热量，在冷却泵的作用下，将温度升高了的冷却水（称出水）压入冷却塔，在冷却塔中与大气进行热交换，然后温度降低了的冷却水（称进水）又流进冷冻机组，如此不断循环（通常是一个开式系统）。中央空调循环水系统的工作示意图如图 9-33 所示。

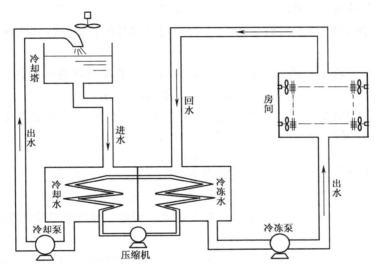

图 9-33   中央空调循环水系统的工作示意图

（2）中央空调系统存在的问题

一般来说，中央空调系统的最大负载能力是按照天气最热，负荷最大的条件来设计的，存在着很大宽裕量，但实际上系统极少在这些极限条件下工作。根据有关资料统计，空调设备 97% 的时间运行在 70% 负荷以下，并时刻波动，所以，实际负荷总不能达到设计的满负荷，特别是冷气需求量少的情况下，主机负荷量低，为了保证有较好的运行状态和较高的运行效率，主机能在一定范围内根据负载的变化加载和卸载，但与之相配套的冷却水泵和冷冻水泵却仍在高负荷状态下运行（泵功率是按峰值冷负荷对应水流量的 1.2 倍选配），这样，存在很大的能量损耗，同时还会带来以下一系列问题。

① 水流量过大使循环水系统的温差降低，恶化了主机的工作条件、引起主机热交换效率下降，造成额外的电能损失。

② 由于水泵流量过大，通常都是通过调整管道上的阀门开度来调节冷却水和冷冻水流量，因此阀门上存在着很大的能量损失。

③ 水泵通常采用 Y-△ 启动，电动机的启动电流较大，会对供电系统带来一定冲击。

④ 传统的水泵启、停控制不能实现软启、软停，在水泵启动和停止时，会出现水锤现

315

象，对管网造成较大冲击，增加管网阀门的泡冒滴漏现象。

由于中央空调冷却水、冷冻水系统运行效率低、能耗较大，存在许多弊端，并且属长期运行，因此，进行节能技术改造是完全必要的。

（3）调速节能原理

采用交流变频技术控制水泵的运行，是目前中央空调系统节能改造的有效途经之一。图 9-34 所示给出了阀门调节和变频调速控制两种状态的扬程-流量（H-Q）关系。

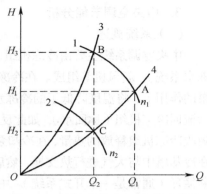

图 9-34 扬程-流量（H-Q）关系曲线

图 9-34 所示是泵的扬程 H 与流量 Q 的关系曲线。图中曲线 1 为泵在转速 n_1 下的扬程-流量特性，曲线 2 为泵在转速 n_2 下的扬程-流量特性，曲线 4 为阀门正常时的管阻特性，曲线 3 为阀门关小时的管阻特性。

水泵是一种平方转矩负载，其流量 Q 与转速 n，扬程 H 与转速 n 的关系如下式所示

$$Q_1/Q_2=n_1/n_2 \qquad H_1/H_2=n_1^2/n_2^2$$

上式表明，泵的流量与其转速成正比，泵的扬程与其转速的平方成正比。当电动机驱动水泵时，电动机的轴功率 P（kW）可按下式计算

$$P=\rho QgH/n_c n_f$$

式中，P 为电动机的轴功率（kW），ρ 为液体的密度（kg/m³），Q 为流量（m³/s），g 为重力加速度（m/s²），H 为扬程（m），n_c 为传动装置效率，n_f 为泵的效率。

由上式可知，泵的轴功率与流量、扬程成正比，因此，泵的轴功率与其转速的立方成正比，即 $P_1/P_2=n_1^3/n_2^3$。

假设泵在标准工作点 A 的效率最高，输出流量 Q_1 为 100%，此时轴功率 P_1 与 Q_1、H_1 的乘积（即面积 AH_1OQ_1）成正比。当流量需从 Q_1 减小到 Q_2 时，如果采用调节阀门方法（相当于增加管网阻力），使管阻特性从曲线 4 变到曲线 3，系统轴功率 P_3 与 Q_2、H_3 的乘积（即面积 BH_3OQ_2）成正比。如果采用阀门开度不变，降低转速，泵转速由 n_1 降到 n_2，在满足同样流量 Q_2 的情况下，泵扬程 H_2 大幅降低，轴功率 P_2 和 P_3 相比较，将显著减小，节省的功率损耗 ΔP 与面积 BH_3H_2C 与正比，节能的效果是十分明显的。

由上分析可知，当所需流量减少，水泵转速降低时，其电动机的所需功率按转速的 3 次方下降，因此，用变频调速的方法来减少水泵流量，其节能效果是十分显著的。如水泵转速下降到额定转速的 60%，即频率 $F=30Hz$ 时，其电动机轴功率下降了 78.4%，即节电率为 78.4%。

（4）节能技术方案

① 控制原理。在冷冻水循环系统中，PLC 通过温度传感器及温度模块将冷冻水的出水温度和回水温度读入内存，根据回水和出水的温差值来控制变频器的转速，从而调节冷冻水的流量，控制热交换的速度。温差大，说明室内温度高，应提高冷冻泵的转速，加快冷冻水的循环速度以增加流量，加快热交换的速度；反之温差小，则说明室内温度低，可降低冷冻泵的转速，减缓冷冻水的循环速度以降低流量，减缓热交换的速度，以节约电能。

在冷却水循环系统中，PLC 通过温度传感器及温度模块将冷却水的出水温度和进水温

度读入内存，根据出水和进水的温差值来控制变频器的转速，调节冷却水的流量，控制热交换的速度。因此，对冷却水来说，以出水和进水的温差作为控制依据，实现出水和进水的恒温差控制是比较合理的。温差大，说明冷冻机组产生的热量大，应提高冷却泵的转速，加大冷却水的循环速度；温差小，说明冷冻机组产生的热量小，应降低冷却泵的转速，减缓冷却水的循环速度，以节约电能。

但是由于夏季天气炎热，以冷却水出水与进水的温差控制，在一定程度上还不能满足实际的需求，因此在气温高（即冷却水进水温度高）的时候，采用冷却水出水的温度进行自动调速控制，而在气温低时自动返回温差控制调速（最佳节能模式）。

② 技术方案。根据上述的控制原理，采用 PLC、变频技术改造中央空调循环水系统，可采用如下 2 套节能技术方案。

方案 1：1 台变频、1 台工频（称半变频）。即正常运行的 2 台电动机，采用 1 台电动机工频运行，另 1 台电动机变频运行，并且可以轮流转换工作，如图 9-35 所示。其特点是可以节约投资费用，但节电效果不如方案 2 的全变频运行。

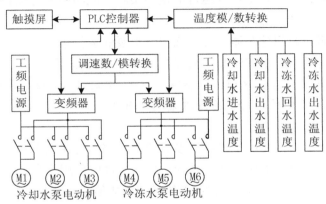

图 9-35　1 台变频、1 台工频方案

方案 2：2 台全部变频（称全变频）。即正常运行的 2 台电动机均采用变频运行，如图 9-36 所示。其特点是投资费用略高，但节电效果十分显著。

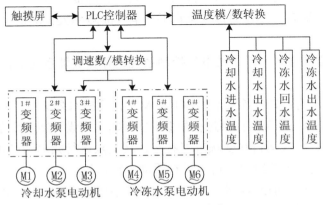

图 9-36　2 台全变频方案

③ 节能效果比较（冷冻泵与冷却泵一样）。

方案 1：半变频器方案，设 1 台水泵工频运行，处于全速工作，提供的流量为 Q，另 1 台水泵变频运行，只需提供 $0.5Q$ 的流量，即半速 $F=25$Hz 工作（多台水泵并联运行时，每台水泵的下限不能过低，通常为 30Hz，最低也不过 25Hz，所以，在半变频方式中，这已经是最低的功率消耗了），合计提供 $1.5Q$ 的流量，其消耗的总功率为

$$P_{\Sigma 1} = 37 + 37 \times 0.5^3 = 41.6 （kW）$$

方案 2：全变频方案，2 台水泵都由变频器拖动运行，每台各提供 75%的流量，合计提供 $1.5Q$ 的流量，即 $F=37.5$Hz，其总功率消耗为

$$P_{\Sigma 2A} = 2 \times 37 \times 0.75^3 = 31.2 （kW）$$

与方案 1 对比，节约 25%的流量。

由此可见，采用全变频的方案节能效果十分理想，值得推广应用。

（5）节能计算办法

因水泵电动机在工频 50Hz 运行时的功率基本上是不变的，因此，冷却和冷冻水泵电动机运行时的功率可在变频系统投入运行前现场实测，此功率即为核算节能时用电的基准功率值 $P_{基准}$（即 $P_{冷基} + P_{冻基}$）。

系统中可设置运行时间计时器，可准确记录水泵的运行小时数 h，同时，系统中装有功电度表，记录实际耗电量（kW·h）。将基准功率 $P_{基准}$ 乘以运行小时数 h，减去实际耗电量 $W_{实际}$（即有功电度表记录数×电流互感器变比），再乘以电价即节省的电费。

即($P_{基准}h - W_{实际}$)×电价 = 冷冻冷却水泵的省电费

（6）技术改造后的好处

对冷冻和冷却水泵而言，由于水泵大多数的时间都运行在额定转速以下，使得水泵的机械部件的磨损（如轴承的机械磨擦）减少，机械部件的使用寿命大大延长，从而也使得中央空调机组设备的维护周期延长，设备的维护费用成倍减少，综合经济效益大幅提高。

由于变频器采用软启动方式，启动电流得到了有效的抑制，避免了原来降压启动带来的对设备的冲击，特别是对变压器的冲击，为系统设备和变压器的安全运行提供了有利的技术保障，同时也延长了系统设备的使用寿命。

采用变频器运行后，提高了机组运行的工作效率，降低了电动机的噪声和温升，也降低了电动机的震动，提高了设备的自动化水平，电气故障率大大降低，可靠性提高。

4．实训要求

设计一个中央空调循环水系统的电气控制系统，并在实训室完成模拟调试，其控制要求如下。

① 循环水系统配有冷却水泵 2 台（M1 和 M2），冷冻水泵 2 台（M3 和 M4），均为一用一备，冷却水泵和冷冻水泵的控制过程相似，实训时只需设计冷却水泵的电气控制系统。

② 正常情况下，系统运行在变频节能状态，其上限运行频率为 50Hz，下限运行频率为 30Hz，当节能系统出现故障时，可以进行手动工频运行。

③ 在变频节能状态下可以自动调节频率，也可以手动调节频率，每次的调节量为 0.5Hz。

④ 自动调节频率时，采用温差控制，2 台水泵可以进行手动轮换。

⑤ 上述的所有操作都通过触摸屏来进行。

5. 软件设计

（1）设计思路

根据上述控制要求，可画出冷却水泵的主电路原理图如图 9-37 所示。图中 KM1、KM2 分别为 M1、M2 的变频接触器，KM3、KM4 为工频接触器，变频接触器通过 PLC 进行控制，工频接触器通过继电器电路进行控制（实训时，该部分不要求操作），并且，它们相互之间有电气互锁。

控制部分通过 2 个箔温度传感器（PT100、3 线 100Ω）采集冷却水的出水和进水温度，然后通过与之连接的 FX$_{2N}$-4AD-PT 特殊功能模块，将采集的模拟量转换成数字量传送给 PLC，再通过 PLC 进行运算，将运算的结果通过 FX$_{2N}$-2DA 将数字量转换成模拟量（DC 0～10V）来控制变频器的转速。出水和进水的温差大，则水泵的转速就大；温差小，则水泵的转速就小，从而使温差保持在一定的范围内（4.5℃～5℃），达到节能的目的。

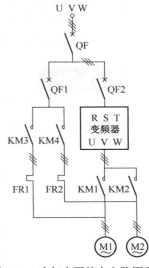

图 9-37　冷却水泵的主电路原理图

（2）变频器的设定参数

根据控制要求，变频器的具体设定参数如下。

① 上限频率 Pr.1=50Hz。

② 下限频率 Pr.2=30Hz。

③ 基底频率 Pr.3=50Hz。

④ 加速时间 Pr.7=3s。

⑤ 减速时间 Pr.8=3s。

⑥ 电子过电流保护 Pr.9=电动机的额定电流。

⑦ 启动频率 Pr.13=10Hz。

⑧ DU 面板的第 3 监示功能为变频繁器的输出功率 Pr.54=14。

⑨ 智能模式选择为节能模式 Pr.60=4。

⑩ 选择端子 2 与 5 为 0～10V 的电压信号 Pr.73=0。

⑪ 允许所有参数的读/写 Pr.160=0。

⑫ 操作模式选择（外部运行）Pr.79=2。

（3）PLC、触摸屏的软元件分配

根据系统的控制要求、设计思路和变频器的设定参数，PLC、触摸屏的软元件分配如下。

①X0——变频器报警输出信号；②M0——冷却泵启动按钮；③M1——冷却泵停止按钮；④M2——冷却泵手动加速；⑤M3——冷却泵手动减速；⑥M5——变频器报警复位；⑦M6——冷却泵 M1 运行；⑧M7——冷却泵 M2 运行；⑨M10——冷却泵手/自动调速切换；⑩Y0——变频运行信号（STF）；⑪Y1——变频器报警复位；⑫Y4——变频器报警指示；⑬Y6——冷却泵自动调速指示；⑭Y10——冷却泵 M1 变频运行；⑮Y11——冷却泵 M2 变频运行。

另外，程序中还用到了一些元件，如数据寄存器 D20 为冷却水进水温度，D21 为冷却水出水温度，D25 为冷却水出进水温差，D1010 为 D/A 转换前的数字量，D1001 为变频器运行频率显示。

（4）触摸屏界面制作

按图 9-38 所示制作触摸屏的界面。

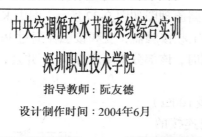
(a)触摸屏首页界面

(b)触摸屏操作界面

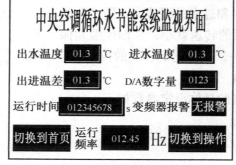
(c)触摸屏监视界面

图 9-38　触摸屏的界面

（5）控制程序

根据系统的控制要求，该控制程序主要由以下几部分组成。

① 冷却水出进水温度检测及温差计算程序。CH1 通道为冷却水进水温度（D20），CH2通道为冷却水出水温度（D21），D25 为冷却水出进水温差，其程序如图 9-39 所示。

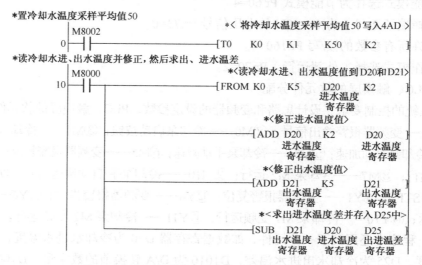

图 9-39　冷却水进出水温度检测及温差计算程序

② D/A 转换程序。进行 D/A 转换的数字量存放在数据寄存器 D1010 中，它通过 FX~2N~-2DA 模块将数字量变成模拟量，由 CH1 通道输出给变频器，从而控制变频器的转速达到调节水泵转速的目的，其程序如图 9-40 所示。

图 9-40　D/A 转换程序

③ 手动调速程序。M2 为冷却泵手动转速上升（上升沿有效），每按一次频率上升 0.5Hz，M3 为冷却泵手动转速下降（上升沿有效），每按一次频率下降 0.5Hz，冷却泵的手动/自动频率调整的上限都为 50Hz，下限都为 30Hz，其程序如图 9-41 所示。

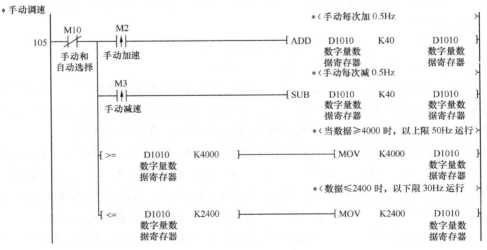

图 9-41　手动调速程序

④ 自动调速程序。因冷却水温度变化缓慢，温差采集周期 4s 比较符合实际需要。当温差大于 5℃时，变频器运行频率开始上升，每次调整 0.5Hz，直到温差小于 5℃或者频率升到 50Hz 时才停止上升；当温差小于 4.5℃时，变频器运行频率开始下降，每次调整 0.5Hz，直到温差大于 4.5℃或者频率下降到 30Hz 时才停止下降。这样，保证了冷却水出进水的恒温差（4.5℃～5℃）运行，从而达到了最大限度的节能，其程序如图 9-42 所示。

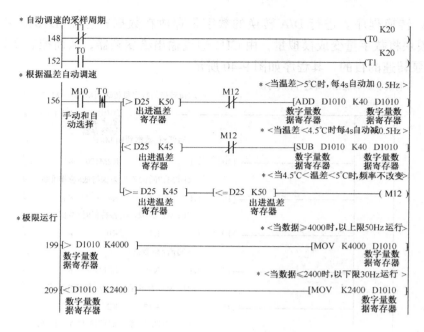

图 9-42　自动调速程序

此外，变频器的启、停、报警、复位、冷却泵的轮换及变频器频率的设定、频率和时间的显示等均采用基本逻辑指令来控制，其控制程序如图 9-43 所示。将图 9-38～图 9-43 所示的程序组合起来，即为系统的控制程序。

6. 系统接线

根据控制要求、设计思路及 PLC 的 I/O 分配，可画出冷却泵的控制电路，如图 9-44 所示。

7. 系统调试

① 设定参数，按上述变频器的设定参数值设置变频器的参数。

② 输入程序，将设计的程序正确输入 PLC 中。

③ 触摸屏与 PLC 的通信调试，将制作好的触摸屏界面传送给触摸屏，并将触摸屏与 PLC 连接好，通过操作触摸屏上的触摸键，观察触摸屏指示和 PLC 输出指示灯的变化是否按要求指示，否则，检查并修改触摸屏界面或 PLC 程序，直至指示正确。

④ 手动调速的调试，按图 9-44 所示的控制电路图，将 PLC、变频器、FX$_{2N}$-4AD-PT、FX$_{2N}$-2DA 连接。调节 FX$_{2N}$-2DA 的零点和增益，使 D1010 为 2400 时，变频器的输出频率为 30Hz；使 D1010 为 4000 时，变频器的输出频率为 50Hz；D1010 每增减 40 时，变频器的输出频率增减 0.5Hz，然后，通过触摸屏手动操作，观察变频器的输出频率。

⑤ 自动调速的调试，在手动调速成功的基础上，将 2 个温度传感器放入温度不同的水中，通过变频器的操作面板观察变频器的输出是否符合要求，否则，修正进水、出水的温度值，使出进水温差与变频器输出的频率相符。

⑥ 空载调试，按图 9-44 所示的控制电路图连接好各种设备（不接电动机），进行 PLC、变频器、特殊功能模块的空载调试。分别在手动调速和自动调速的情况下，通过变频器的操作面板观察变频器的输出是否符合要求，否则，检查系统接线、变频器参数、PLC 程序，直至变频器按要求运行。

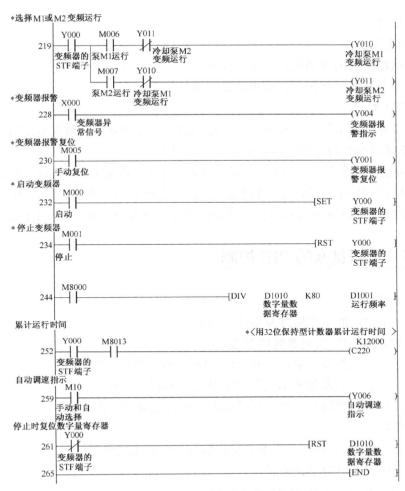

图 9-43 变频器、水泵启停与报警的控制程序

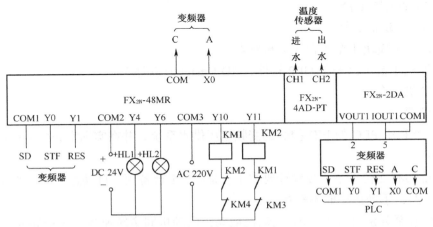

图 9-44 冷却泵的控制电路接线图

⑦ 系统调试，按图 9-37 和图 9-44 所示正确连接好全部设备，进行系统调试，观察电动机能否按控制要求运行，否则，检查系统接线、变频器参数、PLC 程序，直至电动机按控制要求运行。

8. 实训报告

（1）实训总结

① 描述电动机的运行情况，总结操作要领。

② 画出整个系统的接线图，写出必要的设计说明。

（2）实训思考

① 若触摸屏画面上的运行时间显示不是以秒为单位显示，而是要显示时、分和秒，则该部分的触摸屏画面如何制作？PLC 程序如何设计？

② 若将控制要求改为 2 台水泵全变频：即高峰时 2 台水泵全变频运行，当 2 台水泵达到 48Hz 时即切换为工频运行；当负载下降到变频器的下限 30Hz 时，即退出 1 台，另 1 台变频运行；当负载增加到变频器的上限 50Hz 运行时，即切换为 2 台水泵全变频，请设计 PLC 的控制程序。

实训 39　恒压供水的 PID 控制

1. 实训目的

① 了解恒压供水的工作原理及系统的结构。

② 掌握 PLC 的 PID 控制参数的设置。

③ 掌握 PLC、变频器、触摸屏和 FX_{0N}-3A 模拟量模块的综合应用。

④ 掌握 PLC、变频器和外部设备的电路设计和程序设计。

⑤ 能运用 PLC、变频器、触摸屏等新器件解决工程实际问题。

2. 实训器材

恒压供水实训装置 1 套或采用下列实训器材进行模拟实训。

① PLC 应用技术综合实训装置 1 台。

② AC 220V 接触器 2 个。

③ F940 触摸屏 1 台。

④ A540 变频器 1 台。

⑤ FX_{0N}-3A 模块 1 个（含压力传感器 1 个）。

⑥ 计算机 1 台（已安装 GPP 软件、GD Designer 软件）。

⑦ 电动机 2 台。

3. 实训要求

设计一个利用 PLC 的 PID 控制的变频恒压供水系统，并在实训室完成模拟调试。其控制要求如下。

① 系统共有 2 台水泵，按设计要求 1 台运行，1 台备用，自动运行时，水泵累计运行 100h 轮换 1 次，手动运行时不轮换。

② 2 台水泵分别由 M1、M2 电动机拖动，电动机同步转速为 3 000r/min，由 KM1、KM2 控制。

③ 轮换后启动和停电后启动须 5s 报警，运行异常时可自动切换到备用泵，并报警。

④ 采用 PLC 的 PID 调节功能来实现压力恒定。

⑤ 采用 PLC 的特殊功能模块 FX_{0N}-3A 的模拟输出来控制变频器的频率，从而调节电

动机的转速。

⑥ 系统设定压力在 0～10kg 可调，并可通过触摸屏进行设定。

⑦ 触摸屏可以显示设定压力、实际压力、水泵的运行时间、转速及报警信号等。

⑧ 变频器的其余参数自行设定。

4．软件设计

（1）软元件分配

① 触摸屏的输入信号：M500——自动启动；M503——1、2 号泵切换；M100——手动 1 号泵；M101——手动 2 号泵；M102——停止；M103——运行时间复位；M104——清除报警；D500——设定压力。

② 触摸屏的输出信号：Y0——1 号泵运行指示；Y1——2 号泵运行指示；T20——1 号泵故障；T21——2 号泵故障；D101——实际压力；D102——电动机的转速；D501——水泵累计运行的时间（分）；D502——水泵累计运行的时间（时）；M501——手动运行；M502——自动运行。

③ PLC 的输入信号：X1——1 号泵水流开关；X2——2 号泵水流开关；X3——过压保护。

④ PLC 的输出信号：Y0——1 号泵 KM1；Y1——2 号泵 KM2；Y4——报警器；Y10——变频器 STF。

（2）触摸屏界面设计

根据控制要求及 I/O 分配，按图 9-45～图 9-47 所示制作触摸屏界面。

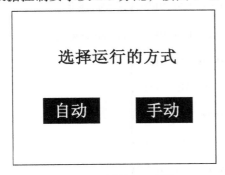

图 9-45　1 号界面：登陆

图 9-46　2 号界面：手动运行监控

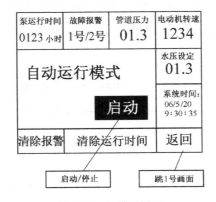

图 9-47　触摸屏界面

（3）PLC 程序

根据控制要求，PLC 程序如图 9-48 所示。

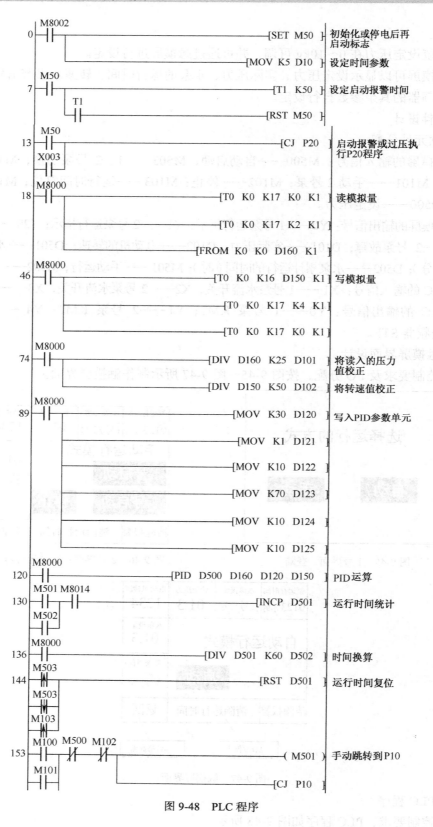

图 9-48　PLC 程序

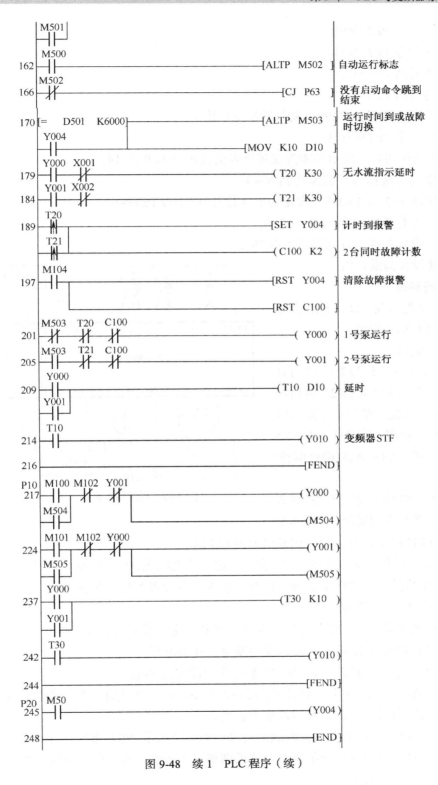

图 9-48　续 1　PLC 程序（续）

（4）变频器设置

① 上限频率 Pr.1=50Hz。

② 下限频率 Pr.2=30Hz。

③ 基底频率 Pr.3=50Hz。

④ 加速时间 Pr.7=3s。

⑤ 减速时间 Pr.8=3s。

⑥ 电子过电流保护 Pr.9=电动机的额定电流。

⑦ 启动频率 Pr.13=10Hz。

⑧ DU 面板的第 3 监示功能为变频繁器的输出功率 Pr.5=14。

⑨ 智能模式选择为节能模式 Pr.60=4。

⑩ 设定端子 2 与 5 的频率设定为电压信号 0～10V Pr.73=0。

⑪ 允许所有参数的读/写 Pr.160=0。

⑫ 操作模式选择（外部运行）Pr.79=2。

⑬ 其他设置为默认值。

5. 系统接线

根据控制要求及 I/O 分配，其系统接线图如图 9-49 所示。

6. 系统调试

① 将触摸屏 RS-232 接口与计算机连接，将触摸屏 RS-422 接口与 PLC 编程接口连接，编写好 FX$_{0N}$-3A 偏移/增益调整程序，连接好 FX$_{0N}$-3A 模块，通过 OFFSET/GAIN 调整偏移/增益。

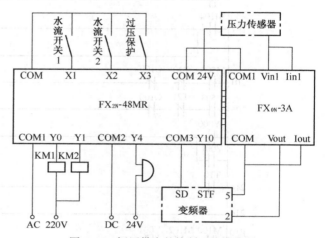

图 9-49　恒压供水的控制系统接线图

② 按图 9-47 所示设计好触摸屏界面，并设置好各控件的属性；按图 9-48 所示编写好 PLC 程序，并分别传送到触摸屏和 PLC。

③ 将 PLC 运行开关置于 STOP，程序设定为监视状态，按触摸屏上的按钮，观察程序中触点的动作情况，如动作不正确，检查触摸屏属性设置和程序是否对应。

④ 系统时间应正确显示。

⑤ 改变触摸屏输入寄存器的值，观察程序对应寄存器值的变化。

⑥ 按图 9-49 所示连接好 PLC、变频器及其外围电路。

⑦ 将 PLC 运行开关置于 RUN，将系统压力设定为 3kg。

⑧ 按手动启动，设备应正常启动，观察各设备运行是否正常，变频器输出频率是否相对平稳，实际压力与设定压力的偏差是否适当。

⑨ 如果水压在设定值上下有剧烈的抖动，则应该调节 PID 指令的微分参数，将其设定小一些，同时适当增加积分参数值。如果调整过于缓慢，水压的上下偏差很大，则系统比例常数太大，应适当减小。

⑩ 测试其他功能，观察是否与控制要求相符。

7. 实训报告

（1）实训总结

① 根据实际的操作过程，写出 PID 调节的具体步骤。

② 分析程序并解释程序的工作原理。

（2）实训思考

① 程序可能会出现手动运行和自动运行切换时输出不能复位，如何解决？

② 若没有触摸屏，则系统该如何设计？

实训课题 18　PLC、变频器通信的综合应用

实训 40　PLC 与变频器的 RS-485 通信控制

1. 实训目的

① 了解 RS-485 通信的有关设备。

② 掌握 PLC 与变频器的 RS-485 通信的数据传输格式。

③ 掌握 PLC 与变频器的 RS-485 通信的通信设置。

④ 掌握 PLC 与变频器的 RS-485 通信的有关参数的确定。

⑤ 能运用 RS-485 通信解决工程实际问题。

2. 实训器材

① FX$_{2N}$-485-BD 通信板 1 个（配通信线若干）。

② 触摸屏模块 1 个。

③ 指示灯 3 个。

④ 其余与实训 34 相同。

3. 实训要求

设计一个 PLC 与变频器的 RS-485 通信通信控制系统，并在实训室完成模拟调试。其控制要求如下。

① 利用变频器的数据代码表（见表 9-8）进行通信操作。

② 使用触摸屏，通过 PLC 的 RS-485 总线控制变频器正转、反转、停止。

③ 使用触摸屏，通过 PLC 的 RS-485 总线在运行中直接修改变频器的运行频率。

表 9-8　　　　　　　　　　　　　　　变频器数据代码表

操 作 指 令	指 令 代 码	数 据 内 容
正转	HFA	H02
反转	HFA	H04
停止	HFA	H00
运行频率写入	HED	H0000～H2EE0

注：频率数据内容 H0000～H2EE0 为 0～120.00Hz，最小单位为 0.01Hz。

4．软件设计

（1）数据传输格式

PLC 与变频器的 RS-485 通信就是在 PLC 与变频器之间进行数据的传输，只是传输的数据必须以 ASCⅡ码的形式表示。一般按照通信请求→站号→指令代码→数据内容→校验码的格式进行传输，其中数据内容可多可少，也可以没有；校验码是求站号、指令代码、数据内容的 ASCⅡ码的总和，然后取其低 2 位的 ASCⅡ码。如求站号（00H）、指令代码（FAH）、数据内容（02H）的校验码。首先将待传输的数据变为 ASCⅡ码，站号（30H30H）、指令代码（46H41H）、数据内容（30H32H），然后求待传输的数据的 ASCⅡ码的总和（149H），再求低 2 位（49H）的 ASCⅡ码（34H39H）即为校验码。

（2）通信格式设置

通信格式设置是通过特殊数据寄存器 D8120 来设置的，根据控制要求，其通信格式设置如下。

① 设数据长度为 8 位，即 D8120 的 b0=1。

② 奇偶性设为偶数，即 D8120 的 b1=1，b2=1。

③ 停止位设为 2 位，即 D8120 的 b3=1。

④ 通信速率设为 19.2kbit/s，即 D8120 的 b4=b7=1，b5=b6=0。

⑤ D8120 的其他各位均设为 0（参见表 7-12）。

因此，通信格式设置为 D8120=9FH。

（3）变频器参数设置

根据上述的通信设置，变频器必须设置如下参数。

① 操作模式选择（PU 运行）Pr.79=1。

② 站号设定 Pr.117=0（设定范围为 0～31 号站，共 32 个站）。

③ 通信速率 Pr.118=192（即 19.2kbit/s，要与 PLC 的通信速率相一致）。

④ 数据长度及停止位长 Pr.119=1（即数据长为 8 位，停止位长为 2 位，要与 PLC 的设置相一致）。

⑤ 奇偶性设定 Pr.120=2（即偶数，要与 PLC 的设置相一致）。

⑥ 通信再试次数 Pr.121=1（数据接收错误后允许再试的次数，设定范围为 0～10，9999）。

⑦ 通信校验时间间隔 Pr.122=9999（即无通信时，不报警，设定范围为 0，0.1～999.8s，9999）。

⑧ 等待时间设定 Pr.123=20（设定数据传输到变频器的响应时间，设定范围为 0～150ms，9999）。

⑨ 换行、按 Enter 键有无选择 Pr.124=0（即无换行、按"Enter"键）。

⑩ 其他参数按出厂值设置。

注意，变频器参数设置完后或改变与通信有关的参数后，变频器都必须停机复位，否则，无法运行。

（4）软元件分配

M0——正转按钮；M1——反转按钮；M2——停止按钮；M3——手动加速；M4——手

动减速；Y0——正转指示；Y1——反转指示；Y2——停止指示。

（5）触摸屏界面制作

按图 9-50 所示制作触摸屏界面。

（6）程序设计

根据通信及控制要求，其梯形图程序由以下几部分组成。

① 手动加减速程序。频率值存放在数据寄存器 D1000 中，频率值的 ASCⅡ码存放在数据寄存器 D305～D308 中。该程序应该包括频率值的加减、数据的转换模式和将频率值转换成 ASCⅡ码的程序，其程序如图 9-51 所示。

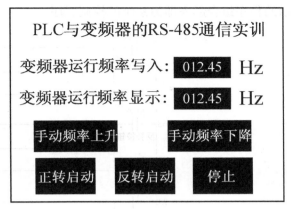

图 9-50　触摸屏界面

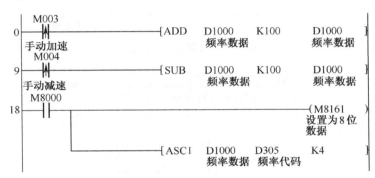

图 9-51　手动加减速程序

② 通信初始化设置程序。通信初始化包括通信格式的初始化以及通信请求、站号代码、指令代码的设置，其程序如图 9-52 所示。

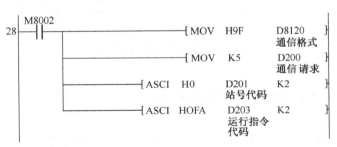

图 9-52　通信初始化设置程序

③ 变频器运行程序。变频器运行程序包括正转、反转、停止 3 部分，每个部分除了要设置运行码和运行指示以外，都包含了一段公用的程序，所以，把这段公用的程序作为子程序，从而使程序变得简单，其程序如图 9-53 所示。

④ 发送频率代码的程序。发送频率代码的程序包括频率代码的串行发送、通信请求、站号代码、指令代码、求校验码及校验代码，其程序如图 9-54 所示。

⑤ 子程序。该子程序是正转、反转、停止程序的子程序，它包含了运行指示复位、数

据的串行发送、ASCⅡ转换以及求校验码，其程序如图 9-55 所示。将图 9-51 至图 9-60 所示的程序组合起来即为系统的控制程序。

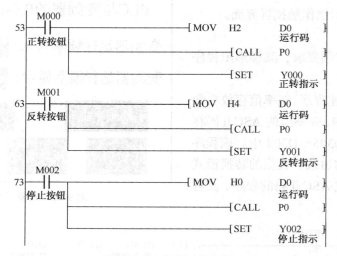

图 9-53　变频器运行程序

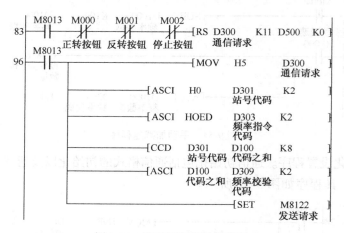

图 9-54　发送频率代码的程序

5. 系统接线

根据系统控制要求，系统接线如图 9-56 所示。

6. 系统调试

① 设定参数，按上述变频器的设定参数值设定变频器的参数。

② 输入程序，将设计的程序正确输入 PLC 中。

③ 触摸屏与 PLC 的通信调试，将制作好的触摸屏画面传送给触摸屏，并将触摸屏与 PLC 连接好，通过操作触摸屏上的触摸键，观察触摸屏指示和 PLC 输出指示灯的变化是否符合要求，否则，检查并修改触摸屏画面或 PLC 程序，直至指示正确。

④ 空载调试，按图 9-56（b）所示正确连接好 RS-485 的通信线（变频器不接电动机），进行 PLC、变频器的空载调试。通过变频器的操作面板观察变频器和 PLC 的输出指示灯是否符合要求，否则，检查系统接线、变频器参数、PLC 程序及触摸屏界面，直至按要求指示。

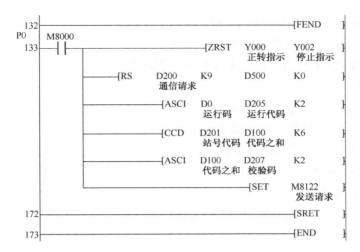

图 9-55　子程序

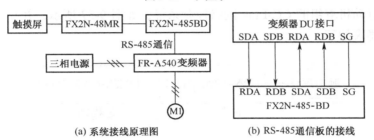

(a) 系统接线原理图　　　　(b) RS-485通信板的接线

图 9-56　系统接线图

⑤ 系统调试，按要求正确连接好全部设备，进行系统调试，观察电动机能否按控制要求运行，否则，检查系统接线、变频器参数、PLC 程序及触摸屏界面，直至电动机按控制要求运行。

7. 实训报告

（1）实训总结

① 描述电动机的运行情况，总结操作要领。

② 画出整个系统的接线图，写出必要的设计说明。

（2）实训思考

① 若该实训不使用触摸屏，而通过 PLC 的输入端子进行控制，如何设计系统程序？请画出其梯形图及输入输出分配图。

② 在本实训的基础上，请增加电动机运行频率（指令代码为 H6F）、电流（指令代码为 H70）、电压（指令代码为 H71）的监视。

③ 若为 1 台 PLC 与 2 台变频器进行 RS-485 通信，如何设置有关参数和设计系统程序？并写出必要的设计说明。

实训 41　电动机群组的 CC-Link 网络控制

1. 实训目的

① 了解 CC-Link 网络的结构和基本组成。

② 熟悉 CC-Link 主站的编程思路和方法。

③ 熟悉 CC-Link 远程站的编程思路和方法。

④ 能运用 CC-Link 网络解决较为复杂的工程问题。

2. 实训器材

① PLC 应用技术综合实训装置 4 台。

② FX$_{2N}$-16CCL-M 特殊功能模块 1 台。

③ FX$_{2N}$-32CCL 特殊功能模块 3 台。

④ AC 220V 接触器 6 个。

⑤ DC 24V 电源 4 个。

⑥ 计算机 4 台（已安装 GX 和 GTDesigner）。

⑦ 电动机 3 台。

3. 实训要求

设计一个电动机群组的 CC-Link 网络控制系统，如图 9-57 所示，并在实训室完成模拟调试，其控制要求如下。

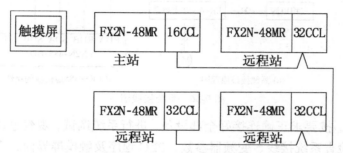

图 9-57　CC-Link 网络连接图

① 系统设 1 个主站和 3 个远程站，每个远程站均有 1 台电动机，主站可以通过触摸屏对远程站进行监控。

② 按主站触摸屏上的"启动"或"停止"，对应远程站的电动机即运行或停止运行。

③ 电动机运行方式为正、反转循环运行。正转和反转的运行时间、正转和反转的间隔时间及循环的次数可通过主站触摸屏进行设置。

④ 电动机的运行状态可以通过触摸屏进行监视。

4. 软件设计

（1）触摸屏软元件分配

M116——1#站启动；M117——1#站停止；M156——2#站启动；M157——2#站停止；M196——3#站启动；M197——3#站停止；M100——1#站运行指示；M140——2#站运行指示；M180——3#站运行指示。

D500——1#站正转时间；D501——1#站反转时间；D502——1#站间隔时间；D503——1#站循环次数；D510——2#站正转时间；D511——2#站反转时间；D512——2#站间隔时间；D513——2#站循环次数；D520——3#站正转时间；D521——3#站反转时间；D522——3#站间隔时间；D523——3#站循环次数。

9

（2）触摸屏画面

根据系统控制要求，请按图 9-58 所示设计触摸屏界面。

（3）远程站 I/O 分配

Y0——正转；Y1——反转。

（4）系统程序

① 主站程序。主站程序如图 9-59 所示。

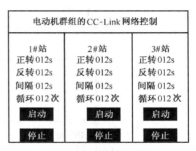

图 9-58　触摸屏界面

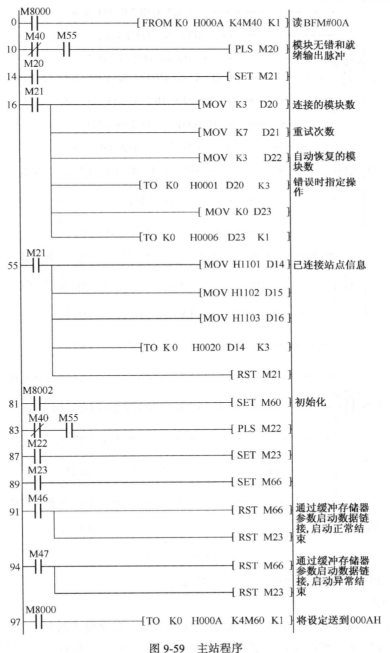

图 9-59　主站程序

335

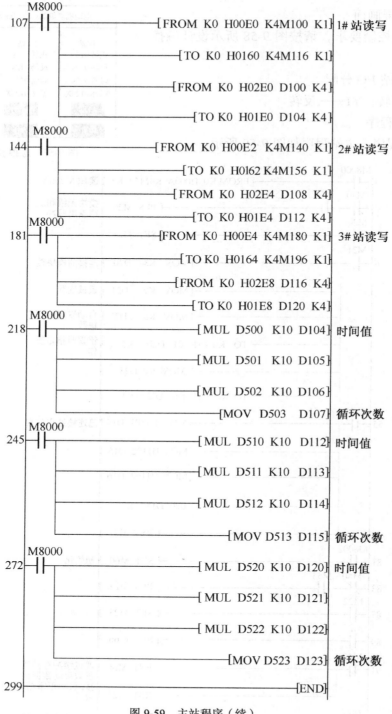

图 9-59　主站程序（续）

② 远程站程序。远程站程序如图 9-60 所示。

5. 系统调试

① 按图 9-58 做好触摸屏界面，并设置好文本对象、数字输入对象、触摸键对象属性，注意，电动机运行显示属性分别设置为 M100、M140、M180。按图 9-59、图 9-60 所示编

写好主站、远程站程序，并将触摸屏界面及主站、远程站程序写入相应设备。

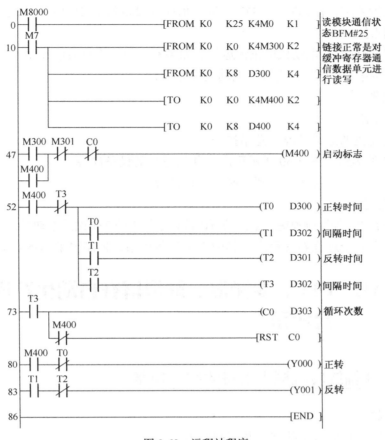

图 9-60 远程站程序

② 主站程序调试

接好主站 PLC 和触摸屏通信线路，启动触摸屏，观察触摸屏数字输入位置的数字显示是否正常，如果显示"？？？"，则连接可能有问题或触摸屏、PLC 类型设置不当。

进入 GX 程序监视状态，操作触摸屏的触摸键和改变输入数据，观察程序中的触点状态和寄存器中的相应数据。如果没有相应改变，检查程序和触摸屏画面的软元件是否对应。

③ 远程站程序调试

进入 GX 软件界面调试状态，将寄存器 D300、D301、D302、D303 设定为 100、100、50、5，并在调试状态使 M300 为 ON，此时程序运行，Y0、Y1 按控制要求输出，并循环 5 个周期停止。如果输出不正确，检查程序 47 步～85 步。

④ 连机调试

连接好 CC-Link 总线及主站、远程站 DC 24V 电源，连接好终端电阻。观察主站模块和远程站模块的指示灯状态。如果连接正常，POWER、LRUN、SD RD 指示灯亮，如果 SD、RD 指示灯不亮，则可能；总线连接有问题；线路存在干扰；终端电阻未连接或连接不当。如果 LERR 指示灯亮则是通信有错误。

连接好远程站的电动机主电路和控制电路。

设置各远程站电动机的正、反转时间，及间隔时间和循环次数，在监视状态下查看远程站接收单元的数字变化（D300～D303 数字值应为设定值的 10 倍）。如果不对，检查主站和远程站的程序。

按"启动"触摸键，电动机应正常运行。如果不运行，检查通信程序中软元件的分配。运行过程中按"停止"触摸键，电动机停止运行。

6. 实训报告

（1）实训总结

① 描述电动机的运行情况，总结操作要领。

② 分析如图 9-59、图 9-60 所示程序，并加适当的设备注释。

③ 画出整个系统的接线图，写出必要的设计说明。

（2）实训思考

① 设计一个"急停"触摸键，触摸键可以停止运行中的 3 个站的电动机，并写出程序。

② 设计一个 8 个远程站的程序，其中 1 个为备用站，控制要求与本实训相同。

实训课题 19　PLC、变频器、触摸屏在自动生产线上的综合应用

实训 42　3 轴旋转机械手上料的综合控制

1. 实训目的

① 了解 3 轴旋转机械手的结构及控制要求。

② 了解传感器、电磁阀、气缸的特性。

③ 掌握简单机械手控制的程序设计及综合布线。

2. 实训器材

① 3 轴旋转机械手 1 台。

② 手持式编程器（FX-20P）或计算机（已安装 PLC 软件）1 台。

③ PLC 应用技术综合实训装置 1 台。

3. 实训要求

设计一个 3 轴旋转机械手上料的控制系统，并在实训室完成模拟调试，其控制要求如下。

① 系统由上料装置、检测传感器、3 轴旋转机械手等部分组成，如图 9-61 所示。

② 系统上电后，2 层信号指示灯的红灯亮，各执行机构保持上电前（即原点）状态。

③ 系统设有 2 种操作模式：手动操作和自动运行操作。

④ 手动操作。选择"手动操作"模式，可手动分别对各执行机构的运动进行控制，便于设备的调试与检修。

⑤ 自动运行操作。选择"自动运行操作"模式，按启动按钮，系统检测上料装置、机械手等各执行机构的原点位置，原点位置条件满足则执行步骤⑥，不满足则系统自动停机。

⑥ 上料装置依次将工件推出，送至上料台；若光电传感器检测到上料台上有工件，则

三轴旋转机械手自动将工件搬至皮带运输线，其过程为原点→上料→检测→下降→夹紧（T）→上升→右移→下降→放松（T）→上升→左移→原点。

⑦ 自动运行过程中，若按停止按钮，则机械手在处理完已推出工件后自动停机；若出现故障按下急停按钮时，系统则无条件停止。

⑧ 系统在运行时，2 层信号指示灯的绿灯亮、红灯灭，停机时红灯亮、绿灯灭，故障状态时红灯闪烁、绿灯灭。

⑨ 机械手在工作过程中不得与设备或输送工件发生碰撞。

4．软件设计

（1）I/O 分配

根据系统的控制要求，PLC 的 I/O 分配如图 9-62 所示。

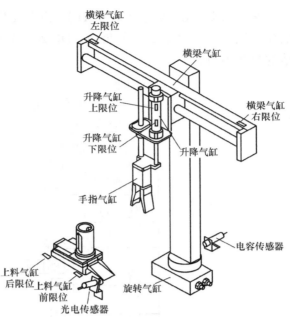

图 9-61　3 轴旋转机械手结构示意图

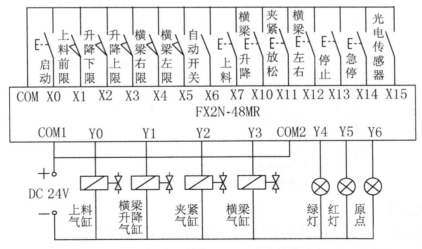

图 9-62　3 轴旋转机械手的系统接线图

（2）控制程序

由于所用气缸是有电动作，无电复位（下同），所以，根据系统的控制要求，其控制程序如图 9-63 所示。

5．系统接线

根据 3 轴旋转机械手的控制要求及 I/O 分配，其系统接线如图 9-62 所示。具体到传感器的接线是这样的（下同）：光电传感器的+V、信号、0V 分别接到 DC 24V 的正极、PLC 的输入端（X15）、DC 24V 的负极与 PLC 的输入公共端 COM；上料气缸前限位的

+、−分别接到 PLC 的输入端（X1）、输入公共端 COM；上料气缸的+、−分别接到 PLC 的输出端（Y0）、DC 24V 的负极，DC 24V 的正极接到 PLC 的输出公共端（COM1）；其他的与此类似。

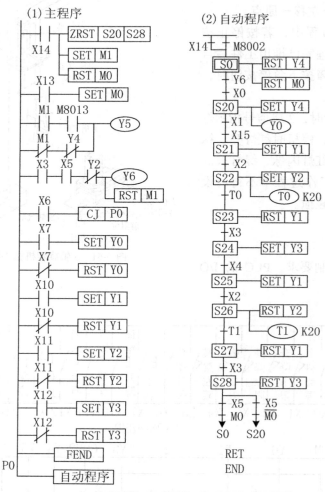

图 9-63　3 轴旋转机械手控制程序

6. 系统调试

① 输入程序，按图 9-63 所示的程序以 SFC 的形式正确输入。

② 手动程序调试，按图 9-62 所示的系统接线图正确连接好输入设备，进行 PLC 的手动程序调试，观察 PLC 的输出是否按要求指示，否则，检查并修改程序、调节传感器的位置及灵敏度，直至指示正确。然后接上输出设备，调节传感器的位置，直至动作正确。

③ 自动程序调试，按图 9-62 所示的系统接线图，正确连接好全部设备，进行自动程序的调试，观察机械手能否按控制要求动作，否则，检查线路并修改调试程序，直至机械手按控制要求动作。

④ 系统调试，在手动和自动程序调试成功后，进行手动和自动程序联合调试，观察系统能否按控制要求动作，否则，检查线路并修改调试程序，直至系统按控制要求动作。

7. 实训报告

（1）实训总结

① 请画出该系统的气动原理图。

② 请分析系统控制程序是否还有缺陷？应如何改正？

（2）实训思考

① 请利用 3 轴旋转机械手的旋转来完成机械手的上料控制，请设计其控制程序。

② 为提高系统的自动化程度，请用触摸屏来监控系统的运行。请同学们在集体讨论的基础上提出理想的设计方案，完成系统设计，并在实训室进行模拟调试。

实训 43　工件物性识别运输线的综合控制

1. 实训目的

① 了解一般生产线的结构及控制要求。

② 了解传感器、电磁阀、气缸的特性。

③ 掌握简单生产线的程序设计及综合布线。

2. 实训器材

① 变频运输带 1 台。

② 手持式编程器（FX-20P）或计算机（已安装 PLC 软件）1 台。

③ PLC 应用技术综合实训装置 1 台。

3. 实训要求

设计一个工件分选控制系统，并在实训室完成模拟调试，其控制要求如下。

① 系统设有一皮带运输线用于运输工件，设有一工件材质检测传感器用于识别金属与非金属，设有一工件颜色检测传感器用于识别白色与黑色，设有 3 个分选气缸用于分拣不同的工件，如图 9-64 所示。

② 系统上电后，2 层信号指示灯的红灯亮，各执行机构保持通电前状态。

③ 系统设有 2 种操作模式：手动操作和自动运行操作。

④ 手动操作。选择"手动操作"模式，可手动分别对各执行机构的运动进行控制，便于设备的调试与检修。

⑤ 自动运行操作。选择"自动运行"模式，按启动按钮，系统检测各分选气缸的原点位置，原点位置满足则执行步骤⑥，不满足则系统自动停机。

⑥ 皮带运输线启动运行并稳定后，人工以一定的频率随意放入白色塑料工件、黑色塑料工件、白色金属工件和黑色金属工件。

⑦ 工件在皮带运输线上经材质和颜色检测后，若为黑色塑料工件，则 1 号分选气缸将工件推至 1 号料仓后开始下一个循环；若为白色塑料工件，则 2 号分选气缸将工件推至 2 号料仓后开始下一个循环；若为黑色金属工件，则 3 号分选气缸将工件推至 3 号料仓后开始下一个循环；若为白色金属工件，则皮带末端的光电传感器检测到有工件后开始下一个循环。

⑧ 系统按上述要求不停地运行，直到按下停止按钮，系统则处理完在线工件后自动停机；若出现故障按下急停按钮时，系统则无条件停止。

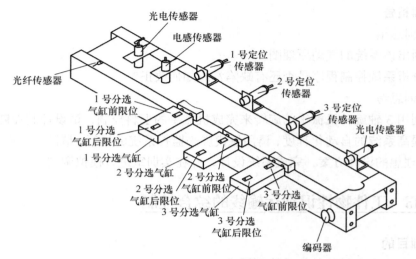

图 9-64　皮带运输线结构示意图

⑨　系统处在运行状态时，2 层信号指示灯的绿灯亮、红灯灭，停机状态时红灯亮、绿灯灭，故障状态时红灯闪烁、绿灯灭。

⑩　机械手在工作过程中不得与设备或输送工件发生碰撞。

4．软件设计

（1）I/O 分配

根据系统控制要求，PLC 的 I/O 分配如图 9-65 所示。

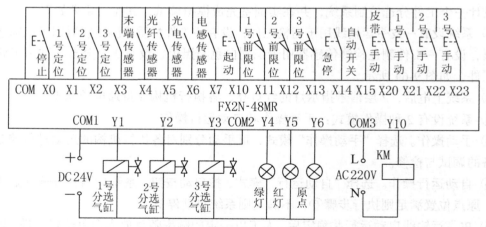

图 9-65　皮带运输线的系统接线图

（2）控制程序

根据光电传感器的特性：黑色工件通过或无工件时为导通状态，白色工件通过时为断开状态。电感传感器的特性：金属工件通过时为导通状态，塑料工件通过或无工件时为断开状态。因此，该程序为具有 4 个流程的选择性程序，其程序如图 9-66 所示。

5．系统接线

根据皮带运输线的控制要求及 I/O 分配，其系统接线如图 9-65 所示。

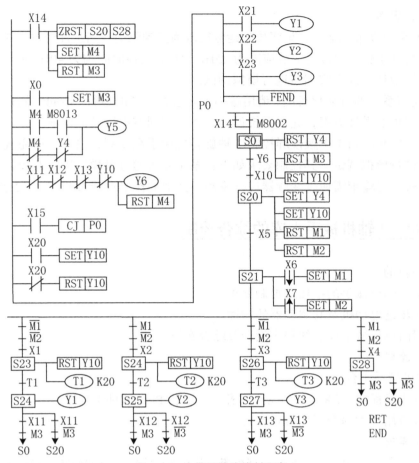

图 9-66　皮带运输线控制程序

6. 系统调试

① 输入程序，按图 9-66 所示的程序以 SFC 的形式正确输入。

② 手动程序调试，按图 9-65 所示的系统接线图正确连接好输入设备，进行 PLC 的手动程序调试，观察 PLC 的输出是否按要求指示，否则，检查并修改程序，调节传感器的位置及灵敏度，直至指示正确。然后接好输出设备，调节传感器的位置，直至动作正确。

③ 自动程序调试，按图 9-65 所示的系统接线图，正确连接好全部设备，进行自动程序的调试，观察机械手能否按控制要求动作，否则，检查线路并修改调试程序，直至机械手按控制要求动作。

④ 系统调试，在手动和自动程序调试成功后，进行手动和自动程序联合调试，观察系统能否按控制要求动作，否则，检查线路并修改调试程序，直至系统按控制要求动作。

7. 实训报告

（1）实训总结

① 请画出该系统的气动原理图。

② 请为该系统写一份设计说明。

③ 请用另外的方法设计该系统程序。

（2）实训思考

① 为使系统能节能运行，请将皮带运输线改为变频驱动，当工件经过检测传感器时，为提高检测的准确性，皮带运输线应降为 25Hz 运行，其他时间均为 40Hz 运行，请在此基础上完成系统设计，并在实训室进行模拟调试。

② 为提高系统的自动化程度，请用触摸屏来监控系统的运行。请同学们在集体讨论的基础上提出理想的设计方案，完成系统设计，并在实训室进行模拟调试。

③ 用 1 个 PLC 和 1 个触摸屏控制 3 轴旋转机械手和变频运输带，请完成系统设计，并在实训室进行模拟调试，其控制要求如下：系统要求通过触摸屏进行监控，具有手动和自动控制方式，运输带需通过变频器进行驱动，其他动作要求请参照实训 42 和实训 43。

实训 44　4 轴机械手入库的综合控制

1. 实训目的

① 了解 4 轴机械手的结构及控制要求。

② 了解步进电动机及其驱动器的特性。

③ 掌握简单机械手控制的程序设计及综合布线。

2. 实训器材

① 4 轴机械手 1 台。

② 手持式编程器（FX-20P）或计算机（已安装 PLC 软件）1 台。

③ PLC 应用技术综合实训装置 1 台。

3. 实训要求

设计一个 4 轴机械手分类入库的控制系统，并在实训室完成模拟调试，其控制要求如下。

① 系统由皮带运输线、检测传感器、4 轴机械手等部分组成，如图 9-67 所示。

② 系统上电后，2 层信号指示灯的红灯亮，各执行机构保持通电前状态。

③ 系统设有 3 种操作模式：原点回归操作、手动操作、自动运行操作。

④ 原点回归操作。紧急停机、故障停机或设备检修调整后，各执行机构可能不处于工作原点，系统通电后需进行原点回归操作；选择"原点回归操作"模式，按启动按钮，各执行机构返回原点位置（各气缸活塞杆内缩，双杆气缸处于中间正对皮带运输线的原点位置，吸盘处于左上限位）。

⑤ 手动操作。选择"手动操作"模式，可手动分别对各执行机构的运动进行控制，便于设备的调试与检修。

⑥ 自动运行操作。选择"自动运行"模式，按启动按钮，系统检测各气缸活塞杆、双杆气缸、吸盘等各执行机构的原点位置，原点位置满足则执行步骤⑦，不满足则系统自动停机。

⑦ 皮带运输线稳定运行后，人工依次放入工件，工件到达皮带运输线末端时，若光电传感器检测到有工件时皮带停止运行，然后经 4 轴机械手自动搬运至入库工位，其过程为原点→皮带运行→检测→吸盘下降→吸盘吸气（T）→吸盘上升→横梁气缸上升→吸盘右移→横梁升降气缸后退→横梁气缸下降→吸盘下降→吸盘放气（T）→吸盘上升→横梁气缸上升→横梁升降气缸前进→吸盘左移→横梁气缸下降→原点。

⑧ 系统按上述要求不停地运行，直到按下停止按钮，系统则处理完在线工件后自动停机；若出现故障按下急停按钮时，系统则无条件停止。

⑨ 系统处在运行状态时，2 层信号指示灯的绿灯亮、红灯灭，停机状态时红灯亮、绿灯灭，故障状态时红灯闪烁、绿灯灭。

⑩ 机械手在工作过程中不得与设备或输送工件发生碰撞。

4. 软件设计

（1）步进电动机及驱动器

步进电动机不是直接通过 PLC 驱动，而是用专业的步进驱动器驱动，PLC 只要给步进驱动器提供脉冲信号和方向信号就可以了，YKA2404MC 驱动器的接线示意图如图 9-68 所示，其引脚功能见表 9-9。

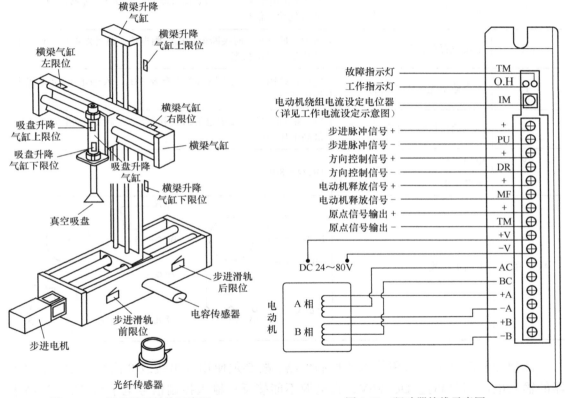

图 9-67   4 轴机械手结构示意图   图 9-68   驱动器接线示意图

表 9-9   驱动器引脚功能说明

标记符号	功　　能	注　　释
TM	故障指示灯	过热保护时红色发光管点亮
O.H	工作指示灯	TM 信号有效时，绿色指示灯点亮
IM	电动机线圈电流设定电位器	调整电动机相电流，逆时针减小，顺时针增大
+	输入信号光电隔离正端	接 5V 供电电源，5～24V 均可驱动，高于 5V 需接限流电阻，请参见输入信号

标记符号	功　能	注　释
PU	D4=OFF，PU 为步进脉冲信号	下降沿有效，每当脉冲由高变低时电动机走一步。输入电阻 220Ω，要求：低电平 0～0.5V，高电平 4～5V，脉冲宽度 > 2.5μs
	D4=ON，PU 为正向步进脉冲信号	
+	输入信号光电隔离正端	接 5V 供电电源，5～24V 均可驱动，高于 5V 需接限流电阻，请参见输入信号
DR	D4=OFF，DR 为方向控制信号	用于改变电动机转向。输入电阻 220Ω，要求：低电平 0～0.5V，高电平 4～5V，脉冲宽度 > 2.5μs
	D4=ON，DR 为反向步进脉冲信号	
+	输入信号光电隔离正端	接 5V 供电电源，5～24V 均可驱动，高于 5V 需接限流电阻，请参见输入信号
MF	电动机释放信号	有效（低电平）时关断电动机线圈电流，驱动器停止工作，电动机处于自由状态
+	原点输出光电隔离正端	电动机绕阻通电位于原点置为有效（B，−A 通电）；光电隔离输出（高电平）
TM	原点输出信号光电隔离负端	"+"端接输出信号限流电阻，TM 接输出地。最大驱动电流 50mA，最高电压 50V
+V	电源正极	DC24～80V
−V	电源负极	
AC、BC	电动机接线	6 出线　+A　AC　−A　　8 出线　+A　AC　−A

此型号驱动器由于采用特殊的控制电路，故必须使用 6 出线或 8 出线电动机；驱动器的输入电压不要超过 DC 80V，且电源不能接反；输入控制信号电平为 5V，当高于 5V 时需要接限流电阻。驱动器温度超过 70℃时，驱动器停止工作，故障 TM 指示灯亮，直到驱动器温度降到 50℃及以下，驱动器又会自动恢复工作，因此，出现过热保护时请加装散热器；过流（或负载短路）故障指示灯 TM 亮时，请检查电动机接线及其他短路故障，排除后需要重新上电恢复；欠压（电压小于 DC 24V）时，故障指示灯 TM 也会亮。

使用步进驱动器时，应根据其细分设定表（见表 9-10），选择所需要的细分数，然后把相应的开关拨到 NO 上。D1 是自检测开关，D2 是控制步进电动机方向的，D3～D6 为细分数设定开关。

表 9-10　　　　　　　　　　　YKA2404MC 细分设定表

细分数	1	2	4	5	8	10	20	25	40	50	100	200	200	200	200	200
D6	ON	OFF	ON	OFF	ON	OFF	ON	OFF	ON	OFF	ON	OFF	ON	OFF	ON	OFF
D5	ON	ON	OFF	OFF	ON	ON	OFF	OFF	ON	ON	OFF	OFF	ON	ON	OFF	OFF
D4	ON	ON	ON	ON	OFF	OFF	OFF	OFF	ON	ON	ON	ON	OFF	OFF	OFF	OFF
D3	ON	ON	ON	ON	ON	ON	ON	OFF	OFF	OFF	OFF	OFF	OFF	OFF	OFF	OFF
D2	ON：双脉冲，PU 为正向步进脉冲信号，DR 为反向步进脉冲信号															
	OFF：单脉冲，PU 为步进脉冲信号，DR 为方向控制信号															
D1	自检测开关（OFF 时接收外部脉冲，ON 时驱动器内部发 7.5kHz 脉冲，此时细分应设定为 10～50）															

（2）I/O 分配

根据系统的控制要求，PLC 的 I/O 分配如图 9-69 所示。

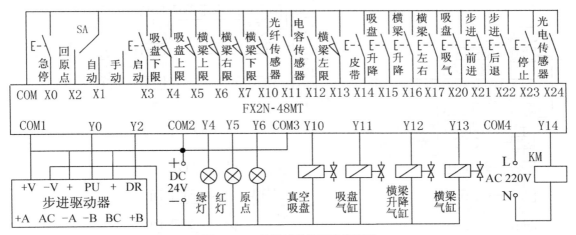

图 9-69　4 轴机械手的系统接线图

（3）控制程序

根据系统控制要求及 I/O 分配，其系统控制程序如图 9-70 所示。

5．系统接线

根据 4 轴机械手的控制要求及 I/O 分配，其系统接线如图 9-70 所示。

6．系统调试

① 输入程序，按图 9-70 所示的程序以 SFC 的形式正确输入。

② 步进电动机的调试，通过改变（由小到大）PLSY S1 S2 D 中的 S1 步进电动机的频率、S2 输出脉冲数，确定其 S1 和 S2 的数值，然后确定其运行方向。

③ 手动程序调试，按图 9-69 所示的系统接线图正确连接好输入设备，进行 PLC 的手动程序调试，观察 PLC 的输出是否按要求指示，否则，检查并修改程序、调节传感器的位置及灵敏度，直至指示正确。然后接好输出设备，调节传感器的位置直至动作正确。

④ 自动程序调试，按图 9-69 所示的系统接线图，正确连接好全部设备，进行自动程序的调试，观察机械手能否按控制要求动作，否则，检查线路并修改调试程序，直至机械手按控制要求动作。

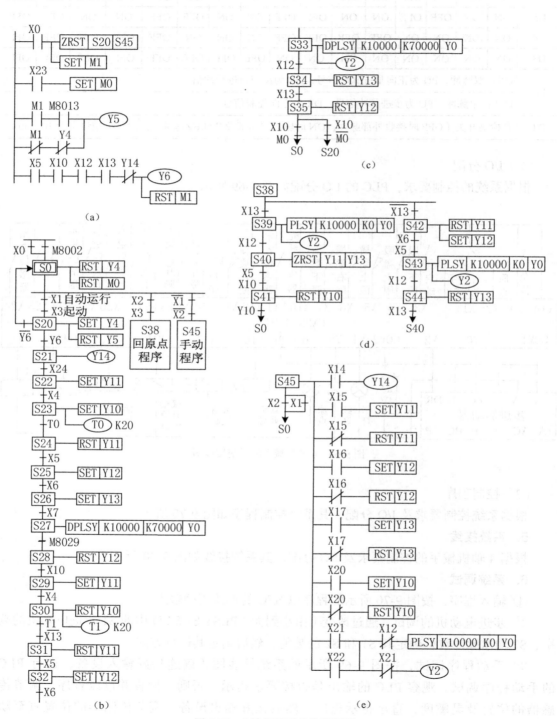

图 9-70　4 轴机械手的控制程序

⑤ 系统调试，在手动和自动程序调试成功后，进行手动和自动程序联合调试，观察系统能否按控制要求动作，否则，检查线路并修改调试程序，直至系统按控制要求动作。

7. 实训报告

（1）实训总结

① 系统在自动运行过程中，将转换开关突然转到手动模式，系统会出现什么问题？应如何改进手动程序？

② 系统在自动运行过程中，按下急停按钮后再分别转到手动、回原点模式，系统会出现什么问题？应如何改进程序？

③ 请为该系统写一份设计说明。

（2）实训思考

① 为提高系统的自动化程度，请用触摸屏来监控系统的运行。具体包含如下内容：能通过触摸屏进行系统的操作；触摸屏能显示入库的工件数量，能显示皮带运输线的运行速度（使用脉冲编码器），能显示皮带运输线、双杆气缸（上升、下降、前进及后退）的运行状态。请同学们完成系统设计，并在实训室进行模拟调试。

② 用 1 个 PLC 和 1 个触摸屏控制 4 轴机械手和变频运输带，其控制要求如下：系统要求通过触摸屏进行监控，具有手动、回原点和自动控制方式，运输带需通过变频器进行驱动，其他动作要求请参照实训 43 和实训 44，请完成系统设计，并在实训室进行模拟调试。

实训 45   自动生产线的综合控制

1. 实训目的

① 了解一般自动生产线的结构及控制要求。

② 进一步掌握传感器、电磁阀、气缸、步进电动机及其驱动器的特性。

③ 掌握简单自动生产线的程序设计及综合布线。

④ 能使用 PLC、变频器的通信解决实际工程问题。

2. 实训器材

① 3 轴旋转机械手、变频运输带、4 轴机械手各 1 台。

② 计算机（已安装 PLC 软件）1 台。

③ PLC 应用技术综合实训装置 1 台。

3. 实训要求

设计一个自动生产线的电气控制系统，并在实训室完成模拟调试，其控制要求如下。

① 系统由 3 轴旋转机械手、变频运输带、4 轴机械手等部分组成，如图 9-71 所示。

② 工件由上料装置以一定的频率间歇推出，经 3 轴旋转机械手将 4 种工件（白色金属、黑色金属、白色塑料、黑色塑料）搬至皮带运输线，经皮带运输线上的工件物性传感器的检测，将 4 种工件分拣出来（白色金属放 1#位、黑色金属放 2#位、白色塑料放 3#位、黑色塑料向前输送），黑色塑料工件再经 4 轴机械手搬运至指定工位；3 轴旋转机械手和 4 轴机械手的搬运过程请参照实训 42 和实训 44。

③ 3 轴旋转机械手、变频运输带由 1#PLC 控制，4 轴机械手由 2#PLC 控制，1#PLC 与触摸屏连接，触摸屏可以对整个系统进行监控。

④ 系统通电后，2 层信号指示灯的红灯亮，各执行机构保持上电前状态。

⑤ 系统设有 3 种操作模式：原点回归操作、手动操作、自动运行操作。

⑥ 原点回归操作。紧急停机、故障停机或设备检修调整后，各执行机构可能不处于工作原点，系统上电后需进行原点回归操作；选择"原点回归操作"模式，按启动按钮，各执行机构返回原点位置（原点位置条件同前）。

⑦ 手动操作。选择"手动操作"模式，可手动分别对各执行机构的运动进行控制，便于设备的调试与检修。

⑧ 自动运行操作。选择"自动运行操作"模式，按启动按钮，系统检测各气缸活塞杆、双杆气缸、吸盘等各执行机构的原点位置，原点位置满足则执行步骤⑨，不满足则系统自动停机。

⑨ 自动运行过程请参照实训 42～实训 44 的运行过程。

⑩ 系统按上述要求不停地运行，直到按下停止按钮，系统则处理完在线工件后自动停机；若出现故障按下急停按钮时，系统则无条件停止。

⑪ 系统处在运行状态时，2 层信号指示灯的绿灯亮、红灯灭，停机状态时红灯亮、绿灯灭，故障状态时红灯闪烁、绿灯灭。

⑫ 机械手在工作过程中不得与设备或输送工件发生碰撞。

⑬ 触摸屏界面要求：除"急停"按钮外，其他所有按钮均在触摸屏上实现，能设置和监视变频器的运行频率，能显示各种工件的数量，其他要求请读者根据自己的情况增加。

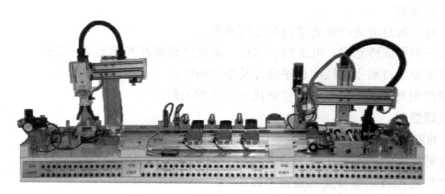

图 9-71　自动生产线的结构示意图

4．软件设计

由于 3 轴旋转机械手、变频运输带由 1#PLC 控制，4 轴机械手由 2#PLC 控制，而与 1#PLC 连接的触摸屏要对整个系统进行监控。因此，2 台 PLC 之间可以采用 1:1 通信，1#PLC 与变频器之间采用 RS4-85 通信，该方案的程序设计请参照实训 29 和实训 40。另外 2 台 PLC 和变频器之间的通信也可以采用 CC-Link 通信，该方案的程序设计请参照实训 41。

5. 系统接线

系统接线图请参照实训 42～44。

6. 系统调试

① 输入程序，设置变频器及其通信的相关参数。

② 单个功能块的调试，请参照实训 42～44 对每个功能块进行调试，观察 PLC 的动作是否符合要求，否则，检查并修改程序，直至正确。

③ 通信调试，请参照实训 29 和实训 40 调试通信程序，观察控制对象能否按控制要求动作，否则，检查线路并修改调试程序，直至按控制要求动作。

④ 系统调试，在上述调试成功的基础上，对系统进行综合调试，观察能否按控制要求动作，否则，检查线路并修改调试程序，直至按控制要求动作。

7. 实训报告

（1）实训总结

① 请画出该系统的气动原理图。

② 请为该系统写一份设计说明。

③ 比较一下 1:1 通信、N:N 通信、RS-485 通信及 CC-Link 通信的适应范围、通信的特点及各自的优劣。

（2）实训思考

① 请用 CC-Link 网络通信实现本实训的功能，并在实训室完成模拟调试。

② 若系统由 2 条自动生产线组成，由 1 个触摸屏进行监控，请用 CC-Link 网络通信完成系统设计，并在实训室完成模拟调试。

③ 若系统由 2 条自动生产线组成，由 1 个触摸屏进行监控，PLC 之间采用 N:N 通信，PLC 与变频器之间采用 RS-485 通信，请完成系统设计，并在实训室完成模拟调试。

PLC 应用技术综合实训装置

PLC 应用技术综合实训装置是深圳职业技术学院研发的专利产品（专利号：ZL200920260524.9），采用模块化设计，分为实训平台和实训模块。实训平台包括 PLC 部分、变频器部分和公共部分；实训模块包括通用实训模块和由 3 轴旋转机械手、变频运输带及 4 轴分选机械手组成的微型生产线，如图 A-1 所示。该装置配有 PLC、变频器、触摸屏及 PLC 特殊功能模块和计算机，其 I/O 点全部引到模块的安全插孔，便于用安全叠插线配合控制对象完成各种实训，本装置可以完成从简单的基本训练到复杂的控制系统等几十个项目的实训。

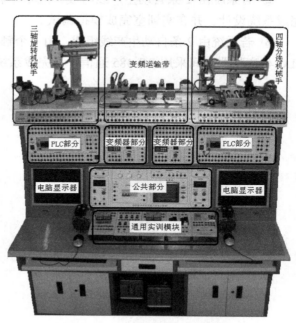

图 A-1　PLC 应用技术综合实训装置

1. 实训平台

（1）实训桌

实训桌是用来进行实训的操作平台，台面可以用来放置与实训有关的通用实训模块、器材和工具；台面正中间设有抽屉，用来放置安全叠插线；台面两边设有开放式抽屉，用来放置计算机键盘；实训桌左、右两边各设 1 个柜子，分别用于存放通用实训模块。进行基本训练时，可以每人 1 个工位，进行复杂的控制系统训练时，可以 2 人合作完成。

（2）公共部分

公共部分配有 2 个 24V 直流稳压电源、1 个双 0～30V 直流可调电源、1 个三相 4 极漏电断路器总电源开关、2 个三相 5 线电源安全插孔、1 个触摸屏、CC-Link 总线接口、RS-485 网络接口、1 个可调的恒流源以及监视用的电流表、电压表，提供了实训所需的各种电源和信号，其结构及功能如图 A-2 所示。

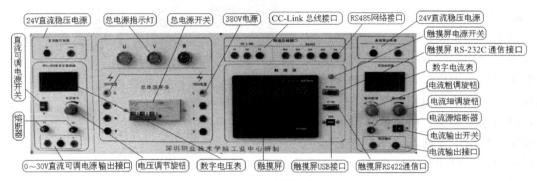

图 A-2　公共部分

（3）PLC 部分

本装置具有两个 PLC 部分，包括三菱 FX$_{3U}$-48MT 的 PLC 基本单元、FX$_{2N}$-32CCL 通信模块、FX$_{2N}$-5A 模拟量处理模块及 RS-485BD 板，此外还提供 5V 和 24V 独立直流电源，其结构如图 A-3 所示。PLC 输入端的 S/S 与 24V 短接，0V 作为输入公共端，即漏型接法；PLC 输出端除了 Y0、Y1 外，其余都通过小型直流继电器进行隔离保护，因此可接交、直流负载。

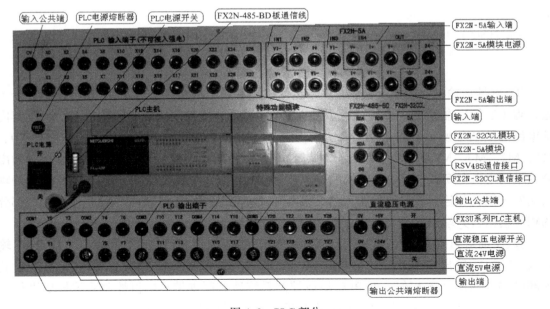

图 A-3　PLC 部分

（4）变频器部分

本装置具有 2 个变频器部分，包括三菱 FR-740 变频器操作单元、电源开关、可调电位器及编码器输入端、变频器输出和控制端子的安全插孔，如图 A-4 所示。

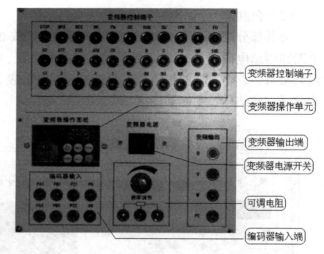

变频器控制端子

变频器操作单元

变频器输出端

变频器电源开关

可调电阻

编码器输入端

2. 实训模块

（1）通用实训模块

本书所用到的通用实训模块有控制对象模块（如皮带运输机控制系统模块、4 层电梯模拟控制模块、交通灯自控与手控模块、电镀槽自控与手控模块、机械手控制系统模块等）和

图 A-4 变频器部分

控制模块（如时间继电器模块，交流接触器模块，交流接触器、热继电器模块，开关、按钮板模块等），如图 A-5 所示。

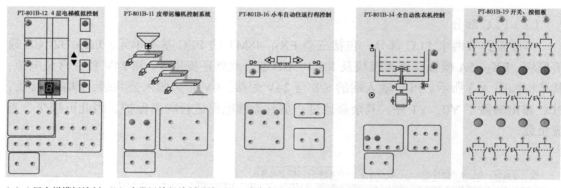

（a）4 层电梯模拟控制 （b）皮带运输机控制系统 （c）小车自动往返行程控制 （d）全自动洗衣机控制 （e）开关、按钮板

图 A-5 通用实训模块

① 皮带运输机控制系统模块。皮带运输机控制系统模块设有对象动作指示灯（5 个）、输入点（2 个）、输出点（5 个）、公共点（2 个）以及完成控制所需要的按钮（2 个），其内部电路如图 A-6 所示。如与 PLC 组成控制系统，则其外部接线为，该模块的输出点 Y0、M1、M2、M3、M4 5 个安全插孔分别与 PLC 部分的输出端安全插孔相连，该模块的输出公共端与电源的负极相连；该模块的输入点启动、停止 2 个安全插孔分别与 PLC 部分的输入端安全插孔相连，该模块的输入公共端与 PLC 部分的输入公共端 COM 相连；PLC 部分的相应输出公共端短接后与电源的+24V 相连。

② 交通灯自控与手控模块。交通灯自控与手控模块设有对象动作指示灯（12 个）、输入点（3 个）、输出点（6 个）、公共点（2 个）以及完成控制所需要的纽子开关（3 个），其内部电路 y 与图 A-6 相似。如 PLC 组成控制系统请参照皮带运输机控制系统模块进行接线。其他控制对象模块，其内部电路及外部接线与上述相似，这里不再赘述。

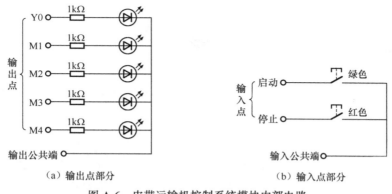

（a）输出点部分　　　　　　　（b）输入点部分

图 A-6　皮带运输机控制系统模块内部电路

③ 交流接触器、热继电器模块。交流接触器、热继电器模块是将交流接触器（线圈额定电压为 220V）与热继电器的对应接线端引到模块的安全插孔上，这样可以反复多次插接而不损坏电器元件的接线端。其他的控制模块与此类似，它们均可以用万用表的欧姆挡很方便地测量出各安全插孔与元器件的连接关系，在此不再详述。

（2）微型生产线

微型生产线由 3 轴旋转机械手、变频运输带和 4 轴分选机械手构成，如图 9-71 所示。它们既能独立工作，又能组合成一条生产线进行联机工作，能实现圆形工件的上料、运输、检测（材质、颜色等）和分选等功能。该生产线所有气缸为有电动作，无电复位，所有位置传感器用来检测气缸杆的位置。

① 3 轴旋转机械手。3 轴旋转机械手包括旋转气缸、横梁气缸、升降气缸、手指气缸、上料气缸、光电传感器、电容传感器以及位置传感器，如图 9-61 所示。能完成上料、夹紧/放松、上升/下降、左/右移动和左、右旋转几个动作。光电传感器用来检测上料是否到位，电容传感器用来检测旋转是否到位。

② 变频运输带。变频运输带包括具有减速装置的三相交流异步电动机、同步传送带（含编码器）、光纤传感器、光电传感器（2 个）、电感传感器及顺着传送方向设置在传送带侧的定位传感器（3 个）、分选气缸（3 个），如图 9-64 所示。光纤传感器用来统计工件的数量，左边的光电传感器用来检测工件颜色（黑色闭合，白色断开），电感传感器用来检测工件的材质（金属闭合，塑料断开），定位传感器用定位（当工件通过时，运输带电动机停机，使工件刚好停在分选气缸的前面，方便分选），右边的光电传感器用来检测工件已到运输带末端。

③ 4 轴分选机械手。4 轴分选机械手机构包括具有滚珠丝杠的步进电动机（含步进滑轨前后限位）、横梁升降气缸、横梁气缸、吸盘升降气缸、吸盘以及光纤传感器和电容传感器，如图 9-67 所示。能完成横梁升降气缸的前后移动（通过步进电动机滚珠丝杠）、横梁气缸的上下移动、吸盘气缸的左右移动、吸盘的上下移动。光电传感器用来检测步进丝杠是否在原位，光纤传感器用来检测工件是否到仓位。

FX 和汇川 PLC 的软元件

项 目		FX₁S	FX₁N	H₂U、FX₂N	FX₃U
I/O 设置		与用户选择有关，最多 30 点	与用户选择有关，最多 128 点	与用户选择有关，最多 256 点	与用户选择有关，最多 384 点
辅助继电器	通用辅助继电器	384 点，M0～M383		500 点，M0～M499	
	锁存辅助继电器	128 点，M384～M511	1152 点，M384～M1535	2572 点，M500～M3071	7180 点，M500～M7679
	特殊辅助继电器	256 点，M8000～M8255			512 点，M8000～M8511
状态继电器	初始化状态继电器	10 点，S0～S9			
	通用状态继电器	---		490 点，S10～S499	
	锁存状态继电器	128 点，S0～S127	1000 点，S0～S999	400 点，S500～S899	3596 点，S500～S4095
	信号报警器	---		100 点，S900～S999	
定时器	100ms 定时器	63 点，T0～T62	200 点，T0～T199		
	10ms 定时器	31 点，T32～T62（M8202=1）	46 点，T200～T245		
	1ms 定时器	1 点，T63	---		256 点，T256～T511
	1ms 积算定时器	---	4 点，T246～T249		
	100ms 积算定时器	---	6 点，T250～T255		
计数器	16 位通用加计数器	16 点 C0～C15		100 点 C0～C99	
	16 位锁存加计数器	16 点 C16～C31	184 点 C16～C199	100 点 C100～C199	
	32 位通用加减计数器	---	20 点 C200～C219		
	32 位锁存加减计数器	---	15 点 C220～C234		

续表

项　目		FX₁S	FX₁N	H₂U、FX₂N	FX₃U
高速计数器	1 相无启动复位输入	4 点，C235～C238（C235 锁存）		6 点，C235～C240	
	1 相带启动复位输入	3 点，C241（锁存），C242，C244（锁存）		5 点，C241～C245	
	1 相双向高速计数器	3 点 C246，C247，C249（全部锁存）		5 点，C246～C250	
	2 相 A/B 相高速计数器	3 点，C251，C252，C254（全部锁存）		5 点，C251～C255	
数据寄存器	通用数据寄存器	128 点，D0～D127		200 点，D0～D199	
	锁存数据寄存器	28 点，D128～D255	7872 点，D128～D7999	7800 点，D200～D7999	
	文件寄存器	1500 点，D1000～D2499	7000 点 D1000～D7999，以 500 个为单位设置		
	外部调节寄存器	2 点，D8030，D8031，范围 0～255		---	
	16 位特殊寄存器	256 点，D8000～D8255			512 点，D8000～D8511
	变址寄存器	16 位 16 点，V0～V7，Z0～Z7			
指针	跳步和子程序调用	64 点，P0～P63	128 点，P0～P127		4096 点，P0～P4095
	中断用（上升沿触发□=1，下降沿触发□=0）	4 点输入中断，I00□～I30□	6 点输入中断，I00□～I50□	6 点输入中断（I00□～I50□），3 点定时中断（I6☆☆～I8☆☆），☆☆为 ms，6 点计数中断（I010～I060），H₂U 还具有脉冲输出完成和多用户中断	
MC 和 MCR 的嵌套层数		8 点，N0～N7			
常数	十进制 K	16 位：−32768～+32767，32 位：−214748 648～+2 147 483 647			
	十六进制 H	16 位：0～FFFF，32 位：0～FFFFFFFF			
	浮点数(32 位)	---		$\pm 1.175 \times 10^{-38}$～$\pm 3.403 \times 10^{38}$	0，$\pm 1.0 \times 2^{-126}$～$\pm 1.0 \times 2^{128}$

FX 和汇川 PLC 功能指令表

分类	功能号	助记符	功　能	FX$_{1S}$	FX$_{1N}$	FX$_{2N}$	FX$_{3U}$	汇川 H$_{1U}$	汇川 H$_{2U}$
程序流程	0	CJ	条件跳转	○	○	○	○	○	○
	1	CALL	子程序调用	○	○	○	○	○	○
	2	SRET	子程序返回	○	○	○	○	○	○
	3	IRET	中断返回	○	○	○	○	○	○
	4	EI	允许中断	○	○	○	○	○	○
	5	DI	禁止中断	○	○	○	○	○	○
	6	FEND	主程序结束	○	○	○	○	○	○
	7	WDT	警戒时钟	○	○	○	○	○	○
	8	FOR	循环范围开始	○	○	○	○	○	○
	9	NEXT	循环范围结束	○	○	○	○	○	○
传送与比较	10	CMP	比较	○	○	○	○	○	○
	11	ZCP	区域比较	○	○	○	○	○	○
	12	MOV	传送	○	○	○	○	○	○
	13	SMOV	移位传送	–	–	○	○	○	○
	14	CML	取反传送	–	–	○	○	○	○
	15	BMOV	块传送	○	○	○	○	○	○
	16	FMOV	多点传送	–	–	○	○	–	○
	17	XCH	交换	–	–	○	○	–	○
	18	BCD	BCD 转换	○	○	○	○	○	○
	19	BIN	BIN 转换	○	○	○	○	○	○

续表

分类	功能号	助记符	功　　能	FX₁ₛ	FX₁ₙ	FX₂ₙ	FX₃ᵤ	汇川 H₁ᵤ	汇川 H₂ᵤ
算术与逻辑运算	20	ADD	BIN 加法	○	○	○	○	○	○
	21	SUB	BIN 减法	○	○	○	○	○	○
	22	MUL	BIN 乘法	○	○	○	○	○	○
	23	DIV	BIN 除法	○	○	○	○	○	○
	24	INC	BIN 加 1	○	○	○	○	○	○
	25	DEC	BIN 减 1	○	○	○	○	○	○
	26	WAND	逻辑字与	○	○	○	○	○	○
	27	WOR	逻辑字或	○	○	○	○	○	○
	28	WXOR	逻辑字异或	○	○	○	○	○	○
	29	NEG	求补码	－	－	○	○	－	○
循环与移位	30	ROR	循环右移	－	－	○	○	－	○
	31	ROL	循环左移	－	－	○	○	－	○
	32	RCR	带进位循环右移	－	－	○	○	－	○
	33	RCL	带进位循环左移	－	－	○	○	－	○
	34	SFTR	位右移	○	○	○	○	○	○
	35	SFTL	位左移	○	○	○	○	－	○
	36	WSFR	字右移	－	－	○	○	○	○
	37	WSFL	字左移	－	－	○	○	○	○
	38	SFWR	移位写入	○	○	○	○	○	○
	39	SFRD	移位读出	○	○	○	○	○	○
数据处理	40	ZRST	区间复位	○	○	○	○	○	○
	41	DECO	译码	○	○	○	○	○	○
	42	ENCO	编码	○	○	○	○	○	○
	43	SUM	求 ON 位数	－	－	○	○	○	○
	44	BON	ON 位判别	－	－	○	○	○	○
	45	MEAN	求平均值	－	－	○	○	－	○
	46	ANS	报警器置位	－	－	○	○	－	○
	47	ANR	报警器复位	－	－	○	○	－	○
	48	SOR	BIN 数据开方运算	－	－	○	○	－	○
	49	FLT	BIN 整数→二进制浮点数转换	－	－	○	○	－	○

续表

分类	功能号	助记符	功 能	FX$_{1S}$	FX$_{1N}$	FX$_{2N}$	FX$_{3U}$	汇川 H$_{1U}$	汇川 H$_{2U}$
高速处理	50	REF	输入输出刷新	○	○	○	○	○	○
	51	REFF	滤波器调整	－	－	○	○	－	○
	52	MTR	矩阵输入	○	○	○	○	○	○
	53	HSCS	比较置位（高速计数器）	○	○	○	○	○	○
	54	HSCR	比较复位（高速计数器）	○	○	○	○	○	○
	55	HSZ	区间比较（高速计数器）	－	－	○	○	－	○
	56	SPD	速度检测	○	○	○	○	○	○○
	57	PLSY	脉冲输出	○	○	○	○	○	○○
	58	PWM	脉宽调制	○	○	○	○	○	○○
	59	PLSR	带加减速的脉冲输出						○○
方便指令	60	IST	置初始状态	○	○	○	○	○	○
	61	SER	数据查找	－	－	○	○	－	○
	62	ABSD	凸轮控制（绝对方式）	○	○	○	○	○	○
	63	INCD	凸轮控制（增量方式）	○	○	○	○	○	○
	64	TTMR	示教定时器	－	－	○	○	－	○
	65	STMP	特殊定时器	－	－	○	○	－	○
	66	ALT	交替输出	○	○	○	○	○	○
	67	RAMP	斜坡信号	○	○	○	○	○	○
	68	ROTC	旋转工作台控制	－	－	○	○	－	○
	69	SORT	数据排序	－	－	○	○	－	○
外围设备 I/O	70	TKY	10 键输入	－	－	○	○	－	○
	71	HKY	16 键输入	－	－	○	○	－	○
	72	DSW	数字开关	○	○	○	○	○	○
	73	SEGD	7 段译码	－	－	○	○	－	○
	74	SEGL	带锁存的 7 段码显示	○	○	○	○	○	○
	75	ARWS	方向开关	－	－	○	○	－	○
	76	ASC	ASCII 码转换	－	－	○	○	－	○
	77	PR	ASCII 码打印	－	－	○	○	－	○
	78	FROM	BFM 读出	－	○	○	○	○○	○○
	79	TO	BFM 写入	－	○	○	○	○○	○○

续表

分类	功能号	助记符	功　能	FX$_{1S}$	FX$_{1N}$	FX$_{2N}$	FX$_{3U}$	汇川 H$_{1U}$	汇川 H$_{2U}$
外围设备 SER	80	RS	串行数据传送	○	○	○	○	○○	○○
	81	PRUN	八进制位传送	○	○	○	○	○	○
	82	ASCI	HEX-ASCII 转换	○	○	○	○	○	○
	83	HEX	ASCII-HEX 转换	○	○	○	○	○	○
	84	CCD	求校验码	○	○	○	○	○	○
	85	VRRD	电位器读出	○	○	○	○	–	–
	86	VRSC	电位器刻度	○	○	○	○	–	–
	88	PID	PID 运算	○	○	○	○	○	○
	89	MODBUS	MODBUS 主站指令（固定串口）	–	–	–	–	○	○
	90	MODBUS2	MODBUS 主站指令（可选串口）	–	–	–	–	○	○
浮点数	110	ECMP	二进制浮点数比较	○	○	○	○	○	○
	111	EZCP	二进制浮点数区间比较	–	–	○	○	○	○
	118	EBCD	二进制浮点数-十进制浮点数转换	–	–	○	○	○	○
	119	EBIN	十进制浮点数-二进制浮点数转换	–	–	○	○	○	○
	120	EADD	二进制浮点数加法	–	–	○	○	○	○
	121	ESUB	二进制浮点数减法	–	–	○	○	○	○
	122	EMUL	二进制浮点数乘法	–	–	○	○	○	○
	123	EDIV	二进制浮点数除法	–	–	○	○	○	○
	127	ESOR	二进制浮点数开方	–	–	○	○	○	○
	129	INT	二进制浮点数-BIN 整数转换	–	–	○	○	○	○
	130	SIN	浮点数 SIN 运算	–	–	○	○	○	○

分类	功能号	助记符	功 能	FX$_{1S}$	FX$_{1N}$	FX$_{2N}$	FX$_{3U}$	汇川 H$_{1U}$	汇川 H$_{2U}$
浮点数	131	COS	浮点数 COS 运算	–	–	○	○	○	○
	132	TAN	浮点数 TAN 运算	–	–	○	○	○	○
	147	SWAP	上、下字节转换	–	–	○	○	–	○
定位	155	ABS	ABS 现在值读出	○	○	–	–	○	○
	156	ZRN	原点回归	○	○	–	○	○	○○
	157	PLSY	可变速度的脉冲输出	○	○	–	○	○	○○
	158	DRVI	相对定位	○	○	–	○	○	○○
	159	DRVA	绝对定位	○	○	–	○	○	○○
时钟运算	160	TCMP	时钟数据比较	○	○	○	○	○	○
	161	TZCP	时钟数据区间比较	○	○	○	○	○	○
	162	TADD	时钟数据加法	○	○	○	○	○	○
	163	TSUB	时钟数据减法	○	○	○	○	○	○
	166	TRD	时钟数据读出	○	○	○	○	○	○
	167	TWR	时钟数据写入	○	○	○	○	○	○
	169	HOUR	计时仪	○	○	–	○	○	○
外围设备	170	GRY	格雷码转换	–	–	○	○	○	○
	171	GBIN	格雷码逆转换	–	–	○	○	○	○
	176	RD3A	读取 FX$_{0N}$-3A	–	○	–	–	–	–
	177	WR3A	写入 FX$_{0N}$-3A	–	○	–	–	–	–
触点比较	224	LD=	(S1)=(S2)	○	○	○	○	○	○
	225	LD>	(S1)>(S2)	○	○	○	○	○	○
	226	LD<	(S1)<(S2)	○	○	○	○	○	○
	228	LD<>	(S1)≠(S2)	○	○	○	○	○	○
	229	LD≤	(S1)≤(S2)	○	○	○	○	○	○
	230	LD≥	(S1)≥(S2)	○	○	○	○	○	○
	232	AND=	(S1)=(S2)	○	○	○	○	○	○
	233	AND>	(S1)>(S2)	○	○	○	○	○	○
	234	AND<	(S1)<(S2)	○	○	○	○	○	○
	236	AND<>	(S1)≠(S2)	○	○	○	○	○	○
	237	AND≤	(S1)≤(S2)	○	○	○	○	○	○
	238	AND≥	(S1)≥(S2)	○	○	○	○	○	○

分类	功能号	助记符	功　能	FX$_{1S}$	FX$_{1N}$	FX$_{2N}$	FX$_{3U}$	汇川 H$_{1U}$	汇川 H$_{2U}$
触点比较	240	OR=	(S1)=(S2)	○	○	○	○	○	○
	241	OR>	(S1)>(S2)	○	○	○	○	○	○
	242	OR<	(S1)<(S2)	○	○	○	○	○	○
	244	OR<>	(S1)≠(S2)	○	○	○	○	○	○
	245	OR≤	(S1)≤(S2)	○	○	○	○	○	○
	246	OR≥	(S1)≥(S2)	○	○	○	○	○	○
其他	100～109，275～279		数据传送	－	－	－	○	－	－
	180～189		其他指令	－	－	－	○	－	－
	190～199		数据块处理	－	－	－	○	－	－
	200～209		字符处理	－	－	－	○	－	－
	210～219		数据表处理	－	－	－	○	－	－
	250～269		数据处理	－	－	－	○	－	－
	270～274		变频器通信	－	－	－	○	－	－
	280～289		高速处理	－	－	－	○	－	－
	290～299		扩展文件寄存器扩展	－	－	－	○	－	－

注：－表示不具有此功能。

○表示具有此功能。

○○表示功能比其他机型有增强。

附录 D

FX₃ᵤ 系列 PLC 简介

FX₃ᵤ 为第 3 代微型 PLC，其基本单元有继电器输出型和晶体管输出型 2 种，输入输出点数有 16 点、32 点、48 点、64 点、80 点、128 点 6 种规格，如 FX₃ᵤ-16MR/ES 表示 16 个 I/O 点的 DC 24V（漏型/源型）输入、继电器输出的基本单元；FX₃ᵤ-48MT/ES 表示 48 个 I/O 点的 DC 24V（漏型/源型）输入、晶体管（漏型）输出的基本单元；FX₃ᵤ-80MT/ESS 表示 80 个 I/O 点的 DC 24V（漏型/源型）输入、晶体管（源型）输出的基本单元。

1. FX₃ᵤ 的特点

FX₃ᵤ 系列 PLC 内置了高速处理 CPU，提供了多达 209 种应用指令，基本功能兼容了 FX₂ₙ 系列 PLC 的全部功能，与 FX₂ₙ 系列相比，其主要特点如下。

（1）运算速度提高。FX₃ᵤ 系列 PLC 基本逻辑指令的执行时间提高到 0.065μs/条，应用指令的执行时间提高到 0.642μs/条。

（2）I/O 点数增加。FX₃ᵤ 系列 PLC 与 FX₂ₙ 一样，采用了基本单元加扩展的结构形式，完全兼容了 FX₂ₙ 的扩展模块，主机控制的 I/O 点数为 256 点，此外，还可通过远程 I/O 链接扩展到 384 点。

（3）存储器容量扩大。FX₃ᵤ 系列 PLC 的用户存储器（RAM）容量可达 64KB，并可以采用"闪存卡"（Flash ROM）。

（4）指令系统增强。FX₃ᵤ 系列 PLC 兼容 FX₂ₙ 的全部指令，应用指令多达 209 条，除了浮点数、字符串处理指令以外，还具备了定坐标指令等丰富的指令。

（5）通信功能增强。在 FX₂ₙ 的基础上增加了 RS-422 标准接口、USB 接口和网络链接的通信模块，并且，其内置的编程接口可以达到 115.2kbit/s 的高速通信，最多可以同时使用 3 个通信接口（包括编程接口在内）。

（6）定位控制功能更加强。晶体管输出型的基本单元内置了 3 轴独立最高 100kHz 的定位功能，并且增加了新的定位指令（带 DOG 搜索的原点回归指令

DSZR，中断单速定位指令 DVIT 和表格设定定位指令 TBL），从而使得定位控制功能更加强大，使用更为方便。

（7）扩展性增强。FX₃U 系列 PLC 新增了高速输入输出适配器、模拟量输入输出适配器和温度输入适配器，这些适配器不占用系统点数，使用方便，在其左侧最多可以连接 10 台特殊适配器。其中通过使用高速输入适配器可以实现最多 8 路、最高 200kHz 的高速计数；通过使用高速输出适配器可以实现最多 4 轴、最高 200kHz 的定位控制，继电器输出型的基本单元上也可以通过连接该适配器进行定位控制。通过 CC-Link 网络的扩展可以实现最多达 384 点（包括远程 I/O 在内）的控制。可以选装高性能的显示模块（FX₃U-7DM），可以显示用户自定义的英文、日文、数字和汉字信息，最多能够显示：半角 16 个字符（全角 8 个字符）×4 行。在该模块上可以进行软元件的监控、测试，时钟的设定，存储器卡盒与内置 RAM 间程序的传送、比较等操作。

2. FX₃U 的外部接线

FX₃U 系列 PLC 的外部端子分布如图 D-1 所示，其外部接线如图 D-2 所示。

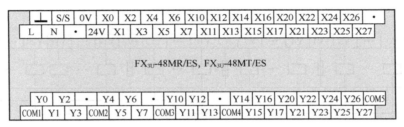

（a）FX₃U-48MR/ES 和 FX₃U-48MT/ES 的端子分布图

（b）FX₃U-48MT/ESS 的端子分布图

图 D-1　FX₃U 系列 PLC 的端子分布图

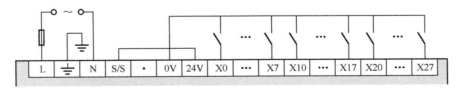

（a）漏型 PLC 的输入接线

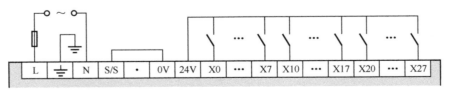

（b）源型 PLC 的输入接线

图 D-2　FX₃U 系列 PLC 的外部接线图

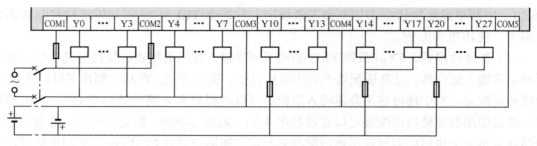

（c）继电器型 PLC 的输出接线

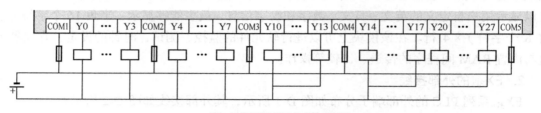

（d）晶体管漏型 PLC 的输出接线

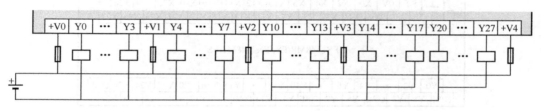

（e）晶体管源型 PLC 的输出接线

图 D-2　FX$_{3U}$ 系列 PLC 的外部接线图（续）

汇川 PLC 是深圳市汇川技术股份有限公司生产的，该公司拥有一支强大优秀的研发团队，专业从事核心技术平台及应用技术的研究和产品开发。其主要产品包括 PLC、变频器、触摸屏、伺服系统等，其中 PLC 目前主要有专机型的 H_{0U}、经济型的 H_{1U}、通用型的 H_{2U} 和高性能型的 H_{3U} 四大系列，H_{2U} 是目前应用最多的 PLC，已广泛应用于设备制造、节能改造等领域，并在电梯、起重、金属制品及电线、电缆、塑料、印包、机床、空压机等多个行业取得市场领先地位。

1. 汇川 PLC 型号名称的含义

汇川 PLC 型号名称的含义如下。

其中，①表示汇川控制器；②表示系列号，如 0U、

H₂U-3232MRAX
① ② ③ ④ ⑤ ⑥ ⑦ ⑧

1U、2U、3U；③表示输入点数；④表示输出点数；⑤表示模块分类，M 为控制器主模块，P 为定位型控制器，N 为网络型控制器，E 为扩展模块；⑥表输出类型，R 为继电器输出类型，T 为晶体管输出类型；⑦表示供电电源类型，A 为 AC220V 输入，省略为默认 AC220V 输入，B 为 AC110V 输入，C 为 AC24V 输入，D 为 DC24V 输入；衍生版本号，如高速输入输出功能、模拟量功能等。

2. 汇川 PLC 的特点

① 汇川 PLC 完全通过了业界 IEC61131-2 国际标准的第三方测试，符合 UL 安规检查规范，具有稳定可靠，性价比高，指令丰富，运算速度快，允许的用户程序容量最高可达 24K 步，且不需外扩存储设备。

② 汇川 PLC 配备了 2 个通信硬件接口，方便现场接线。通信接口支持多种通信协议，包括 MODBUS 主站、从站协议，简化用户编程，尤其方便了与变频器等设备的联机控制；主模块插上 H2U-CAN-BD 扩展卡后，可用 FROM/TO 直接访问，无需特别的用户程序即可实现 CAN-LINK 总线通信，方便多台 PLC 主模

块之间的互联通信，或与远程模块、变频器、伺服及其他智能设备之间的通信；

XP 型升级版主模块上，直接配备 3 个独立的通信接口，同时支持以不同通信协议进行多方通信，让用户系统的通信设计非常灵活。

③ 汇川 PLC 的高速信号处理能力强。最多 6 路高速输入，5 路高速输出，频率都高达 100kHz；配合灵活的定位指令，让定位控制变得灵活方便；扩展的中断方式源，方便高速应用的控制。

④ 汇川 PLC 提供了多种编程语言。用户可选用梯形图、指令表、步进梯形图、SFC 顺序功能图等编程方法，与 FX 系列 PLC 完全相同。

⑤ 汇川 PLC 的指令系统为广大工程技术人员所熟悉。基本逻辑指令、步进顺控指令和软元件完全与 FX 系列 PLC 相同，功能指令在兼容 FX 系列 PLC 之外还增加了一些方便用户使用的如 MODBUS、DRVI 等指令。

⑥ 汇川 PLC 提供了方便易用的编程工具。除了兼容 FX 系列 PLC 的手持式编程器和 GX Developer 编程软件之外，汇川的 AutoShop 编程软件更是融合了西门子和三菱 PLC 编程环境的优点，如丰富的在线帮助信息，使得编程时无需查找说明资料，又如一个网格可同时容纳多个逻辑行，方便易用与阅读。

⑦ 汇川 PLC 提供了严密的用户程序保密功能，子程序单独加密功能，方便用户特有控制工艺的知识产权保护。采用 PLC 内部密码校验方式，无论何种途径，均无法截获密码信息；密码采用 8 位字符和数字组合，其组合数比纯数字组合多出几个数量级；对密码屡试次数有限制，超过一定次数即锁定密码，限制再试，增加了破解难度。

由于汇川 PLC 兼容了 FX 系列 PLC 的指令系统、编程语言及外形尺寸，让已有的设计程序、安装结构、设计文档和资料等直接沿用，因此，本书的所有实训项目均适合汇川 H_{2U} 系列 PLC，用户可直接引入使用。

3. H_{2U} 系列 PLC 的性能指标

汇川 H_{2U} 系列 PLC 与三菱 FX 系列 PLC 的性能指标相当，见表 E-1，其他相关资料请到 http://www.inovance.cn 下载。

表 E-1　　　　　　　　　　　H_{2U}、FX 系列 PLC 基本性能指标一览表

项　目		FX_{1S}	FX_{1N}	FX_{2N}	FX_{3U}	H_{2U}
运算控制方式		存储程序，反复运算				
I/O 控制方式		批处理方式（在执行 END 指令时），可以使用 I/O 刷新指令				
运算处理速度	基本指令	0.55～0.7μs 指令		0.08μs 指令	0.065μs 指令	0.26μs 指令
	功能指令	3.7～数百μs 指令		1.52～数百μs 指令	0.642～数百μs 指令	1～数百μs 指令
程序语言		梯形图、指令表和 SFC				
程序容量（EEPROM）		内置 2KB	内置 8KB	内置 8KB，用存储盒可达 16KB	内置 64KB	内置 24KB
指令数量	基本/步进	基本指令 27 条/步进指令 2 条			29 条/2 条	27 条/2 条
	应用指令	85 种	89 种	128 种	209 种	128 种
I/O 设置		最多 30 点	最多 128 点	最多 256 点	最多 384 点	最多 256 点

4. H₂U 系列 PLC 的主模块

H₂U 系列 PLC 是深圳市汇川控制技术有限公司研发的高性价比控制产品，可组成 32～128 个 I/O 点的系统，目前有 14 种基本单元，如表 E-2 所示。

表 E-2　　　　　　　　　　　H₂U 系列 PLC 的主模块型号一览表

型　　号	合计点数	输入输出特性					
		普通输入	高速输入	输入电压	普通输出	高速输出	输出方式
H₂U-1616MR	32 点	16 点	6 路 100K	DC 24V	16 点	…	继电器
H₂U-1616MT						3 路 100K	晶体管
H₂U-1616MTQ						5 路 100K	晶体管
H₂U-2416MR	40 点	24 点	2 路 100K 4 路 10K	DC 24V	16 点	…	继电器
H₂U-2416MT						2 路 100K	晶体管
H₂U-3624MR	60 点	36 点	2 路 100K 4 路 10K	DC 24V	24 点	…	继电器
H₂U-3624MT						2 路 100K	晶体管
H₂U-3232MR	64 点	32 点	6 路 100K	DC 24V	32 点	…	继电器
H₂U-3232MT						3 路 100K	晶体管
H₂U-3232MTQ						5 路 100K	晶体管
H₂U-4040MR	80 点	40 点	6 路 100K	DC 24V	40 点	…	继电器
H₂U-4040MT						3 路 100K	晶体管
H₂U-6464MR	128 点	64 点	6 路 100K	DC 24V	64 点	…	继电器
H₂U-6464MT						3 路 100K	晶体管

5. H₂U 系列 PLC

H₂U 系列 PLC 的外形如图 E-1 所示，其外部端子分布如图 E-2 所示，当 S/S 与 24V 连接，COM 作为输入公共端时，则为漏型接法；当 S/S 与 COM 连接，24V 作为输入公共端时，则为源型接法。

图 E-1　H₂U 系列 PLC 的外形图

H₂U-2416MR，H₂U-2416MT

图 E-2　H₂U 系列 PLC 的外部端子分布图

参 考 文 献

［1］阮友德主编. PLC、变频器、触摸屏综合应用实训. 北京：中国电力出版社，2009 年 1 月

［2］阮友德主编. 电气控制与 PLC. 北京：人民邮电出版社，2009 年 5 月

［3］阮友德主编. PLC 基础实训教程. 北京：人民邮电出版社，2007 年 10 月

［4］钟肇新，范建东编著. 可编程控制器原理与应用. 广州：华南理工大学出版社，2003 年 11 月

［5］孙振强主编. 可编程控制器原理及应用教程. 北京：清华大学出版社，2005 年

［6］史国生主编. 电气控制与可编程控制器技术. 北京：化学工业出版社，2004 年

［7］张万忠主编. 可编程控制器应用技术. 北京：化学工业出版社，2006 年

［8］李俊秀，赵黎明主编. 可编程控制器应用技术实训指导. 北京：化学工业出版社，2005 年

［9］阮友德，张迎辉主编. 电工中级技能实训. 西安：西安电子科技大学出版社，2006 年 5 月

［10］阮友德. 基于网络控制的恒压供水群实践教学系统的研制. 深圳职业技术学报，2006 年

［11］阮友德. 基于仿真和网络技术的楼宇自控实训系统. 长沙通信职业技术学院学报，2006 年

［12］阮友德. 基于 CC-Link 技术的实训与管理系统. 深圳职业技术学院学报，2005 年

［13］三菱电机株式会社编印. FX_{1S}，FX_{1N}，FX_{2N}，FX_{2NC} 编程手册，2001 年

［14］三菱电机株式会社编印. FX 系列特殊功能模块用户手册，2004 年